U0938156

“十二五”职业教育国家规划教材
经全国职业教育教材审定委员会审定
普通高等教育“十一五”国家级规划教材
2008年度普通高等教育国家精品教材

构形基础与机械制图

第2版

管巧娟　编著

机 械 工 业 出 版 社

本书是普通高等教育“十一五”国家级规划教材，2008年度普通高等教育国家精品教材，适合高等工科院校各专业学生使用。本书由两部分内容组成，其中，构形基础是根据独特的教学方法——捏泥法编写的，体现了以视觉感受为起点、以（动手）捏泥丰富立体概念的教学特点，突出了以培养构形能力来提高识图能力的职业技能训练方针。机械制图部分是以“图例推进法”编写的，以图例展示机械图的应用、以应用体现问题、以问题牵引知识点。某些空洞枯燥的知识单元通过拆分融入到具体图例之中后，因其变得具有应用性而使学生感到学有所用、学有所值，从而产生较强的充实感。

本书主要包括构形基础、立体的三面投影、制图基本知识、立体的轴测投影、机件常用的表达方法、零件图、标准件和常用件、装配图等内容。

管巧娟主编的《构形基础与机械制图习题集》与本书配套使用。习题集中的某些题型以及独特的提问设计，源于多位多年从事高职制图教学、具有丰富教学经验的教师的教改经验和教学心得，非常适合高职院校学生。

本书配有电子课件，**凡使用本书作为教材的教师**可登录机械工业出版社教材服务网 www.cmpedu.com 下载。咨询邮箱：cmpgaozhi@sina.com。咨询电话：010-88379375。

图书在版编目（CIP）数据

构形基础与机械制图/管巧娟编著. —2版. —北京：机械工业出版社，2013.9（2015.1重印）
普通高等教育“十一五”国家级规划教材　2008年度普通高等教育国家精品教材　高职高专机电类教学改革规划教材
ISBN 978-7-111-43921-9

Ⅰ.①构…　Ⅱ.①管…　Ⅲ.①机械制图-高等学校－教材
Ⅳ.①TH126

中国版本图书馆CIP数据核字（2013）第208746号

机械工业出版社（北京市百万庄大街22号　邮政编码100037）
策划编辑：王海峰　责任编辑：王海峰
版式设计：霍永明　责任校对：胡艳萍
封面设计：赵颖喆　责任印制：刘　岚
北京京丰印刷厂印刷
2015年1月第2版·第2次印刷
184mm×260mm·13.75印张·335千字
3 001—6 000册
标准书号：ISBN 978－7－111－43921－9
定价：29.80元

凡购本书，如有缺页、倒页、脱页，由本社发行部调换

电话服务
社服务中心：（010）88361066
销售一部：（010）68326294
销售二部：（010）88379649
读者购书热线：（010）88379203

网络服务
教材网：http://www.cmpedu.com
机工官网：http://www.cmpbook.com
机工官博：http://weibo.com/cmp1952
封面无防伪标均为盗版

第2版前言

在2010年全国教育工作会议上，党中央国务院强调大力发展教育事业，推动教育事业在新的历史起点上科学发展。面对服务经济发展方式的转变赋予高等职业教育的新使命，提出了高等职业教育培养的人才必须朝着“具有精湛技艺和创新能力”、“掌握现代服务技术”、“下得去、用得上、留得住”的教学目标进行发展。在高职教育必须为学生走向社会的可持续发展打下基础、必须培养应用型人才可持续发展能力的教育背景下，在第1版基础上完成了修订工作。

本书第1版在2008年度评为“普通高等教育国家精品教材”，也是“普通高等教育“十一五”国家级规划教材”。

近年来，制图课程的教学思想、教学理念以及教学意识都发生了很大变化，我校推行的“用三维实操促进二维教学”的教改经验已充分证实了它的可行性和有效性。第2版融入了“在实践操作中感悟知识原理，以动手激发动脑”的改革精神，保持了第1版编写风格，主要作了以下修订：

1）在绪论中的本课程学习方法里，增加了“泡沫造型法”。在泡沫造型过程中，完全能实现自我思考问题和解决问题的自主学习模式。相对于捏制橡皮泥，其造型外观更细腻，造型范围更广泛。还增加了“画直观图法”，以介绍推画平行线方式，画出具有立体效果的直观图，达到将空间想象的结果及时显现、及时分析、及时修正的目的。增加了“工程制图发展简述”，简单介绍了中国图学的历史发展沿革，以略知一点制图起源。

2）第二章第三节中，增加了“有关圆柱体的投影图学习方法介绍”、“在实践操作中感悟相贯结构的形成”、“通过实体造型提高空间想象力”等自然节点。学习曲面立体的二维投影图一直是高职类学生的难点，通过了解并加以实施此方法，能缓解降低学习难度，增加学习技巧和兴趣。更加突出了以培养构形能力来提高识图能力的职业技能训练方针。

3）螺纹以及螺纹的连接画法，叙述更为简洁，图例更为多样。

4）第2版涉及的国家标准规定等相关内容，都是以最新出版的新标准为编写依据的。

5）为帮助理解文字概念，增加了少量插图。

6）与之配套使用的《构形基础与机械制图习题集》一书，也随第2版教材作了对应修改。

本书在修订过程中，有关国家标准内容的撰写得到了江方记同志的热情指导，书中新添加和修改过的部分图形由熊琦华同志协助绘制，在此表示衷心地感谢。

感谢深圳职业技术学院制图教研室全体教师为本书修订提出了宝贵意见。

感谢选用本教材的师生和读者，期待你们的指正和建议。

编著者

第1版前言

本书是普通高等教育“十一五”国家级规划教材，2008年度普通高等教育国家精品教材，适合高等工科院校各专业学生使用。本书是在充分吸取工科院校教学改革成功经验的基础上，由多位具有丰富教学经验的教师根据工科学生的特点和学习能力编写而成的。

本书由构形基础与机械制图两部分内容组成，其中，构形基础是根据独特的教学方法——捏泥法编写的，使以视觉感受为起点、以动手捏泥丰富立体概念、以积累立体信息强化空间想象的教学特点贯穿整个教学过程。书中突出了以培养构形能力来提高识图能力的职业技能训练方针，介绍了如何构造立体形状和二维形状的基本方法及思考技巧，通过构形训练使学生初步具备空间判断能力和图形分析能力，为学习工程识图奠定了基础。为了降低学生预习、复习、自学的难度，在构形基础部分里，力求通过形象的叙述和生活化的图形阐述抽象的投影概念，因此，在学习构形基础一章时，学生会感到是在轻松、熟悉、有趣的氛围中学到了制图的基本技能。机械制图部分是以“图例推进法”编写的，以图例展示机械图的应用、以应用体现问题、以问题牵引知识点。某些空洞枯燥的知识单元通过拆分融入到具体图例之中后，因其变得具有应用性而使学生感到学有所用、学有所值，从而产生较强的充实感。

管巧娟主编的《构形基础与机械制图习题集》与本书配套使用。习题集也是由多位多年从事制图教学、具有丰富教学经验的教师根据学生的特点和学习能力编写的，是宝贵教学经验的总结。习题集突出对识图能力的训练，人为设计一些不常见、不典型但极富训练价值的题型供读者选用，以开阔想象视野、提高创新思维、强化识图能力。

本书由深圳职业技术学院管巧娟担任主编。绪论、第一章、第二章、第三章、第五章、第六章由管巧娟编写，第四章由尧燕编写，第七章由江方记、管巧娟编写，第八章由黄雪云、管巧娟编写，姜正华、李莉、熊绮华负责部分插图的绘制，并审阅了初稿。万志坚、刘法馗、晏荣明为撰写第一稿无私提供了文字和数据资料以及丰富的图形信息。在此，衷心感谢所有为本书的顺利出版付出了辛勤劳动的老师。

本书由深圳大学胡琳教授担任主审。她对本书提出了很多宝贵意见，在此表示衷心的感谢。

诚挚感谢本书的读者，希望你们能够谅解书中的错误，更期待你们能提出宝贵的意见和建议，使本书更加完善。

本书配有电子课件，凡使用本书作为教材的教师可登录机械工业出版社教材服务网 www.cmpedu.com 注册后下载。咨询邮箱：cmpgaozhi@sina.com。咨询电话：010-88379375。

编　者

2007年5月

目　录

绪　论

一、工程制图的概念

如图 0-1 中 a、b、c、d 所示，它们分别表达了滑轮座等相关工程事物的结构形状、尺寸数据、技术要求等系列工程问题，这些图都称为工程图。

图是一种用绘画方法表现出来的各种实物的形象。广义地理解，图是用各种线型组成的象形“文字”，只是这种“文字”的笔画不是横、竖、撇、捺，而是直线、曲线。对工程图而言，它所表现的对象是工程行业的事物，所以称为工程图。

工程制图是对工程图进行绘制和解读的一种三维空间与二维平面相互转换的思维过程。工程制图包含投影理论、国家标准、画图方法以及看图技巧等一系列工程理论知识。工程制图可根据行业标准、专业特点以及图形使用范围，分为机械制图、建筑制图、园林制图、电气制图、家具制图等。本书主要介绍机械制图。

二、本课程的学习任务

工程图素有“工程界的流通语言”之称，是机械制造、土木建筑、通信、电气等工程在设计制造、使用维修、改造创新时的重要技术文件和操作依据。本课程是一门理论与实践紧密结合的重要的技术基础课，是高等学校工科专业的必修课，其主要学习任务是：

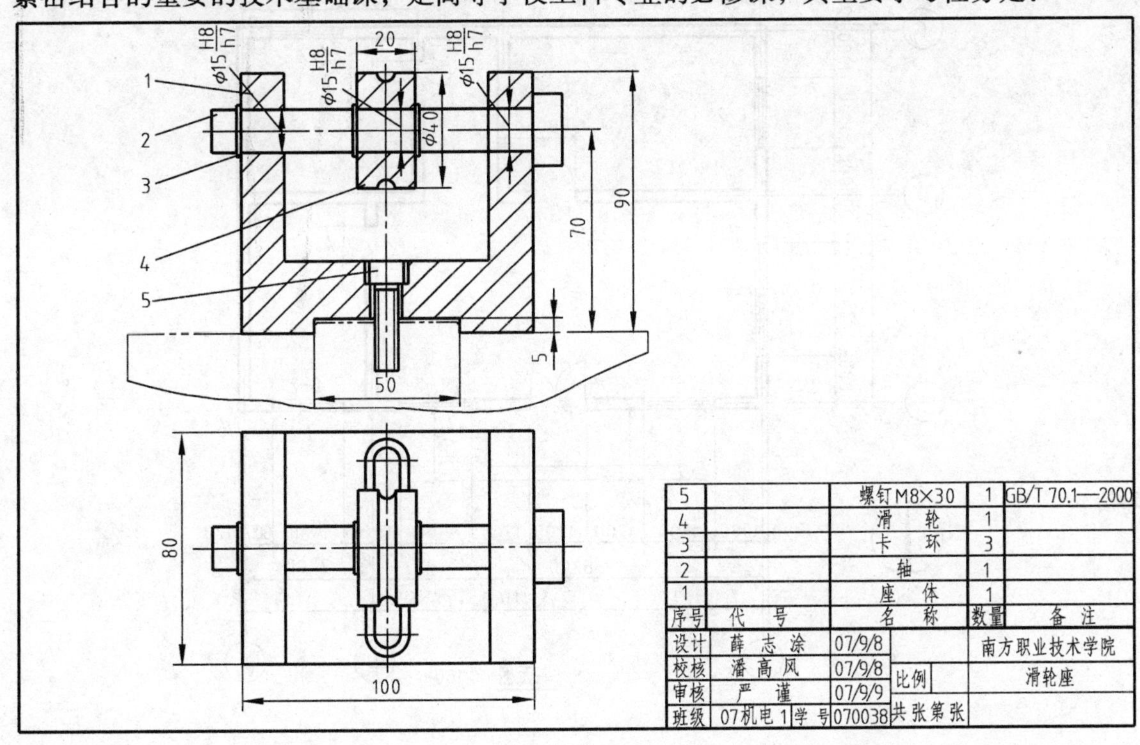

图 0-1　工程图图例
a）滑轮座装配图

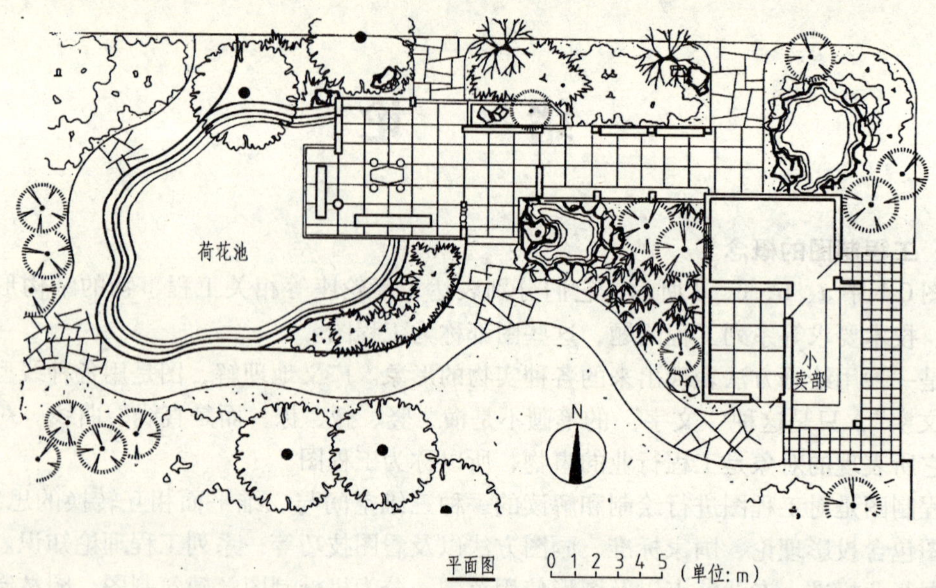

b)

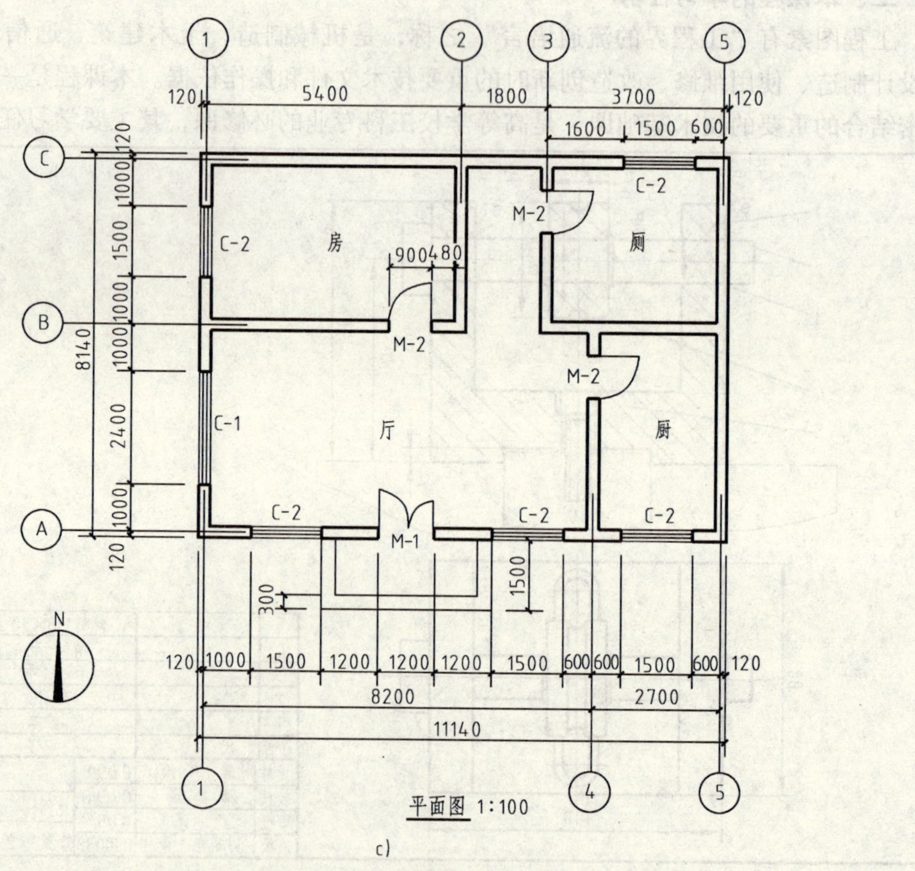

c)

图0-1 工程图图例（续）

b）园林工程图 c）房屋平面图

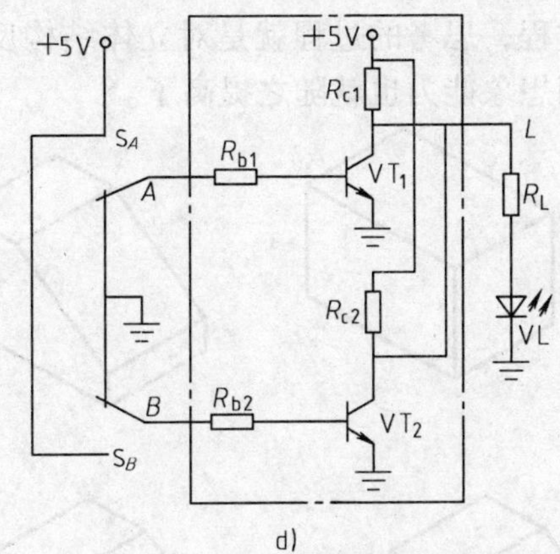

图 0-1　工程图图例（续）

d）电路图

1）学习投影法的基本理论。

2）掌握绘制和阅读机械图的基本方法。

3）培养空间想象能力。

4）学习制图国家标准，并树立执行标准和贯彻标准的责任意识。

三、本课程独特的学习方法

本课程研究的对象是空间物体与对应的平面图形。这两者之间的相互关系是建立在投影理论之上。因此建立空间想象能力与正确表达机件的平面图形就成为学习本课程的一大主要内容。从多年的教学实践经验而知，在学习制图课程时，若始终在二维环境中讨论或思考三维问题，是违背认识论的基本规律的，应该在三维空间中直接认识和感受三维实体，才是发展和提高空间想象力以及创造力的最好方法。根据人的认知性特征，提出以下学习方法：

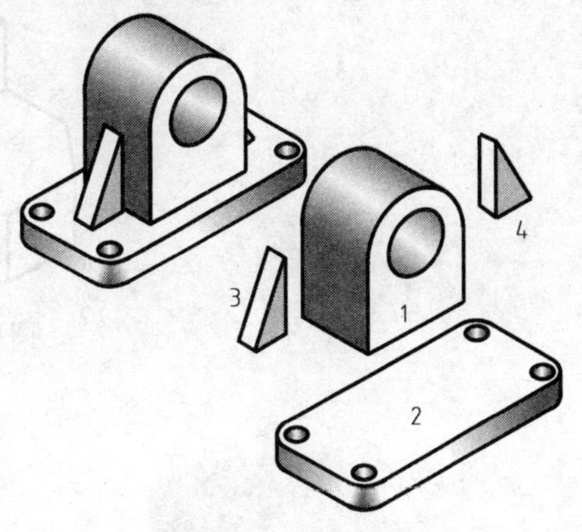

图 0-2　分解思考法一

1. 分解思考法

复杂的立体都是由最基本的体素形成的。初学时，要会用“肢解”的方式将问题由难变易。例如，要研究图 0-2 中展示的立体，无论是研究画法还是它的结构，我们都可以将它分解成四块，这样，研究的对象就简单多了。再看图 0-3 所示的立体，它可由最简单的矩形立体逐步演变而成。这种将复杂立体“还原”到简单立体，再由简单立体“渐变”到复杂立体的过程，就是属于分解思考的过程。掌握从“还原”到“渐变”的分析方法，能对本课程的学习起到较好的降低难度的作用。

2. 捏橡皮泥法

橡皮泥是我们进行空间想象时帮助思考的一个工具。用脑思维、用手构形、手脑并用，这一过程是对立体素材的逐步积累及对空间想象力的极好训练，对初学制图者很有帮助。例如，图 0-4 所示的立体示意图，可以用橡皮泥分三次捏成，如图 0-5 所示，每一步捏制过程都是对立体的一次构形思考过程，思考的过程就是对立体结构反复观察、反复认识的过程，这种构形的经验丰富了，空间想象能力也就随之提高了。

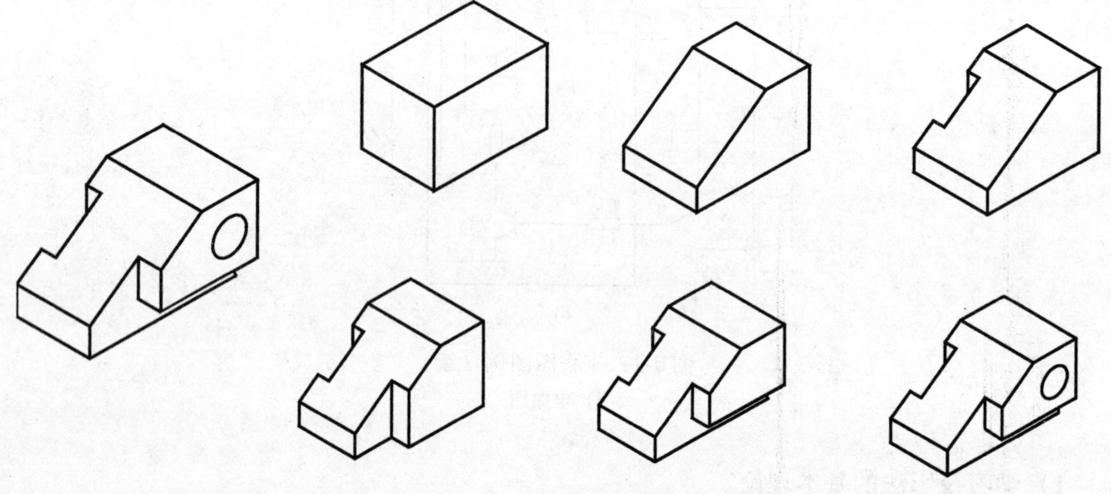

图 0-3　分解思考法二

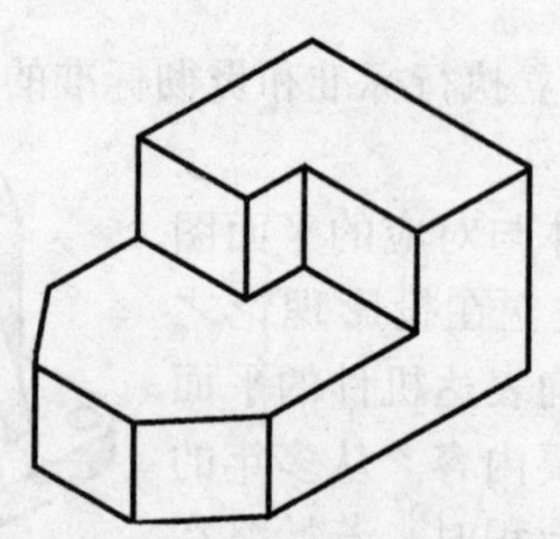

图 0-4　立体示意图

图 0-5　捏橡皮泥构形

3. 泡沫造型法

用橡皮泥造型既快也方便，但要对复杂形体或回转体进行构型，其橡皮泥材料不够坚硬，使得构出的形体不准确、不精致、不美观，泡沫造型可以解决这一问题。泡沫造型也是一种帮助建立提高空间想象力的实用方法。通常采用加热的电阻丝切割泡沫，根据视图

（或称为平面图）信息，切割出对应的泡沫实体。在泡沫造型过程中，完全能实现自我思考问题和解决问题的自主学习模式。相对于捏制橡皮泥，泡沫造型外观更细腻，造型范围更广泛。图0-6是一台专用泡沫切割机，图0-7所示为通过切割机加工出来的泡沫组合体。

图0-6　专用泡沫造型机

图0-7　泡沫组合体

4. 画直观图法

画直观图法就是将二维图所表达的形体用立体图表达出来。有绘画基础的人可以根据对二维图的大致理解，象画素描一样逐渐勾勒出对应的形体，勾勒过程就是对形体结构的分析过程，也是想象力的建立过程。没有绘画基础的人，可以用画平行线的方法画出立体图，这种方法适于平面立体的表达，用在学习制图课的起步阶段较为合适。用画平行线的方法画出立体图实际上就是轴测图的画法，轴测图有较强的立体效果，在后续第四章中会专门学习轴测图的常规画法。在此我们先大致模仿轴测图的画法，画出形体的立体感，达到能帮助分析由二维图形想象三维结构的效果，我们就达到目的了。画直观图的基本方法就是将某一视图看成一个平面，以一个合适的角度，画出平面的深度。其画图步骤如图0-8所示：图0-8a给出了一个三视图和轴测图，把主视图分离出来，在其上画一条*AB*线段，如图0-8b所示，长度不定，合适就行。再作与线段*AB*平行的线段*CD*和*EF*，连接*B*、*D*和*D*、*F*各点，就可以看出有了一个初步立体轮廓。

图0-8a中左视图上的一条斜线提示了这个立体有一斜面，所以需要继续逐步修改，如图0-8c所示，在左端面画一线段*EG*，再像图示那样画与线段*EG*的平行线段*MN*。

图0-8d所示的直观图表达的是同一形体，但立体效果有所区别，这是因为在画图时选

择了不同角度所致。初学画直观图可以取某一视图为基本面，将该视图的图形拉伸一个长度，使原有的基本面变成了基本体，有了这个基本体启示，将会对完整的形体逐渐分析出来。图 0-8e 就是以三个视图为基本面，分别从三个方向拉伸成形体。

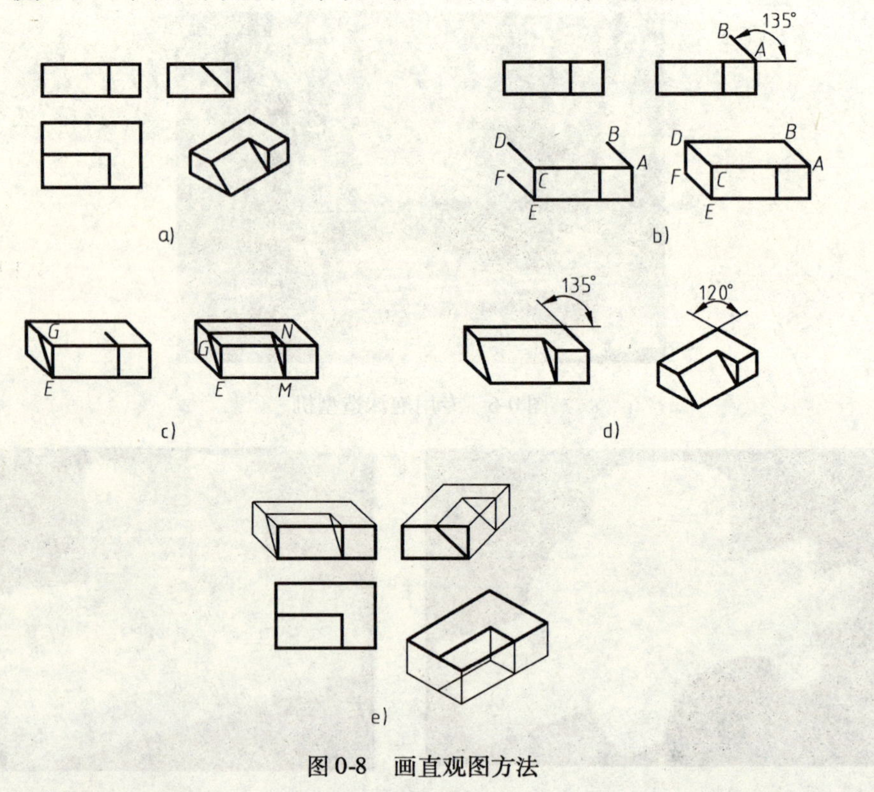

图 0-8　画直观图方法

四、工程制图发展简述

中国图学，始于先秦，那个时期的建筑施工，已达到事先规划、图样设计、按图施工的技术水平。其代表作品是 1974 年河北省平山县战国时期中山王墓中出土的墓穴陵堂平面规划图——兆域图。此图距今有 2300 年历史，是世界上最早具有工程意义上的图样。

宋元时期是我国古代制图学发展的高峰，这一时期的主要特征是制图学基本形成了自己的体系。机械制图领域出现了吕大临的《考古图》，图中出现的与现代制图形式相近的主视图、俯视图等分面图，是世界制图史上的第一次。同时轴测图、装配图和零件图在宋元均已大量出现。

1795 年，法国科学家加斯帕 · 蒙日，创立了画法几何学，发表了《画法几何》著作。蒙日的最大贡献在于用“投影”（或“射影”）的观点，对当时的一些零散不系统的作图方法进行了几何分析，从中找出规律，形成体系，使经验上升为理论，使画法几何形成了一门独立的学科，为工程图学奠定了图示和图解的理论基础。

第一章　构形基础

第一节　学习构形基础的目的

一、构形在本课程中的概念

本课程中，构形分为三维构形和二维构形。

1. 三维构形

我们生活在宇宙空间的地球上，感觉到的实物，如课桌、讲台、房屋、机器等都是占据着一部分空间的立体物件。人们可以用不同的方法效仿出与立体物件十分相似的模型，以模型替代实物来研究问题。

一般来说，实物是三维的，所以建立实物模型的过程就是三维构形，如图 1-1 和图 1-2 所示，它表明现实中的实物可以通过各种方法效仿出对应的三维模型。

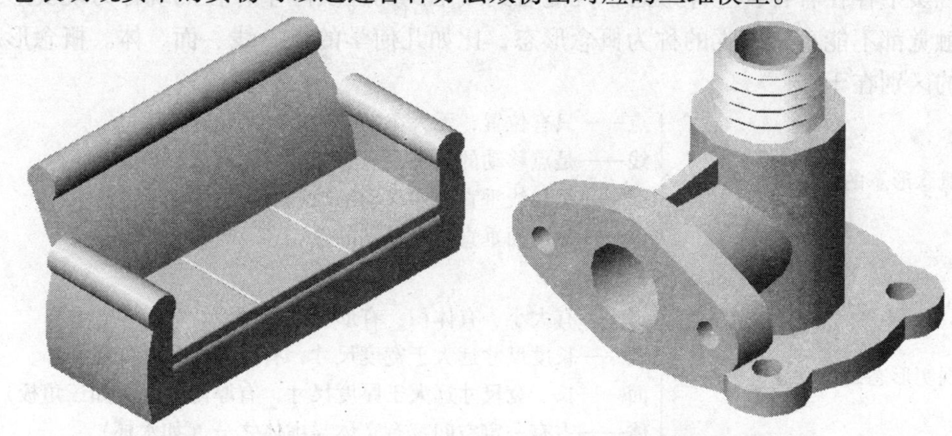

图 1-1　用计算机画出的沙发三维模型和机械零件三维模型

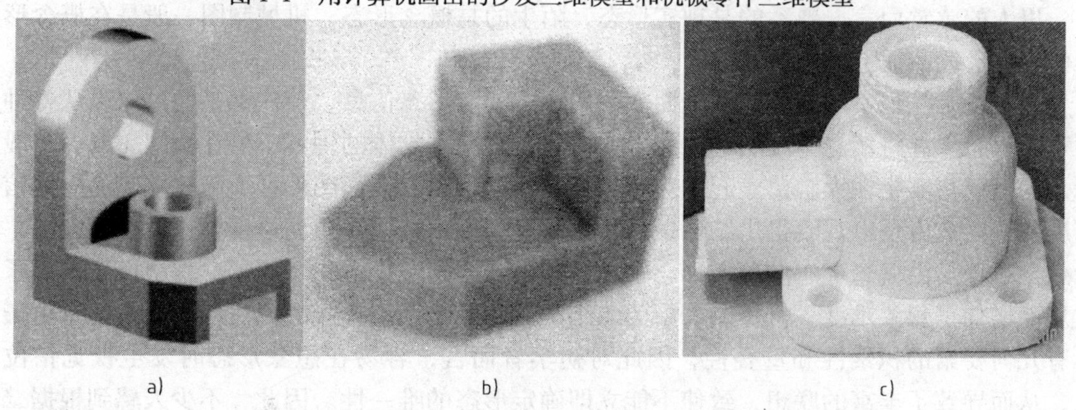

a)　　b)　　c)

图 1-2　立体的三维构形

a）木质三维模型　b）泥制三维模型　c）高密度泡沫三维模型

2. 二维构形

一个实物在从无到有的制造加工过程中，离不开描述制造的工程图形。这些工程图形一般都用二维图形表达，二维图形上有与制造相关的详细信息。工程图既是设计者设计方案的传输载体，也是制造者的操作依据；既是检测验收者的技术标准，也是技术交流、创新的珍贵参考文件。观察者从不同的方向观察实物，并将观察的结果画在纸上的过程称为二维构形。如图 1-3 所示，立体示意图表示的是一个类似台阶立体的结构。从三个方向进行观察后，画出了三个方向的二维图。

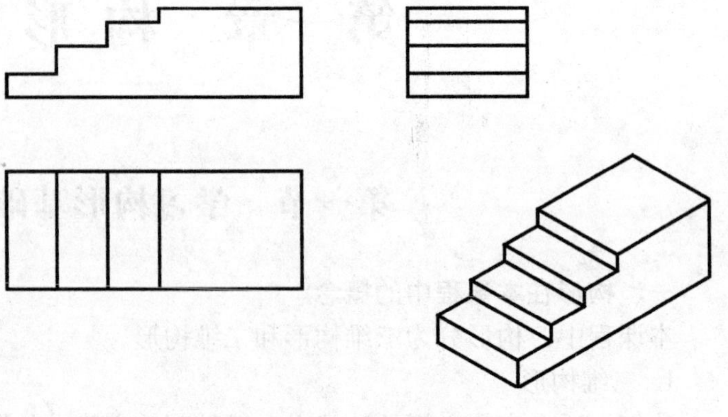

图 1-3　二维构形

二、构形训练在本课程中的意义

在现实中存在着各种立体形态，凡能看到或触到的在实际中存在的统称为现实形态；而视觉和触觉都不能直接感觉的称为概念形态，比如几何学的点、线、面、体。概念形态与现实形态的区别在于

概念形态的点、线、面、体
- 点——只有位置，无大小之分
- 线——是点移动的轨迹，只有长度，无宽度、厚度
- 面——是与线垂直方向移动的轨迹
- 体——是与面垂直方向移动的轨迹

现实形态的点、线、面、体
- 点——有大小、有体积、有形状（如绿豆）
- 线——长度尺寸远大于宽度尺寸，有粗细之分（如筷子）
- 面——长、宽尺寸远大于厚度尺寸，有厚薄之分（如三角板）
- 体——占有一定空间，有实体与虚体之分（如水杯）

以人的感觉而言，熟悉的是现实形态，陌生的是概念形态。机械制图一般是在概念形态中研究点、线、面、体的问题。

人无论是从现实环境还是从纸面上的图形中获取形态信息，往往都是通过双眼从各种角度观察、想象并将信息整理后进入大脑的，所以对三维物体的理解不能在瞬间完成。一般来说，通过观察实物在大脑建立起的立体信息要比通过观察纸面图形在大脑建立起的立体信息速度要快。前者是以观察得出结论，后者是以想象得出结论。想象速度要比观察速度慢，因为想象过程是由概念形态向现实形态转化，即由二维向三维转化，构形过程中由于增添了维数从而增加了想象难度。机械制图中的二维图形一般是用正投影的方法绘制出来的，由于它具有几何要素的积聚性和重叠性，因此对初学者而言，容易在想象形态时发生视觉错位现象，从而导致了丰富的联想，致使不能立即确定形态的唯一性。因此，不少人感到根据二维图形想象实物形状太难了。其实，这是由于不熟悉、不习惯导致的。三维构形、二维构形以及维数转化构形，都是训练空间想象能力、减少视觉错位几率、缩短想象时间、提高维数转化速度的有效方法。构形训练能够为学习制图课作有效的前期铺垫，有了一定的空间想象能力将会降低制图课的学习难度，增添学习兴趣、提高学习质量。

第二节 概念形态中的立体形成

一、立体图图素

在现实中，固体物质是由分子组成的。但在工程图学中（或者在概念形态中），人们常说体由面组成、面由线组成、线由点组成，因此，点是体的最小组成单元。由点来研究体显然繁琐复杂，为方便讨论，以面为基础讨论体，其面就是对应体的体素。如果用图来表示，二维图就是对应三维图的图素。图 1-4a、c 是图 1-4b、d 的图素。

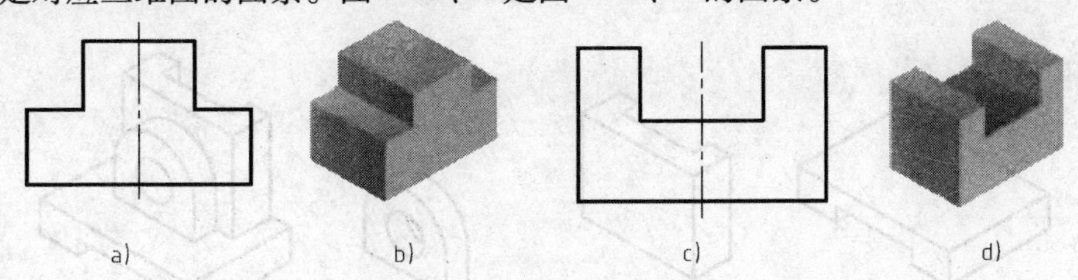

图 1-4 图素与立体图

a）T 形图素 b）T 形体 c）凹形图素 d）凹形体

二、立体的形成

1. 简单立体的形成

一般来说，将形体结构不易再分解的立体称为简单立体。图 1-5 所示的立体都属于简单立体。可以这样想象简单立体的形成：以圆柱为例，圆柱的图素是圆形，在圆形上积累无数个圆形平面至一定高度就成为圆柱。或假想六边形是一弹性体，当向与六边形垂直方向拉伸一段距离后也成为六棱柱。习惯上人们常假想将平面以拉伸方式成体。图 1-6 表示了由图素变成体的过程。

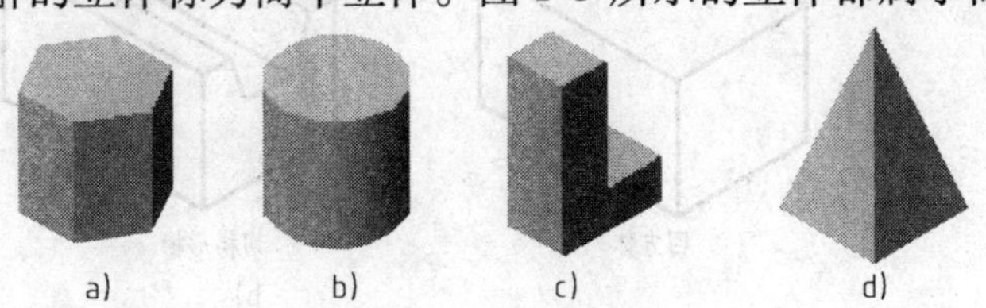

图 1-5 简单立体

a）六棱柱 b）圆柱体 c）L 体 d）四棱锥

2. 复杂立体的形成

四棱锥的形成可以这样想象：四棱锥是由四棱柱向四个方向进行切割后而成的，如图 1-7 所示。

四棱锥的形成过程启示我们：概念形态中立体的形成方式有多种。对于复杂立体，由于它是由两个或两个以上简单立体组合而成的，除拉伸方式外，切割、挖孔、叠加等方式都可以形成复杂立体。图 1-8a、b 表达了复杂立体的形成方式。

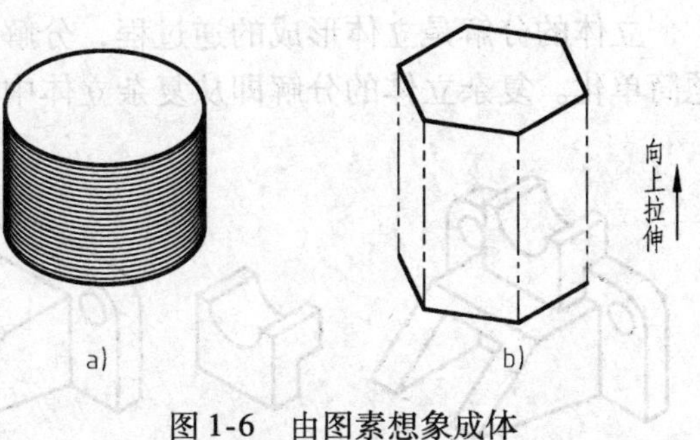

图 1-6 由图素想象成体

a）由圆形堆积成的圆柱体 b）由六边形拉伸成六棱柱

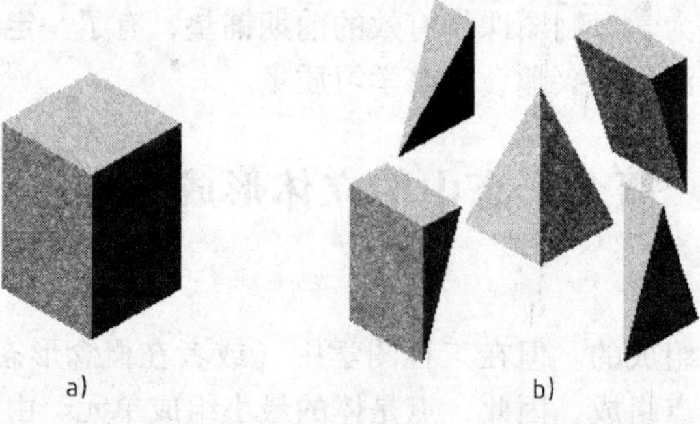
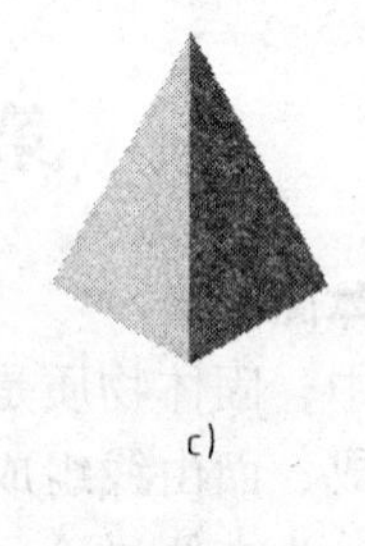

图 1-7　四棱锥的形成

a）四棱柱　b）切割四棱柱　c）四棱锥

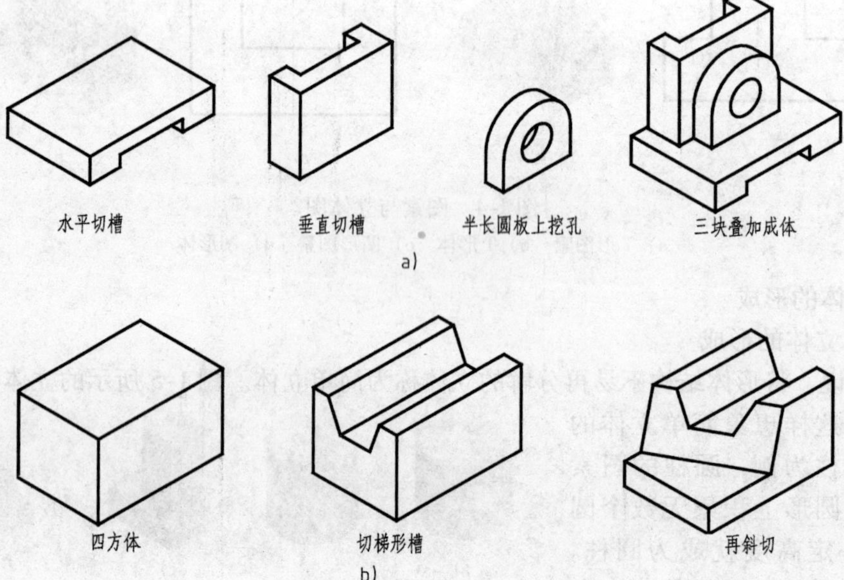

图 1-8　复杂立体的形成方式

a）挖槽叠加成体　b）切割挖槽成体

三、立体的分解

立体的分解是立体形成的逆过程，分解的目的是为研究复杂立体的二维图时能将复杂问题简单化。复杂立体的分解即从复杂立体中逐一拆出简单立体，如图 1-9 所示。

图 1-9　立体分解过程

例 1-1 根据图 1-10a 所给立体图，用橡皮泥捏出立体。

解 此立体是一个叠加式的立体，由 1、2、3、4 块简单体堆积而成，如图 1-10b 所示。因此，可先捏制四块小立体，再按各块所在位置叠加成形。捏制结果如图 1-11 所示。

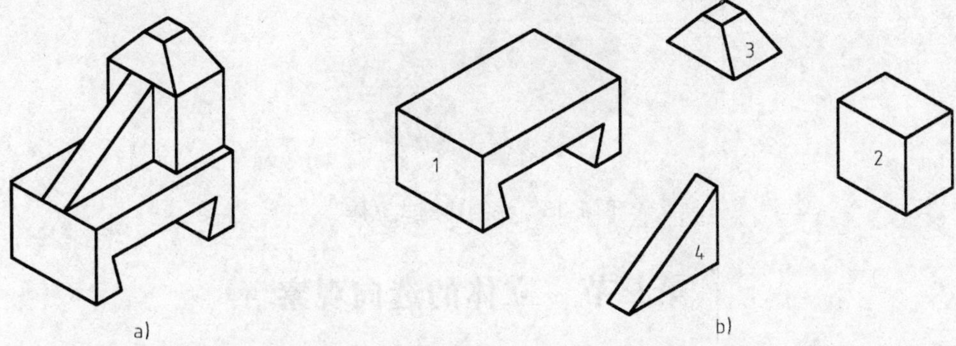

图 1-10 用橡皮泥捏制叠加式立体

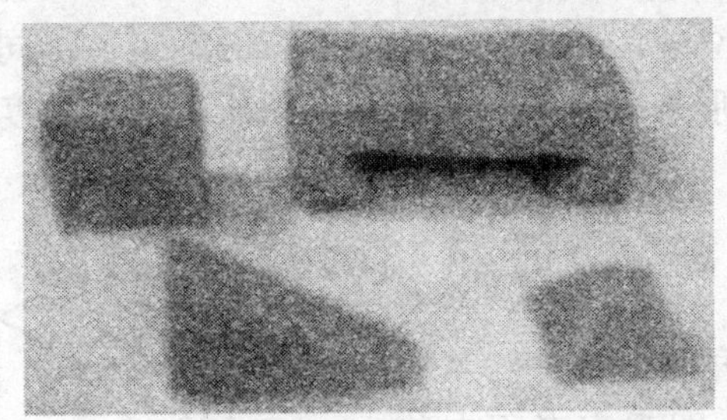
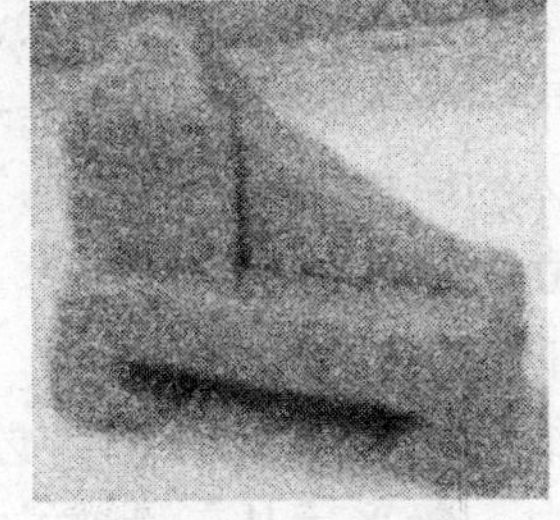

图 1-11 泥制叠加式立体

例 1-2 根据图 1-12a 所给立体图，用橡皮泥捏出立体。

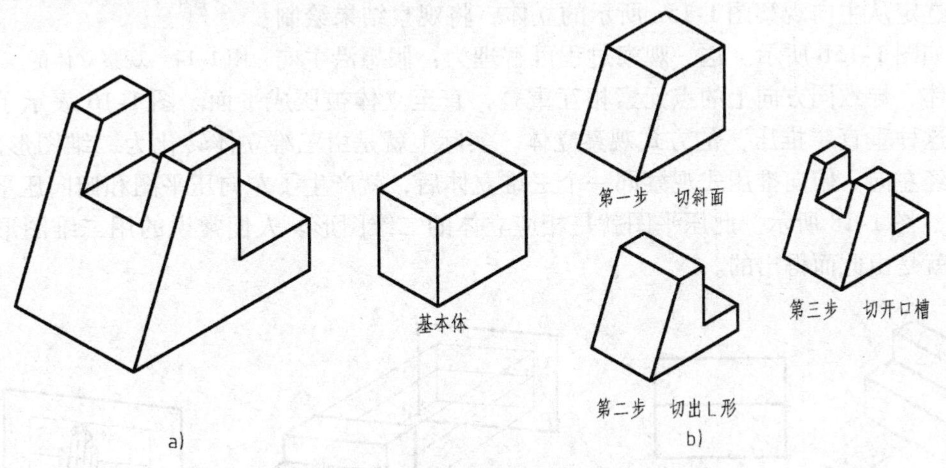

图 1-12 用橡皮泥捏制切割式立体

解 此立体是一切割式的立体，在原四方体的基础上，通过三次切割而成，如图 1-12b 所示。捏制结果如图 1-13 所示。

图 1-13　泥制切割式立体

第三节　立体的选向观察

一、立体形态的不定性

当我们拿起一个熟悉的实物，如手机、小闹钟等在手中转动时，可以观察到物体每转动一个角度都会呈现出不同的形状，这体现了立体的本质，即立体形态的不定性，同时也告诉我们不能用一个形状的轮廓或是一个二维图形来确定某一立体，必须从不同的角度去观察才能获得立体的完整信息。

二、立体的选向观察

1. 选向观察

欲详细了解实物的形态，必须从多个角度去观察实物。工程图学中一般采用从三个方向观察实物，即观察者面向物体，从前垂直向后、从左垂直向右、从上垂直向下观察，分别称为主向观察、左向观察、俯向观察，如图 1-14 所示。

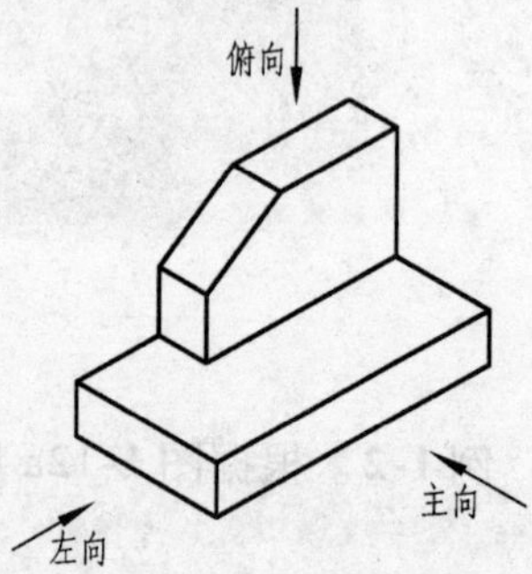

俯向
主向
左向

图 1-14　观察立体的三个方向

2. 压平图

现选定从主向观察图 1-15a 所示的立体，将观察结果绘制成图，如图 1-15b 所示。这一观察过程可解理为：假想沿主向推压立体，导致同方向上的点元素相互重叠，直至立体被压成平面。图 1-16 表示了推压过程。用这种垂直"推压"的方式观察立体，实际上就是由三维立体转化为二维图形的过程。因此，经左向、俯向推压式观察同一个三维立体后，就产生了左向压平图和俯向压平图，如图 1-17、图 1-18 所示。此压平图就是相应立体的二维图形。人们常说的用二维图形研究三维问题就是由此而得出的。

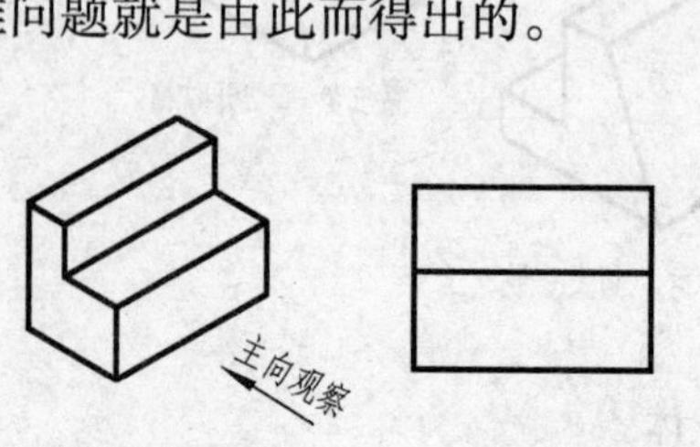

图 1-15　主向观察结果
a）主向观察　b）绘制成图

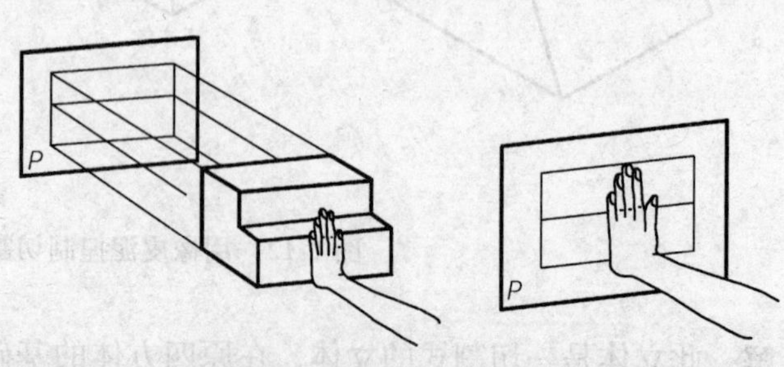

图 1-16　假想立体推压成平面

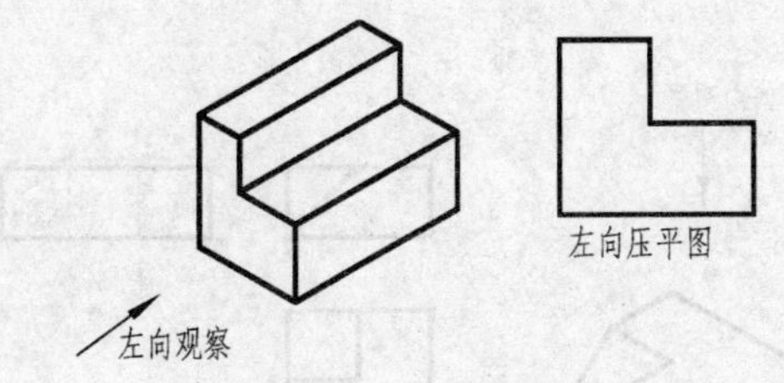

图 1-17　左向压平图

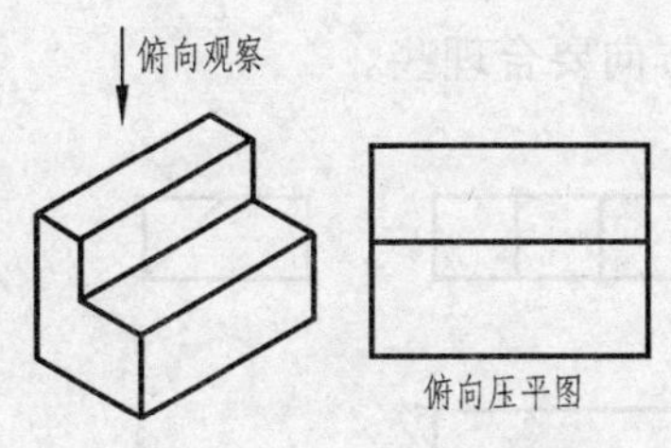

图 1-18　俯向压平图

例 1-3　根据图 1-19 所示的立体模型，画出主、左、俯三方向的二维图形，即压平图。

解　经主向观察并假想进行垂直推压成面，画出主向二维图形，如图 1-20a 所示。同样，经观察并假想推压，画出俯向、左向二维图形，如图 1-20b、c 所示。

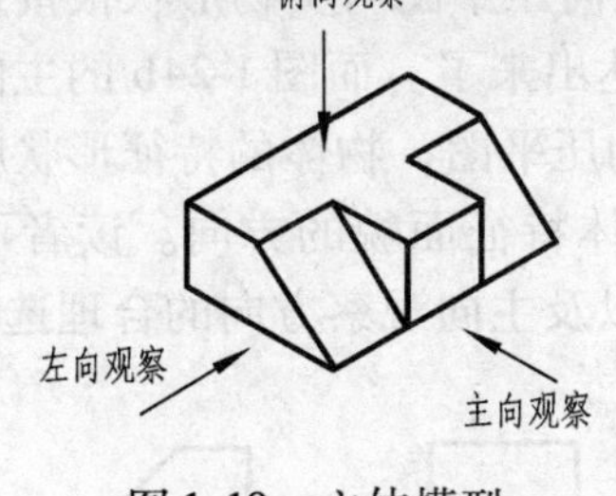

图 1-19　立体模型

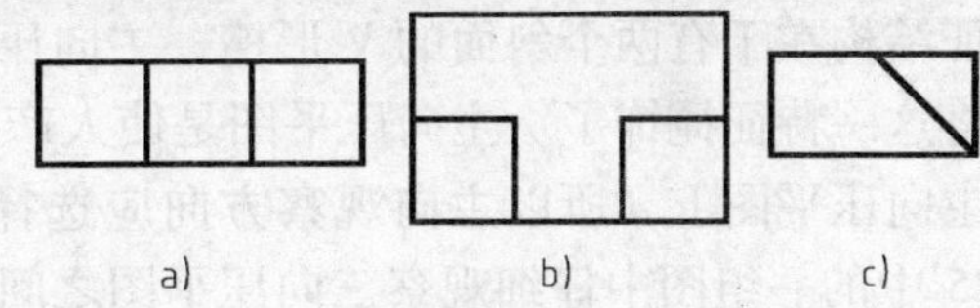

图 1-20　由立体模型画出二维图形

a）主向压平图　b）俯向压平图　c）左向压平图

三、压平图的放置

每一个压平图只显示出了两个方向的尺寸，如图 1-21 所示，从主向观察立体，假想立体在宽度方向被“挤压”成“零宽度”，那么主向压平图只显示出立体的长度尺寸和高度尺寸。同理，左向压平图只显示立体的宽度尺寸和高度尺寸，俯向压平图只显示立体的长度尺寸和宽度尺寸。

由于上述三向压平图表达的是同一个立体，且图与图之间有着尺寸和结构的对应关系，为方便后面更深入地研究问题，建议三向压平图按图 1-22 所示位置放置。

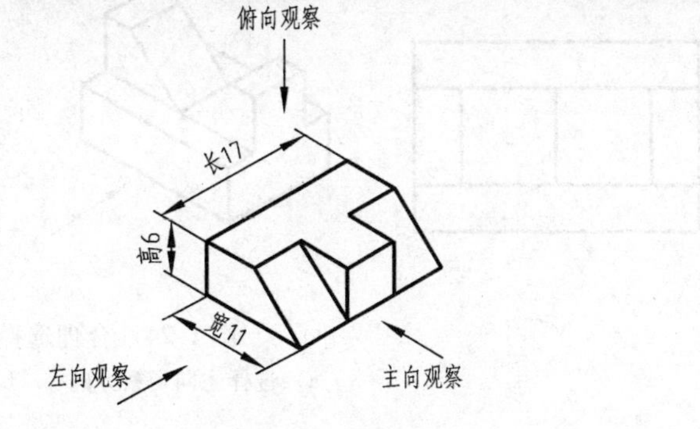

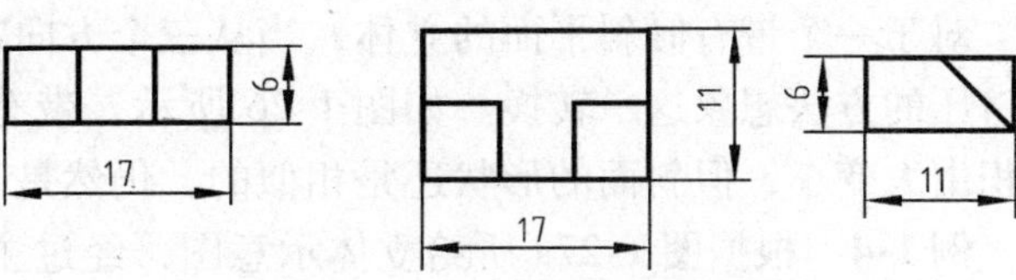

图 1-21　三向压平图上的长宽高尺寸显示

由图 1-22 可以看出，主向压平图和俯向压平图的长度方向对正，主向压平图和左向压平图的高度方向平齐，左向压平图和俯向压平图的宽度方向相等。无论是总体尺寸还是局部尺寸、总体结构还是局部结构，三向压平图之间一定要一一对应。如果将主向观察方向变化为图 1-23 所示的方向，其对应的三向压平图与图 1-22 是不一样的。一般将主向观察方向设定在能反映物体主要形状的方向上。相比而言，图 1-21 所示的主向方向较图 1-23 所示的主向方向要合理些。

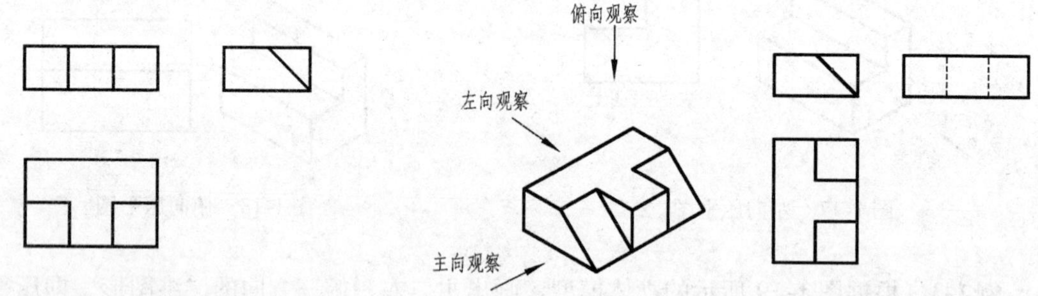

图 1-22　三向压平图的规定放置　　图 1-23　改变主向观察方向后的压平图

再将图 1-24a 和图 1-24b 进行比较，图 1-24a 中的主向压平图与实物形状很接近，它的特征结构在于有两个斜面的 V 形槽，主向压平图充分表达出来了。而图 1-24b 的主向压平图却将这一特征掩饰了。主向压平图是使人产生第一感觉的压平图，物体的特征形状应该反映在主向压平图上，所以主向观察方向应选择最能反映物体特征面貌的方向。读者可以从图 1-25 中的一组图中仔细观察三向压平图之间的对应关系以及主向观察方向的合理选择。

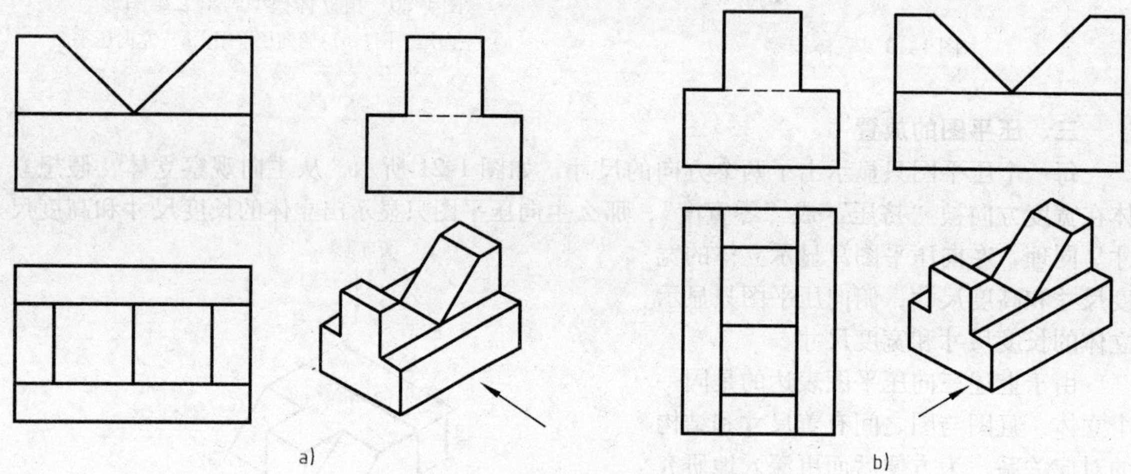

图 1-24　合理选择主向观察方向

a）选择主向观察方向一　b）选择主向观察方向二

对于一个带有倾斜平面的立体，当从三个方向观察斜面并画斜面二维图形时，仍然用垂直挤压的方法想象这一转换。如图 1-26 所示，带有阴影的斜面，经垂直向下推压后，阴影面积由大变小，但斜面的形状还是相似的，仍然是“凹”字形。

例 1-4　根据图 1-27a 所给立体示意图，经过主、俯、左三个方向的观察后，用假想推压法画出立体的三向压平图。

解　图 1-27a 所给立体类似于一个房屋外形，斜坡面上叠加了一个三角块。将立体作了大致的分解后，可按立体的分解步骤对应画图，即先画房屋的三向压平图，再画三角块的三向压平图，如图 1-27b、c、d 所示。

图 1-25 立体模型与对应的三向压平图

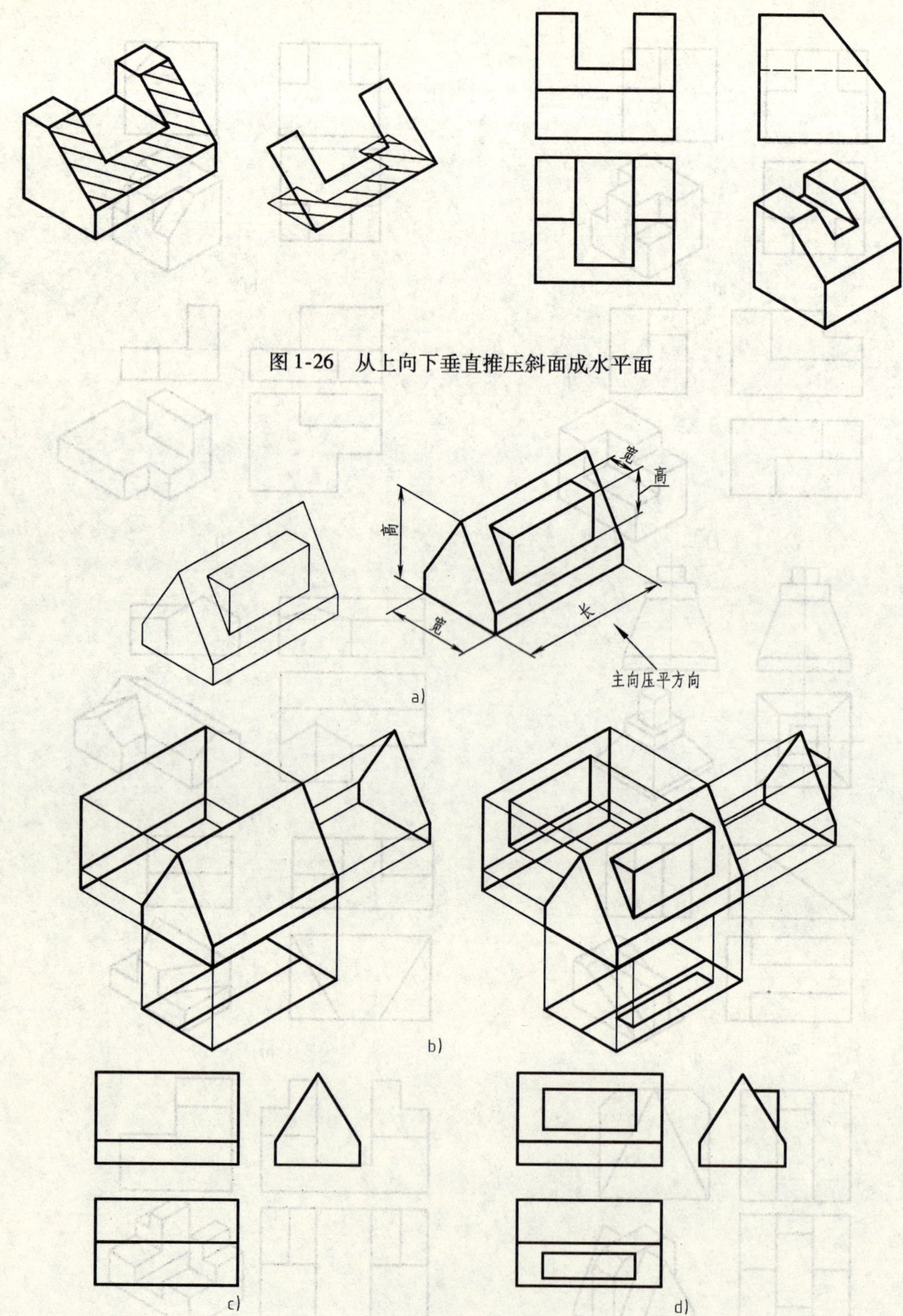

图 1-26 从上向下垂直推压斜面成水平面

图 1-27 根据立体图画三向压平图

a）带有长宽高标注的立体示意图 b）分两步画压平图的示意图

c）先画房屋三向压平图 d）再画三角块三向压平图

需要再次强调：三向压平图之间一定要符合长、宽、高的对应关系。图 1-28 所示的一组三向压平图是不符合对应关系的。

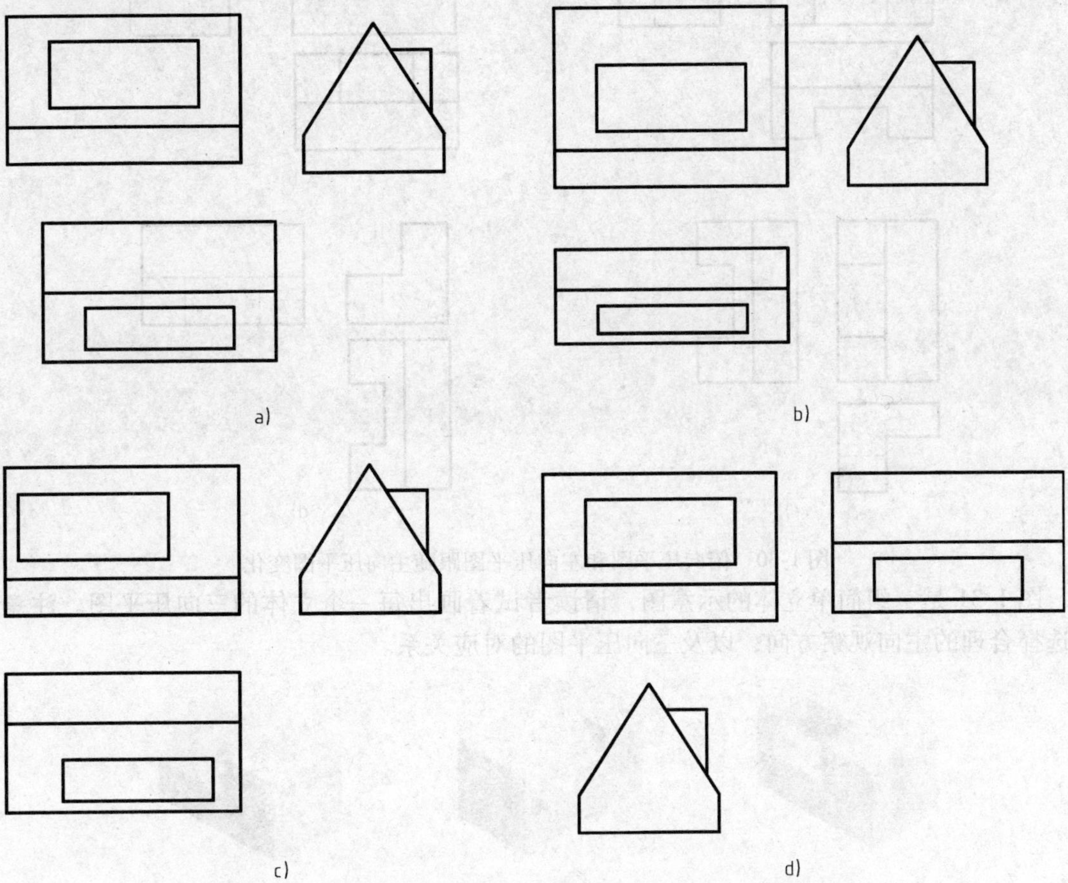

图 1-28 不符合对应关系的三向压平图

a）长没对正，高没对齐 b）宽不相等，高没对齐 c）三角块长没对正 d）压平图位置放错

当同一个物体以不同形式摆放时（见图 1-29），其主向压平图会呈现不同的形式，俯向压平图和左向压平图也都随之变化，如图 1-30 所示。因此，物体的摆放应考虑突出结构的特征性。图 1-29c 和 d 的放置就没有突出物体的结构特征，对应的主向图所要表达的物体形状也显得不鲜明。相比而言，图 1-29a 和 b 的放置形式较好。

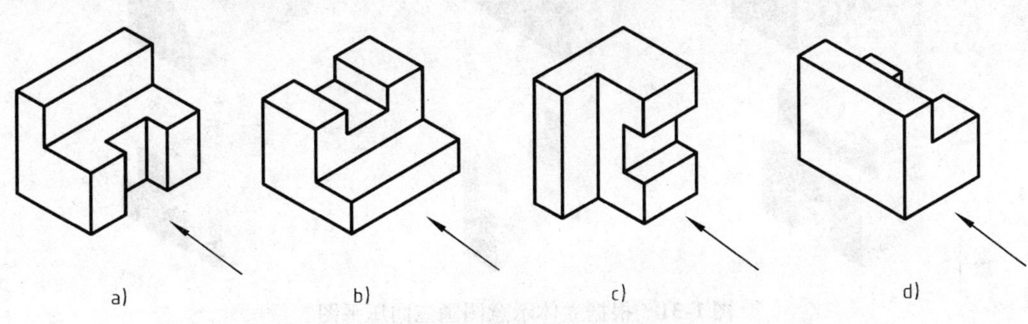

图 1-29 同一物体不同的放置形式

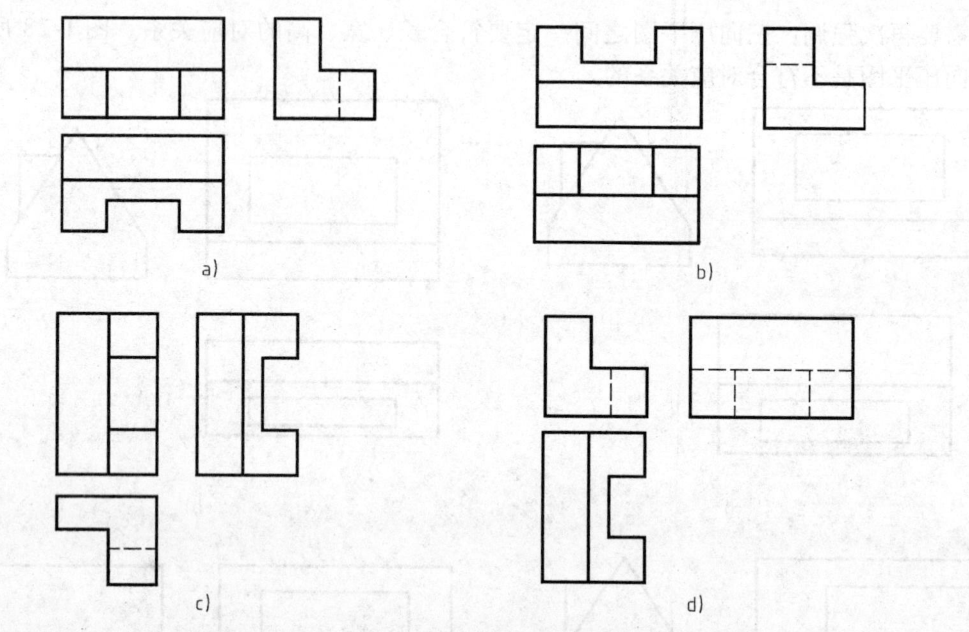

图 1-30　俯向压平图和左向压平图跟随主向压平图变化

图 1-31 是一组简单立体的示意图，请读者试着画出每一个立体的三向压平图。注意考虑选择合理的主向观察方向，以及三向压平图的对应关系。

图 1-31　根据立体示意图画三向压平图

第四节 由压平图构建三维模型

一、单向压平图构建三维模型

在第二节中曾提到立体图图素的概念，图素是一个二维且只有一个平面的图形，因此，拉伸这个平面就能得到形状唯一的三维模型。而对于图 1-32 所示的含有两个图素的主向压平图，通过拉伸后将会产生不同形状的三维模型，如图 1-33 所示。由此可知，仅由一个含两个或两个以上图素的压平图所构建的三维模型不具有唯一性。

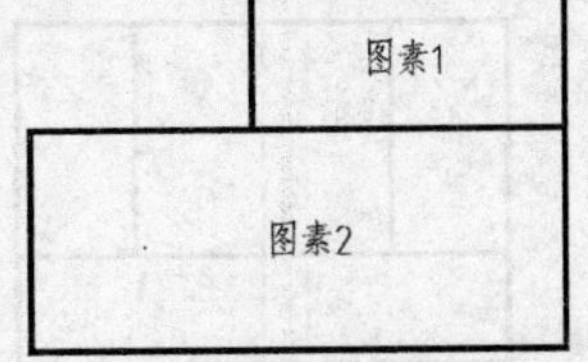

图 1-32 含有两个图素的压平图

二、多向压平图构建三维模型

为解决上述唯一性问题，只有再增加左向、俯向压平图，也就是有两至三个压平图才能构建出唯一的三维模型，如图 1-34 所示。注意：左向压平图和俯向压平图必须是针对同一个立体对象。

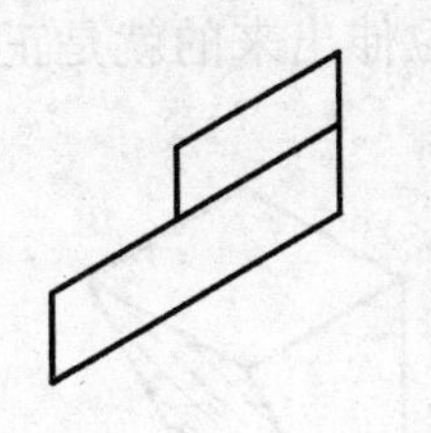
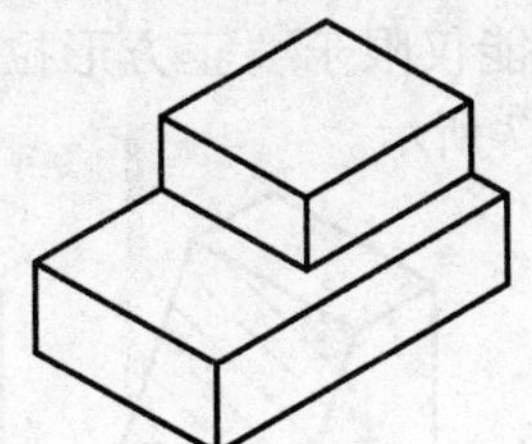
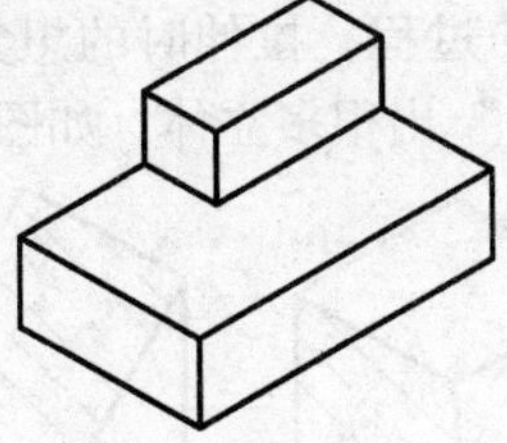
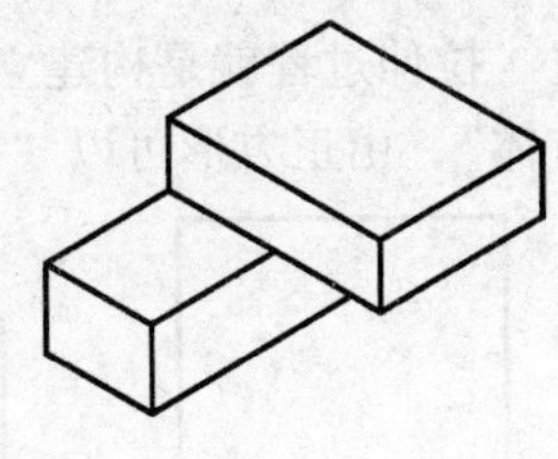

图 1-33 一个压平图构建出不同的三维模型

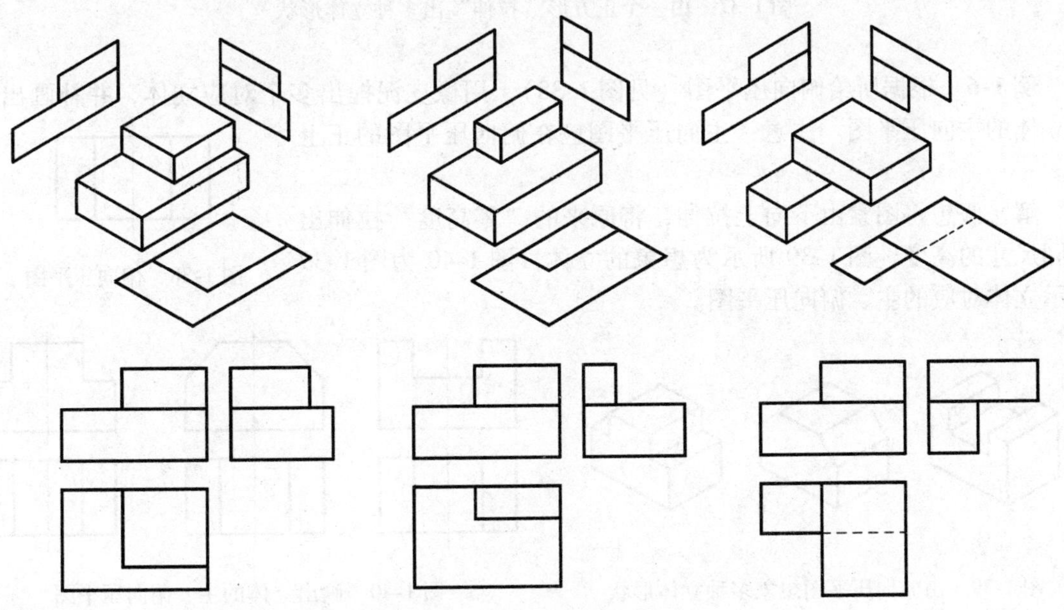

图 1-34 三向压平图构建唯一的三维模型

例 1-5 根据所给主向压平图（见图 1-35），构建多种立体形状（可使用橡皮泥构形）。

解 图 1-35 中四个完整的矩形线框，或称四个矩形图素，假想由后向前垂直拉伸，将原来的“零厚度”拉伸出不同尺寸的厚度。图 1-36 所示为“拉伸”出的各种立体。

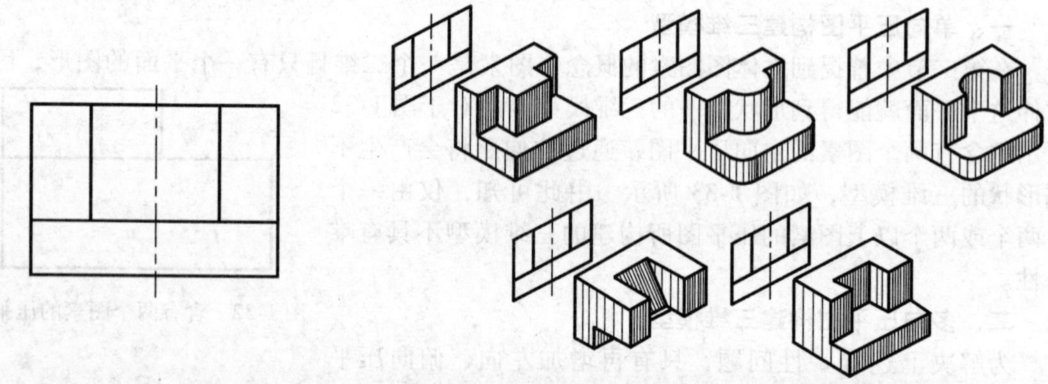

图 1-35 主向压平图

图 1-36 由主向压平图想象多种立体形状

拉伸过程就是构建立体的过程。拉伸时的想象不能仅限于“正方形拉伸出来的就是正方体”，由正方形可以“拉伸”出很多立体，如图 1-37 所示。

图 1-37 由一个正方形“拉伸”出多种立体形状

例 1-6 根据所给俯向压平图（见图 1-38），用橡皮泥捏出多个对应立体，并补画出这些立体的主向压平图。注意：主向压平图应在俯向压平图的正上方。

图 1-38 俯向压平图

解 假想将图素由下向上拉伸，将原来的“零高度”拉伸出不同尺寸的高度，图 1-39 所示为想象的立体，图 1-40 为图 1-39 所示立体对应的主、俯向压平图。

图 1-39 由俯向压平图想象多种立体形状

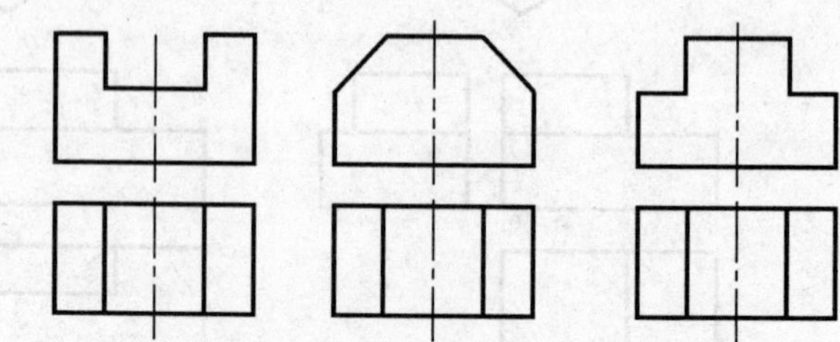

图 1-40 画出立体的主、俯向压平图

例 1-7 如图 1-41 所示，根据所给主、左、俯三向压平图，进行立体构形，并用橡皮泥捏出各立体的形状。

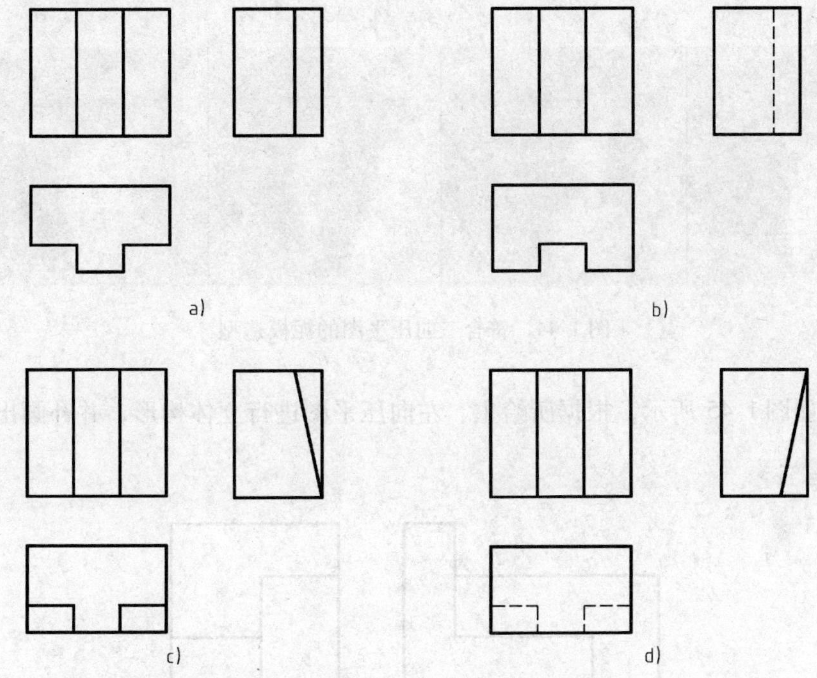

图 1-41　根据三向压平图进行立体构形

解　进行立体构形时可从最具特征的压平图开始，边构形边观察捏制的立体是否也符合另外两个给定的压平图。例如，图 1-42 中的立体模型，虽然符合图 1-41 中的主向压平图，但不符合任一个俯向压平图，显然这个立体构形不对，应排除。图 1-43 所示为构建出的立体模型，每一个立体构形都符合对应的三向压平图。图 1-44 所示为手工捏的泥模。

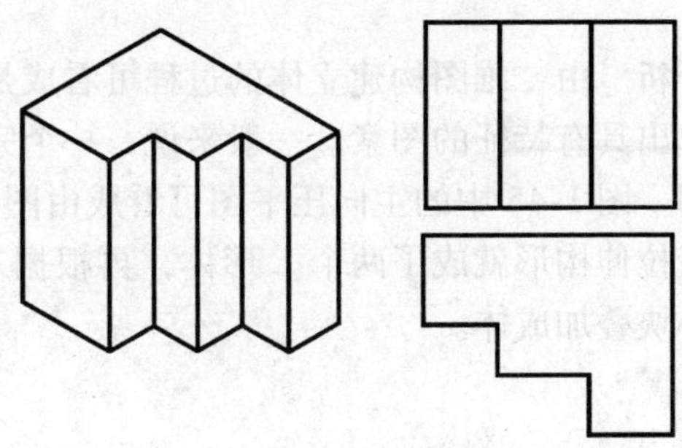
图 1-42　立体的构形不符合图 1-41 中任一个俯向压平图

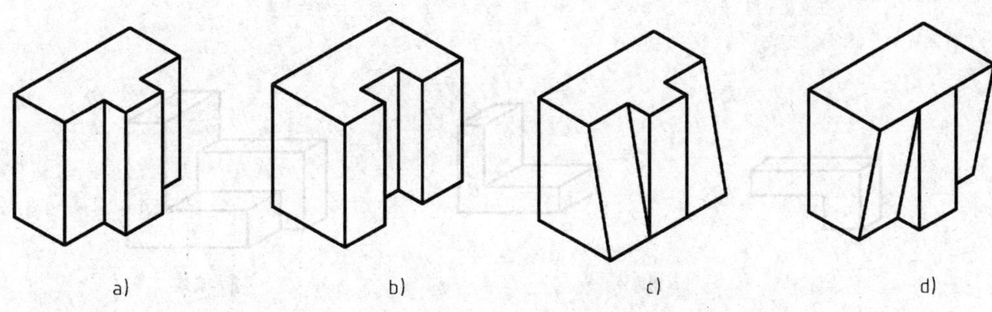

图 1-43　符合三个方向压平图的立体构形

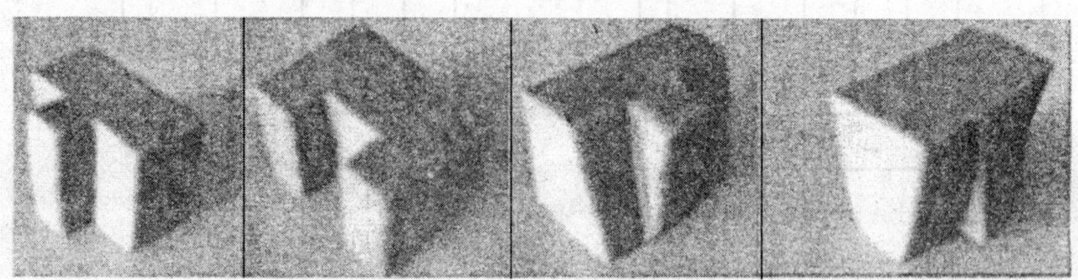

图 1-44　符合三向压平图的泥模造型

例 1-8　如图 1-45 所示，根据所给主、左向压平图进行立体构形，并补画出立体的俯向压平图。

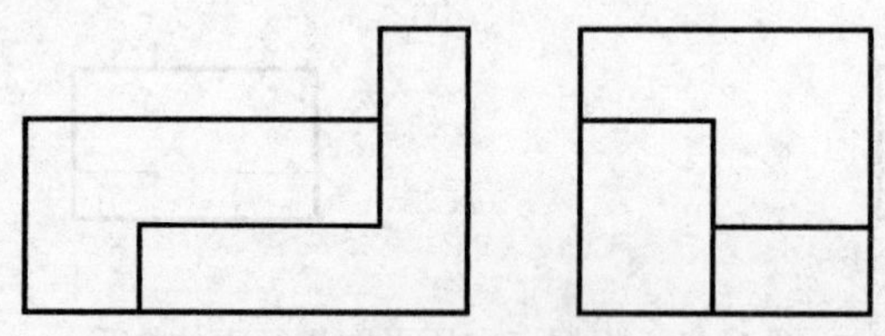

图 1-45　根据两向压平图想象立体形状

分析　由二维图构建立体的过程可看成是由图素拉伸成体的过程。因此，要学会在压平图中找出具有特征的图素。一般来说，一个完整的封闭线框可看成为一个图素。

解　图 1-45 中的主向压平图可看成由图 1-46 所示的 *A* 和 *B* 两个图素组成。将这两个图素进行拉伸构形就成了两个 L 形体，再根据左向压平图判断 *A* 体相对于 *B* 体的方位，最后将两小块叠加成体。

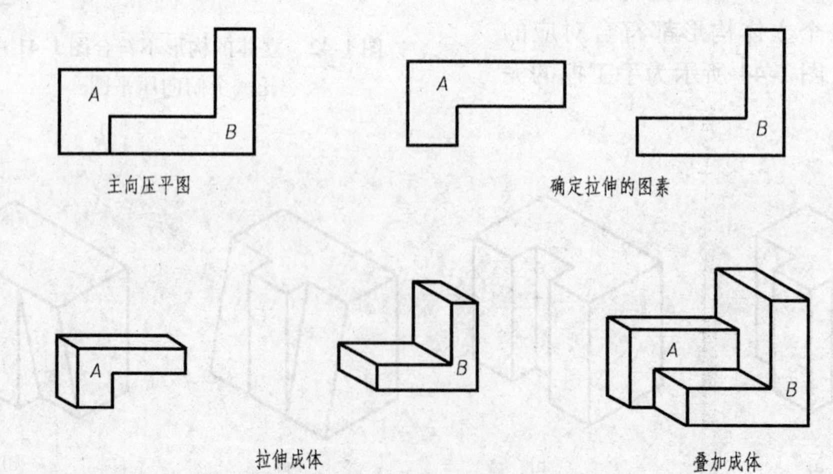

图 1-46　根据图素拉伸成体

也可以将左向压平图分解成三个封闭线框作为拉伸图素，如图 1-47 所示。将拉伸成体的三小块叠加，即可完成立体构形。

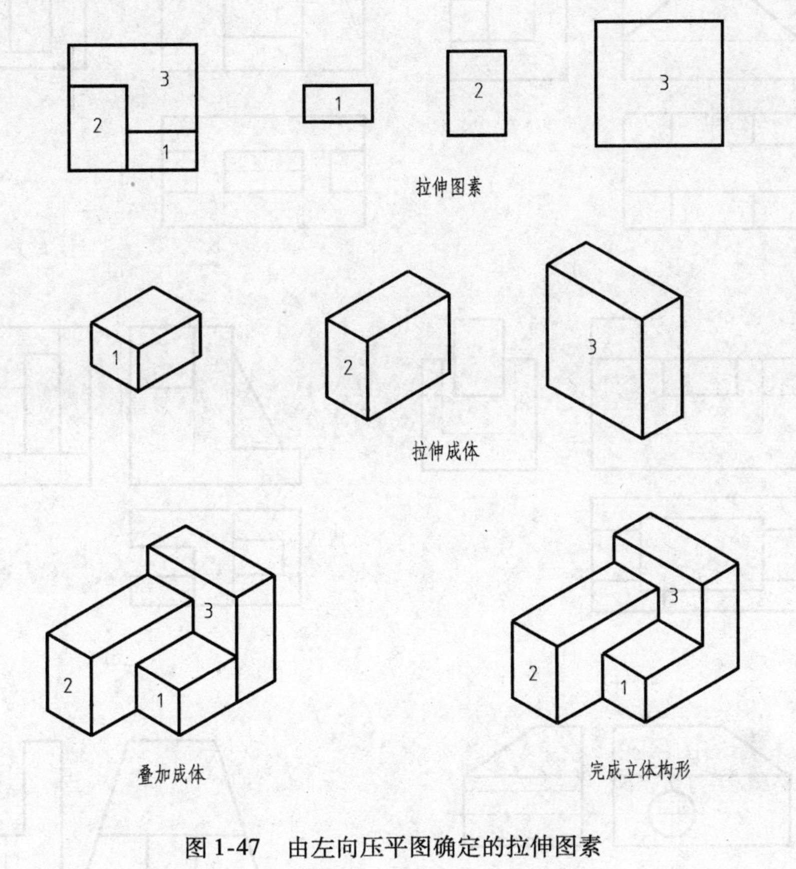

图 1-47 由左向压平图确定的拉伸图素

完成立体构形后，再将俯向压平图补上。假想从上向下挤压立体，最终“压”出来三个矩形框，如图 1-48 所示。

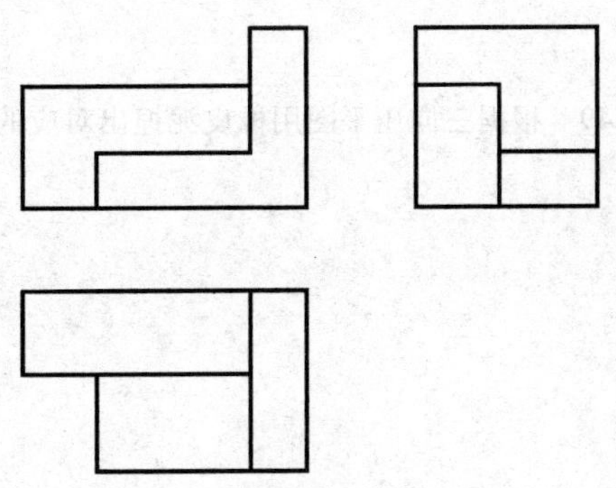

图 1-48 补画俯向压平图

图 1-49 所示是一组三向压平图，请读者试着用橡皮泥捏出对应的模型来。

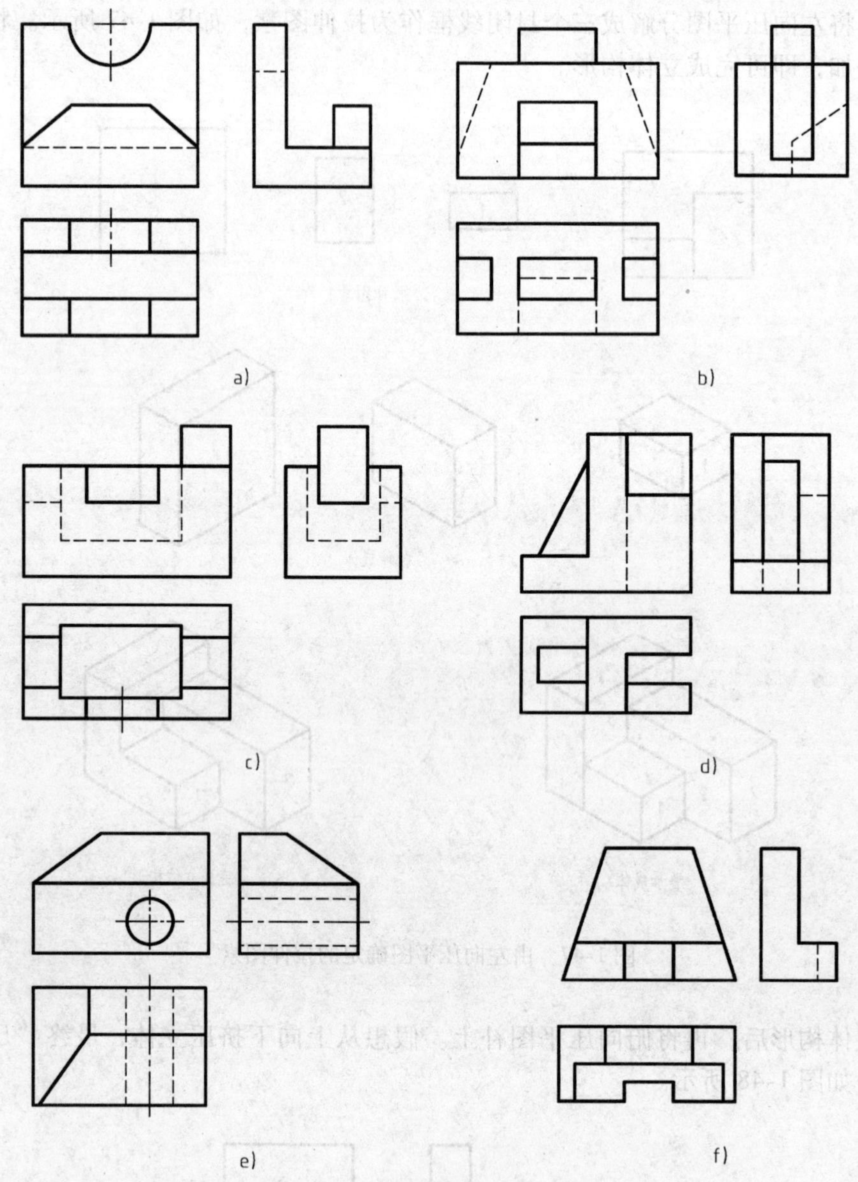

图 1-49　根据三向压平图用橡皮泥捏出对应的模型

第二章　立体的三面投影

第一节　投影法概念

一、投影的基本概念

物体被灯光或日光照射，在地面、墙面或桌面上会留下影子，这就是自然投影现象，如图 2-1 所示。“影子”能大致反映出物体某个方向的外廓形状，但不能反映出物体各表面间的界线和被遮挡部分。人们在投影现象的启示下，经过反复观察和研究，从物体和投影的对应关系中总结出了投影理论方法，即从光源发出的投射线通过物体再向选定的面投射，并在该面上得到图形的方法，就为投影法，如图 2-2 所示，这里提到的投射线是假想的光线，或者理解为人的视线。此方法在工程实际中可实现用二维图形准确地研究三维问题，这也正是本课程的学习目标。从图 2-2 中可看到与投影有关的术语——投射线、投影面、投影等，这些都是本书后面经常要用到的相关名词，读者可从图中理解其含义。

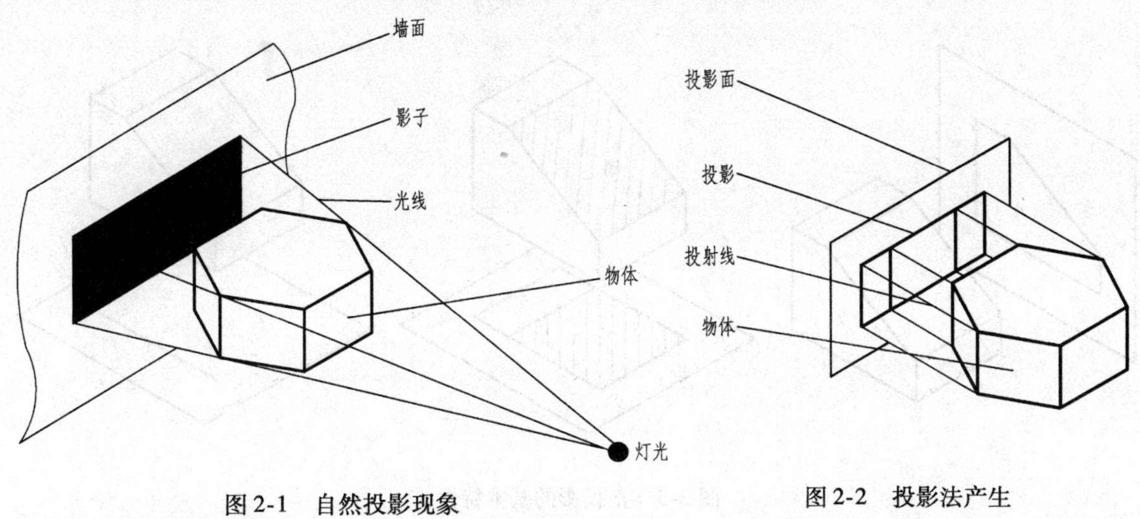

图 2-1　自然投影现象　　　图 2-2　投影法产生

二、投影法的分类

投影法可分为中心投影法和平行投影法两类。图 2-3 所示为中心投影法，图 2-4 所示为平行投影法。由于机械制图中常用的是平行投影法，所以本书主要讨论平行投影法。

由图 2-4 可以看出，平行投影法因投射线与投影面夹角不同，又可分为正投影法和斜投影法。本书重点讨论正投影法，并将正投影简称为投影。

三、正投影的基本性质

正投影的基本性质为“三性”，即真实性、类似性和积聚性，可通过图 2-5 来理解“三性”的含义。

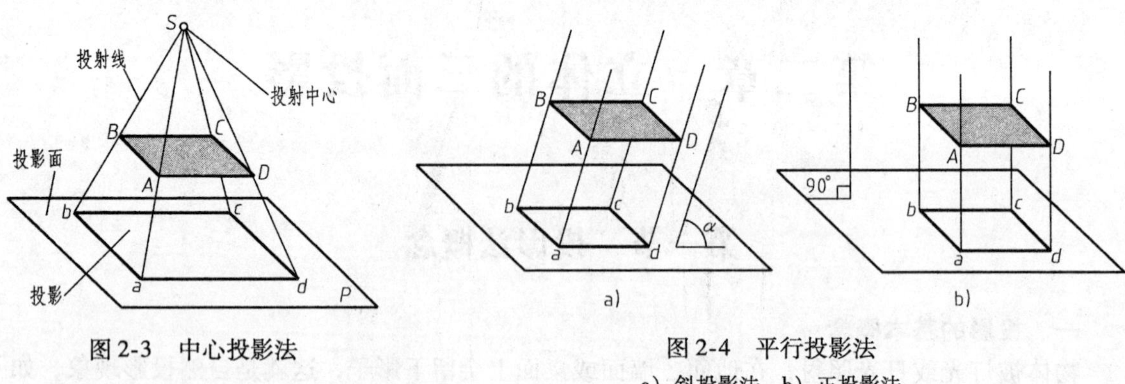

图 2-3　中心投影法

图 2-4　平行投影法

a）斜投影法　b）正投影法

(1) 真实性　如图 2-5a 所示，立体中的 *A* 平面向正前方投射，由于投影面与 *A* 面平行，故得到的投影图与 *A* 面在形状和面积上都是相等的，投影具有真实性。

(2) 类似性　如图 2-5b 所示，立体中的阴影面向下垂直投射，由于阴影面倾斜于投影面，故得到的投影图与实际阴影面的面积不等，但在形状上类似。

(3) 积聚性　如图 2-5c 所示，立体中的 *A* 平面向下垂直投射，由于 *A* 平面垂直于投影面，*A* 面上的所有几何元素都积聚在一条直线上，故得到的投影图是一条直线。

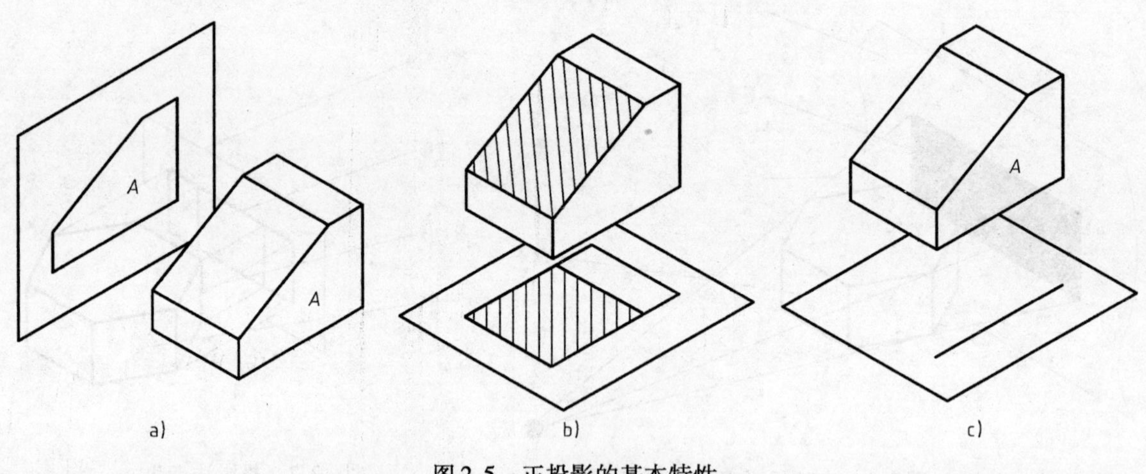

图 2-5　正投影的基本特性

a）真实性　b）类似性　c）积聚性

第二节　三视图概念

一、视图

用正投影法绘制出的物体的图形，称为视图。形成视图的投射线是观察者的视线。视图的概念使我们想到第一章构形基础中的立体选向观察问题。以推压方式观察物体和以投射方式观察物体，观察后绘制出的图形都是一样的，如图 2-6 所示。所以，压平图也是视图。

二、三投影面体系

图 2-7 表示出不同物体投射到一个投影面上得到了相同的视图，可见，用一个视图表达物体不具有唯一性。我们在第一章中也讨论过此类问题。显然，解决问题的途径也是再增加另一方向的视图。机械图常用三个视图表达物体的形状，所以我们常用三投影面体系。

1. 三投影面

图 2-8 所示为一三投影面体系。根据正投影原理，三个投影面必须互相垂直。将图中标有 *V*、*H*、*W* 字母的投影面分别命名为正立投影面、水平投影面、侧立投影面。若将投影面看成坐标面，则有：

OX 轴——*V* 面与 *H* 面的交线，用来描述物体长度方向尺寸或左右定位尺寸。

OY 轴——*H* 面与 *W* 面的交线，用来描述物体宽度方向尺寸或前后定位尺寸。

OZ 轴——*V* 面与 *W* 面的交线，用来描述物体高度方向尺寸或上下定位尺寸。

O 点——三坐标轴相交点，尺寸或位置的基准点。

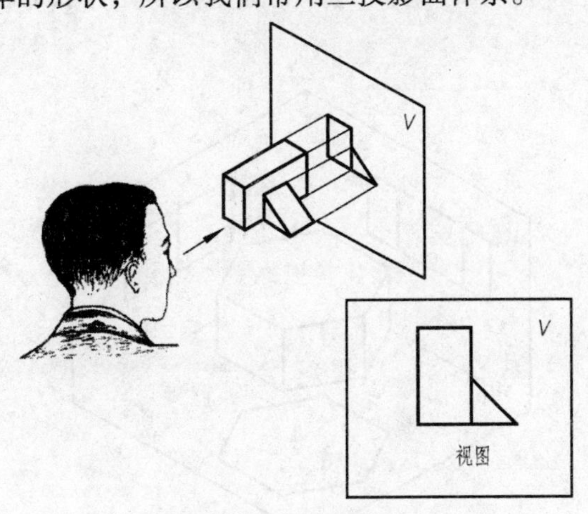

图 2-6　视图的概念

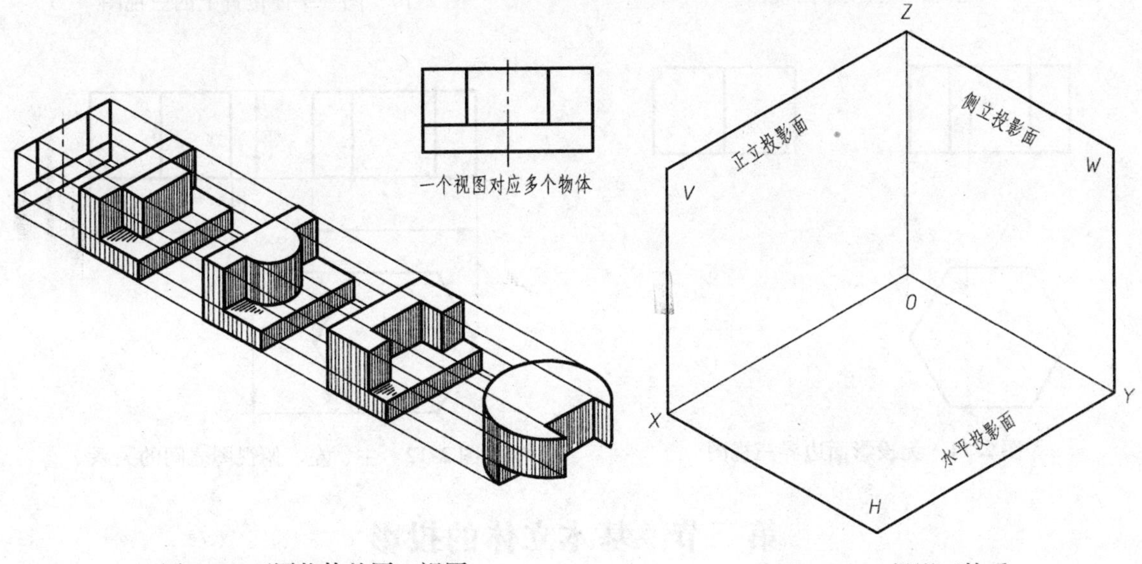

图 2-7　不同物体的同一视图

图 2-8　三投影面体系

2. 三视图

在 *V* 投影面上所得的图形称为主视图；在 *H* 投影面上所得的图形称为俯视图；在 *W* 投影面上所得的图形称为左视图。由于机械图常用这三种图形表达，所以习惯上称为三视图，如图 2-9 所示。

因三投影面相互垂直，图 2-9 所示的视图不在一个面上，这不便于研究问题，所以将 *H* 和 *W* 两投影面打开，并与 *V* 面同面，如图 2-10 所示。由于投影与投影面的边界大小无关，所以常见的三视图形式如图 2-11 所示。可以说，我们对三视图并不陌生，它与三向压平图的表现形式是相同的。

根据正投影概念并参看图 2-10 和图 2-11 可知：假定物体在三投影面体系中的位置不变，则三个视图之间具有图 2-12 所示关系：即主、俯视图长度相等，主、左视图高度相等，左、俯视图宽度相等。行业术语就是：长对正、高平齐、宽相等。

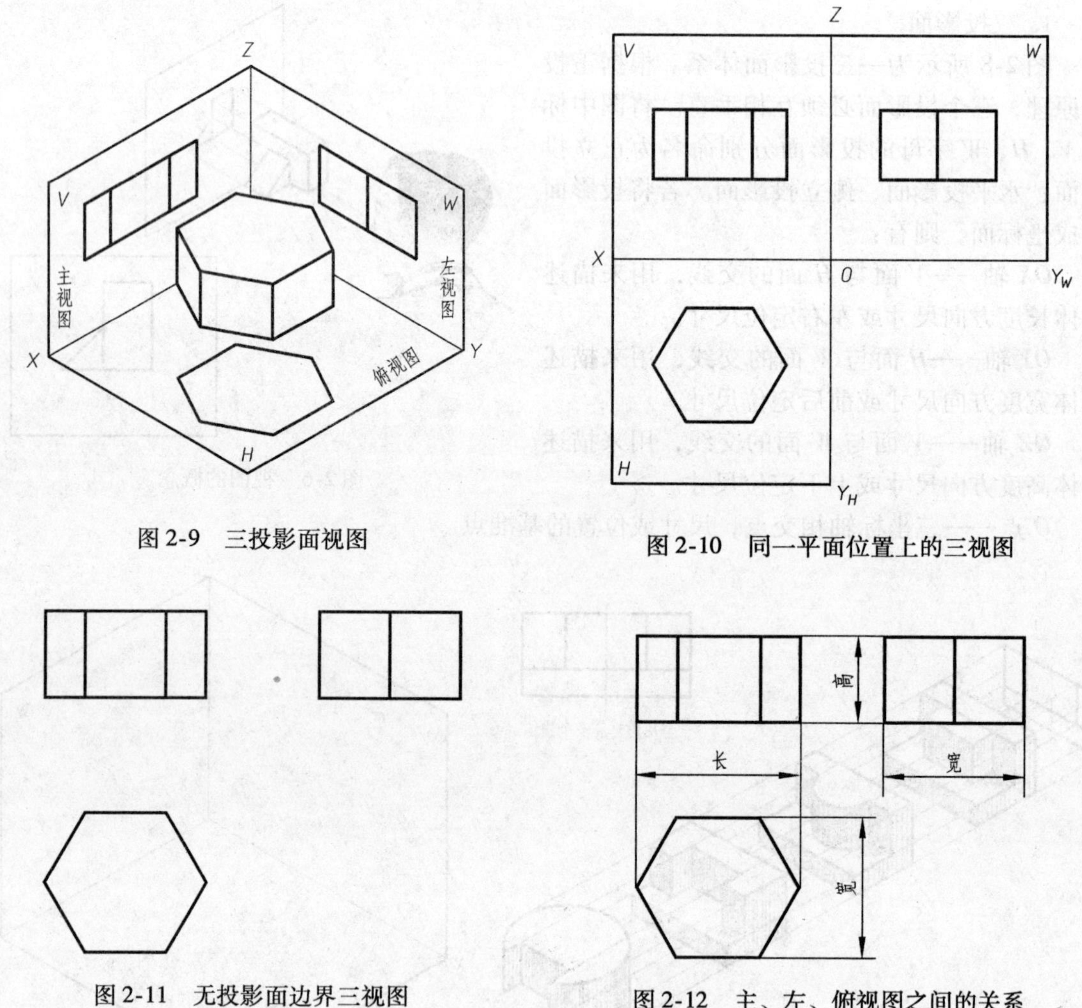

图 2-9　三投影面视图

图 2-10　同一平面位置上的三视图

图 2-11　无投影面边界三视图

图 2-12　主、左、俯视图之间的关系

第三节　基本立体的投影

立体可分为平面立体和曲面立体，图 2-13 所示的一类立体称为平面立体，图 2-14 所示的一类立体称为曲面立体。

一、平面立体及立体上点的投影

图 2-15 所示为一个六棱块在三投影面体系中投影的直观图和三面投影图。在六棱块上标注了很多字母，以字母代替点，并约定空间立体上的点用大写拉丁字母表示；投影到 *V* 面上的点用相应的小写拉丁字母表示，并在字母的右上角加一撇；投影到 *W* 面上的点用相应的小写拉丁字母表示，并在字母的右上角加两撇；投影到 *H* 面上的点用相应的小写拉丁字母表示。被遮挡的不可见点用括号括起来。如图 2-15 中的三视图。

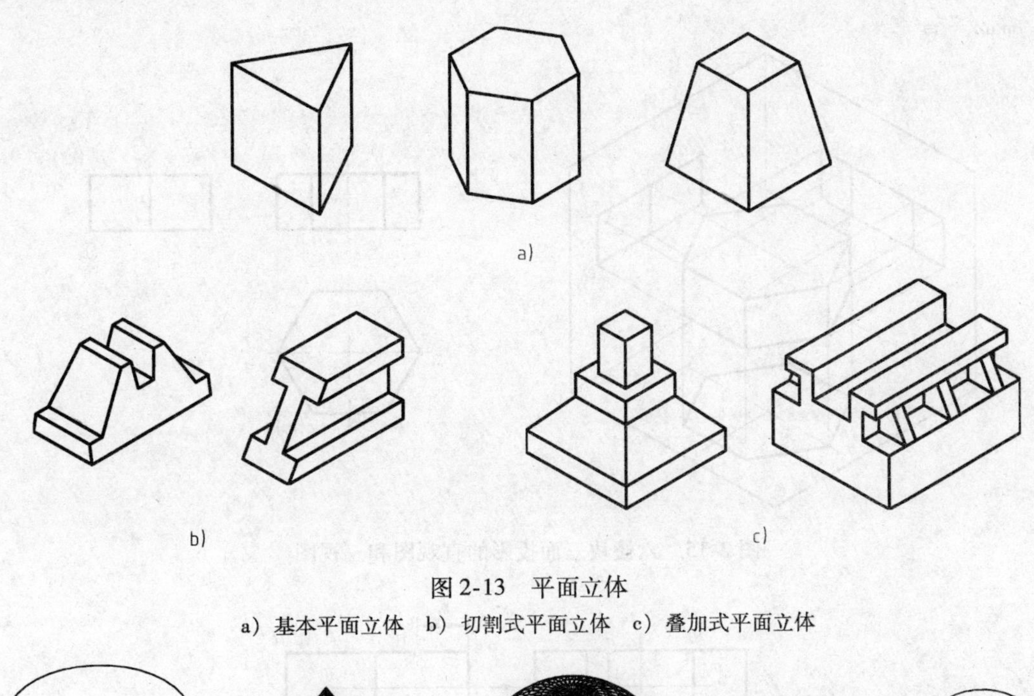

图 2-13 平面立体
a）基本平面立体 b）切割式平面立体 c）叠加式平面立体

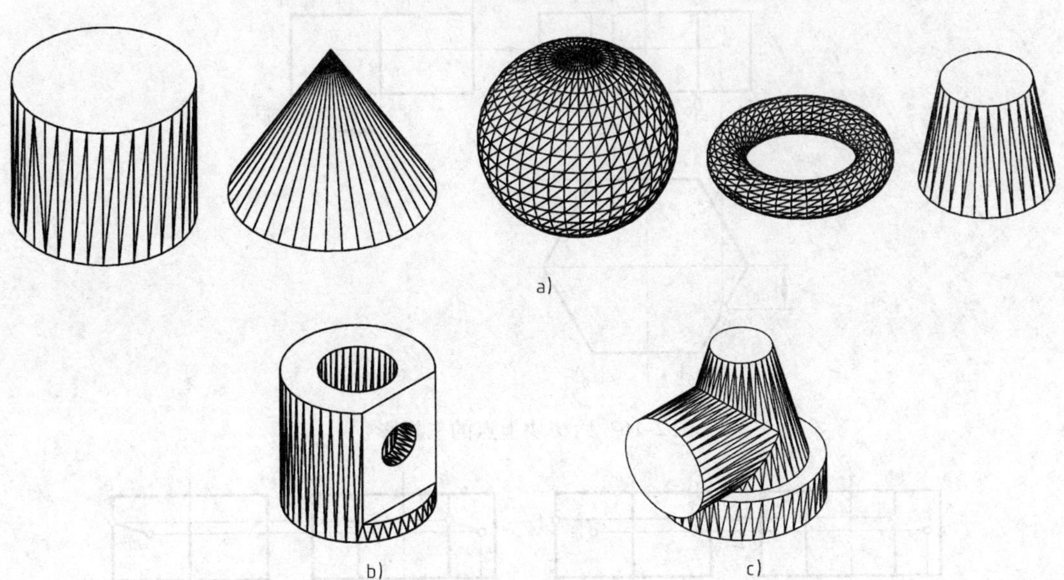

图 2-14 曲面立体
a）基本曲面立体 b）切割式曲面立体 c）组合式曲面立体

图 2-16 所示为六棱块以及其上点 M 和点 N 的投影图，图中的 y_1、y_2 表示点到某线的宽度距离。H 面上的 y_1 等于 W 面上的 y_1，H 面上的 y_2 也等于 W 面上的 y_2，这个概念一定要牢牢掌握。

图 2-17 也是六棱块的三面投影图，若将其上的 M 和 N 两点的三面投影相应连接，就变成了立体上直线的投影。

注意：图 2-16 中的 M 和 N 两点是不能相连的，因为这两点不在同一个平面上。M 点在铅垂面上，N 点在水平面上。而图 2-17 立体图上的 M、N 两点在同一个铅垂面上。

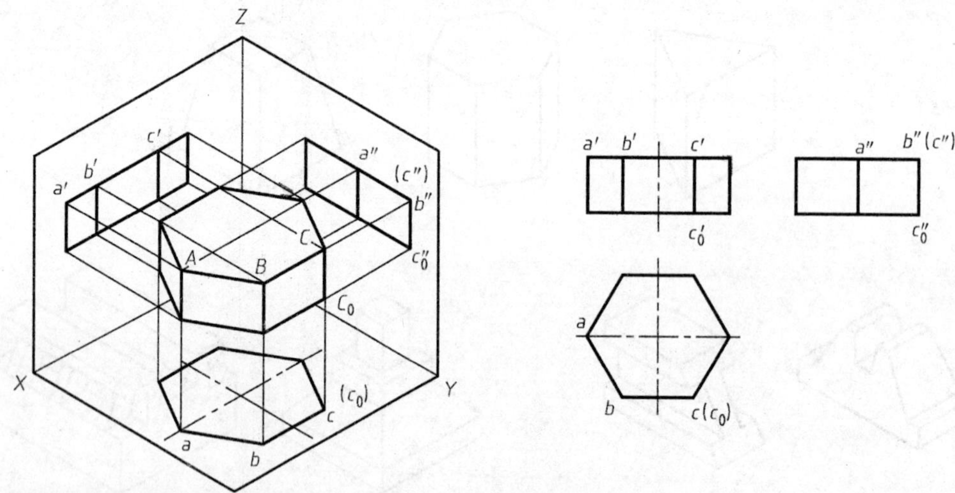

图 2-15　六棱块三面投影的直观图和三视图

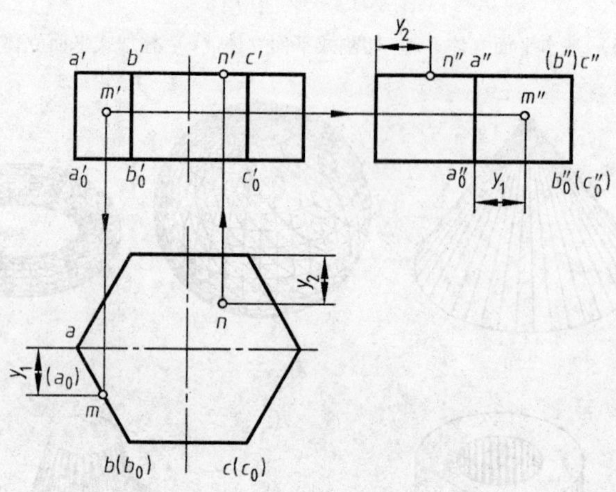

图 2-16　六棱块上点的三投影

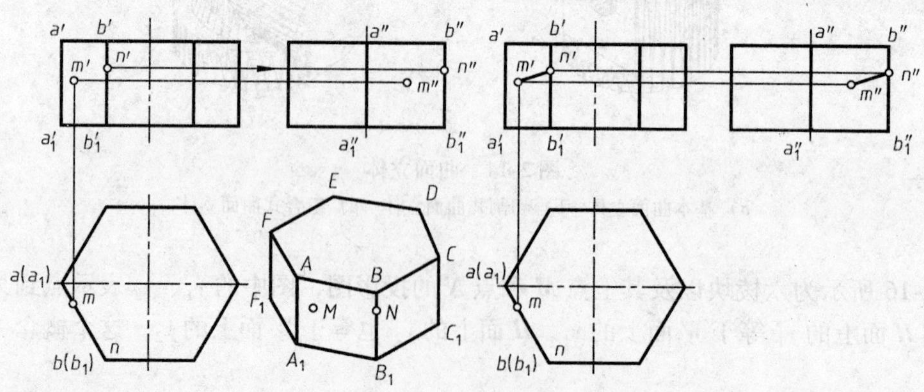

图 2-17　立体上点和线的三面投影

图 2-18 是一三棱锥的三面投影图，图 2-19 所示为三棱锥上 *E* 点和 *F* 点的三投影图。求 *E* 点投影时用了辅助线 *S*Ⅰ。图 2-19 中的 y_1 和 y_2 表达的仍然是宽相等的含义。注意：*E* 点

和 F 点仍然不能相连成线。

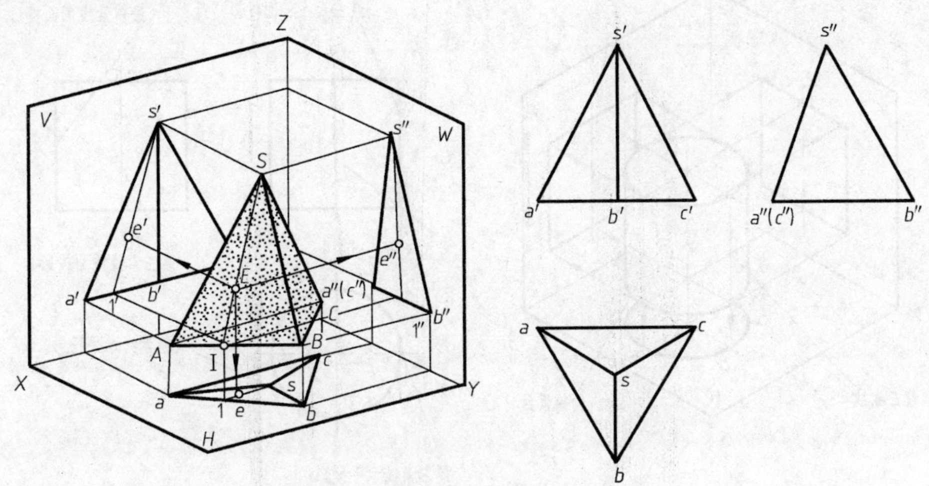

图 2-18　三棱锥的三面投影

二、曲面立体以及立体上点的三面投影

1. 圆柱和被切圆柱

图 2-20 所示为圆柱的三面投影图。将圆柱表面看成是由无数条素线组成，但只画出最边缘的素线和轮廓线。对于曲面立体的投影图，一定要用细点画线画出回转中心线和对称中心线。

图 2-21 所示为直立圆柱以及圆柱表面上点 C 和直线 AB 的三面投影图。此圆柱的水平投影具有积聚性，所以圆柱表面上的点的水平投影都在圆周上。注意：点 C 不能与点 A 或点 B 连成直线。

图 2-22 所示为水平圆柱三面投影的直观图。此圆柱在 W 面上的投影具有积聚性。圆柱表面上的 M 点位于圆柱的左前上方，其上所有点的三面投影如图 2-23 所示。

图 2-24 所示为空间直卧圆柱的三面投影图，此圆柱在 V 面上的投影具有积聚性，圆柱上的 M 点位于圆柱的右中下方。其他位置的点请读者自行分析。

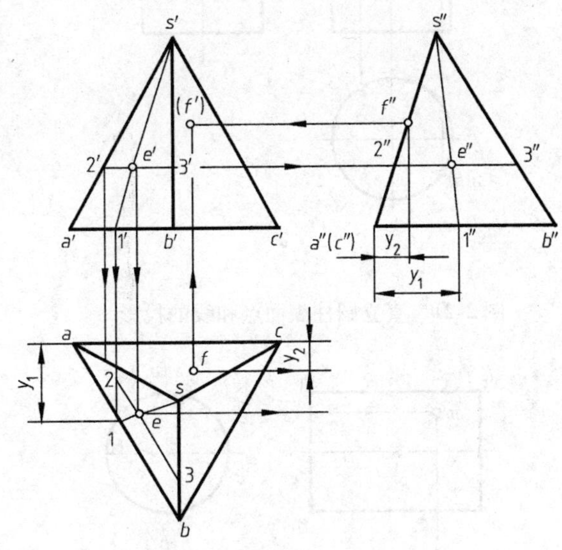

图 2-19　三棱锥上点的三面投影

图 2-25a 所示为一被切直立圆柱的示意图及其水平投影，其正面投影和侧面投影从图 2-25a 可以看出，被切处是一矩形平面，按照图 2-25b 所示的解题方式，量取关键尺寸 y，即可求出矩形的正面投影和侧面投影。圆柱表面上的各点可以帮助我们对被切圆柱上的截断面作相对位置的分析。

图 2-26a 所示为一直立圆柱的上方三个方向被切后的立体示意图及其水平投影图，图 2-26b、c、d 所示为求出另外两个投影图的解题步骤。

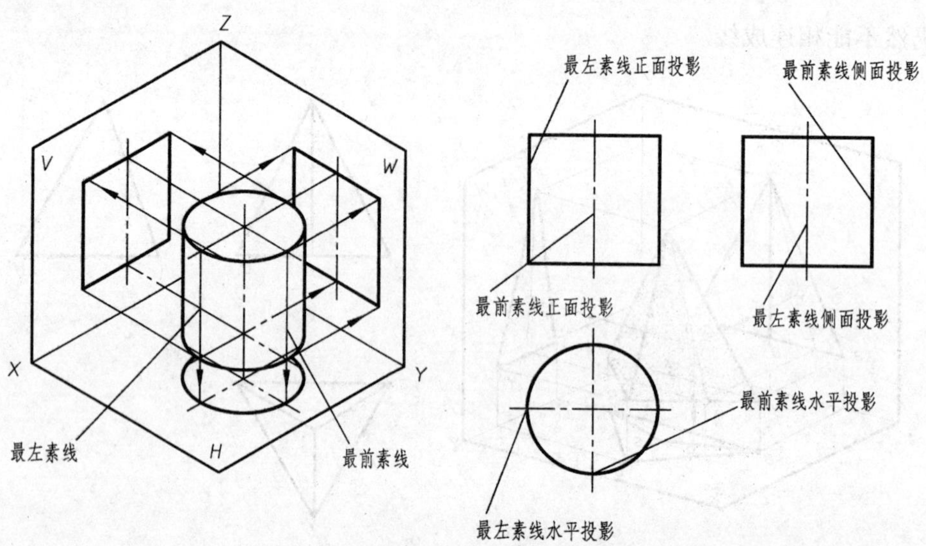

图 2-20　圆柱的三面投影图

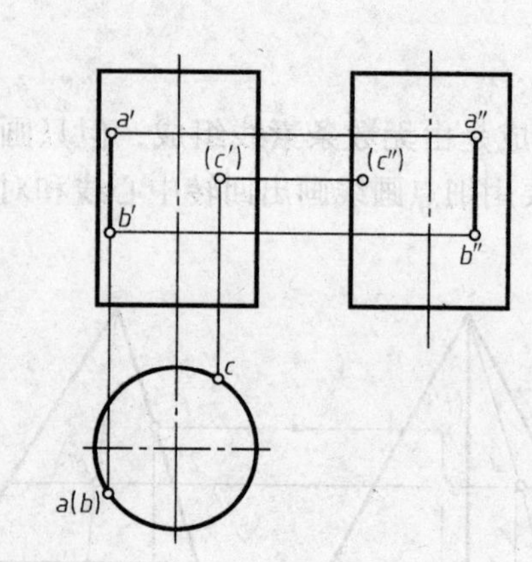

图 2-21　直立圆柱表面点和线的投影

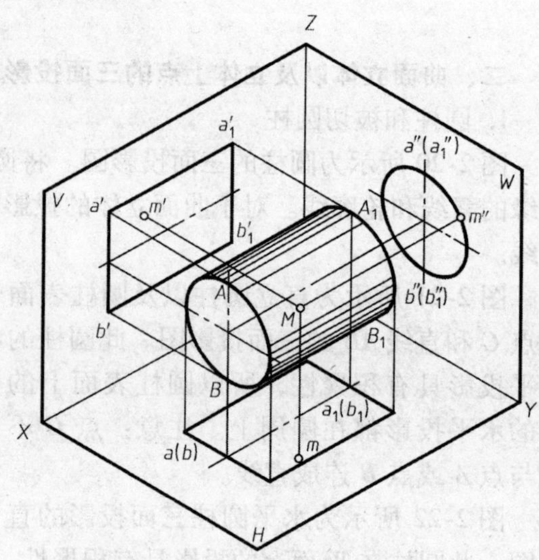

图 2-22　横卧圆柱三面投影的直观图

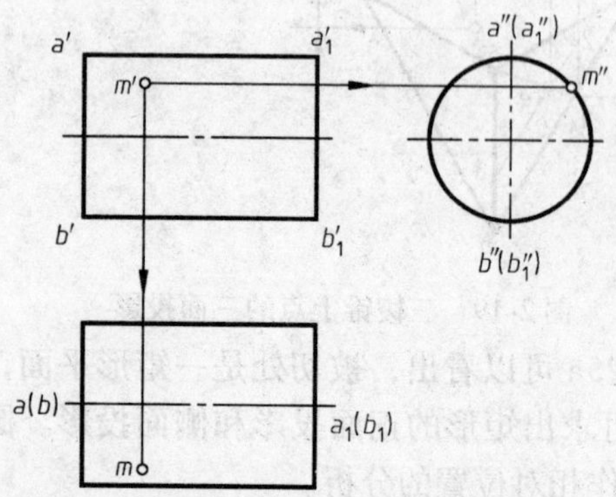

图 2-23　横卧圆柱表面点的投影

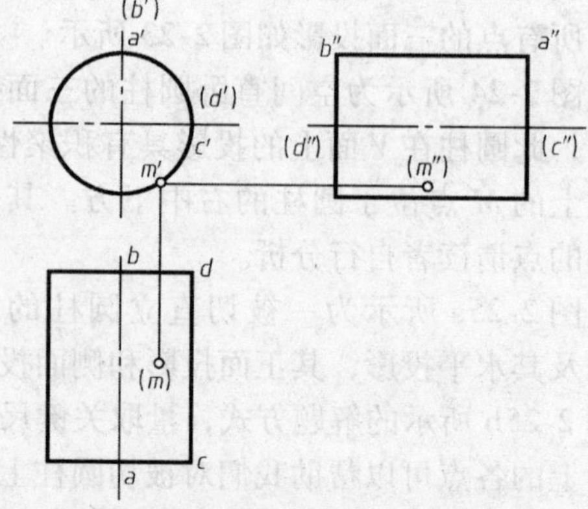

图 2-24　直卧圆柱表面点的投影

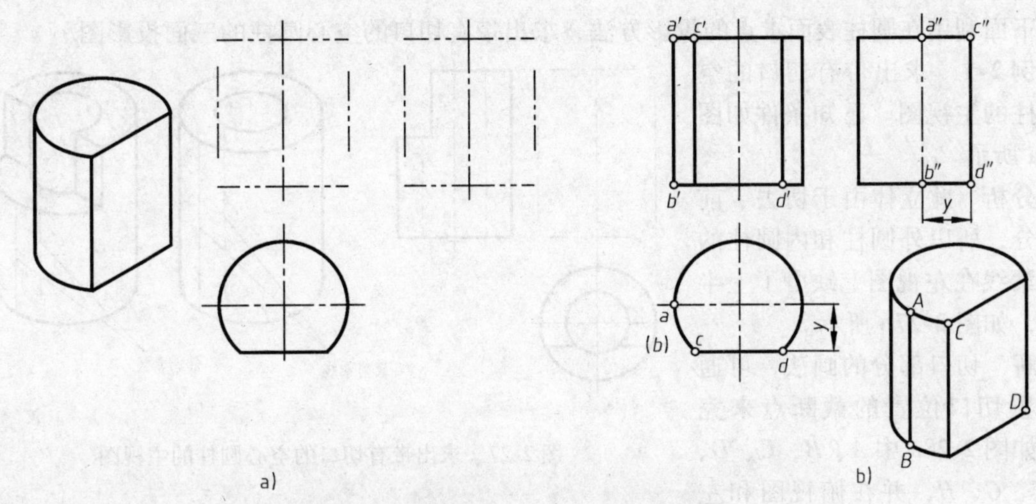

图 2-25　求被切实心圆柱的三面投影图（一）

a）被切圆柱示意图　b）被切圆柱的三面投影

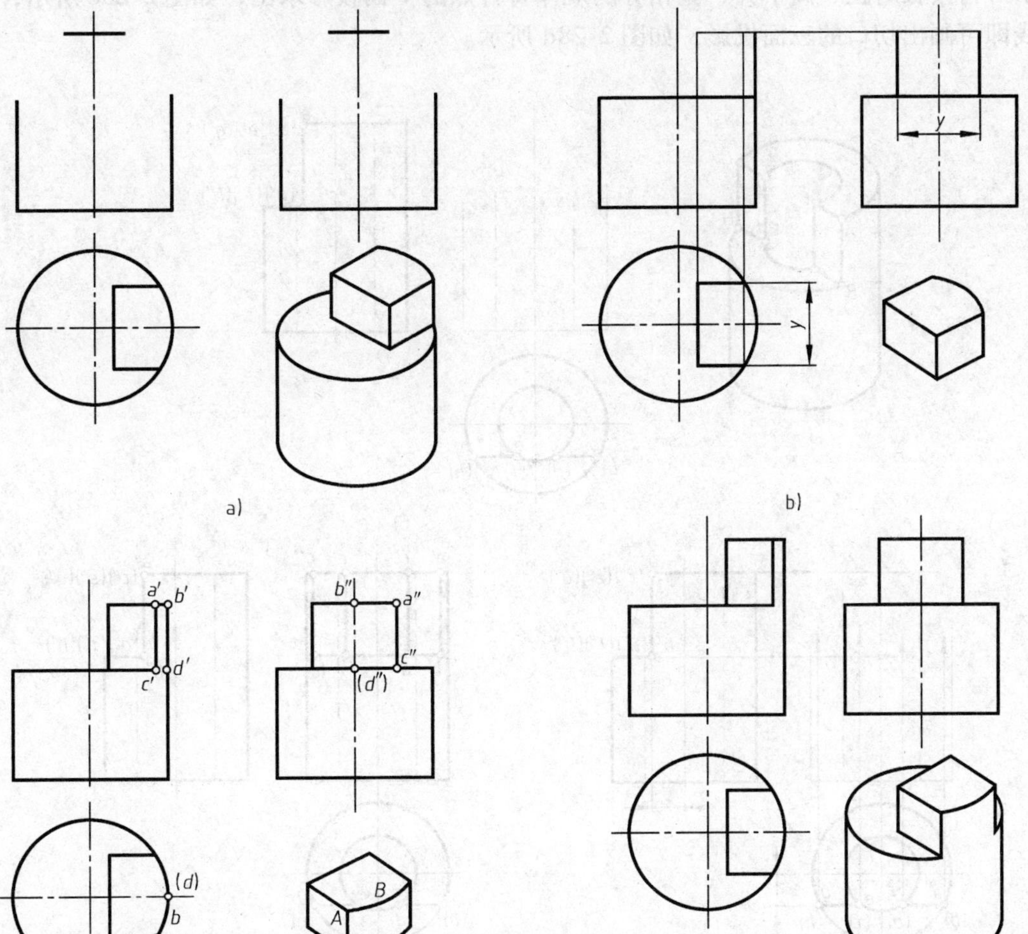

a)

y

b)

a′ b′
c′ d′
b″ a″
(d″) c″
(d)
b
a (c)
B
A
C D

c)

d)

图 2-26　求被切实心圆柱的三面投影图（二）

下面利用在圆柱表面求点的投影方法，求出带有切口的空心圆柱的三面投影图。

例 2-1 求出带有切口的空心圆柱的主视图。已知条件如图 2-27a 所示。

分析 此立体由于切去了前上部分，所以外圆柱和内圆柱的最前素线在左视图上缺少了上半部分，如图 2-27b 所示。

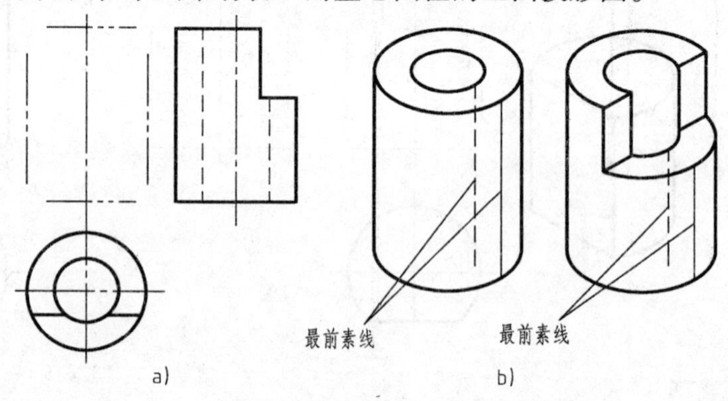

图 2-27 求出带有切口的空心圆柱的主视图

解 切口部分的画法，可通过设置切口位置的截断点来完成，如图 2-28a 中 *A*、*B*、*C*、*D*、*E*、*F*、*G*、*H*，并在俯视图和左视图上找到对应的 *a*、*b*、*c*、*d*、*e*、*f*、*g*、*h* 和 *a*″、*b*″、*c*″、*d*″、*e*″、*f*″、*g*″、*h*″，如图 2-28b 所示。再按长对正、高平齐、宽相等的规律将各点的 *V* 面投影求出，如图 2-28c 所示；连点成线即可画出切口的三面投影，如图 2-28d 所示。

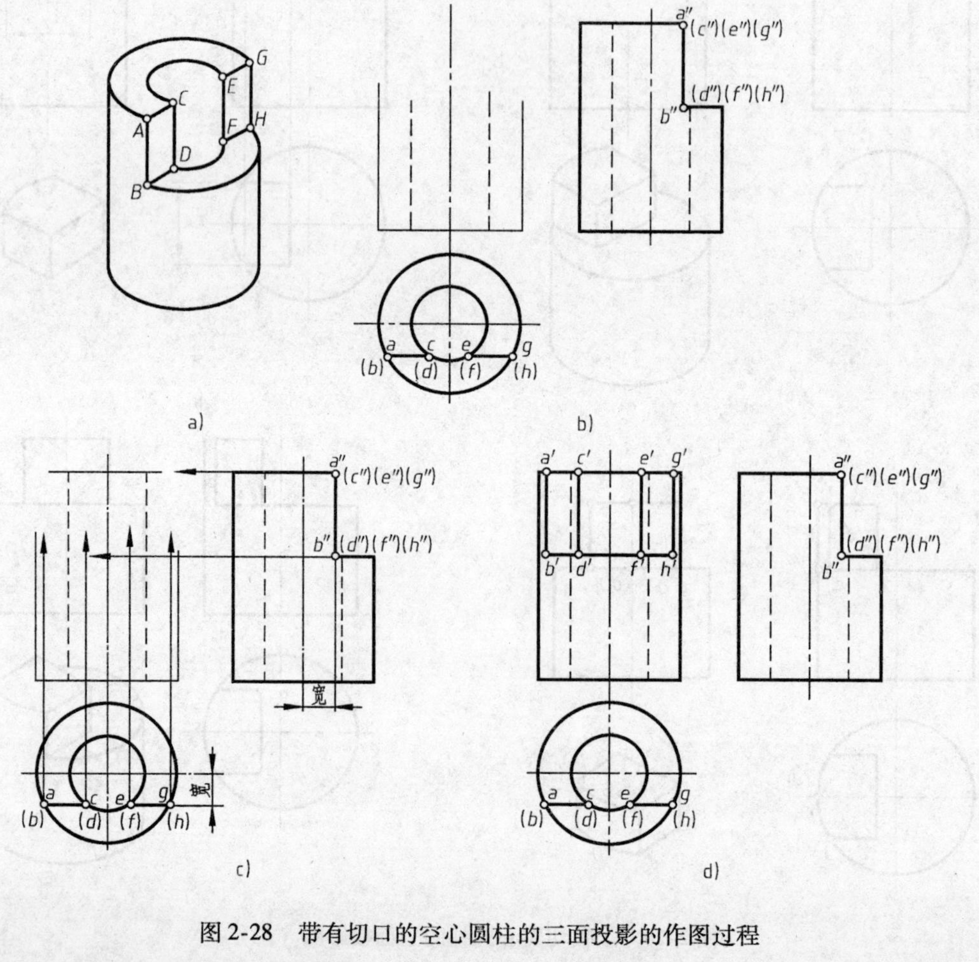

图 2-28 带有切口的空心圆柱的三面投影的作图过程

例 2-2　如图 2-29 所示，求出带有切槽的空心圆柱体的主视图。

分析　此空心圆柱体的上半部分从左向右切开了一个槽，这意味着内外圆柱体的最左素线和最右素线在切口处不存在了。

解　与例 2-1 相同，可在切口处设置相应的截断点，即 *A*、*B*、*C*、*D*、*E*、*F*，如图 2-30a 所示，并在俯视图和左视图上找出相应的投影点 *a*、*b*、*c*、*d*、*e*、*f* 和 *a*″、*b*″、*c*″、*d*″、*e*″、*f*″，如图 2-30b 所示。仍然按长对正、高平齐、宽相等的投影规律求出截断点的 *V* 面投影，如图 2-30c 所示。最后连点成线，如图 2-30d 所示。

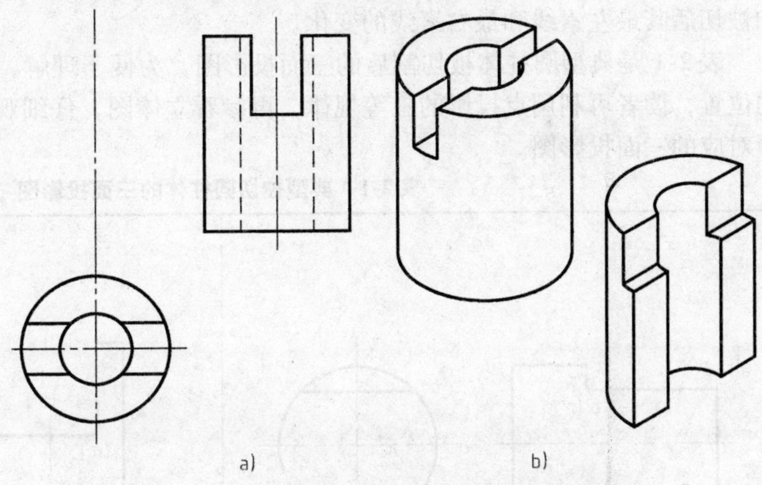

图 2-29　带有切槽的空心圆柱体的两视图和直观图

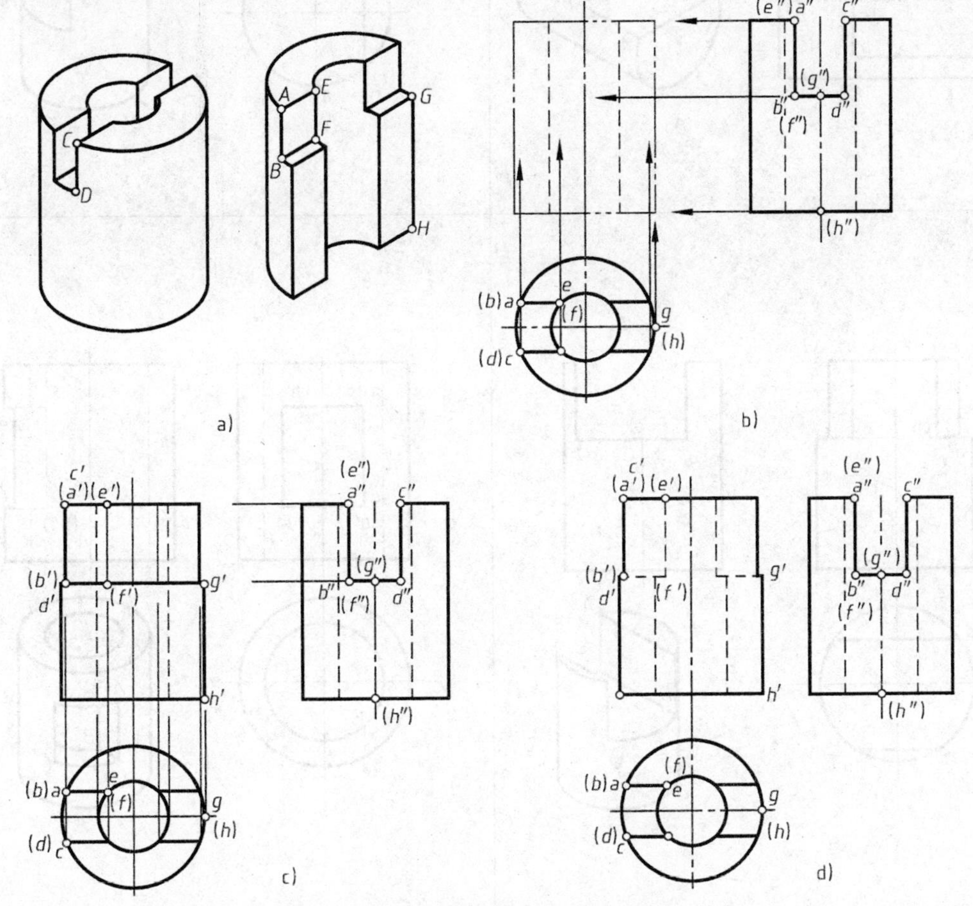

图 2-30　在切槽处设置截断点求解

图中设置的 G、H 两点，是最右素线上的两点。这样设置是为了提醒读者，圆柱被切前和被切后其最左素线和最右素线的变化。

表 2-1 是典型圆柱体被切割后的三面投影图，为便于理解、分析，在圆柱切口标有字母的位置，读者可利用点投影的三等规律，再参看立体图，仔细观察切口部分的投影画法，读懂对应的三面投影图。

表 2-1　典型被切圆柱体的三面投影图

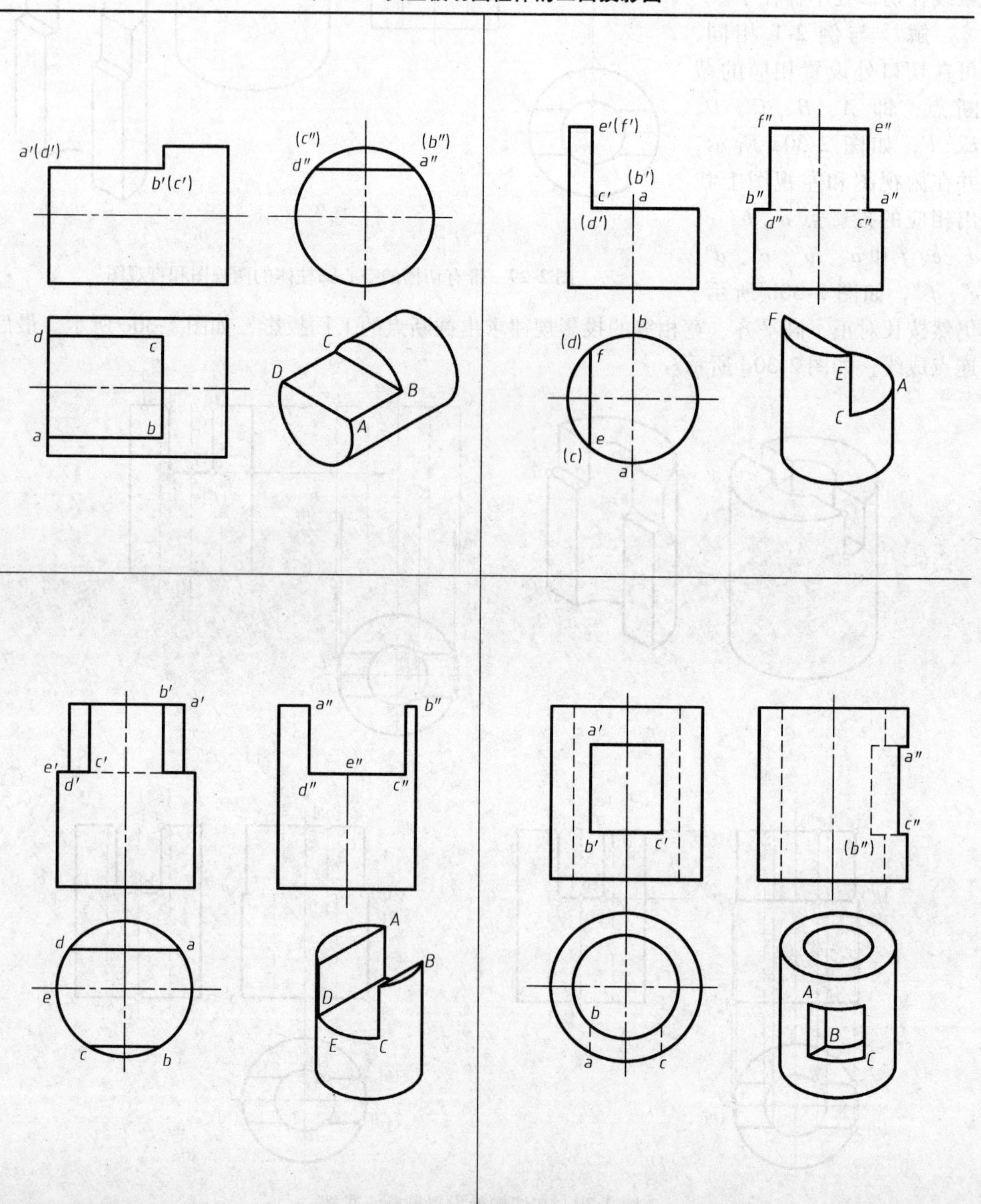

（续）

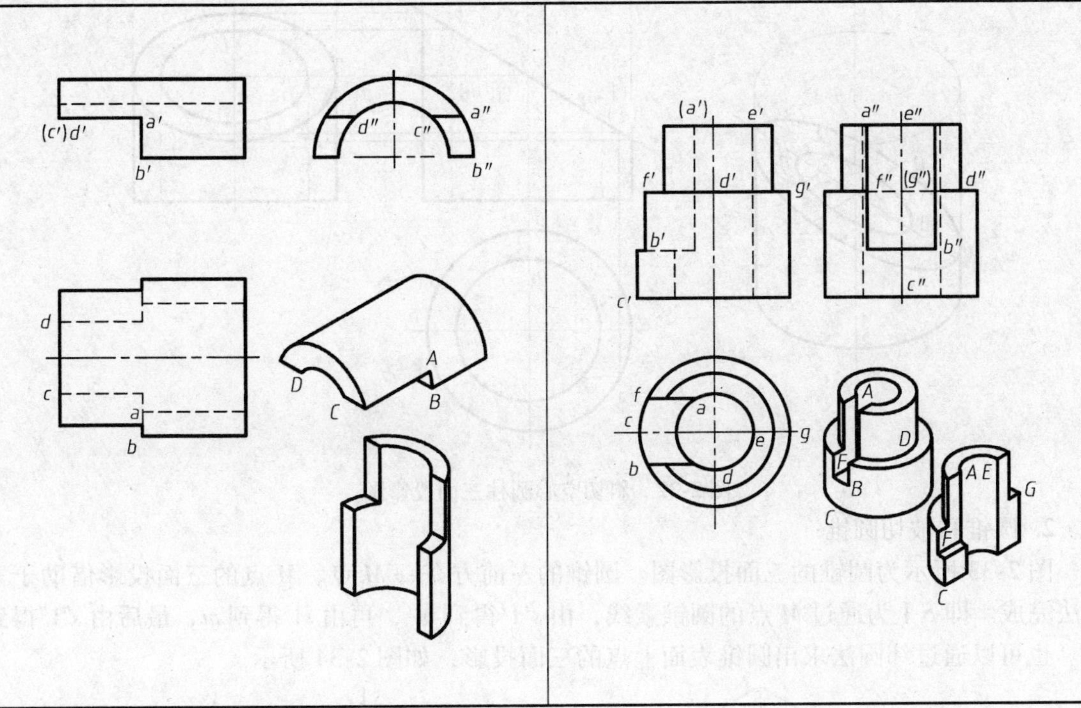

图 2-31 所示为一圆柱被平面 P 斜切后的立体图和三面投影图。图 2-31b 所示为求解过程，图 2-31c 所示为三面投影图。圆柱表面的椭圆截面在 V 面和 H 面上的投影都具有积聚性，在 W 面上的投影是一变形的椭圆。求解时，先在 H 面的投影圆上人为设置一定数量的点，如 a、b、c、d、e、f、g、h，然后求出这些点在 V 面和 W 面上的投影，最后将 W 面上的投影点连成椭圆曲线。

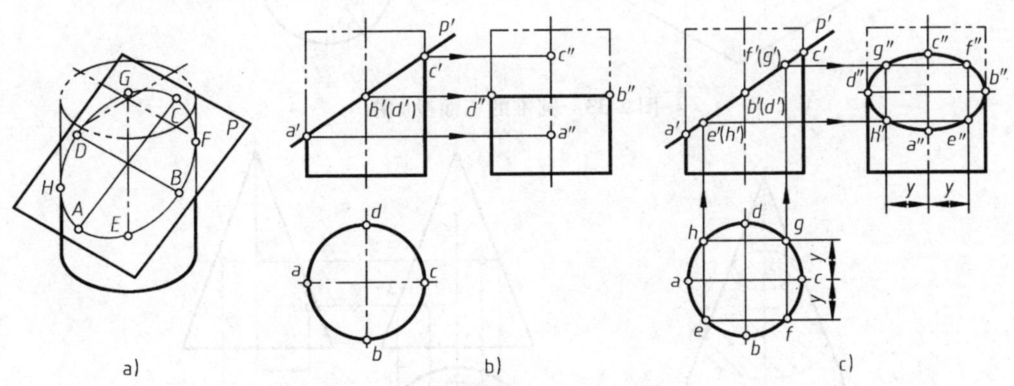

图 2-31　斜切圆柱的三面投影图

a）斜切圆柱立体图　b）求解过程　c）三面投影图

图 2-32 所示为一空心圆柱被平面 P_V 斜切后的三面投影图。读者可根据立体图和作图过程读懂投影图，重点理解 W 面上投影点的求法。

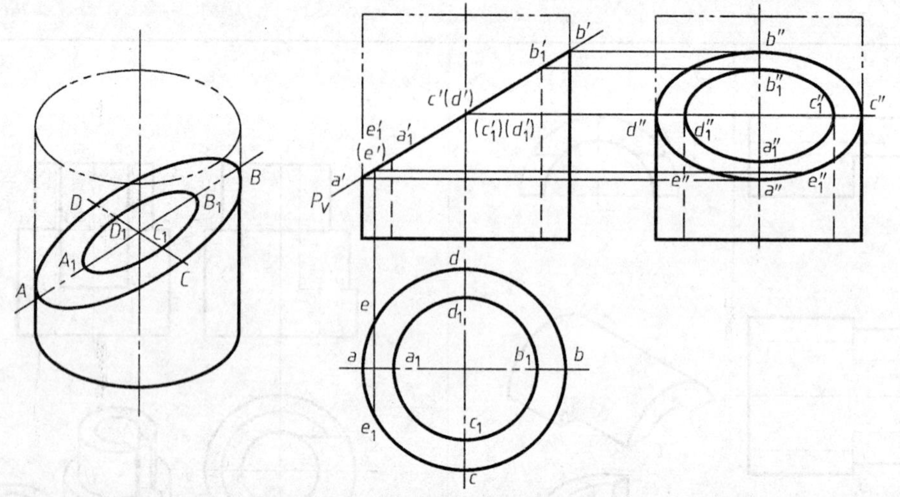

图 2-32　斜切空心圆柱三面投影图

2. 圆锥和被切圆锥

图 2-33 所示为圆锥的三面投影图。圆锥的左前方有一 *M* 点，*M* 点的三面投影借助于素线法完成。即 *S* Ⅰ为通过 *M* 点的圆锥素线，由 *s*′1′得到 *m*′，再由 *s*1 得到 *m*，最后由 *s*″1″得到 *m*″。也可以通过纬圆法求出圆锥表面上点的三面投影，如图 2-34 所示。

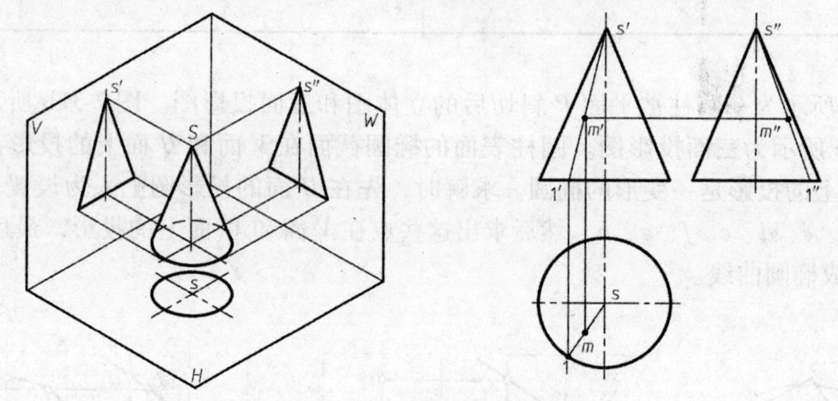

图 2-33　圆锥的三面投影图

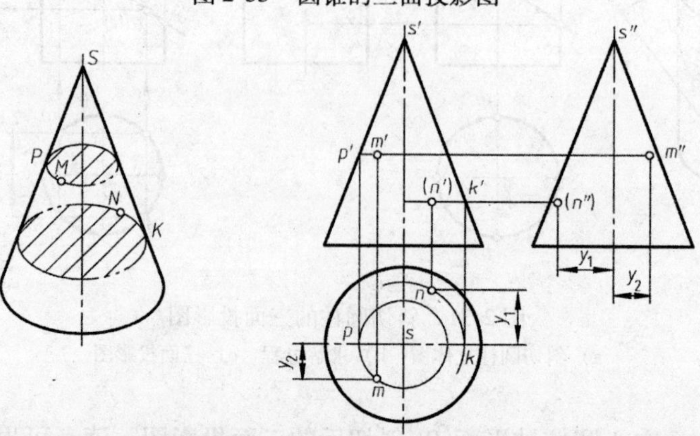

图 2-34　用纬圆法求圆锥表面点的投影

表 2-2 是常见被切圆锥立体的三面投影图。读者可参照立体图读懂对应的三面投影图。

表 2-2　被切圆锥立体的三面投影图

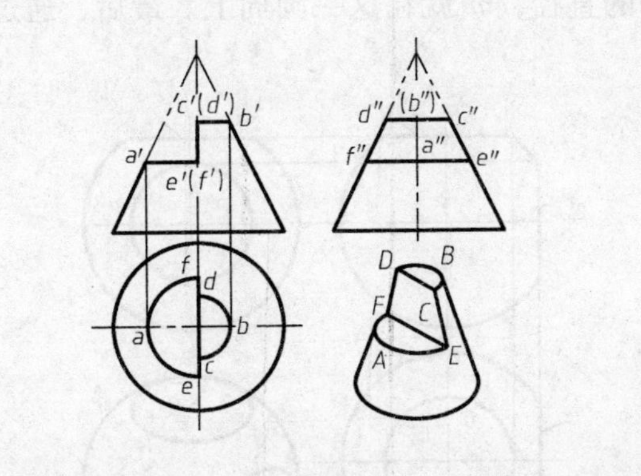

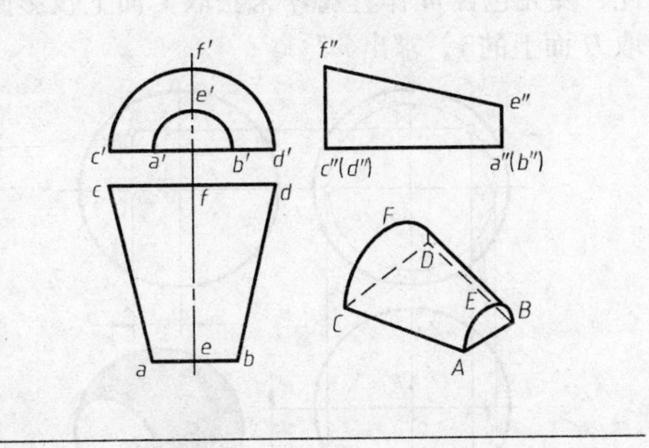

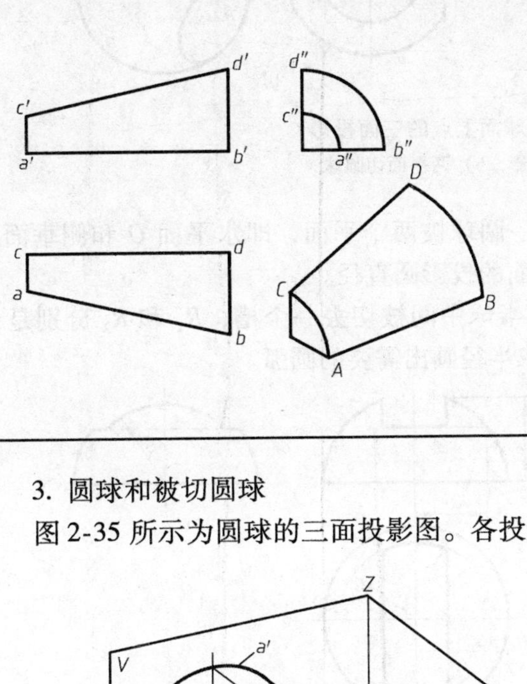

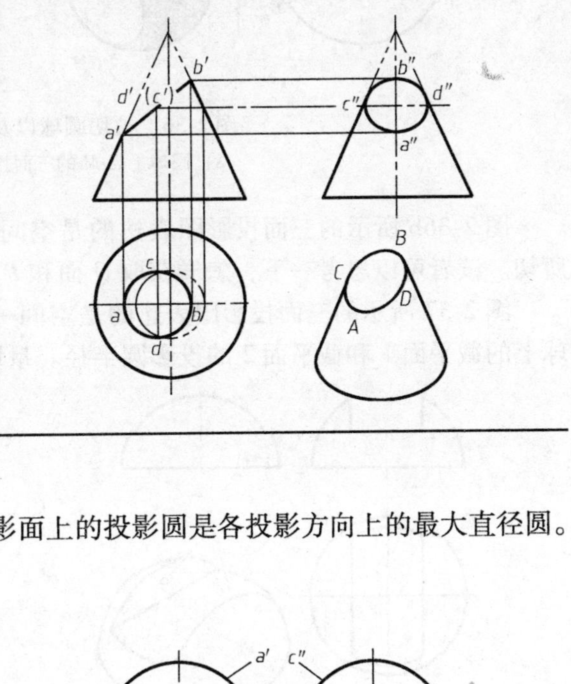

3. 圆球和被切圆球

图 2-35 所示为圆球的三面投影图。各投影面上的投影圆是各投影方向上的最大直径圆。

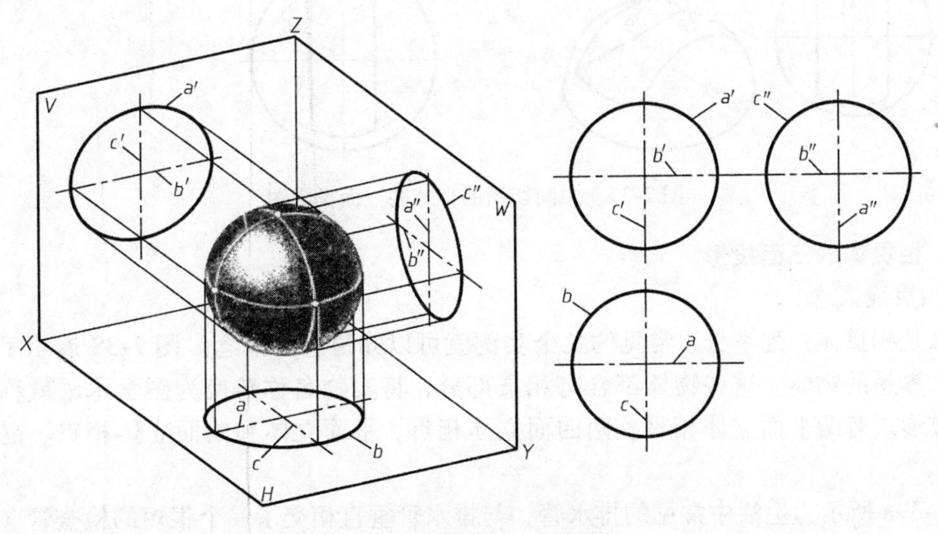

图 2-35　圆球的三面投影

图 2-36a 所示为一被切圆球以及球面上点 M 的三面投影。现假定已知 m，求 m' 和 m''。求解思路：图中 V 面上的细实线圆是 M 所在圆平面的正面投影，投影圆的直径就是 ef，因此，要先包含 m 作直线 ef 来获取 V 面上投影圆的直径，m' 就在这一圆周上。最后，通过截取 H 面上的 y，求出 m''。

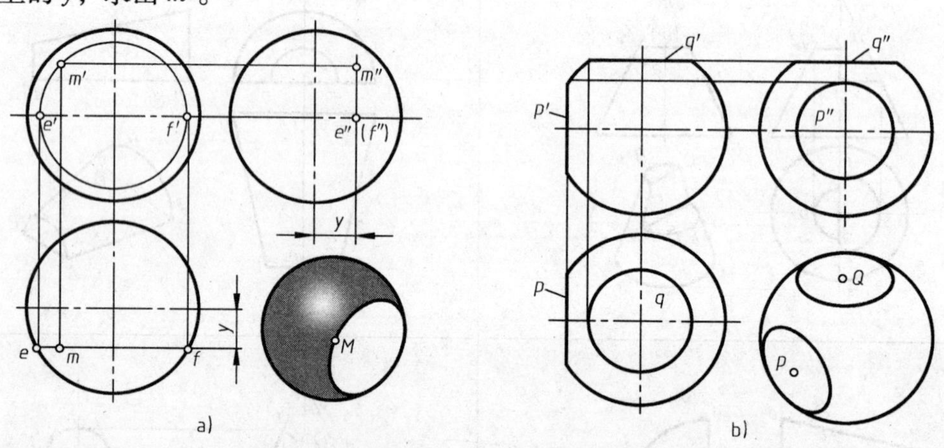

图 2-36　被切圆球以及球面上点的三面投影

a）圆球上点 M 的三面投影　b）两平面切圆球

图 2-36b 所示的三面投影图表达的是空间一圆球被两个平面，即水平面 Q 和侧垂面 P 所切。读者可以思考一下，怎样获取 Q 面和 P 面的投影圆直径。

图 2-37 所示的三面投影图表达的是空间一半球中间被切去一个槽，R_1 和 R_2 分别是半球上的截平面 1 和截平面 2 的投影圆半径。量取半径画出需要的圆弧。

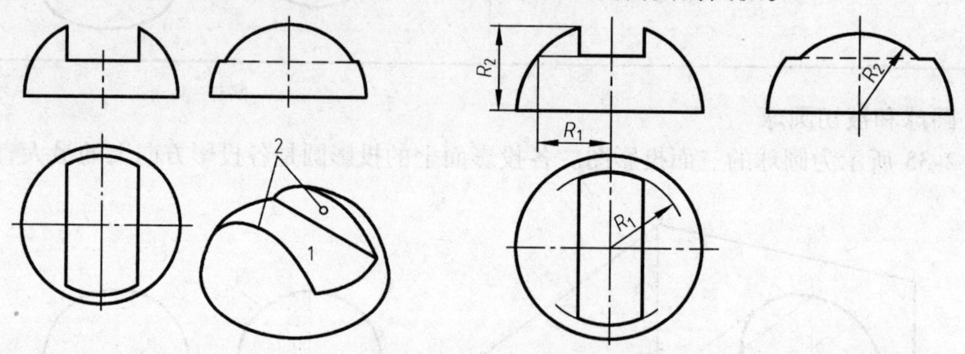

图 2-37　中间切槽的半球的三面投影图

三、相贯体的三面投影

1. 相贯线概念

什么是相贯体？列举身边常见的几个实例就可以知道它的概念。图 2-38 展示了生活中我们非常熟悉的物体。这些物体都含有相贯部分，将实物名称转换为图学术语就称为相贯体。相贯形式有两平面立体相贯、两曲面立体相贯、平面立体和曲面立体相贯、混合相贯等。

图 2-39a 所示为生活中常见的排水管，与排水管垂直相交了一个很短的检查管（也称为检查口），检查管头部用端盖旋紧，需要时拧开端盖可检查或维修管道。从图 2-39a 可以看

出，相交部分形成了一条封闭的空间曲线，这一空间曲线具有共有性，即曲线上的交点是两管的共有点。两曲面立体相交的交线称为相贯线。

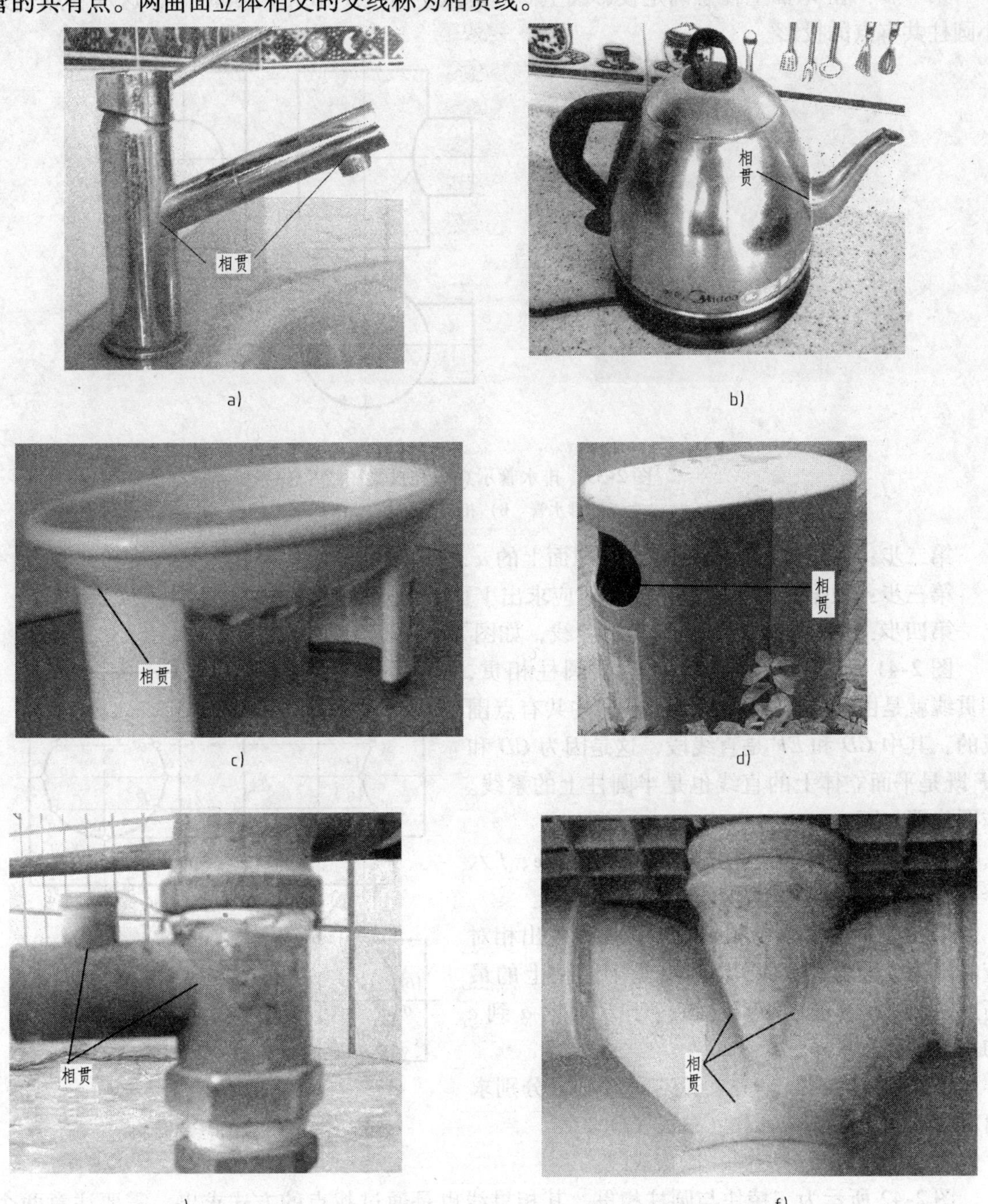

图 2-38　相贯体实例

a）水龙头　b）电水壶　c）肥皂盒　d）环保箱　e）三通管接头　f）三通排水管

2. 相贯线画法

图 2-39b 是排水管外表面（空心管未画出来）的三面投影图。V 面上的相贯线是根据表

面取点法得到的。作图步骤如下：

第一步：在 W 面上任意确定投影圆上 $a''\sim h''$八个点（6 ~ 10 个点都行），这八个点是大小圆柱共有点的投影。

a)

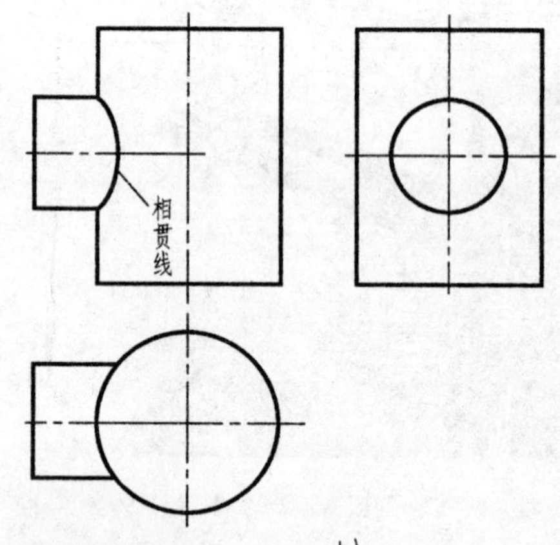

b)

图 2-39　排水管示意图和投影图

a）排水管　b）相贯线概念

第二步：利用宽相等，逐一找出 H 面上的 $a\sim h$ 八个投影点。

第三步：根据长对正、高平齐，对应求出 V 面上各点的投影。

第四步：将 V 面上的点连成光滑曲线，如图 2-40 所示。

图 2-41 所示为一平面立体与半圆柱相贯，相贯线就是由 A、B、C、D、E、F 这些共有点围成的，其中 CD 和 EF 是直线段，这是因为 CD 和 EF 既是平面立体上的直线也是半圆柱上的素线。作图步骤如下：

第一步：在 H 面上指定 a、b、c、d、e、f 六个投影点。也可以多指定几个共有点。

第二步：在 W 面上根据宽相等原则找出相对应的六个点。其中，A、B 两点是半圆柱上的最高点，a''到 c''的垂直距离应该等于 H 面上 a 到 c 的垂直距离。

第三步：根据高平齐、长对正原则，分别求出对应的 a'、b'、c'、d'、$(e)'$、$(f)'$。

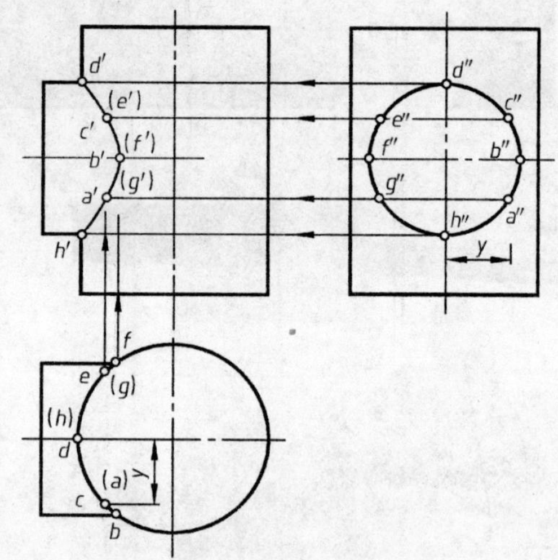

图 2-40　相贯线的画法

第四步：判断可见性，连点成线。

图 2-42 所示为三棱块与圆柱相贯。其相贯线也是通过找点的方式求出。需要注意两个问题：第一，投影点 4′和 6′是圆柱上两个最高点，也是三棱块上的两个点，此两点因为不在同一个面上，所以不能连接成线。第二，由于 1、5 两点在前半圆柱上，所以以 4′为界，1′、5′、4′是一段可见圆弧；而 3、2 两点由于在后半圆柱上，所以（3′）、（2′）、4′是一段不可见圆弧，用虚线表示。

3. 相贯线示例

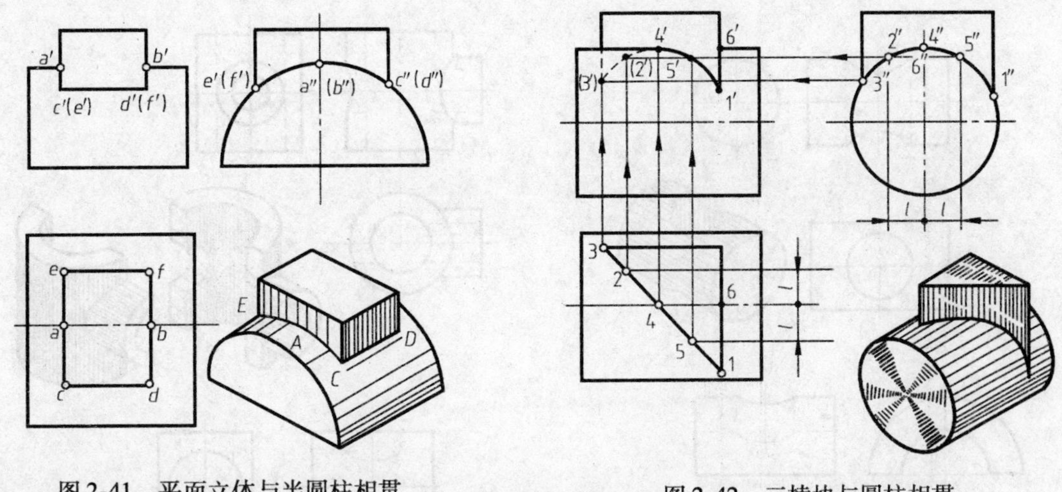

图 2-41　平面立体与半圆柱相贯　　　图 2-42　三棱块与圆柱相贯

1）两实心圆柱正交（两轴线垂直相交）时，随着圆柱直径的变化，相贯线也随之变化，如图 2-43 所示。

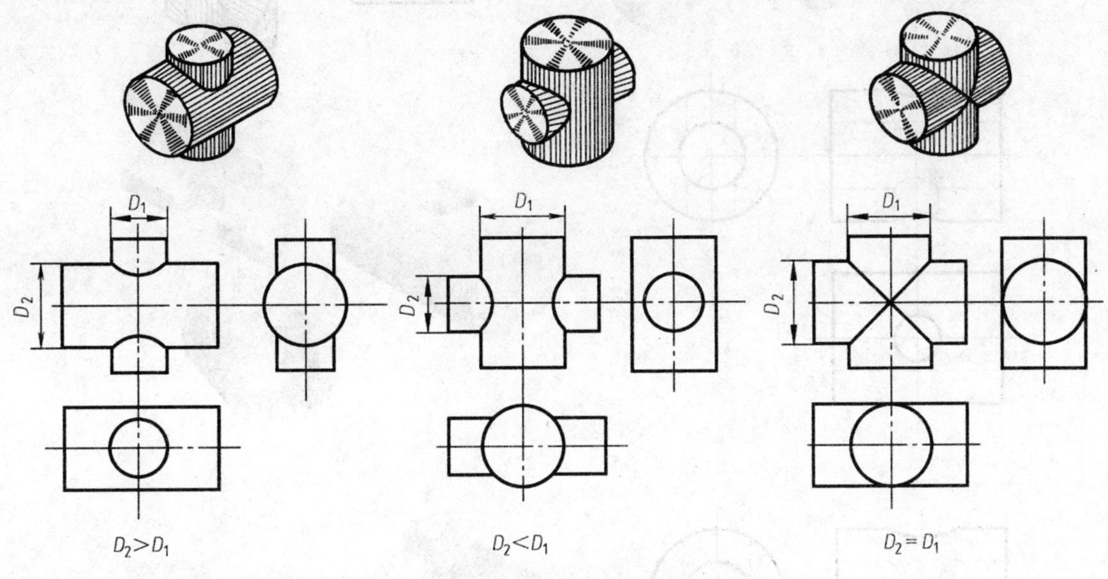

图 2-43　两圆柱正交情况的相贯线

2）空心圆柱体的相贯线如图 2-44 所示。

3）平面立体与平面立体相贯。图 2-45 所示为一个水平三棱柱贯穿于直立三棱柱之中，相贯线是一空间直线。要注意的是，从立体图上可以看出 *A*、*E* 两点不在同一个面上，所以不能连点成线。同理，*F*、*B* 和 *G*、*D* 也不能相连成线。在投影图上容易将上述点连成直线，在此提醒读者注意。

4）特殊相贯线。图 2-46 所示的相贯线是一类特殊相贯线，它的特殊性在于在某投影面上，相贯线的投影为直线。

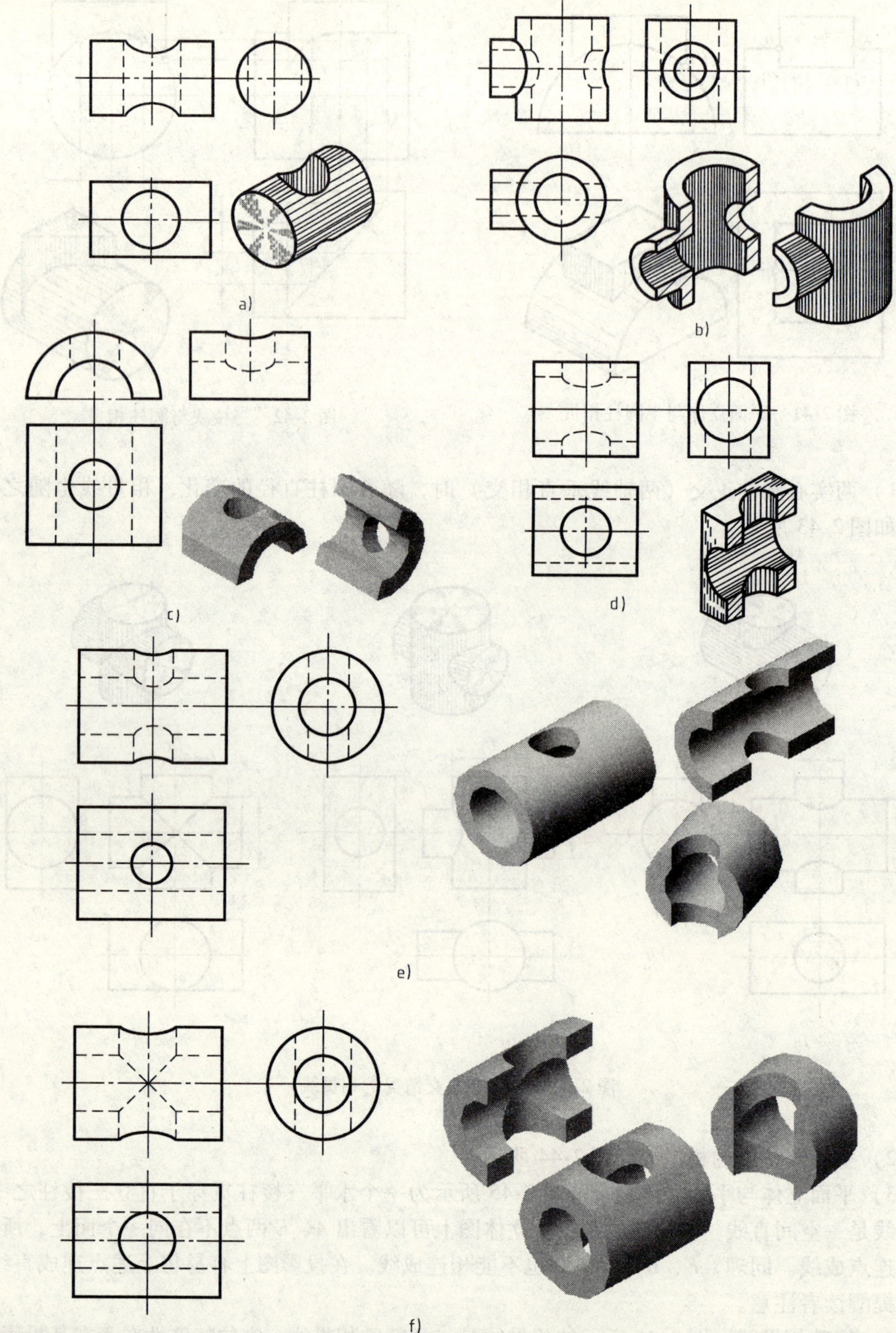

图 2-44　空心圆柱体相贯线

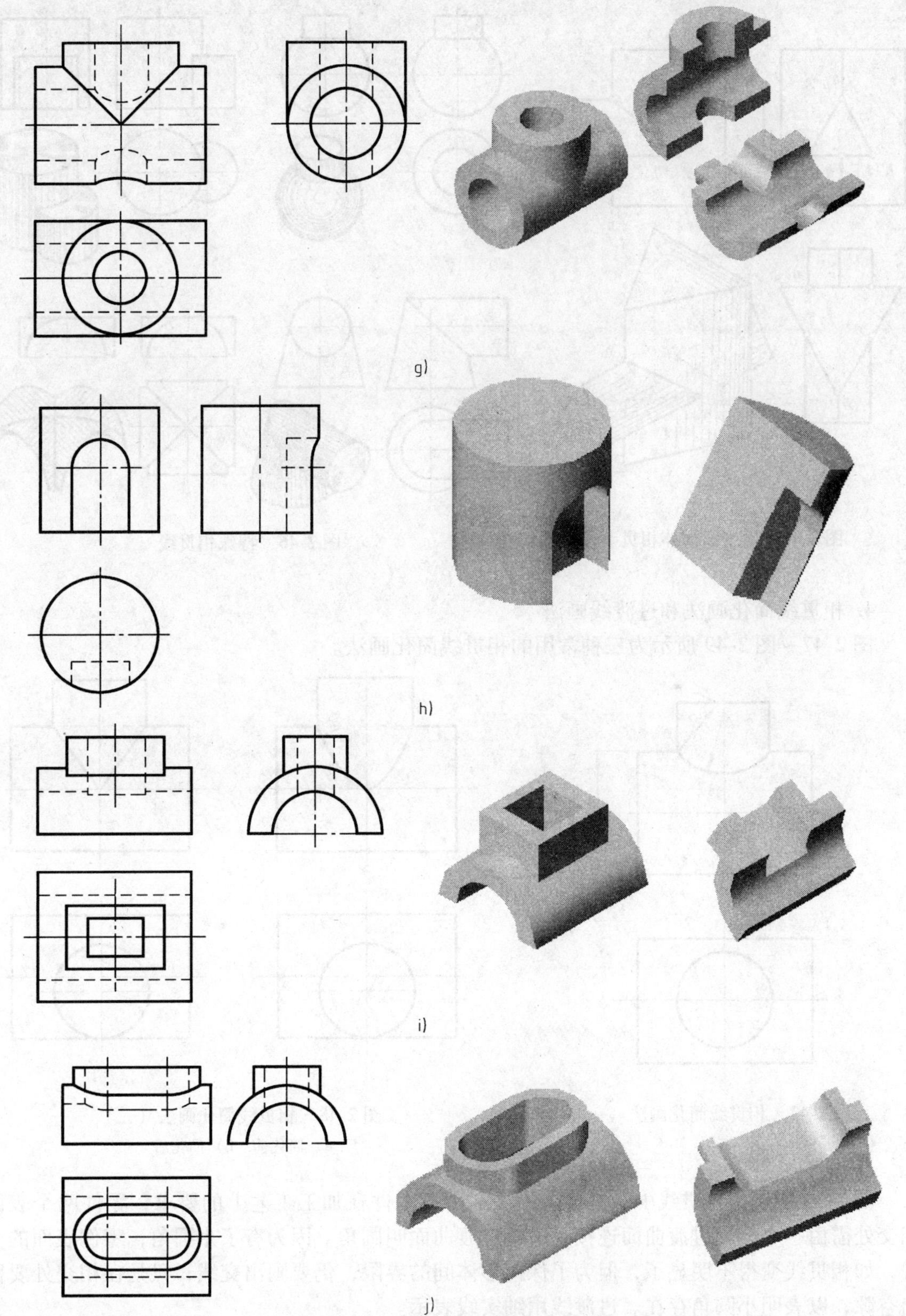

图 2-44　空心圆柱体相贯线（续）

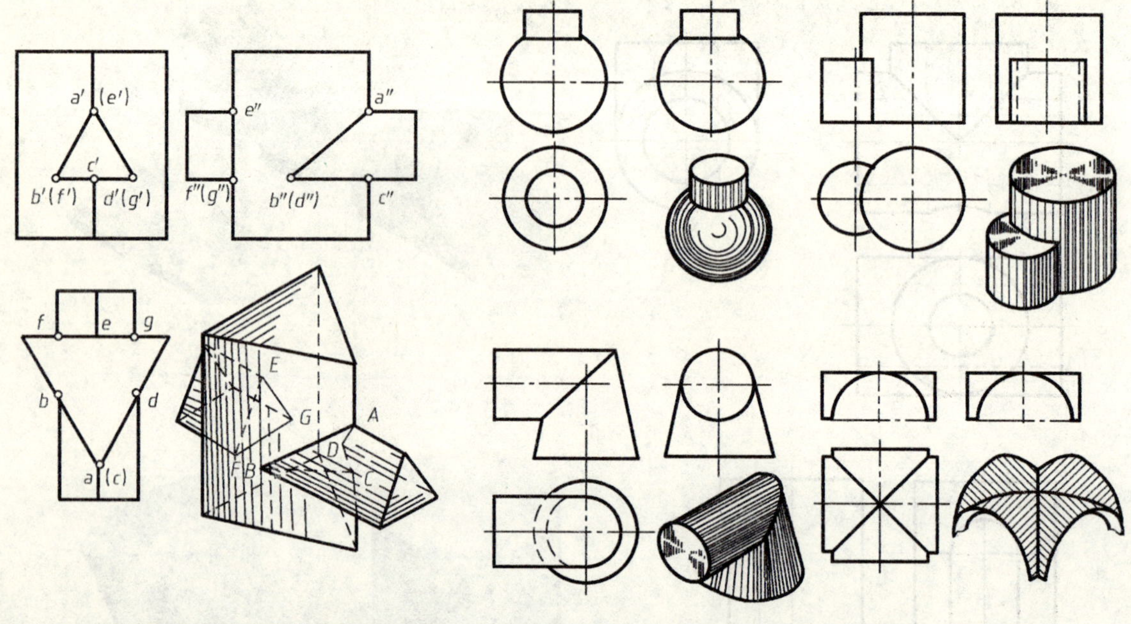

图 2-45　两平面立体相贯

图 2-46　特殊相贯线

4. 相贯线简化画法和过渡线画法

图 2-47 ~ 图 2-49 所示为三种常用的相贯线简化画法。

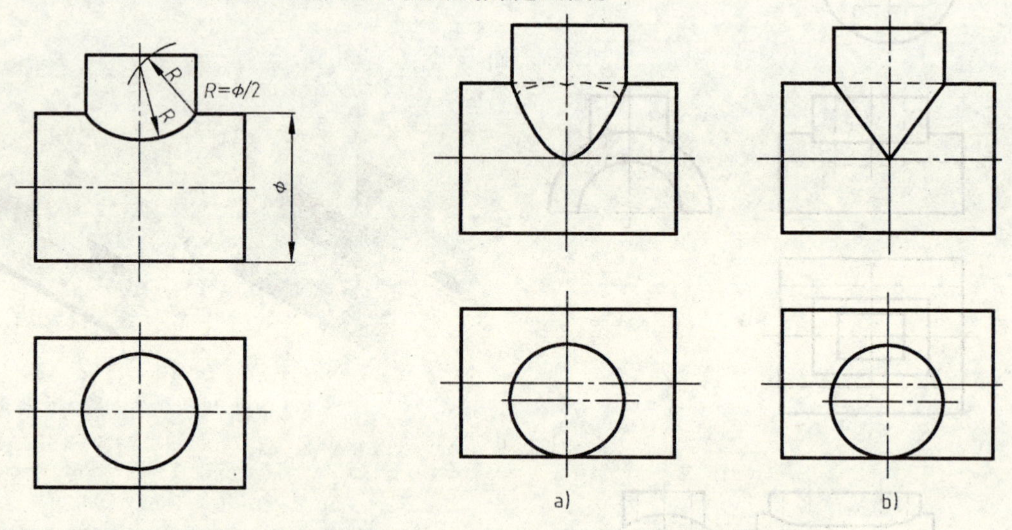

图 2-47　相贯线简化画法（一）

图 2-48　相贯线简化画法（二）
a）简化前　b）简化后

图 2-50 所示为相贯线中的过渡线画法。由于工件在加工工艺上的要求，零件两个表面相交处需由一个光滑过渡曲面连接，这个过渡曲面叫圆角。因为有了小圆角，零件表面的交线，如相贯线变得不明显了，但为了保持形体间的界限，仍要画出交线，只是在相交处要留出空隙，以表明小圆角存在。过渡线用细实线表示。

图 2-51 所示为曲面立体与平面立体相交处的过渡线画法。

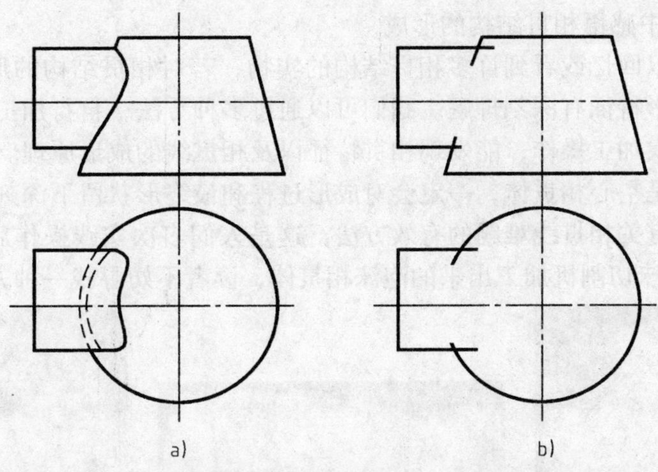

图 2-49　相贯线简化画法（三）
a）简化前　b）简化后

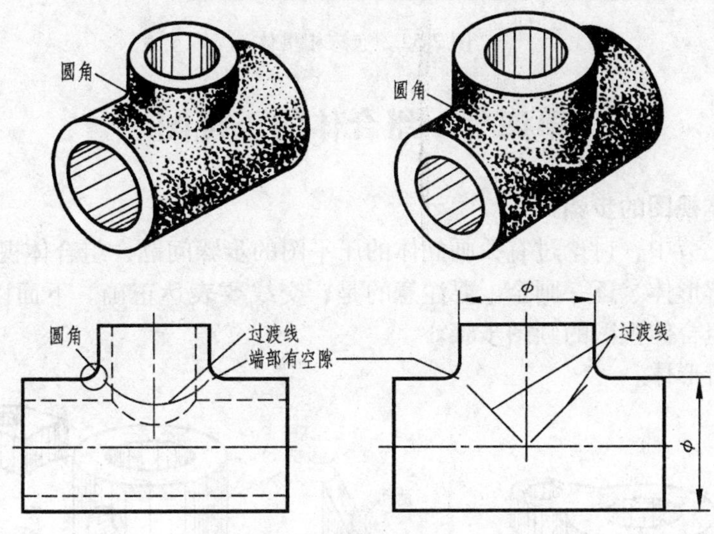

图 2-50　过渡线画法（一）

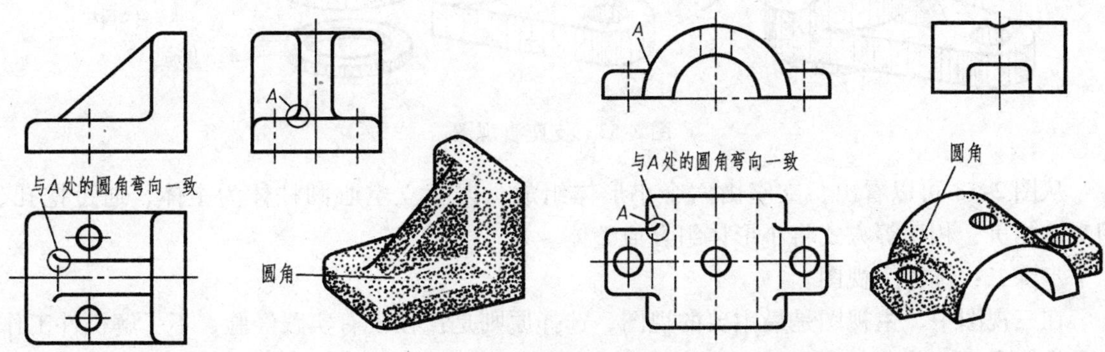

图 2-51　过渡线画法（二）

5. 在实践操作中感悟相贯结构的形成

现实生活中可以回忆或看到许多相贯结构的实物，若对相贯结构的形成过程有所了解，将会对相贯线的投影特征有深刻理解。我们可以通过多种方法，自行加工相贯体，仔细观察加工过程，经过多次加工操作，能发现相贯特征以及相贯线的成形原理。由自己亲手加工成形的相贯体，尤其是空心相贯体，一定会对成形过程和最终形状留下深刻记忆，这种切身体会的记忆，是化解有关相贯线难题的有效方法，这是人们多次实践操作后得出的学习经验，图 2-52 所示为用泡沫切割机加工出来的泡沫相贯体，读者不妨寻找一种方法动手一试。

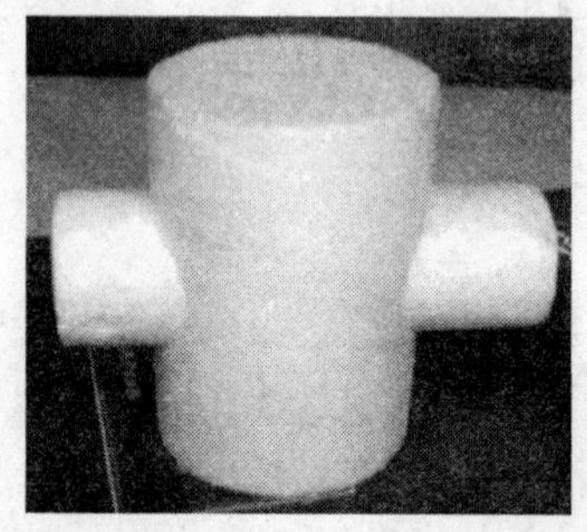
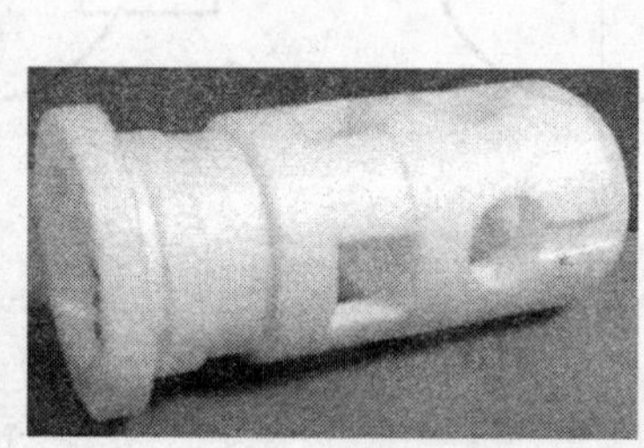

图 2-52　泡沫相贯体

第四节　组合体的三视图

一、画组合体视图的步骤

在第一章第三节中，讨论过有关画立体的压平图的步骤问题，组合体视图的画法与它有相同之处，即分解形体、逐一画全。要注意的是，交线要表达正确。下面以图 2-53 所示的支座为例，介绍组合体视图的画图步骤。

步骤一：分析形体。

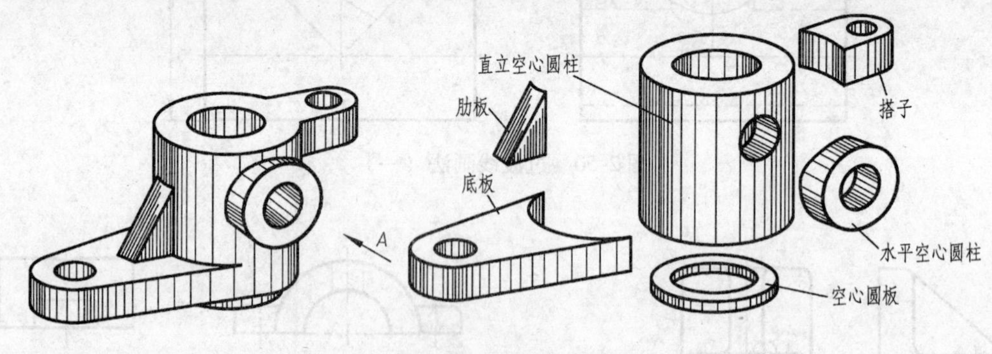

图 2-53　支座直观图

从图 2-53 可以看出，支座由六个小形体组成，以直立空心圆柱体为主体，通过挖孔、相交、相贯、相切等方式将小形体组合成整体。

步骤二：选择主视图。

在三视图中，主视图是最主要的视图，选择原则是：在没有实践经验、不了解机件工作状况的情况下，将物体放置平稳，使物体的主要平面或轴线平行于（或垂直于）投影面，一般情况下以最能反映物体特征的视图作为主视图。支座就是以 *A* 向作为主视图。

步骤三：逐一将每一小形体的三个视图画出。

1）画直立空心圆柱和空心圆板。注意，应先画它们的回转轴线和圆心线，如图 2-54a 和图 2-54b 所示。

2）画水平空心圆柱。水平空心圆柱与直立空心圆柱相贯，既有外相贯线，又有内相贯线，可用简化画法表达此处的相贯线，如图 2-54c 所示。

3）画底板。底板与直立空心圆柱相切，注意切线在三个视图中的画法。先画底板的俯视图，以确定切点，再画主视图和左视图，如图 2-54d 所示。

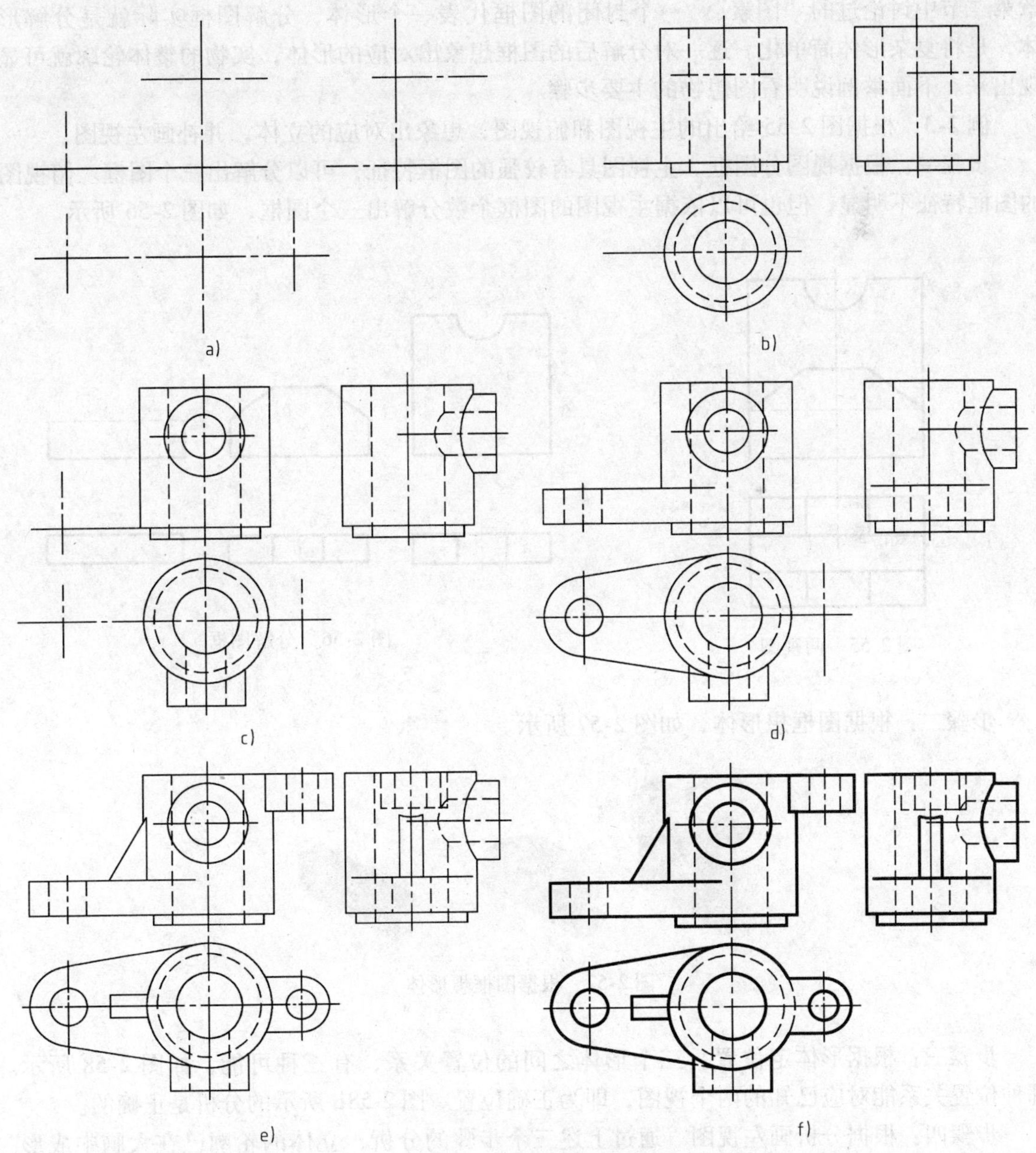

图 2-54　画组合体视图步骤

a）画回转轴线和圆心线　b）画两个空心圆柱　c）画水平空心圆柱　d）画底板　e）画肋板和搭子　f）描深

4）画肋板和搭子。先画肋板和搭子的俯视图，以确定它们主视图中的交线位置，如图2-54e所示。直立空心圆柱上有一个被肋板截交后的很小的截交线，在左视图上可用三点画弧表示此交线。

5）描深。逐一画完每一小形体，检查无误后再将图线加深，如图2-54f所示。注意：两形体间的交线画法是检查的重点。

二、由组合体视图想象实物的方法

根据视图想象实物的核心方法就是分解图框法和投影对应法。这里提到的图框就是第一章第二节中讨论过的“图素”。一个封闭的图框代表一个形体，分解图框实际就是分解形体，是将复杂形体简单化。逐一对分解后的图框想象出对应的形体，实物的整体轮廓就可显现出来。下面举例说明看图想物的主要步骤。

例2-3 根据图2-55给出的主视图和俯视图，想象出对应的立体，并补画左视图。

步骤一：根据视图分图框。主视图具有较强的图框特征，可以分解出三个图框。俯视图的图框特征不明显，但也可以依据主视图的图框个数分解出三个图框，如图2-56所示。

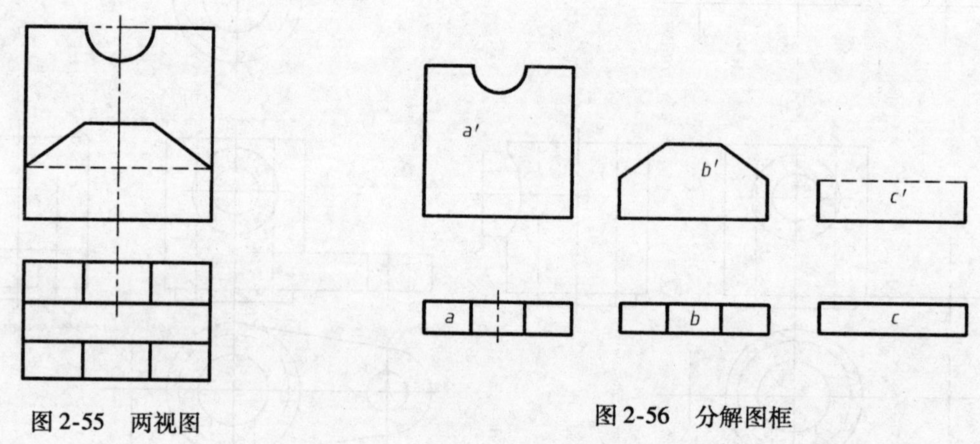

图2-55 两视图　　图2-56 分解图框

步骤二：根据图框想形体，如图2-57所示。

图2-57 根据图框想形体

步骤三：根据形体定位置。三个形体之间的位置关系，有三种可能，如图2-58所示。哪种位置关系能对应已知的两个视图，即为正确位置。图2-58b所示的分析是正确的。

步骤四：根据分析画左视图。通过上述三个步骤的分析，立体的轮廓已在大脑中成形。可以逐一画出每块形体或每个线框的左视图，图2-59a表示了求左视图的过程，图2-59b所示为作图结果。

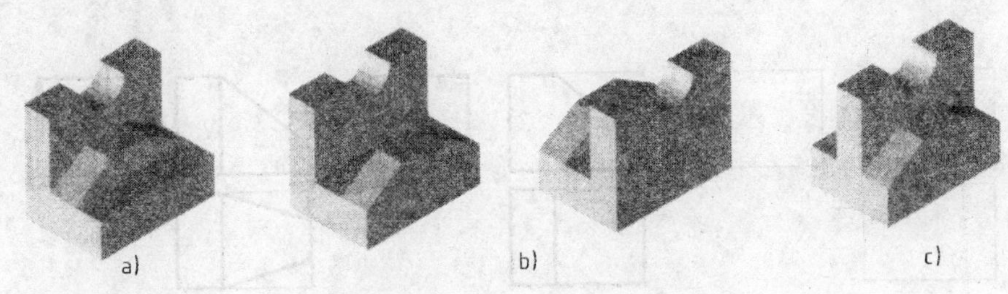

图 2-58　根据形体定位置

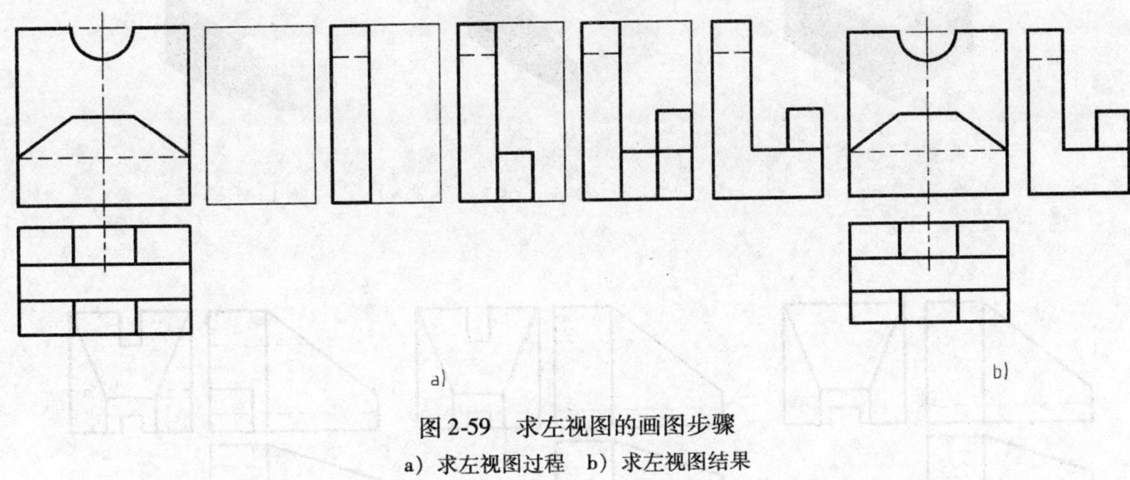

图 2-59　求左视图的画图步骤
a）求左视图过程　b）求左视图结果

例 2-4　根据图 2-60 给出的主视图和俯视图，想象出对应的立体，并将左视图补画出来。

分析　这是切割式平面立体，想象可以以最基本的四方体为起点，对照已知视图给出的不同图框（每个图框意味着被切出一块），将对应的左视图求出即可完成题目要求。分析过程如图 2-61 所示。

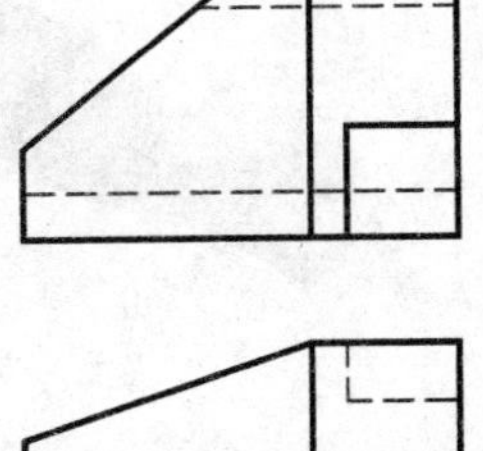

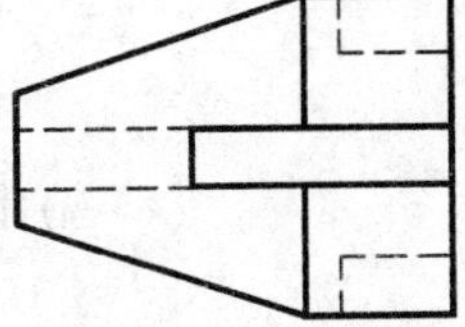

图 2-60　求左视图

三、通过实体造型提高空间想象力

由三视图想象出对应的立体是本节内容中的难点，也是本课程要求掌握的知识重点。之所以说它是难点，是因为初学者具有普通人一样的思维定势和视觉习惯，而不适应本课程特有的空间思维要求。针对这一学习难点，我们仍然是根据人的认知规律建议在实践中学习，即通过不同方法进行实体造型，实体造型是为了深度熟悉各种实体结构，不断积累对实体结构的分析方法，掌握由视图转换到实体的思维规律。对于平面立体可以使用捏橡皮泥、削萝卜、画轴测图，对于稍复杂的立体可以切泡沫，切三合板，还可以在电脑上画三维图，总之要亲手操作，要有形可见，有物可想，有了这一实践过程后，制图的思维能力和分析能力将会有质的飞跃。图 2-62 是初学者根据三视图切割出来的泡沫实体。

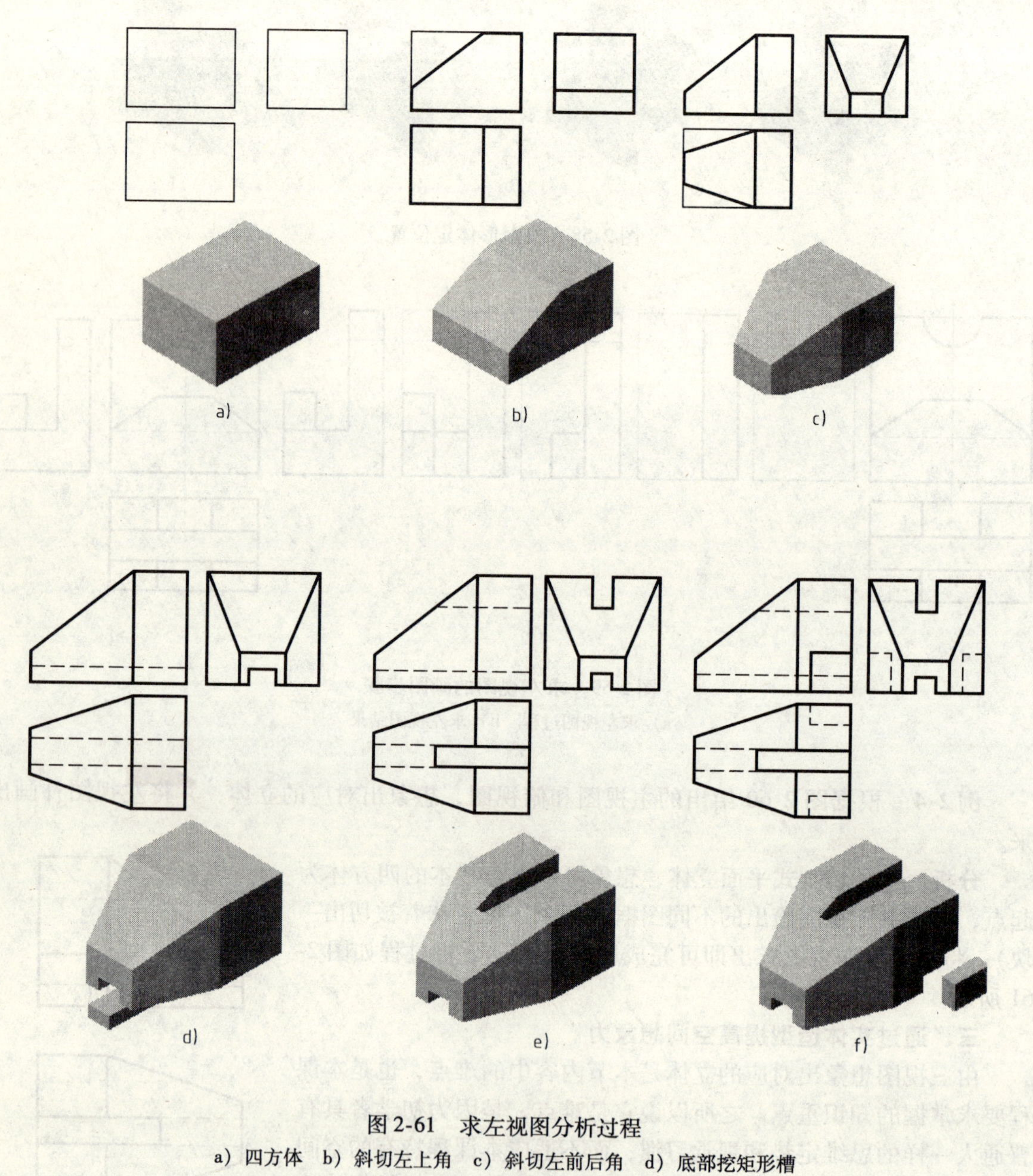

图 2-61　求左视图分析过程

a）四方体　b）斜切左上角　c）斜切左前后角　d）底部挖矩形槽
e）顶部挖矩形槽　f）右底部前后切方块

四、组合体的第三角投影

1. 第三角概念

假想三个投影平面相互垂直相交，此时空间被三个平面分割成了八个分角，如图 2-63a 所示。若是两个平面垂直相交，空间将被分割成四个分角，如图 2-63b 所示。图 2-63c、d 分别为第三角和第一角的投影平面展开示意图。

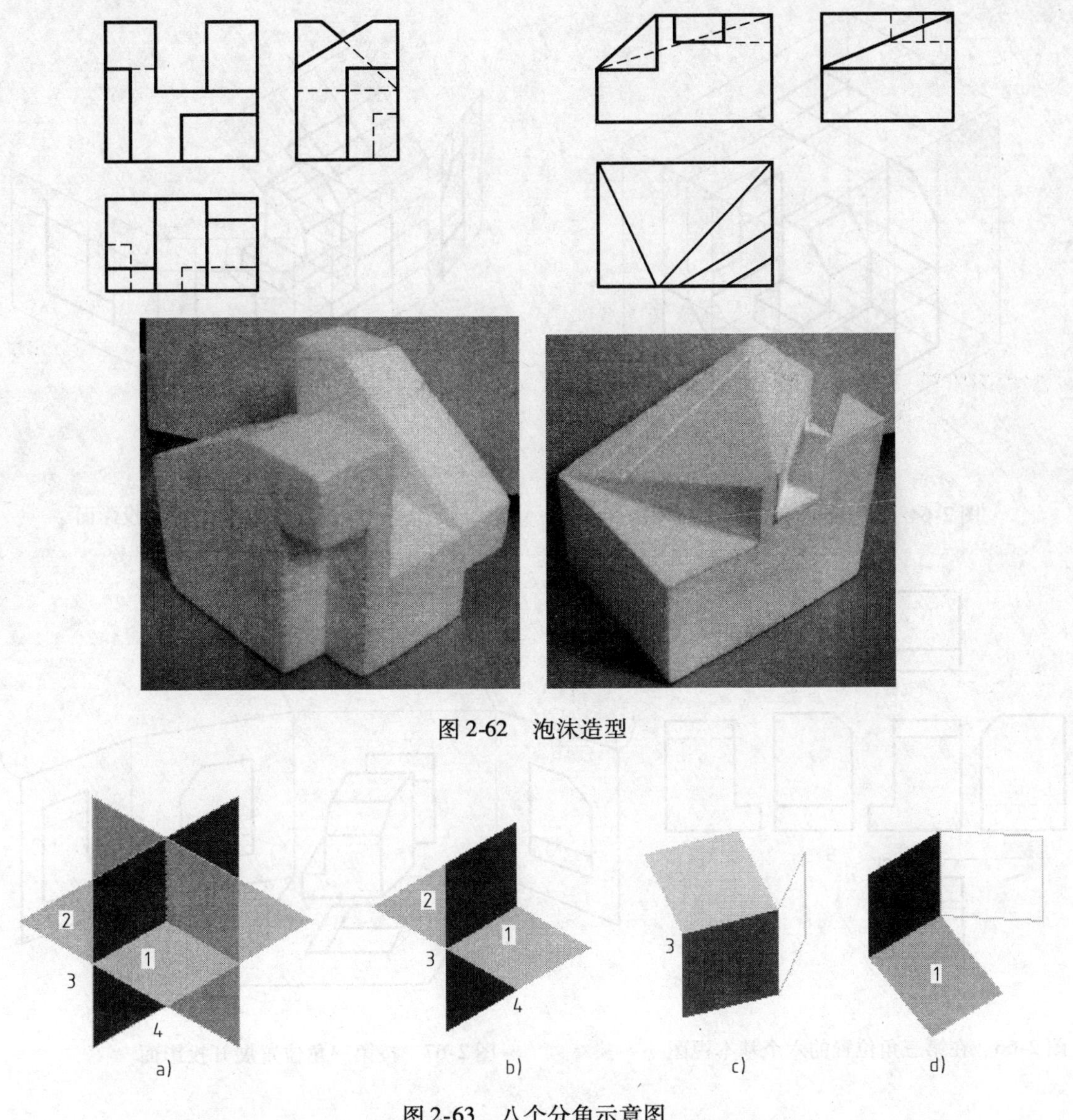

图 2-62　泡沫造型

图 2-63　八个分角示意图

a）八个分角　b）四个分角　c）第三角平面展开　d）第一角平面展开

目前，世界各国的工程图一般有两种表达形式：第一角视图和第三角视图。我国国家标准规定，我国采用第一角视图，而美国、日本、新加坡等国家则采用第三角视图。

2. 第三角投影图的画法

图 2-64 所示为一立体模型置于一个假想的透明四方盒子之中，若按图 2-65 所示方法打开投影面，则该立体模型的六个基本视图的画法及配置如图 2-66 所示。若按图 2-67 所示的第一角位置展开投影面，则与之对应的六个基本视图如图 2-68 所示。

3. 第三角视图的识别符号

国际标准规定，既可以采用第一角视图也可以采用第三角视图表达组合体。为了区别这两种投影视图，可在标题栏的规定区域内用规定的符号加以区分，如图 2-69a、b 所示。

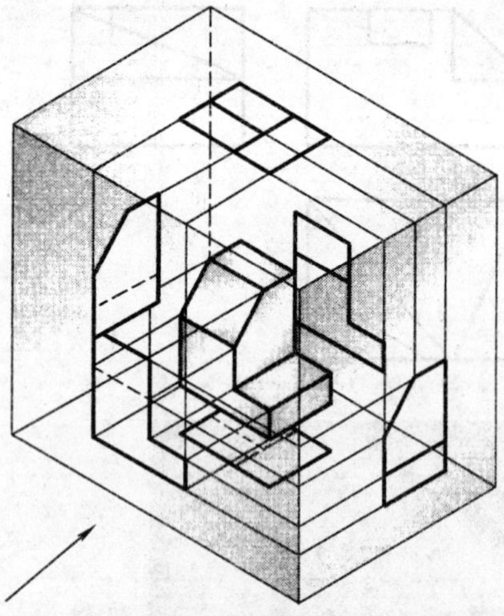

图 2-64　模型位于透明四方盒中

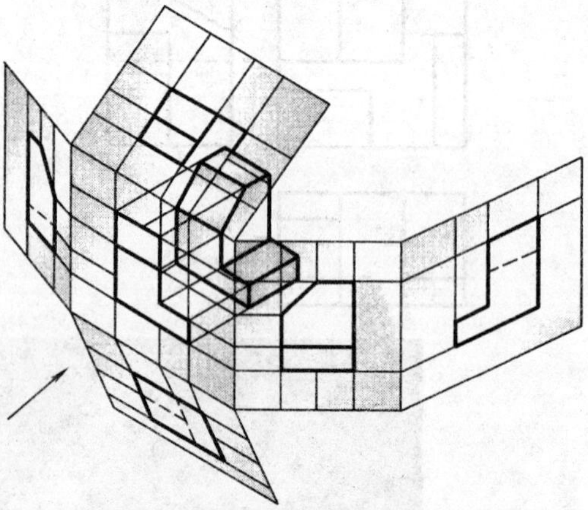

图 2-65　按第三角位置展开投影面

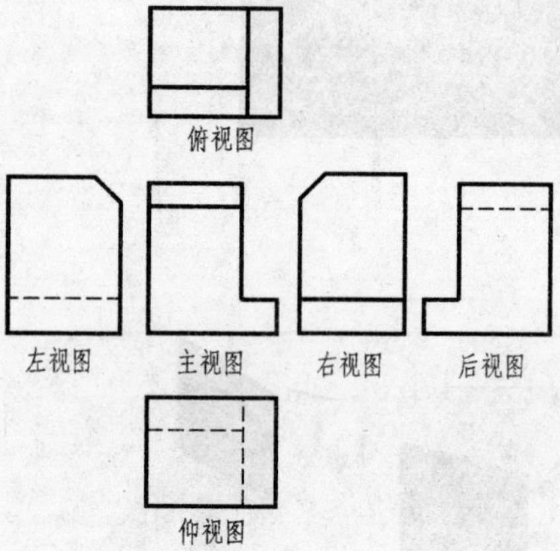

俯视图
左视图
主视图
右视图
后视图
仰视图

图 2-66　在第三角位置的六个基本视图

图 2-67　按第一角位置展开投影面

仰视图
右视图
主视图
左视图
后视图
俯视图

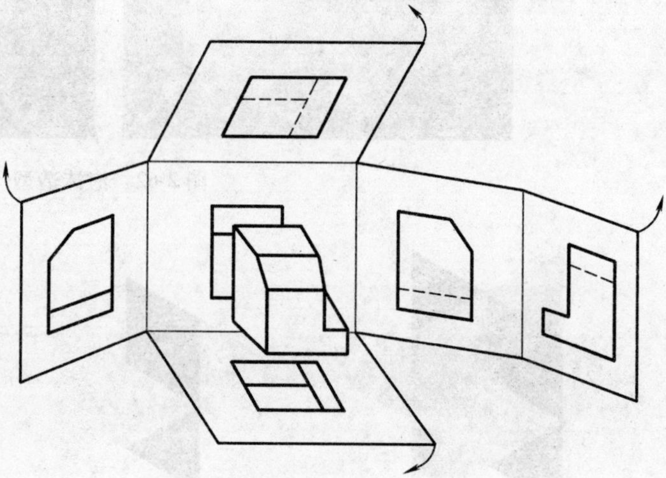

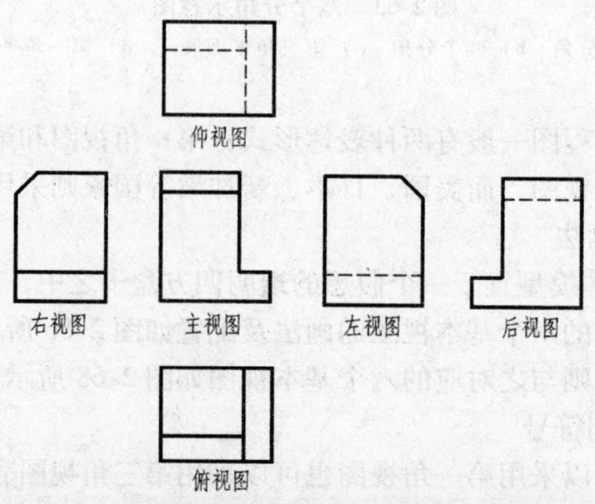

图 2-68　在第一角位置的六个基本视图

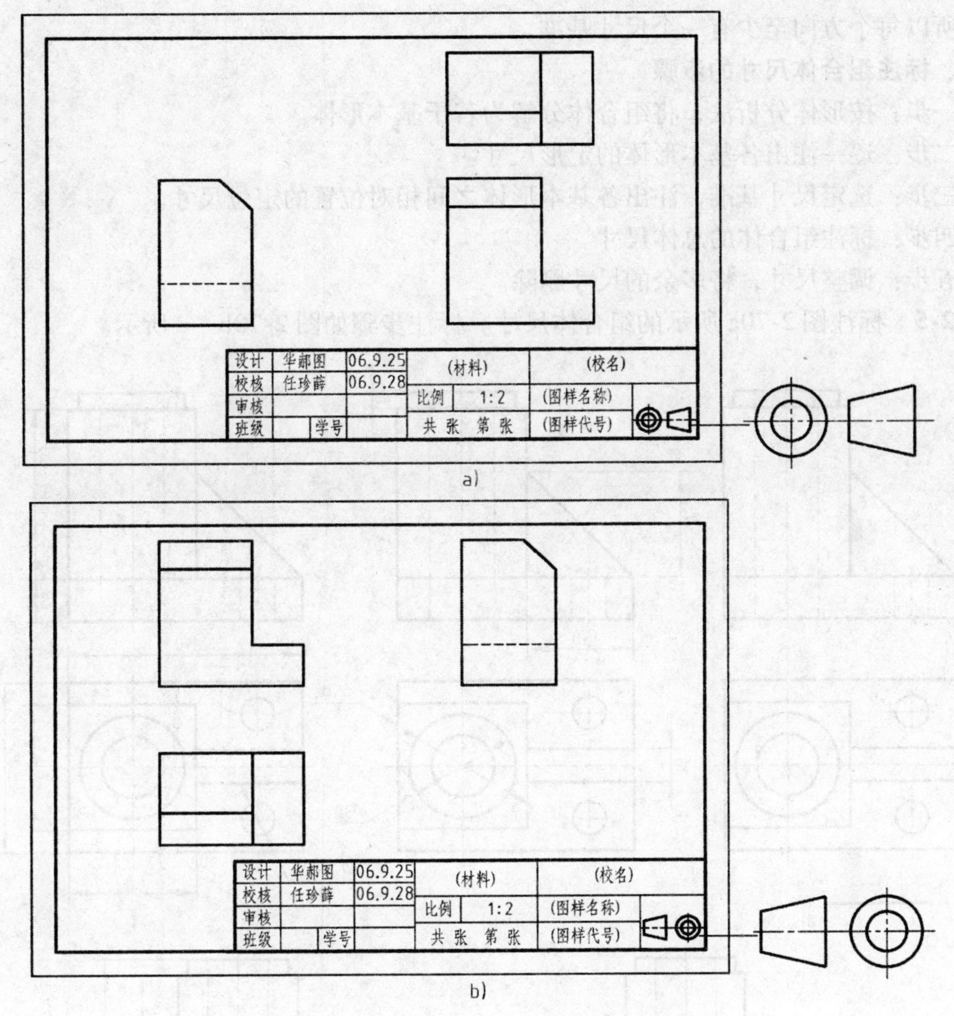

图 2-69　第三角、第一角视图识别符号
a）第三角视图识别符号　b）第一角视图识别符号

第五节　组合体的尺寸注法

视图只能表达组合体的形状，要表示组合体的大小，则需要注出组合体的尺寸，且要标注得完整、合理、清晰，并符合国家标准关于尺寸注法的规定。

一、尺寸种类

（1）定形尺寸　确定组合体各组成部分的长、宽、高三个方向大小的尺寸，以及直径尺寸。

（2）定位尺寸　确定组合体各组成部分相对位置的尺寸。

（3）总体尺寸　确定组合体外形大小的总长、总宽、总高尺寸。

二、尺寸基准

尺寸基准就是标注尺寸时的起点位置。这一起点位置一般以对称平面、底面、端面以及回转体轴线或某一点等几何要素为选择的对象。由于组合体有长、宽、高三个方向的尺寸要标注，所以每个方向至少有一个尺寸基准。

三、标注组合体尺寸的步骤

第一步：按形体分析法，将组合体分解为若干基本形体。

第二步：逐一注出各基本形体的定形尺寸。

第三步：选定尺寸基准，注出各基本形体之间相对位置的定位尺寸。

第四步：标注组合体的总体尺寸。

第五步：调整尺寸，将多余的尺寸删除。

例 2-5 标注图 2-70a 所示的组合体尺寸。标注步骤如图 2-70b ~ e 所示。

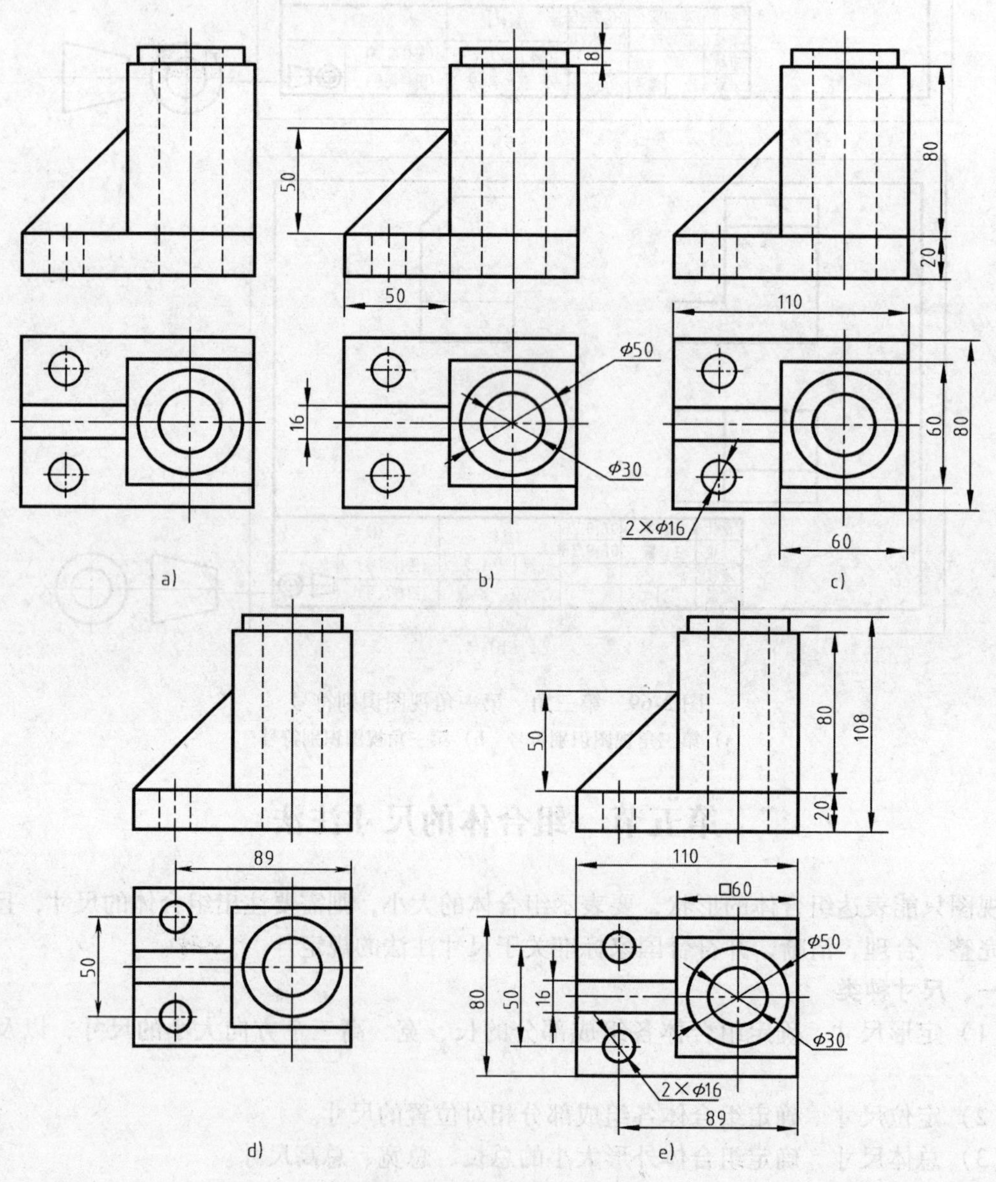

图 2-70 组合体的尺寸标注

a）组合体两视图 b）标注空心圆板和三角板的定形尺寸 c）标注矩形底板和空心四棱柱的定形尺寸 d）标注圆孔的定位尺寸 e）标注总体尺寸并调整多余尺寸

在标注示例例2-5中，当标注了总体尺寸后，原来的长度尺寸50mm和高度尺寸8mm就成了多余的尺寸，通过调整被删除了。

图2-71所示为一组组合体尺寸标注示例图，请读者仔细阅读，体会标注要求。

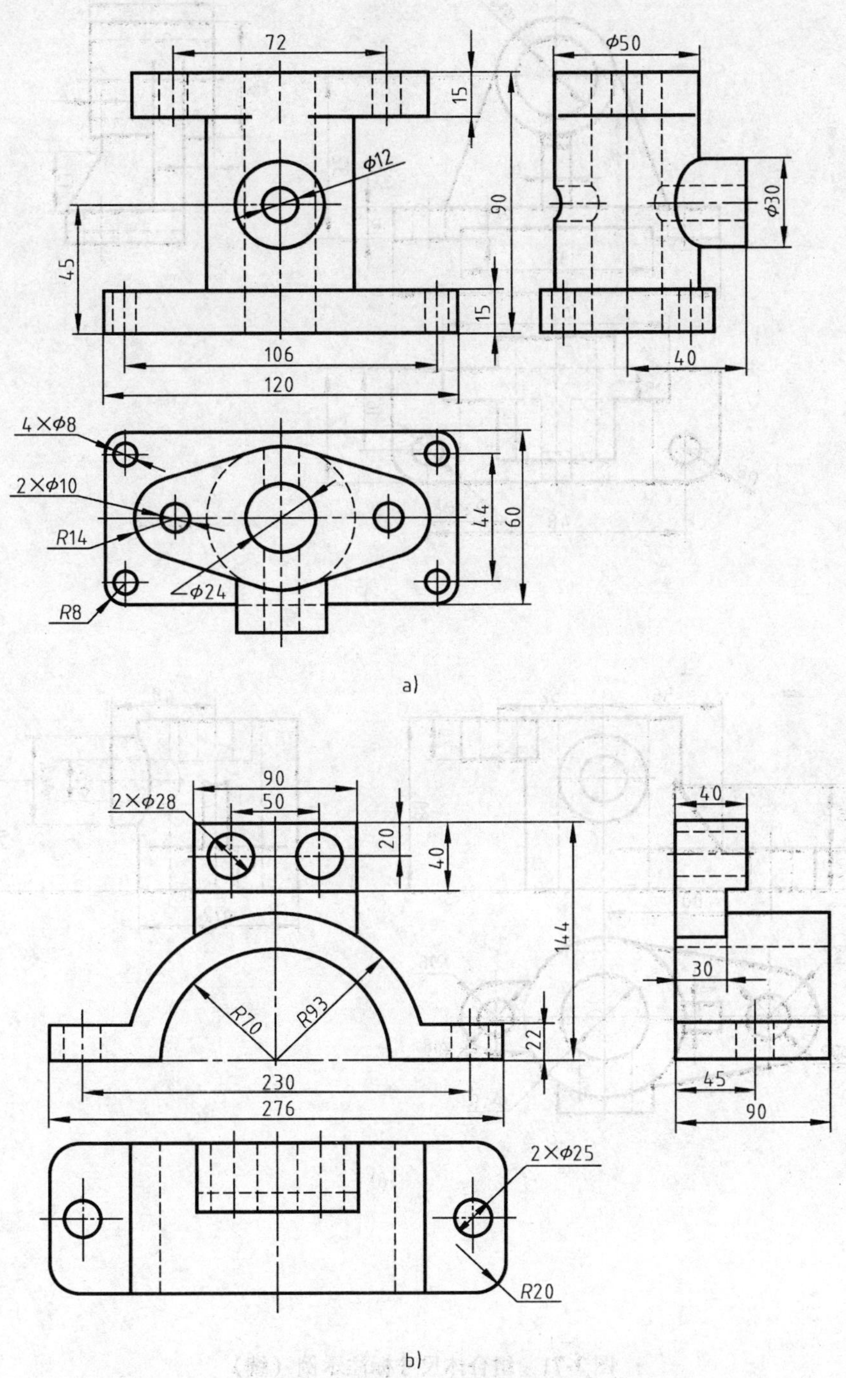

图2-71 组合体尺寸标注示例

a）组合体尺寸标注示例（一） b）组合体尺寸标注示例（二）

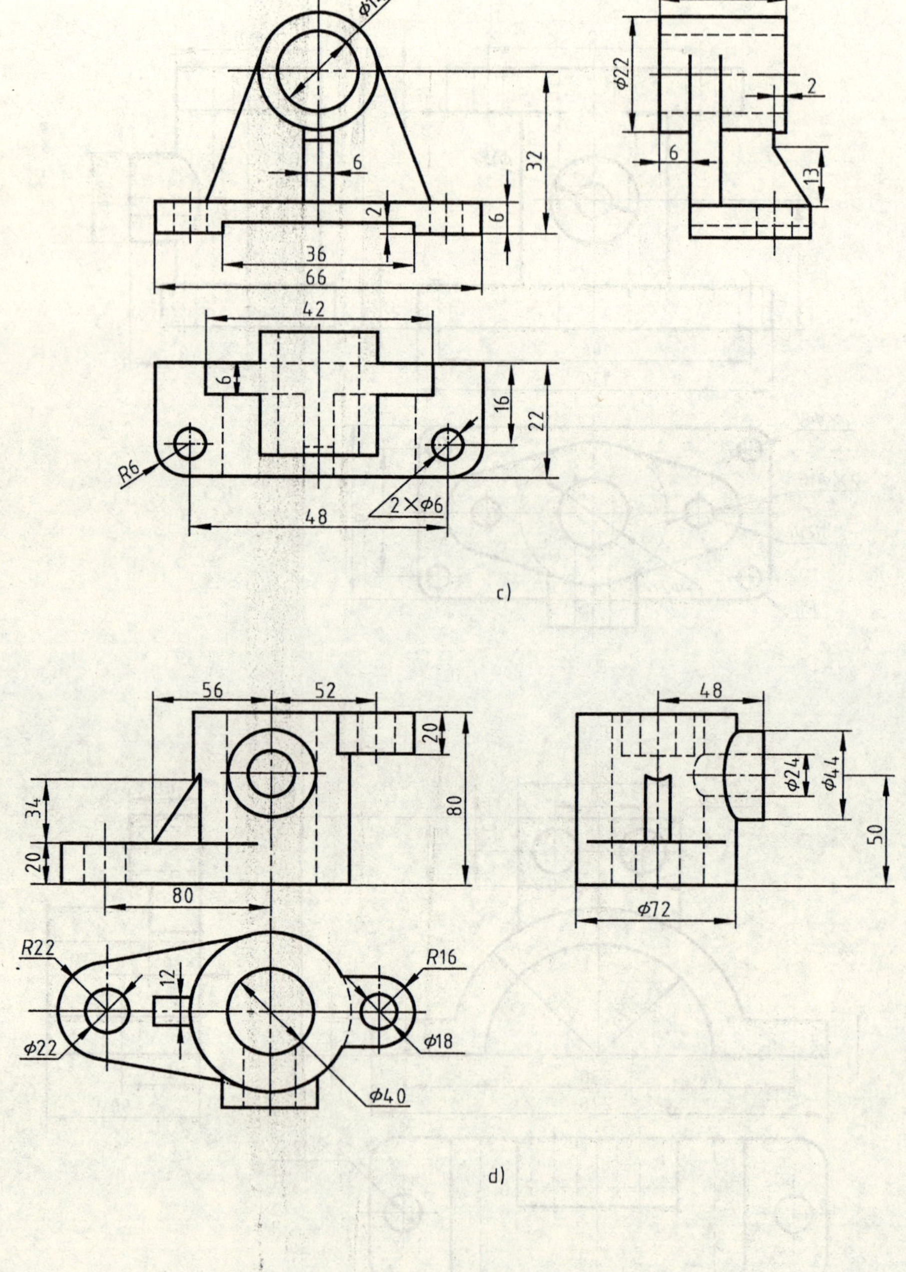

图 2-71 组合体尺寸标注示例（续）

c）组合体尺寸标注示例（三） d）组合体尺寸标注示例（四）

四、尺寸标注正误对比

尺寸标注除了要符合国家标准的规定以外，还要注意标注的合理性。在图 2-72 所示的尺寸标注对比中，要留心错误的或不合理的标注形式，避免再犯。

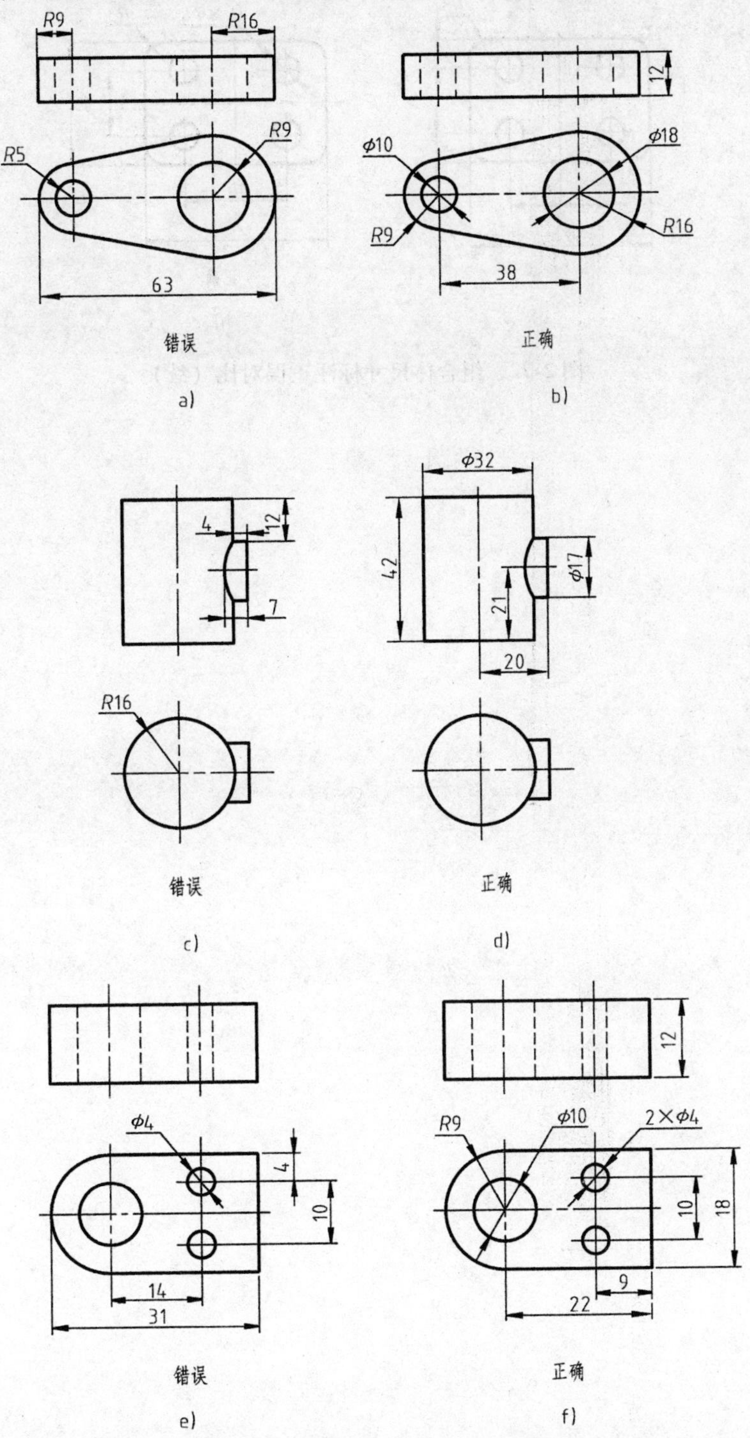

图 2-72　组合体尺寸标注正误对比

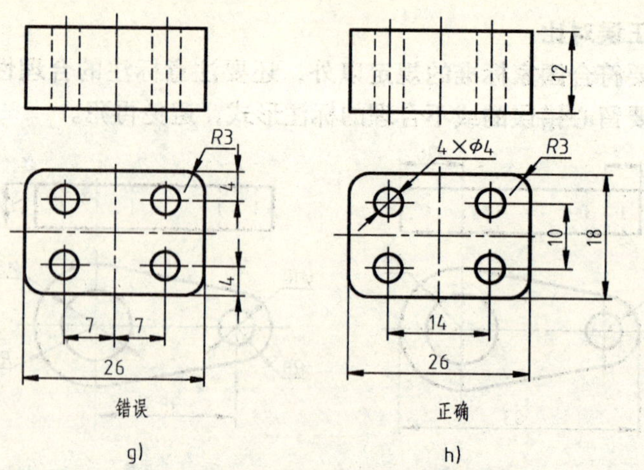

图 2-72　组合体尺寸标注正误对比（续）

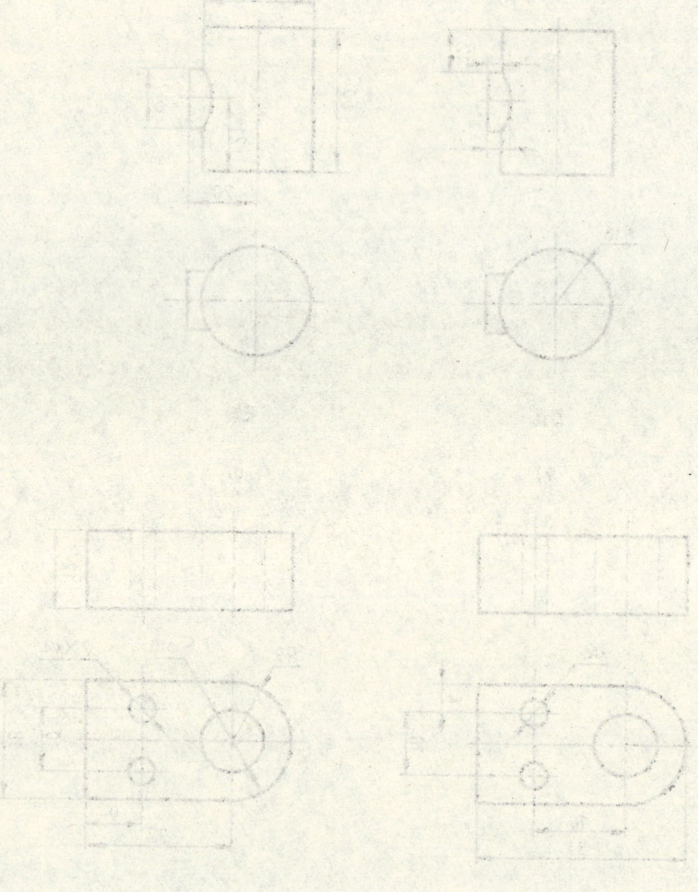

第三章　制图基本知识

图样是工程技术人员表达设计意图、组织和指导生产的重要工具，也是技术交流、信息传递的重要技术文件。为了方便设计和制造部门间的相互联系，使管理或沟通协调工作系统化、简单化、标准化，活动双方必须共同遵循相关准则，国家标准《技术制图》和《机械制图》就是工程界重要的技术基础标准。

第一节　国家标准的基本规定

一、标准编号的含义

标准编号举例：GB/T 14689—2008

编号含义：GB——“国标”两字汉语拼音的第一个字母大写。

T——“推荐”的“推”字汉语拼音的第一个字母大写。

14689——该标准的顺序号。

2008——该标准发布的年份。

二、图线

我国现行的标准 GB/T 4457. 4—2002《机械制图　图样画法　图线》中规定，有 9 种线型可供使用，见表 3-1。

表 3-1　机械图样中的基本线型及其应用

线　型	名称	线宽	一般应用举例
	粗实线	$d=0.13\sim2$mm	可见轮廓线 剖切符号用线
	细实线	$d/2$	尺寸线和尺寸界线 剖面线、重合断面的轮廓线 过渡线 指引线、基准线、分界线及范围线
	波浪线	$d/2$	断裂处的边界线 视图与剖视的分界线
14d 30°	双折线	$d/2$	断裂处的边界线 视图与剖视图的分界线
	粗虚线	d	允许表面处理的表示线
	细虚线	$d/2$	不可见轮廓线
	粗点画线	d	限定范围表示线
	细点画线	$d/2$	轴线 对称中心线 分度圆(线)
	细双点画线	$d/2$	相邻辅助零件的轮廓线 可动零件的极限位置的轮廓线 剖切面前的结构轮廓线 中断线、轨迹线

三、字体

GB/T 14691—1993《技术制图　字体》中规定了图样中的字体形式和基本尺寸。字体高度的公称尺寸系列按号数分为 20、14、10、7、5、3.5、2.5、1.8 共八种。字体高度用 h 表示，单位为 mm。字体号数就表示字体高度，如 5 号字表示字体高 5mm。字体示例见表 3-2。

表 3-2　字体示例

字体		示　例
长仿宋体汉字	5号	学好机械制图，培养和发展空间相象能力
	3.5号	计算机绘图是工程技术人员必须具备的绘图技能
拉丁字母	大写	*ABCDEFGHIJKLMNOPQRSTUVWXYZ*
	小写	*abcdefghijklmnopqstuvwxyz*
阿拉伯数字	斜体	*0123456789*
	正体	0123456789
字体应用示例		10Js5(±0.003)　M24-6h　$R8$　10^3　S^{-1}　5%　D_1　T_d　380kPa　m/kg
		$\phi20^{+0.010}_{-0.023}$　$\phi25\frac{H6}{f5}$　$\frac{II}{1:2}$　$\frac{3}{5}$　$\frac{A}{5:1}$　$\sqrt{Ra6.3}$ 460r/min　220V　l/min

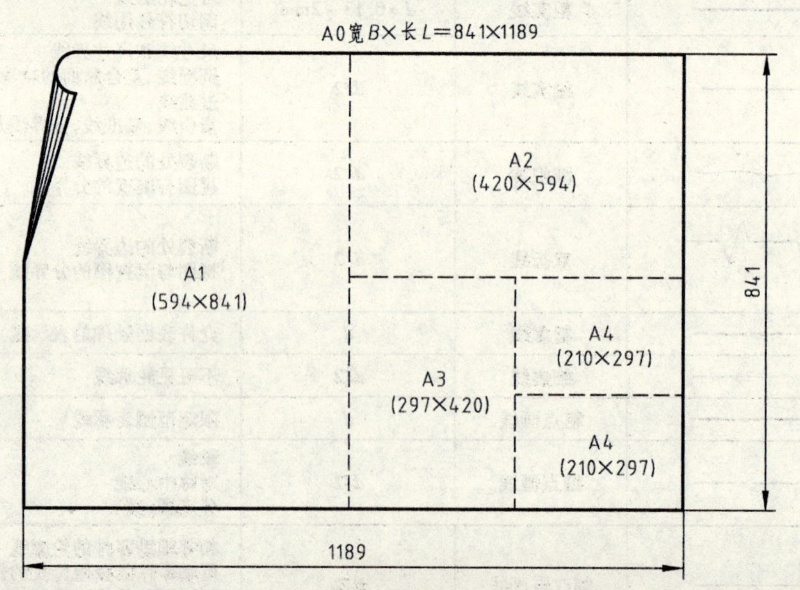

图 3-1　图纸幅面

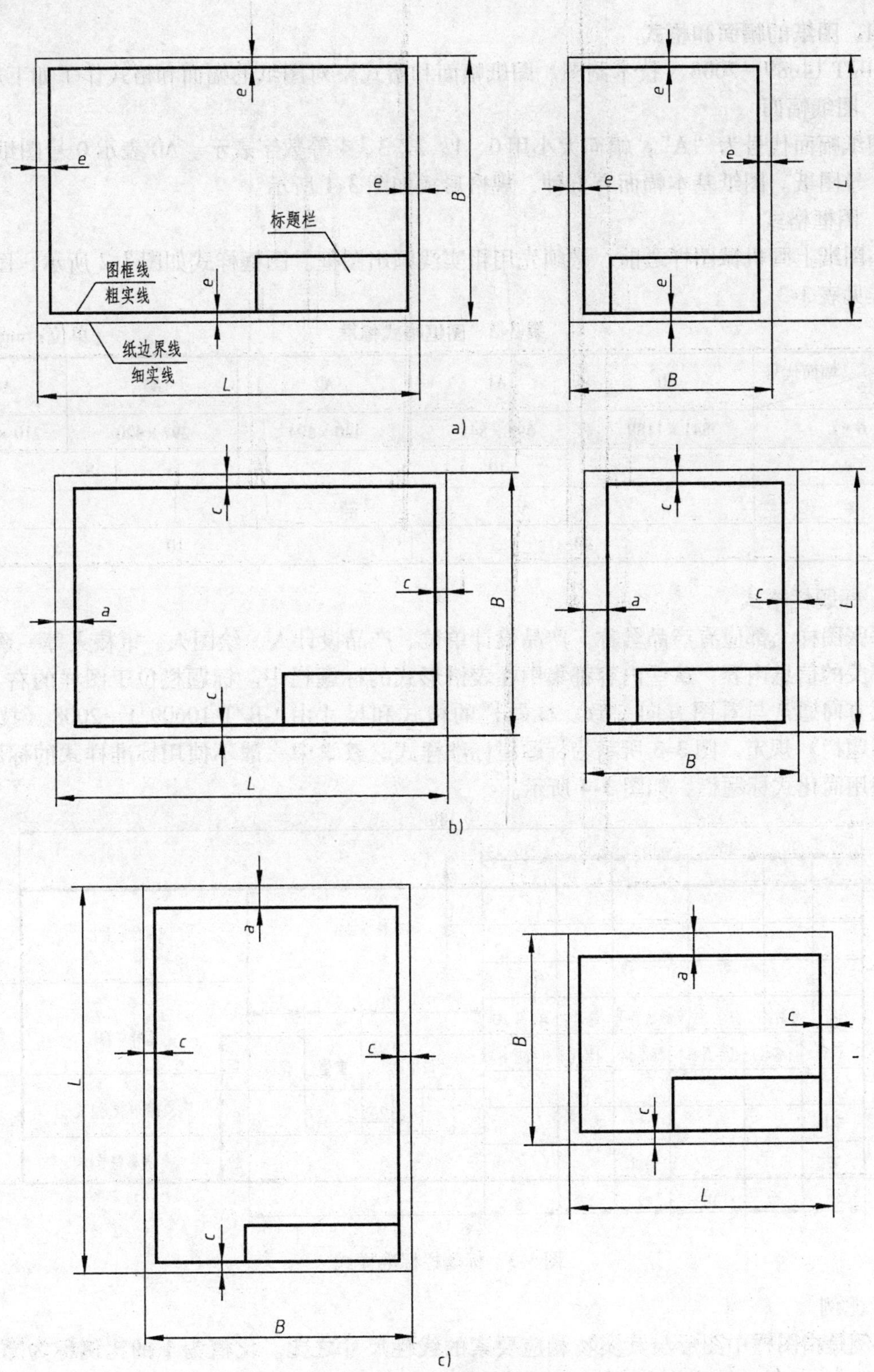

图 3-2 图框样式

a）不留装订边的图框样式 b）留装订边的图框样式（一） c）留装订边的图框样式（二）

四、图纸的幅面和格式

GB/T 14689—2008《技术制图　图纸幅面和格式》对图纸的幅面和格式作了如下规定。

1. 图纸幅面

图纸幅面代号为“A”，幅面大小用0、1、2、3、4 等数字表示。A0 表示 0 号图纸，A3 表示 3 号图纸。图纸基本幅面有五种，规格形式如图 3-1 所示。

2. 图框格式

在图纸上画机械图样之前，必须先用粗实线画出图框。图框样式如图 3-2 所示，图框格式标准见表 3-3。

表 3-3　图框格式标准　　（单位：mm）

尺寸代号 \ 幅面代号	A0	A1	A2	A3	A4
B×*L*	841×1189	594×841	420×594	297×420	210×297
c	10			5	
a	25				
e	20		10		

3. 标题栏格式

每张图样上都应有产品名称、产品设计单位、产品设计人、绘图人、审核人等一系列与产品有关的信息内容，这些内容都集中在表格形式的标题栏中。标题栏位于图样的右下角，标题栏方向通常与看图方向一致。标题栏的格式和尺寸由 GB/T 10609.1—2008《技术制图　标题栏》规定。图 3-3 所示为标题栏标准样式。教学中一般不使用标准样式的标题栏，而是使用简化式标题栏，如图 3-4 所示。

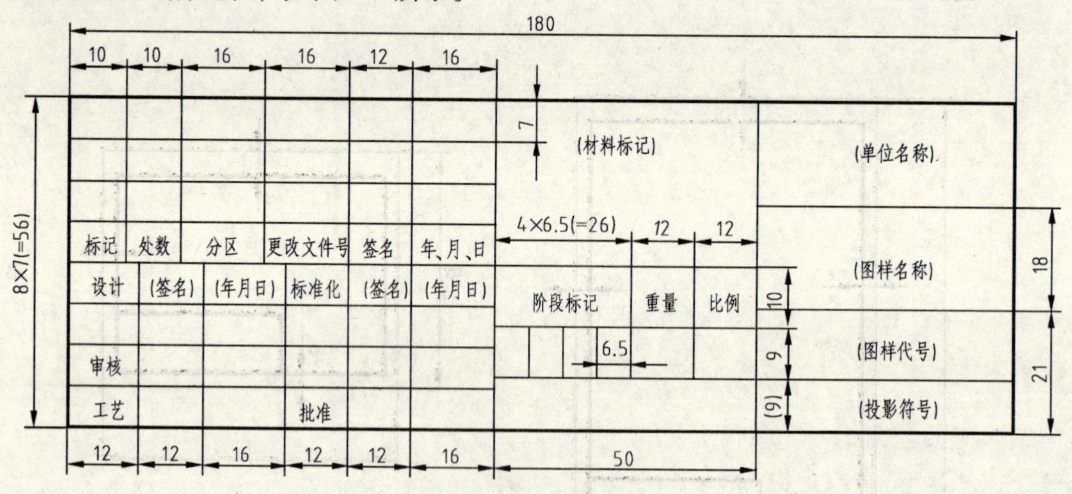

图 3-3　标题栏标准样式

4. 比例

比例是指图样中图形与其实物相应要素的线性尺寸之比。比值为 1 的比例称为原值比例，即1∶1；比值大于 1 的比例称为放大比例，如 2∶1；比值小于 1 的比例称为缩小比例，如 1∶2。绘制图样时，应按 GB/T 14690—1993《技术制图　比例》的规定选取适当的比例。国家标准规定的比例系列见表 3-4。

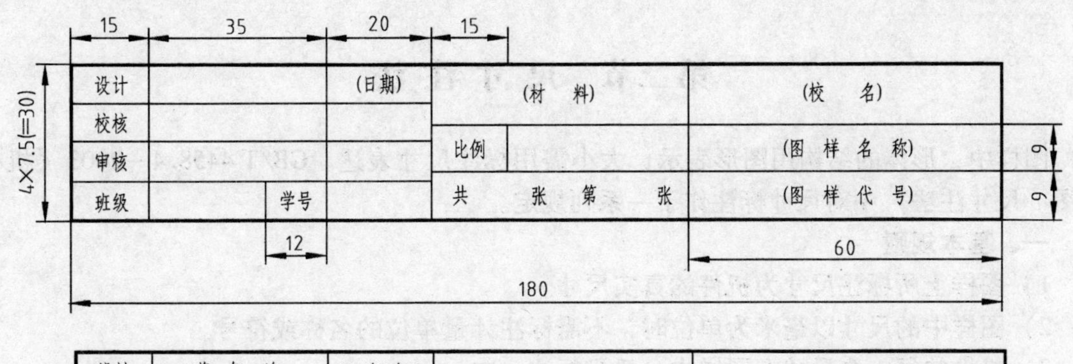

设计	薛 智 途		07/9/20	HT200		南方职业技术学院
校核	潘 高 珊		07/9/20			
审核	严 谨		07/10/9	比例	1:2	千斤顶底座
班级	07机电1	学号	070038	共 6 张 第 3 张		QJD—002

图 3-4 教学推荐使用的简化式标题栏

表 3-4 比例

种 类	定 义	优先选择系列	允许选择系列
原值比例	比值为 1 的比例	1:1	
放大比例	比值大于 1 的比例	5:1 2:1 5×10^n:1 2×10^n:1 1×10^n:1	4:1 2.5:1 4×10^n:1 2.5×10^n:1
缩小比例	比值小于 1 的比例	1:2 1:5 1:10 1:2×10^n 1:5×10^n 1:1×10^n	1:1.5 1:2.5 1:3 1:4 1:6 1:1.5×10^n 1:2.5×10^n 1:4×10^n 1:6×10^n

注：n 为正整数。

无论采用何种比例画图，图中标注的尺寸数值都必须是实物的实际尺寸，不能随画图比例的放大或缩小而改变标注尺寸数值的真实性。如图 3-5 所示，尺寸数值标注不对的都打上了“×”。

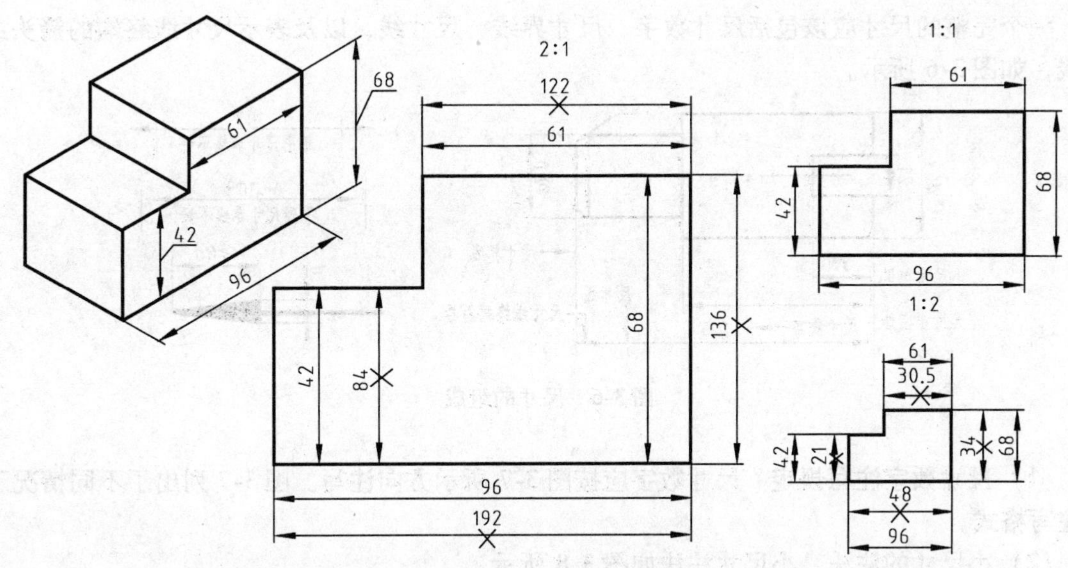

图 3-5 尺寸标注数值必须与实物实际尺寸一致

第二节　尺寸注法

图样中，形体的结构用图形表示，大小需用标注尺寸表达。GB/T 4458.4—2003《机械制图　尺寸注法》中对尺寸标注作了一系列规定。

一、基本规则

1）图样上所标注尺寸为机件的真实尺寸。

2）图样中的尺寸以毫米为单位时，不需标注计量单位的名称或符号。

3）机件的每一个尺寸在图样中一般只标注一次。

4）标注尺寸时，应尽可能使用符号或缩写词。常用标注尺寸的符号及缩写词见表3-5。

表3-5　常用标注尺寸的符号及缩写词

符号和含义	正方形	深度	沉孔或锪平	埋头孔			
符号和含义	弧长	斜度	锥度	h为尺寸数字的字体高度			
缩写词和含义	ϕ 直径	R 半径	$S\phi$ 球直径	SR 球半径	EQS 均布	C 45°倒角	t 厚度

二、尺寸的组成

一个完整的尺寸应该包括尺寸数字、尺寸界线、尺寸线，以及表示尺寸线终端的箭头或斜线，如图3-6所示。

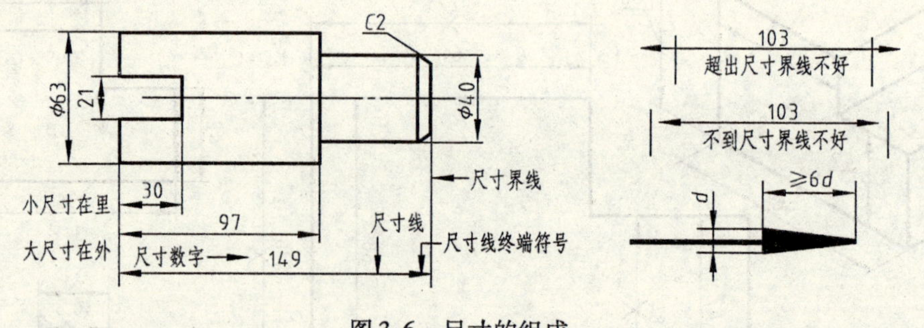

图3-6　尺寸的组成

（1）尺寸数字注写规定　尺寸数字应按图3-7所示方向注写。图3-7列出了不同情况下的注写格式。

（2）小尺寸的注法　小尺寸注法如图3-8所示。

（3）角度、直径、球面等尺寸注法　角度、直径、球面等尺寸注法见表3-6。

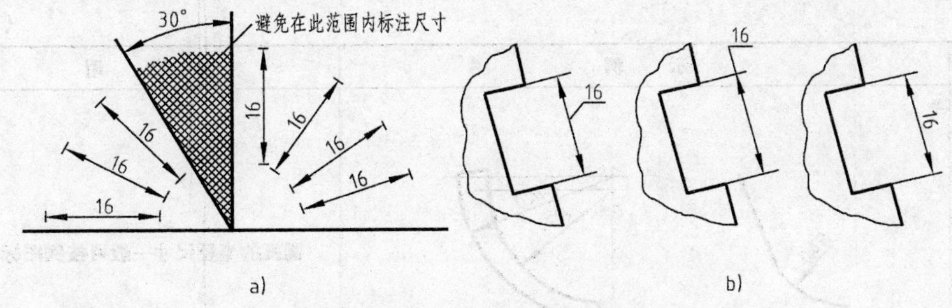

图 3-7　尺寸数字书写要求

a）通常情况下数字注写方向　b）向左倾斜 30°范围内尺寸数字的注写

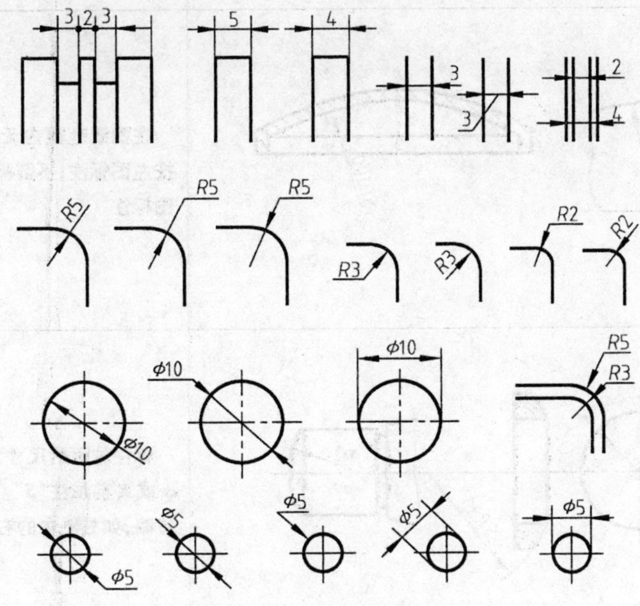

图 3-8　小尺寸注法

表 3-6　角度、球面等尺寸注法

标注内容	示　例	说　明
角度	60°　15°　65°　5°　75°　20°	尺寸界线应沿径向引出，尺寸线画成圆弧，圆心是角的顶点。尺寸数字应一律水平书写，一般注在尺寸线的中断处，必要时也可按右图的形式标注
圆	φ40　φ54　φ36	圆的直径尺寸一般可按例图标注

（续）

标注内容	示　　例	说　　明
圆弧	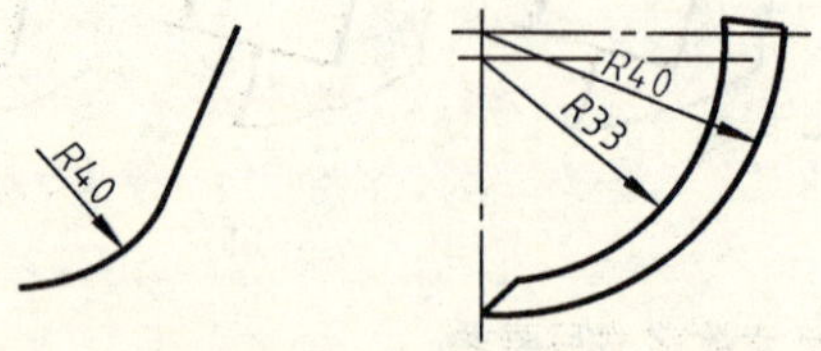 R40　R40　R33	圆弧的半径尺寸一般可按例图标注
大圆弧	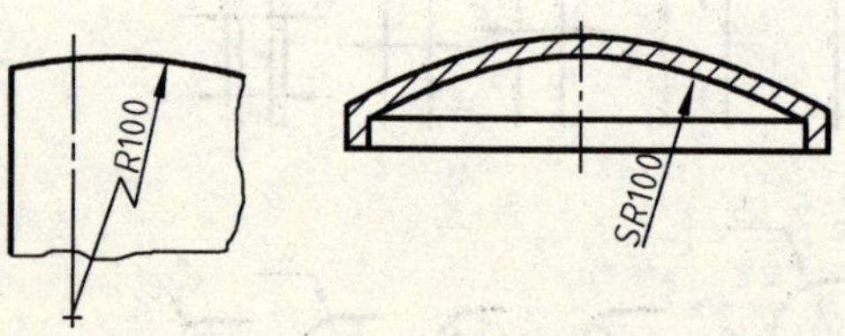 R100　SR100	在图纸范围内无法标出圆心位置时，可按左图标注；不需标出圆心位置时，可按右图标注
球面	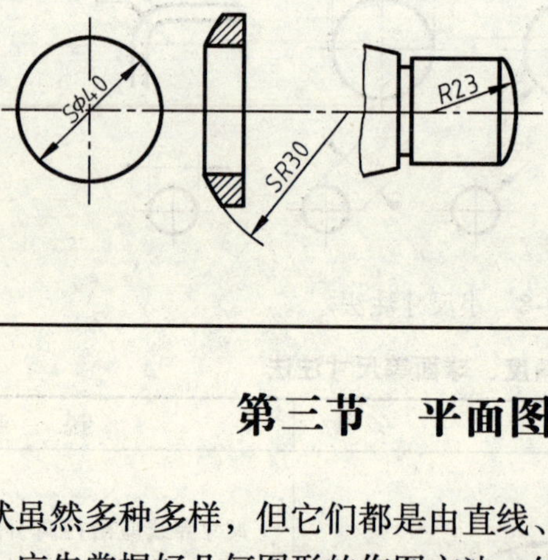 Sϕ40　SR30　R23	标注球面的尺寸，如左侧两图所示，应在 ϕ 或 *R* 前加注"*S*"。不致引起误解时，则可省略，如右图中的右端球面

第三节　平面图形画法

机件的形状虽然多种多样，但它们都是由直线、圆弧和曲线组成的几何图形。因此，绘制机械图样时，应先掌握好几何图形的作图方法。绘图使用的工具一般有图板、丁字尺、圆规、三角板、比例尺、曲线板等。在作业本上做练习时通常只会用到圆规和三角板，若用图纸画图则必须使用图板和丁字尺。图 3-9 介绍了图板、三角板、丁字尺的使用方法。

一、等分圆周及作正多边形

等分圆周作图方法如图 3-10 所示。

以 $n=7$ 为例，介绍正 n 边形作图方法，如图 3-11 所示。作图步骤如下：

1）将外接圆垂直方向的直径 *AN* 等分为 7 等分，标出 1，2，3，4，5，6。

2）以 *N* 点为圆心、*NA* 为半径作圆，与水平圆心线交于 *P*、*Q* 点。

3）将 *P* 点和 *Q* 点与 *NA* 上每一奇数点（或偶数点）连成直线，并延长。交外接圆于 *C*、*D*、*E*、*B*、*G*、*F* 点。顺序连接各顶点，即得正七边形。

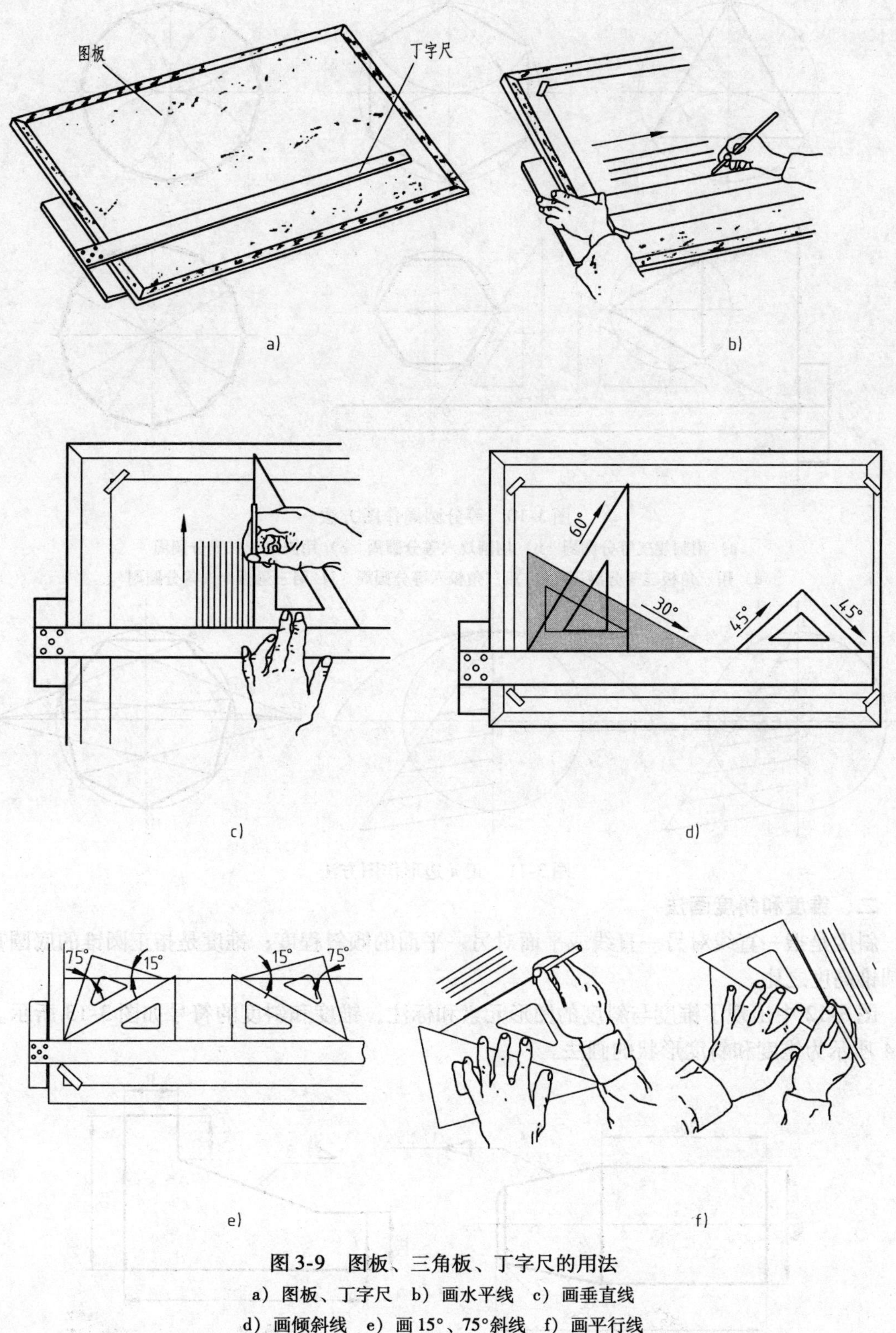

图 3-9　图板、三角板、丁字尺的用法

a）图板、丁字尺　b）画水平线　c）画垂直线

d）画倾斜线　e）画 15°、75°斜线　f）画平行线

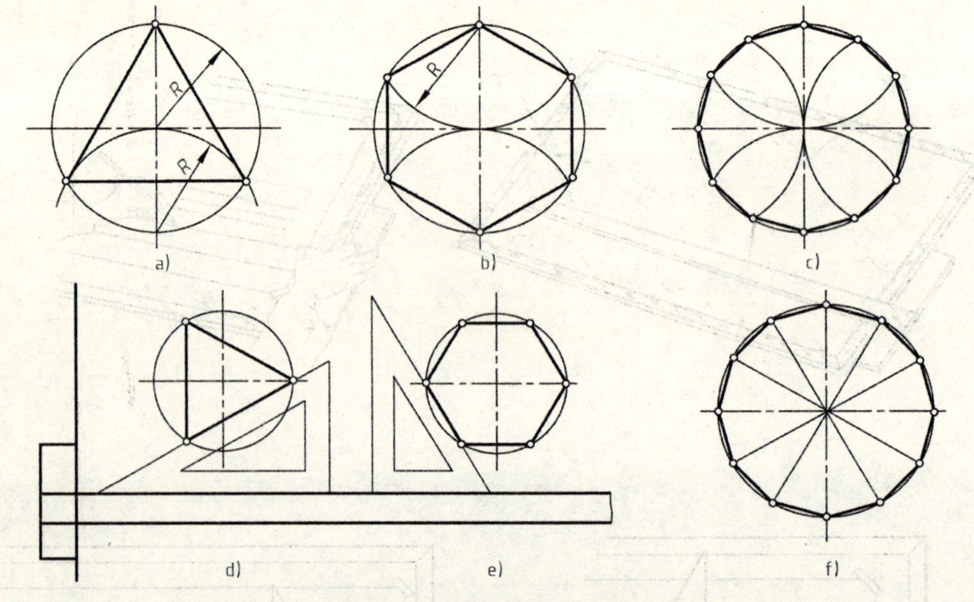

图 3-10 等分圆周作图方法

a）用圆规三等分圆周 b）用圆规六等分圆周 c）用圆规十二等分圆周

d）用三角板三等分圆周 e）用三角板六等分圆周 f）用三角板十二等分圆周

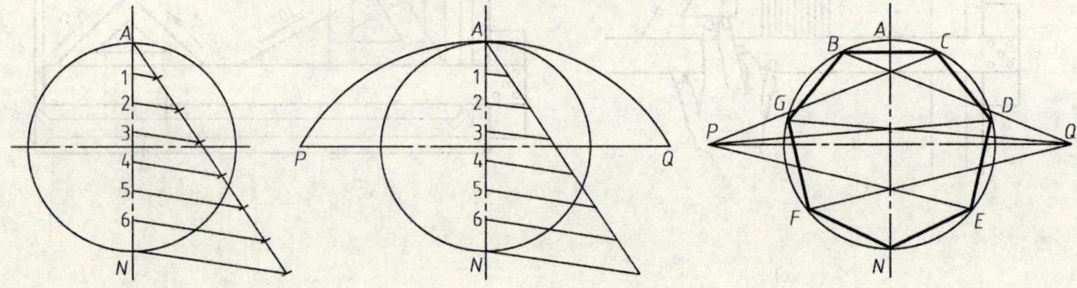

图 3-11 正 n 边形作图方法

二、锥度和斜度画法

斜度是指一直线对另一直线或平面对另一平面的倾斜程度；锥度是指正圆锥的底圆直径与圆锥高度之比。

图 3-12 中出现了锥度与斜度的图形元素和标注，锥度和斜度的符号如图 3-13 所示。图 3-14 所示为锥度和斜度形状的画法。

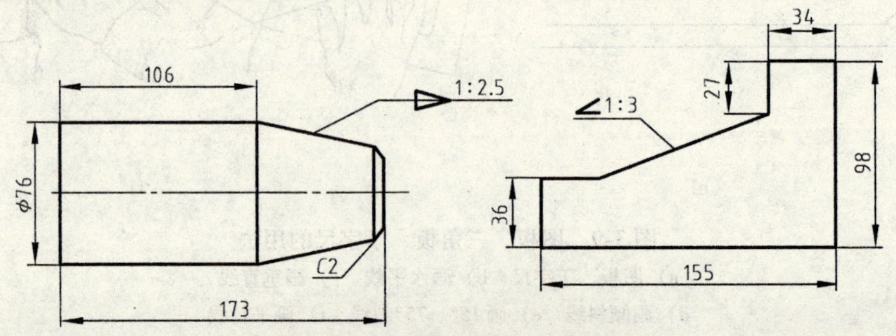

图 3-12 有锥度和斜度的图形

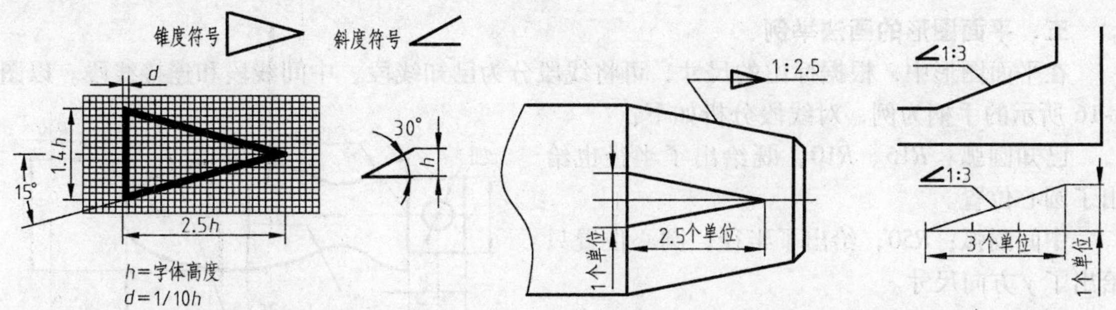

图 3-13　锥度和斜度符号　　　　图 3-14　锥度和斜度形状的画法

要注意，斜度符号中斜边的斜向应与斜度的方向一致；锥度符号的尖端应与圆锥的锥顶方向一致。

三、椭圆的画法

用四心圆法画椭圆如图 3-15 所示，作图步骤如下：

1）过 O 点分别作长轴 AB 和短轴 CD。

2）连接 A、C 点，以 O 点为圆心、OA 为半径作圆弧，交 OC 的延长线于 E 点。再以 C 点为圆心，CE 为半径作圆弧，交 AC 于 F 点，即 $CF=OA-OC$。

3）作 AF 的垂直平分线，分别交长、短轴于 O_1、O_2 两点，并找出对称点 O_3 和 O_4。

4）分别以 O_1、O_2、O_3、O_4 点为圆心，O_1A 和 O_2C 为半径画弧，使四段圆弧相切于 K、N、K_1、N_1 点而近似构成椭圆。

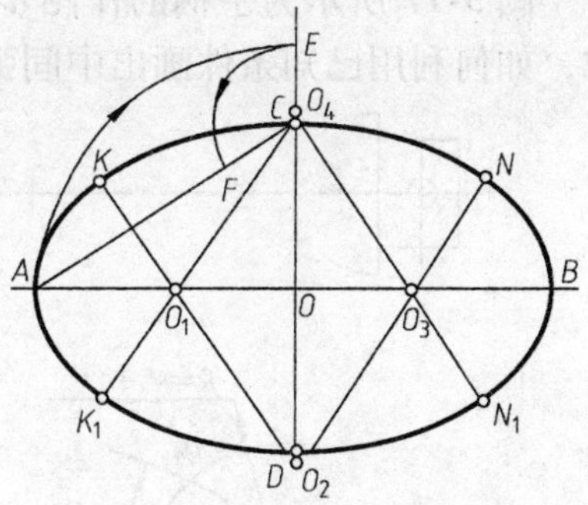

图 3-15　椭圆的画法

四、圆弧连接画法

常见的圆弧连接画法见表 3-7。

表 3-7　圆弧连接画法

	已知条件	作图方法和步骤		
		求连接圆弧圆心	求切点	画连接弧
圆弧外连接两已知圆弧	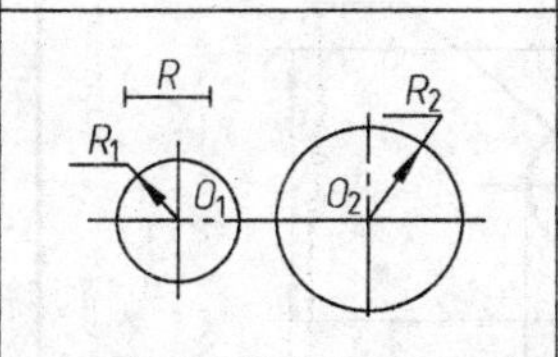	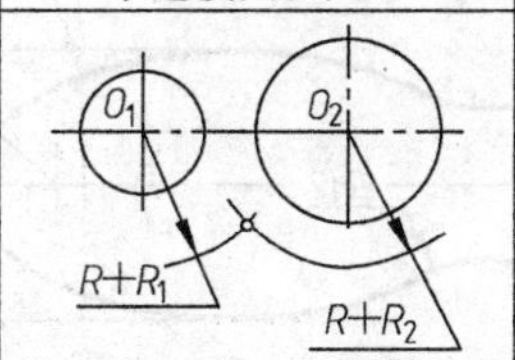	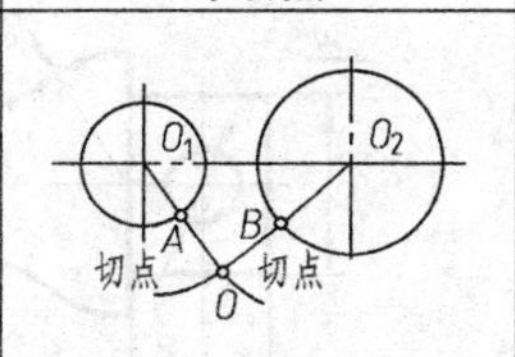	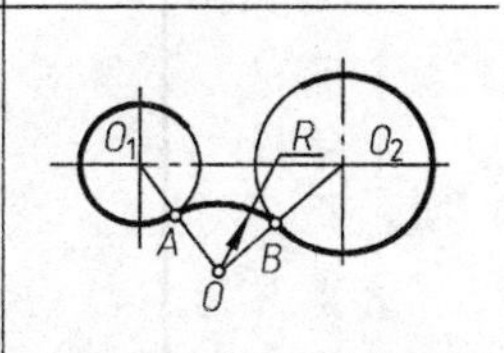
圆弧内连接两已知圆弧	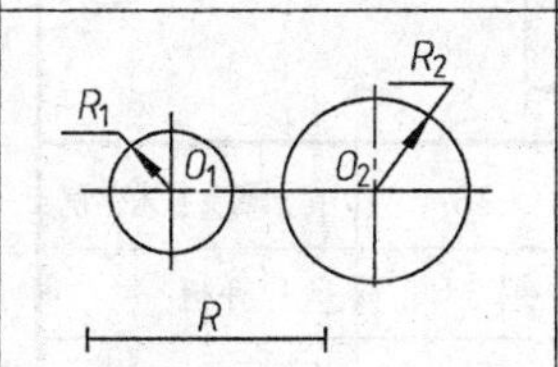	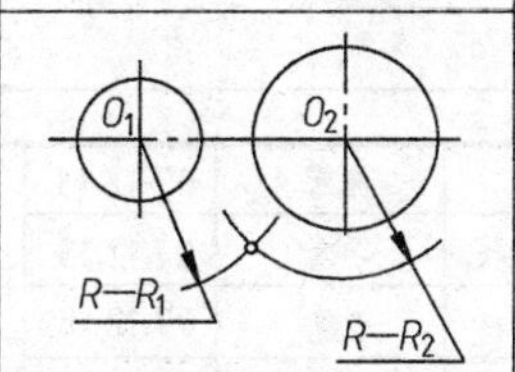	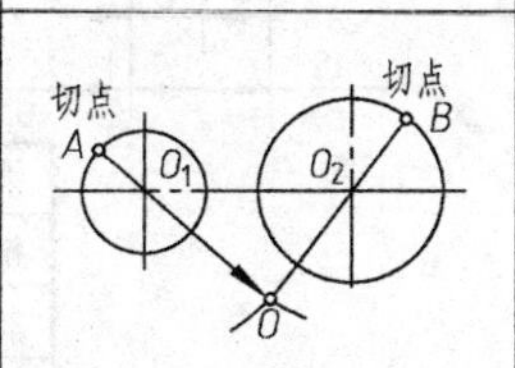	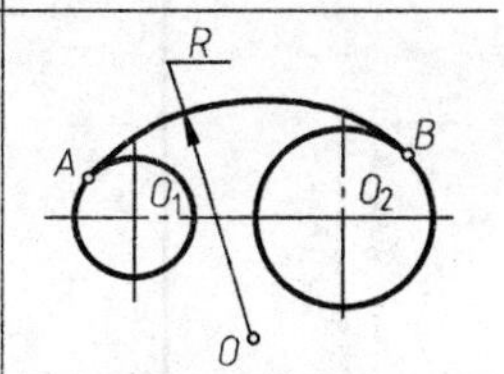
圆弧分别内外连接两已知圆弧	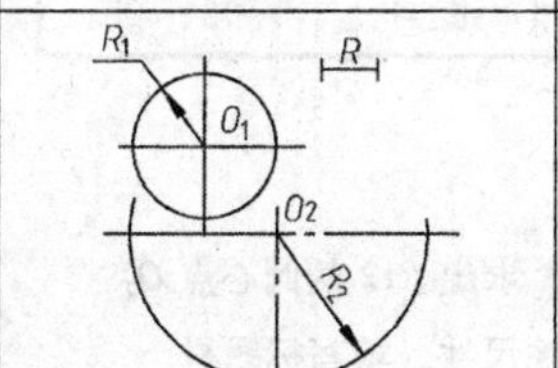	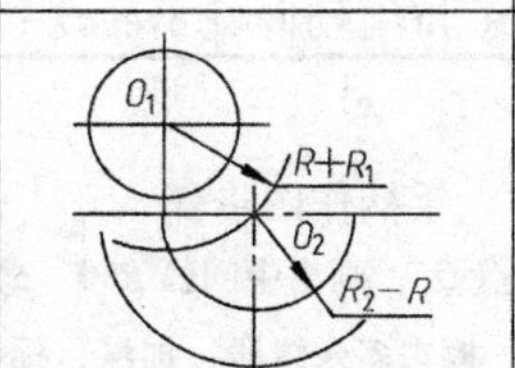	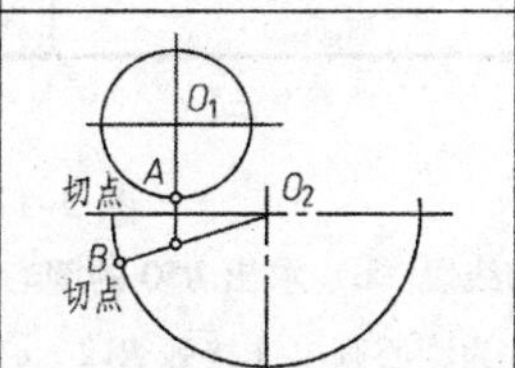	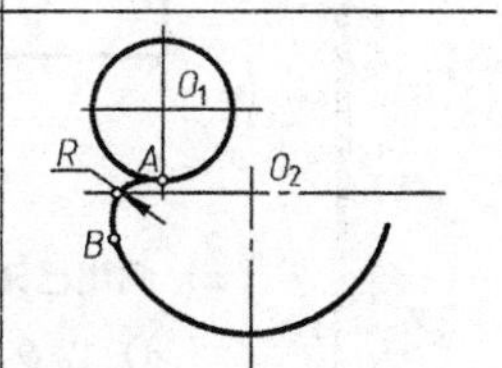

五、平面图形的画法举例

在平面图形中，根据标出的尺寸，可将线段分为已知线段、中间线段和连接线段。以图3-16所示的手柄为例，对线段分析如下：

已知圆弧：*R*15、*R*10，既给出了半径也给出了圆心位置。

中间圆弧：*R*50，给出了半径，圆心位置只给出了 y 方向尺寸。

连接圆弧：*R*12，只给出了半径，圆心所在的 x、y 方向尺寸都没有。

图3-17所示为手柄的作图步骤，请读者考虑，如何利用已知条件画出中间弧和连接弧。

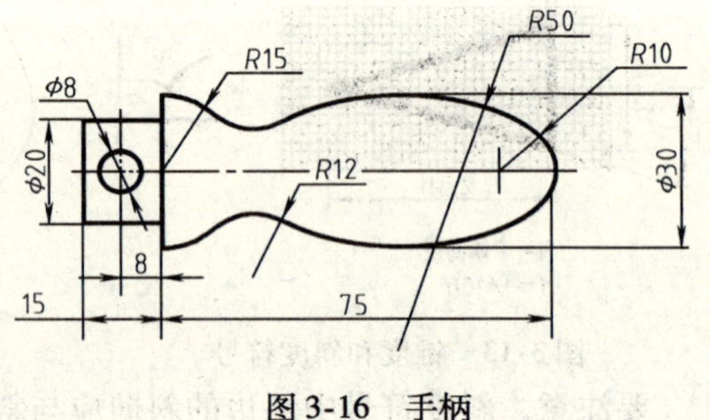

R50
R10
R15
φ8
φ20
R12
φ30
8
15
75

图 3-16　手柄

a)
R50
30
50
O1
R=50−10
b)
R=15+12
O2
R50
R=50+12
c)
O2
d)
R50
R10
R15
φ8
φ20
R12
φ30
8
15
75
设计 张宏 07.12.13
校核 李清 07.12.15
审核 老施 07.12.18
班级 07机电1 学号 070002
35
比例 1:1
共张 第1张
南方职业技术学院
手柄
001
e)

图 3-17　手柄作图步骤

a）画出已知线段　b）求出 *R*50 的圆心点 O_1，画出中间弧 *R*50　c）求出 *R*12 的圆心点 O_2
d）以 O_2 为圆心画出连接弧 *R*12　e）擦去多余线段，加深，标注尺寸，填写标题栏

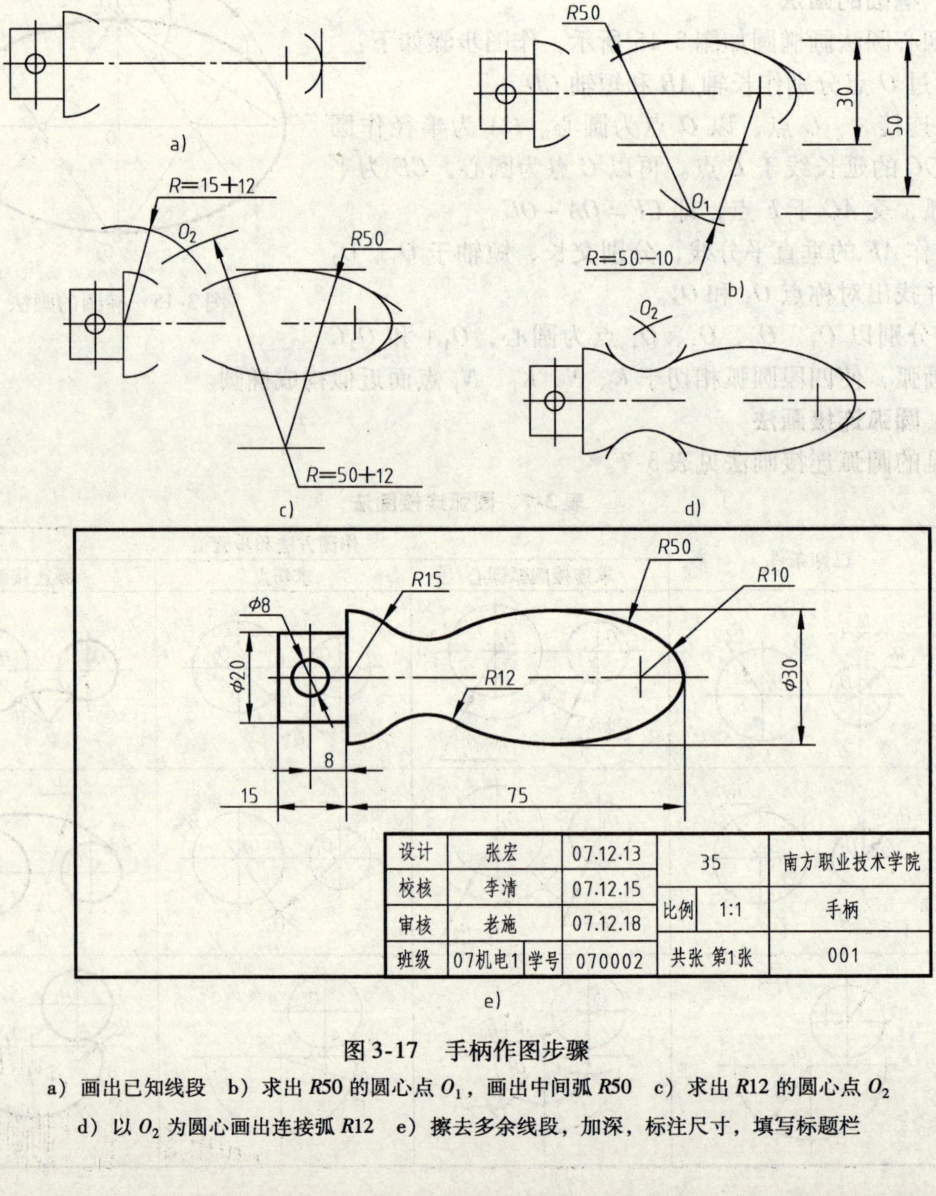

第四章　立体的轴测投影

利用正投影产生的图 4-1a 所示的三视图，具有能够准确表达物体形状、绘图方便、度量性强等优点，因而在工程上得以广泛应用。但是，每一个图样只能表达物体两个方向的尺寸，绘制和看懂这些图样需要具有一定的投影和看图的基本知识和方法。对于读图能力较弱的人来说，利用图 4-1b 所示的轴测图了解物体更为方便，因此，工程上常用轴测图作为生产的辅助图样。本章主要介绍常用的正等轴测图和斜二轴测图的特性及画法。

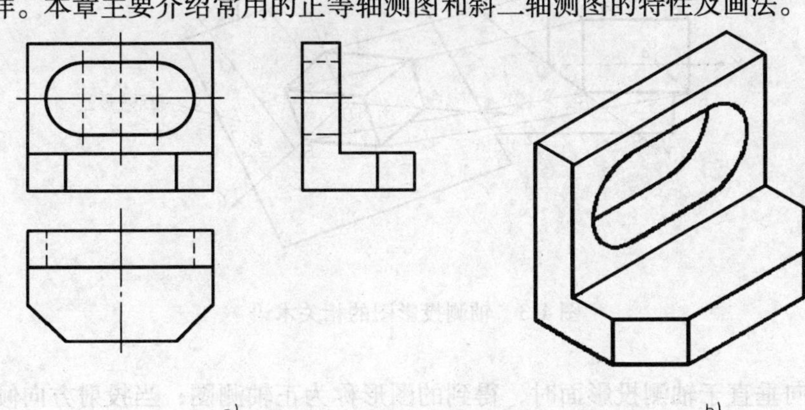

图 4-1　物体的三视图和轴测图

a）三视图　b）轴测图

第一节　轴测投影基本知识

一、轴测投影图的形成

通过图 4-2a、b 两个图的比较以及对应的说明，可以初步了解轴测投影图的形成。

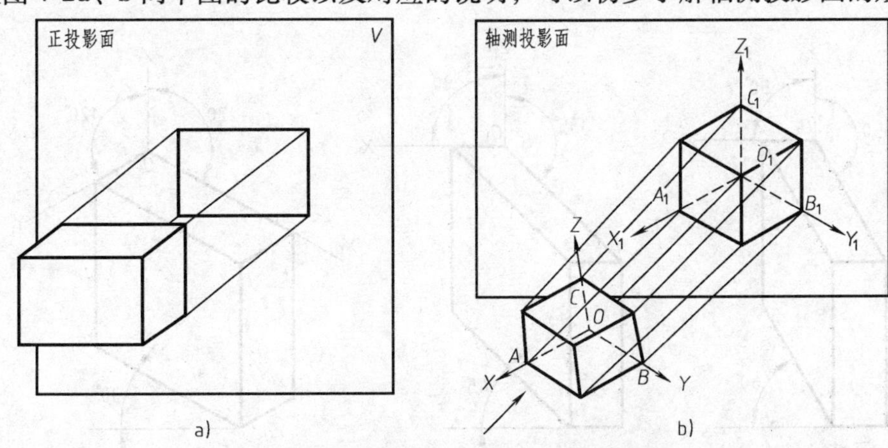

图 4-2　正投影图与轴测投影图的比较

a）立方体摆正放置作垂直投影得到正投影图　b）立方体倾斜放置作垂直投影得到轴测投影图

将物体向单一的投影面进行投射，使得到的投影图能同时反映长、宽、高三个方向的尺寸，这样的投影图称为轴测投影图。轴测投影图相关的术语如图 4-3 所示。

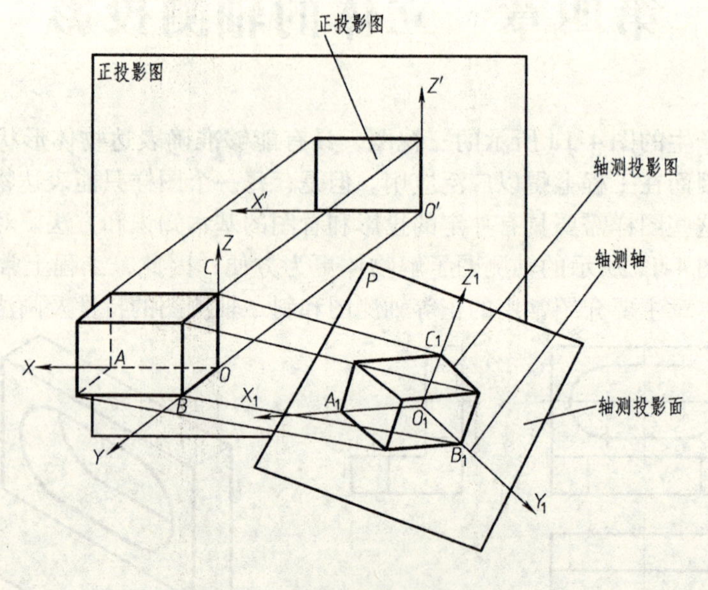

图 4-3　轴测投影图的相关术语

当投射方向垂直于轴测投影面时，得到的图形称为正轴测图；当投射方向倾斜于轴测投影面时，得到的图形称为斜轴测图。

二、轴测轴、轴间角、轴向伸缩系数

（1）轴测轴　图 4-3 中 O_1X_1、O_1Y_1、O_1Z_1 称为轴测轴。

（2）轴间角　轴测轴之间的夹角称为轴间角。图 4-4 所示为不同轴间角画出的轴测投影图。

（3）轴向伸缩系数　图 4-3 中 $p=O_1A_1/OA$、$q=O_1B_1/OB$、$r=O_1C_1/OC$。p、q、r 分别称为 X、Y、Z 轴的轴向伸缩系数。

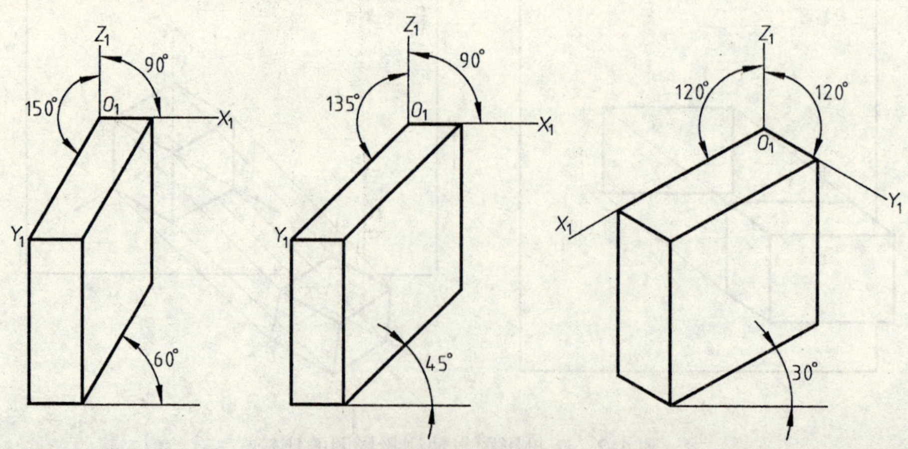

图 4-4　不同轴间角画出的轴测投影图

第二节　正等轴测图的画法

一、正等轴测图的概念

正等的含义是正轴测投影，等是指 p、q、r 三个伸缩系数相等，简称正等测。正等轴测图的轴间角均为 120°，$p=q=r=0.82\approx1$，如图 4-5 所示。

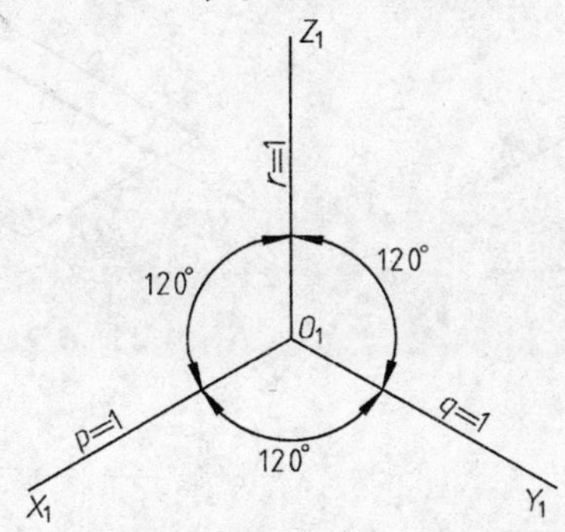

图 4-5　正等轴测图的轴测轴与轴间伸缩系数

二、平面立体正等轴测图的画法

轴测的含义就是在投影轴上测量尺寸，量取的长、宽、高尺寸用于绘制轴测图，边测边绘。

例 4-1　根据图 4-6a 给定的正投影图，量取对应尺寸，画出该立体的正等轴测图。

分析　根据该立体的特点，可以把立体底面的右后顶点作为坐标原点，如图 4-6b 所示。

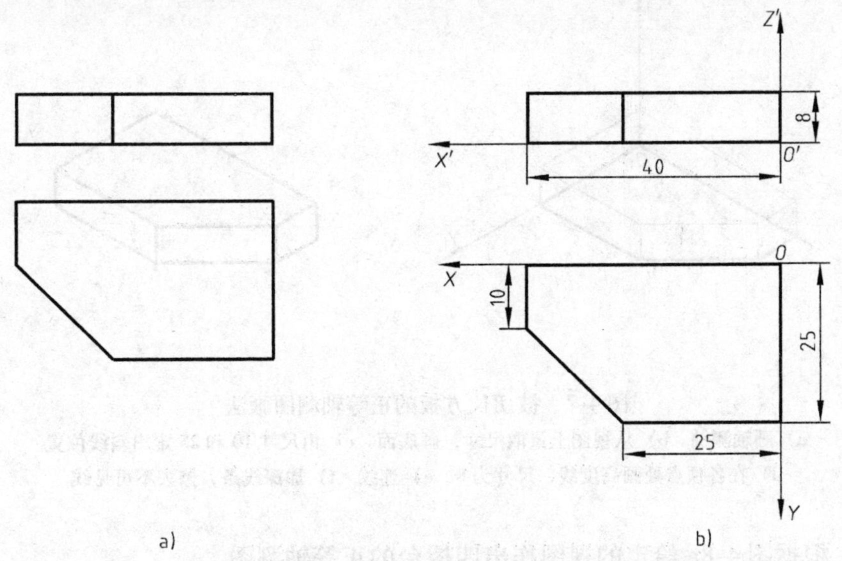

图 4-6　根据正投影图画轴测图

a）两视图　b）确定原点

解 作图步骤如图 4-7 所示。

为了增强直观性，正等轴测图中一般不画虚线。但在需要的情况下，也可以画出虚线。

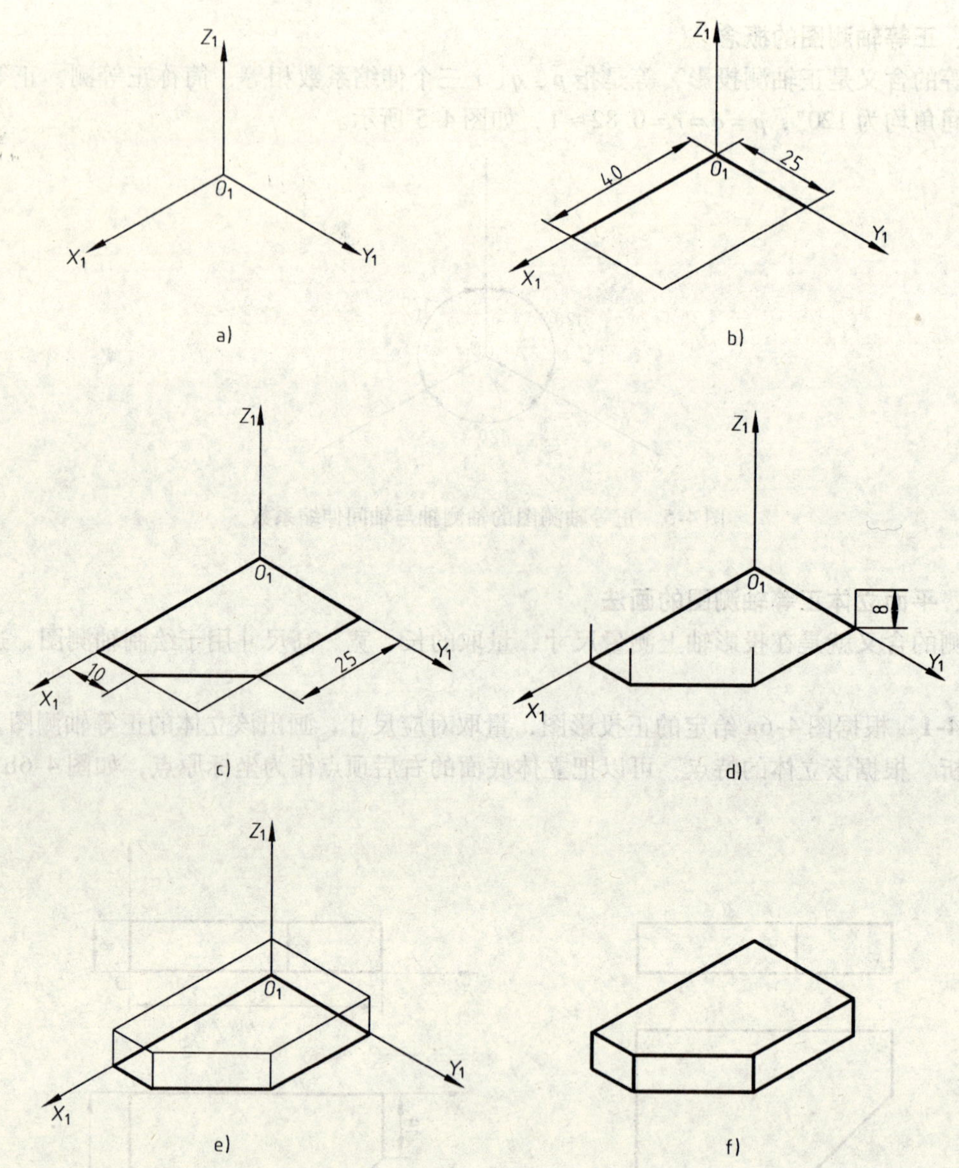

图 4-7 被切长方板的正等轴测图画法

a）画轴测轴 b）从视图上量取尺寸，画底面 c）由尺寸 10 和 25 定出斜线位置

d）在各顶点处画高度线，尺寸为 8 e）连线 f）加深线条，擦去不可见线

例 4-2 根据图 4-8a 给定的视图作出四棱台的正等轴测图。

解 作图步骤如图 4-8b ~ g 所示。

例 4-3 根据图 4-9a 给定的视图，作出被切长方体的正等轴测图。

解 作图步骤如图 4-9b ~ f 所示。

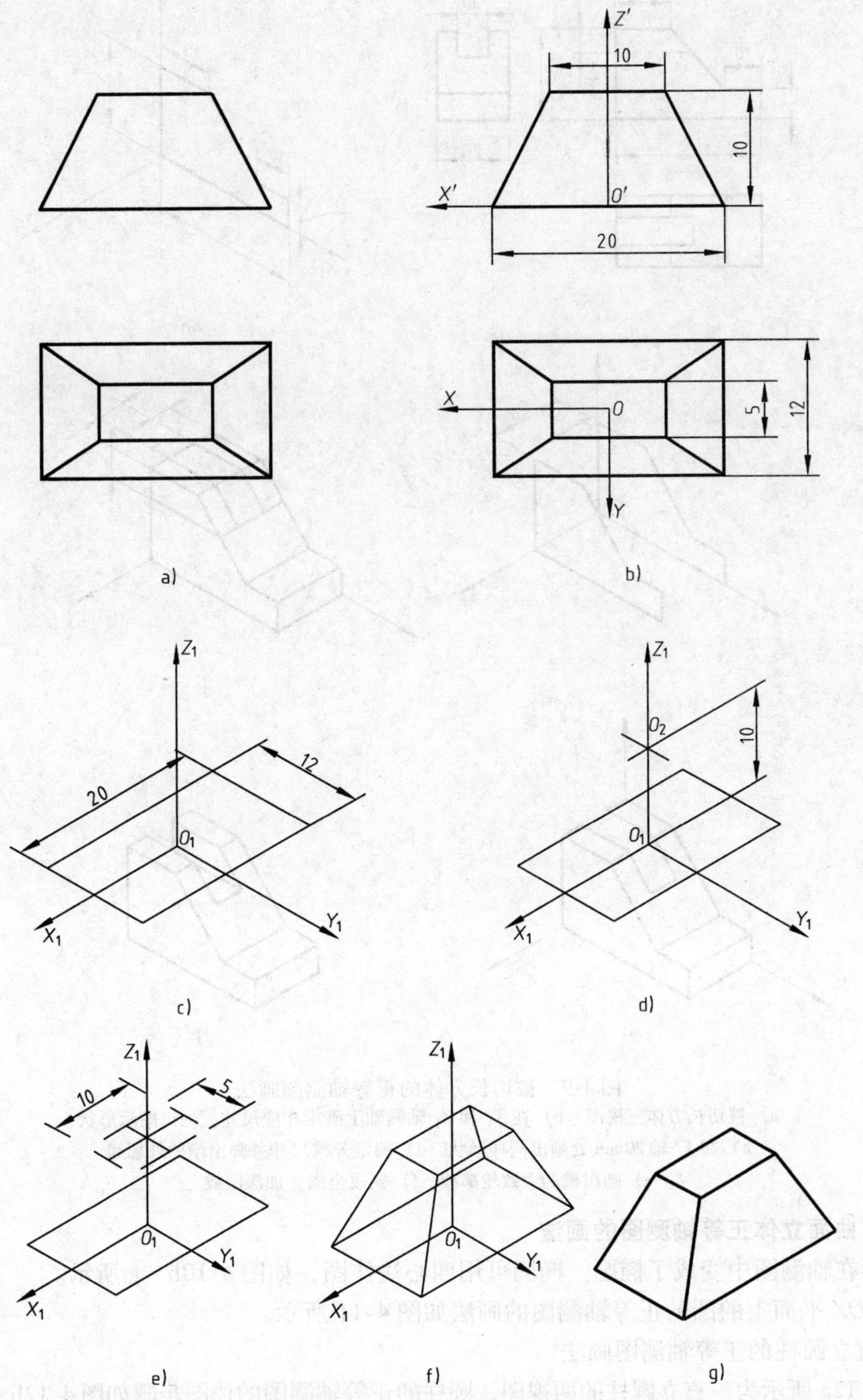

图 4-8　四棱台的正等轴测图画法

a）四棱台两视图　b）确定原点、量取尺寸　c）画四棱台底平面　d）在 Z_1 轴上确定四棱台高度，尺寸为 10　e）画出四棱台顶平面　f）连接棱线　g）加深线条，擦去不可见线

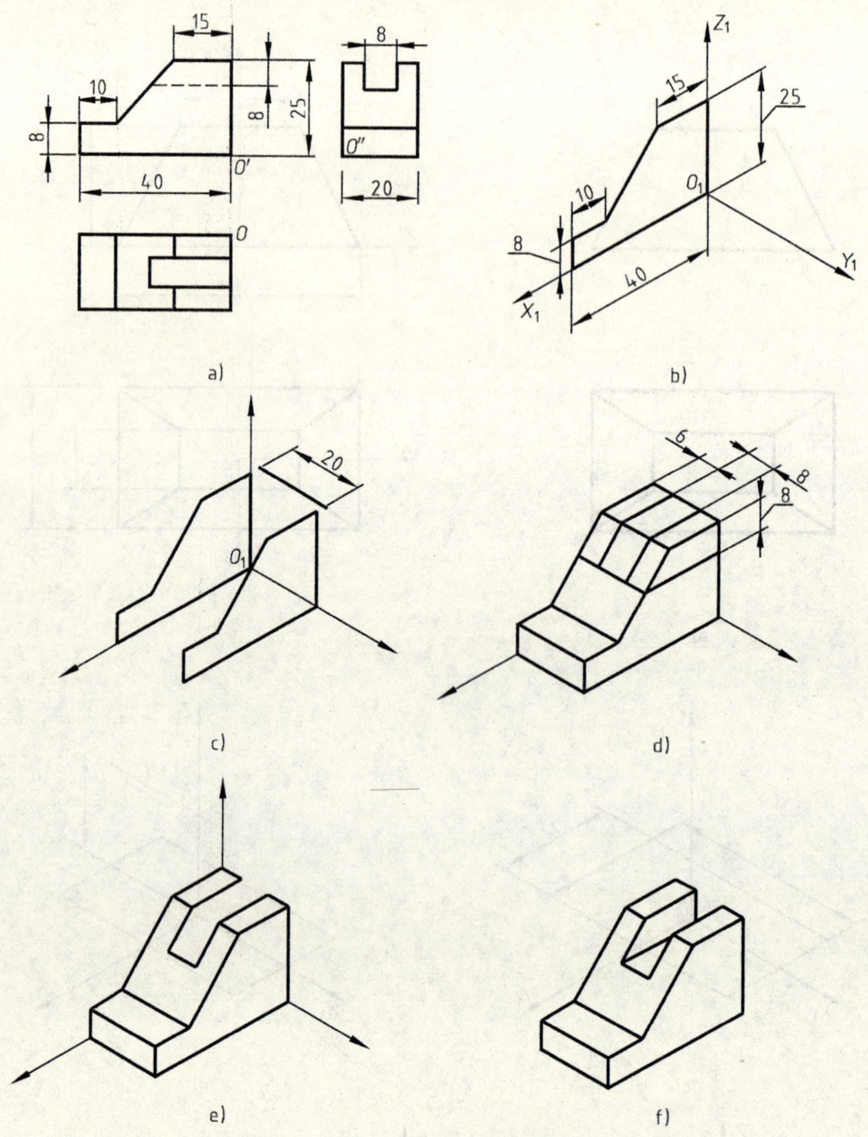

图 4-9　被切长方体的正等轴测图画法

a）被切长方体三视图　b）在 X_1 和 Z_1 轴测轴上确定相应尺寸，画出图示形状
c）在 Y_1 轴 20mm 处画出同样形状　d）确定开槽尺寸并画出槽的外廓线
e）画出槽的大致轮廓线　f）完成全图，加深图线

三、曲面立体正等轴测图的画法

圆形在轴测图中变成了椭圆。椭圆可用四心法作图，如图 4-10b ~ g 所示。

在 *YOZ* 平面上的圆的正等轴测图的画法如图 4-11 所示。

1. 直立圆柱的正等轴测图画法

图 4-12a 所示为一直立圆柱的两视图，圆柱的正等轴测图的作图步骤如图 4-12b ~ h 所示。

2. 圆角的正等轴测图的画法

形体上经常带有圆角结构，如图 4-13a 所示。这种四分之一圆柱面结构的正等轴测图的作图步骤如图 4-13b ~ h 所示。

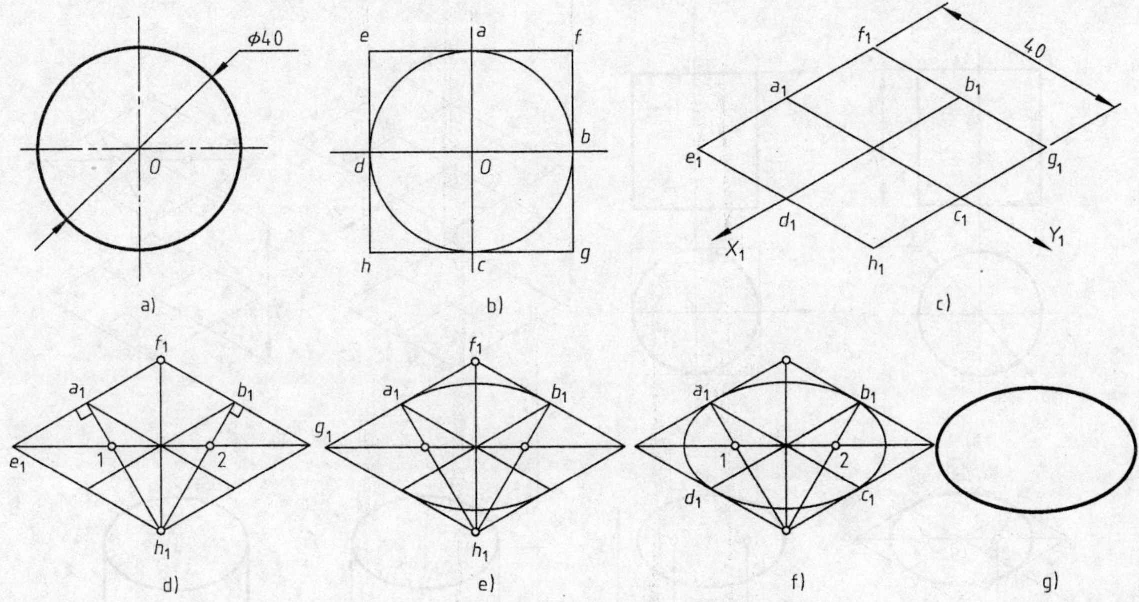

图 4-10　*XOY* 平面上圆形的正等轴测图画法

a）*XOY* 平面上的圆　b）作圆的外切正方形　c）作正方形的正等轴测图　d）作 $h_1a_1 \perp e_1f_1$，$h_1b_1 \perp f_1g_1$　e）分别以 h_1 和 f_1 为圆心画弧　f）分别以 1 和 2 为圆心画弧　g）加深图线

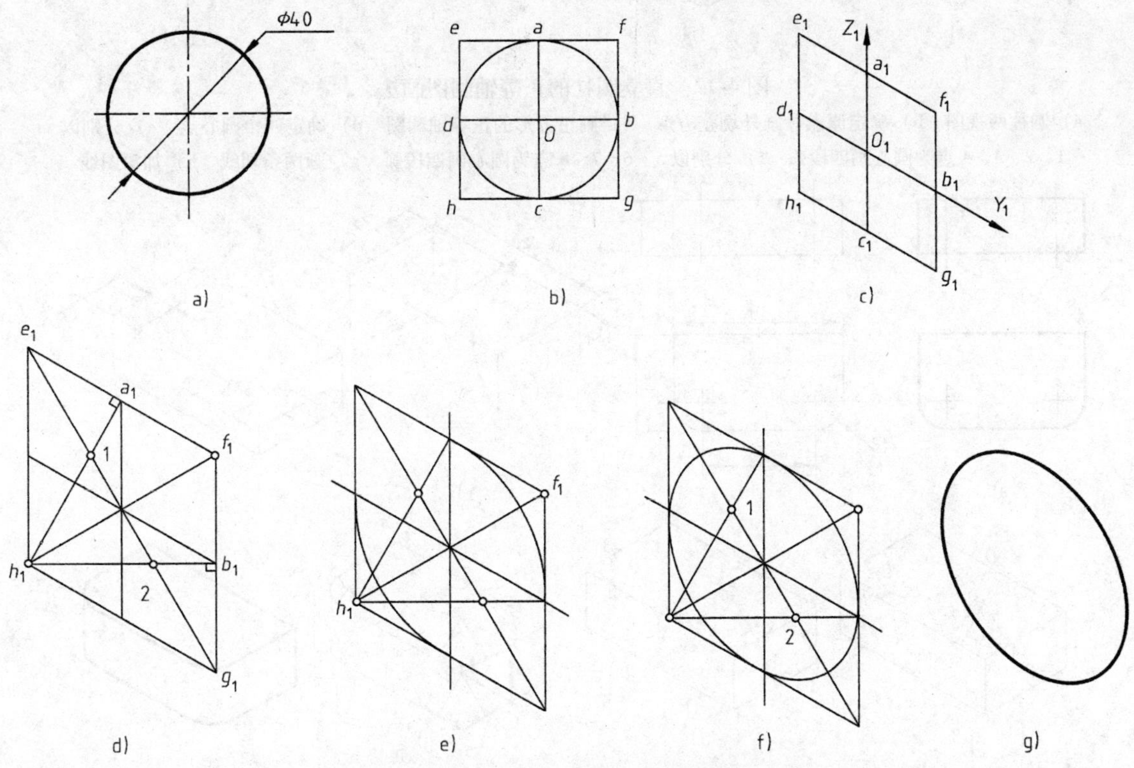

图 4-11　*YOZ* 平面上圆的正等轴测图画法

a）*YOZ* 平面上的圆　b）作圆的外切正方形　c）作正方形的正等轴测图　d）作 $h_1a_1 \perp e_1f_1$，$h_1b_1 \perp f_1g_1$　e）分别以 h_1 和 f_1 为圆心画弧　f）分别以 1 和 2 为圆心画弧　g）加深图线

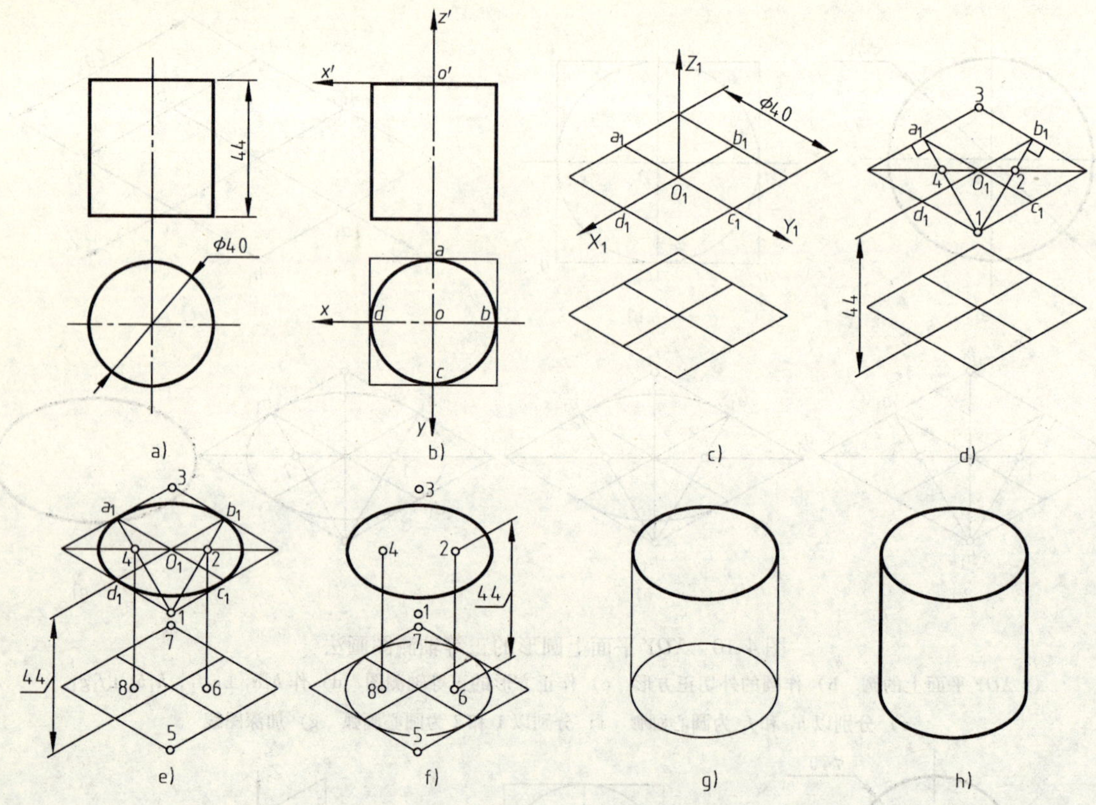

图 4-12　直立圆柱的正等轴测图画法

a）圆柱两视图　b）确定原点并画外切正方形　c）画正方形的正等轴测图　d）确定四个圆心点　e）分别以1、2、3、4 点为圆心画四段弧　f）分别以 5、6、7、8 点为圆心画四段弧　g）画两条切线　h）加深图线

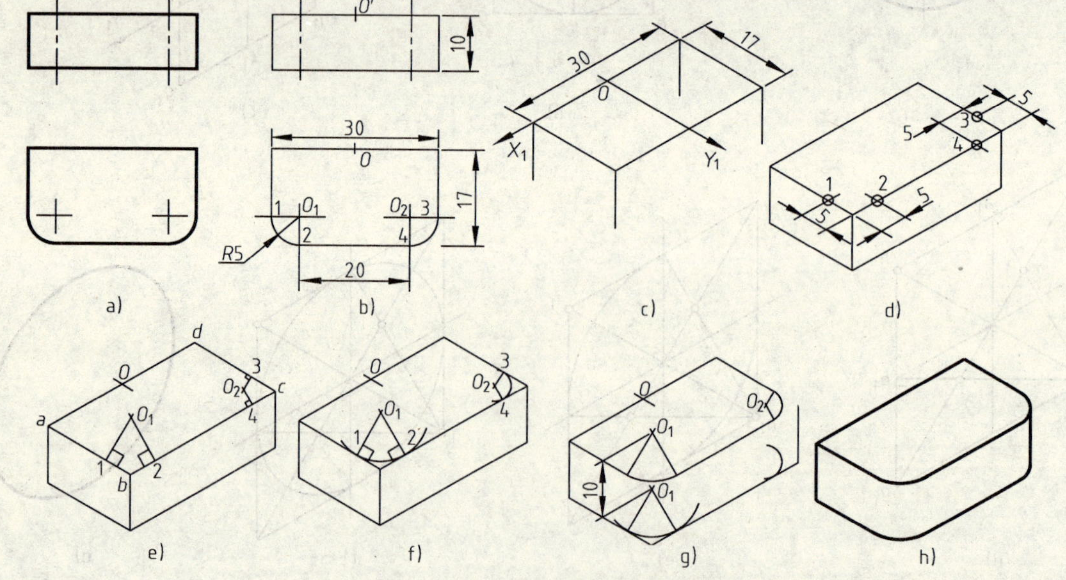

图 4-13　圆角的正等轴测图画法

a）两视图　b）确定原点，测量尺寸　c）在 *XOY* 面上画上顶板正等轴测图　d）确定 1、2、3、4 点　e）确定圆心点 O_1 和 O_2　f）分别以 O_1、O_2 为圆心画弧　g）将 O_1、O_2 下移后画弧　h）加深图线

3. 半圆头板的正等轴测图

半圆头板的正等轴测图的作图过程如图 4-14 所示。

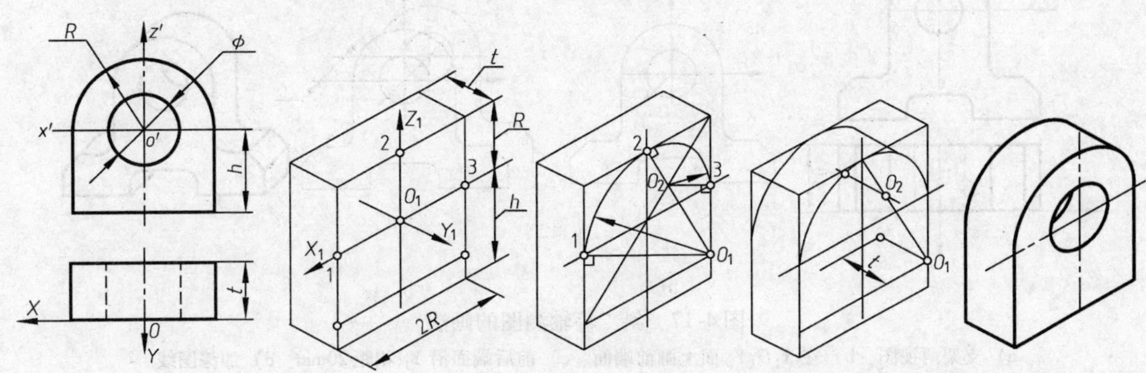

图 4-14　半圆头板的正等轴测图画法

第三节　斜二等轴测图

一、斜二等轴测图的形成

用斜投影法得到的轴测投影称为斜轴测投影，如图 4-15 所示。斜二测的含义是：将 O_1Z_1 轴画成垂直，$\angle X_1O_1Z_1=90°$，$\angle X_1O_1Y_1=\angle Y_1O_1Z_1=135°$。轴向伸缩系数 $p_1=r_1=1$，$q_1=0.5$，如图 4-16 所示。斜二等轴测图通常可简称为斜二测图或斜二轴测图。

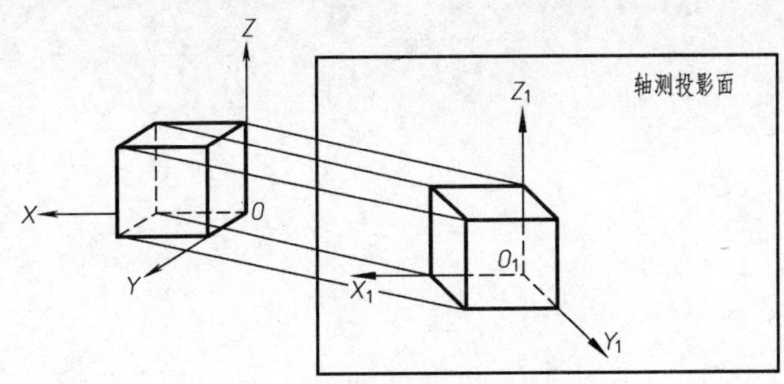

图 4-15　斜轴测投影图的形成

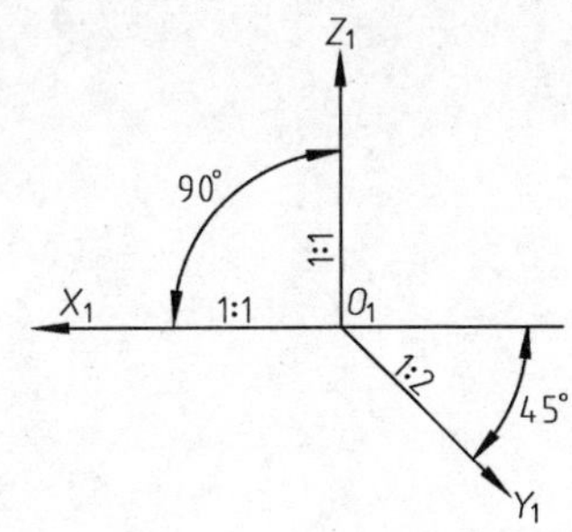

图 4-16　轴间角和轴间伸缩系数

由于 XOZ 坐标面平行于轴测投影面 $X_1O_1Z_1$，因此，凡是平行于正面的图形，在斜二轴测图中都反映实形。利用该特征，斜二轴测图最适用于画单个方向上形状较为复杂的物体。

二、斜二等轴测图的画法

例 4-4　根据图 4-17a 给定的视图，作出对应实体的斜二等轴测图。

分析　支架的上半部分为半圆头带一个通孔。为了避免画椭圆，可以使支架的圆端面平行于 XOZ 面。作图步骤如图 4-17b ~ d 所示。

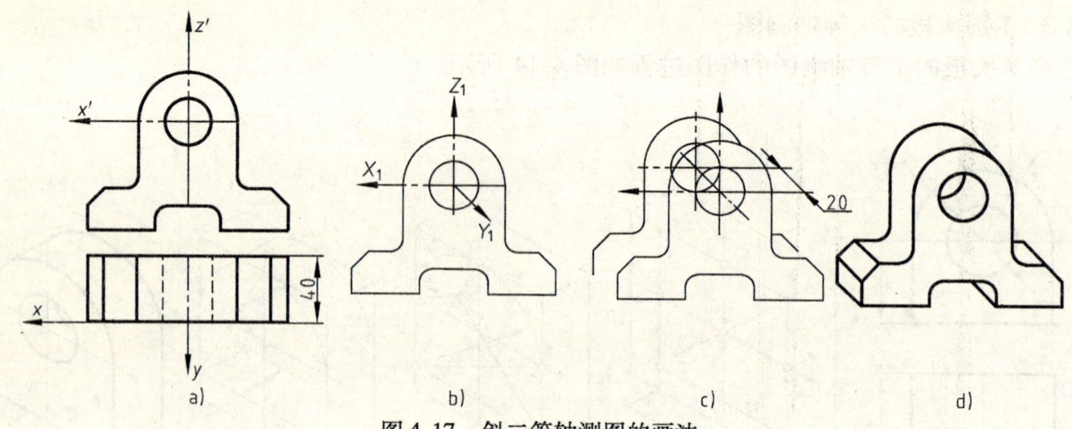

图 4-17　斜二等轴测图的画法

a）支架两视图　b）在 $X_1O_1Y_1$ 面上画前端面　c）前后端面沿 Y_1 相距 20mm　d）加深图线

第五章　机件常用的表达方法

第一节　视　　图

本书第二、三章中介绍了如何用三视图表达立体内外形状的方法。实际工程中，对于某些形状复杂或结构特殊的立体，如果仅用前面介绍过的主、俯、左三个视图表达，会感觉表达不够清晰。例如，图5-1所示的三视图，如果将它改画成图5-2所示的表达形式，图形显然更加简洁、明晰。从本章起，由于研究的对象大多是生产实践中的常见产品，所以前面常说的“立体”现用“机件”代替。

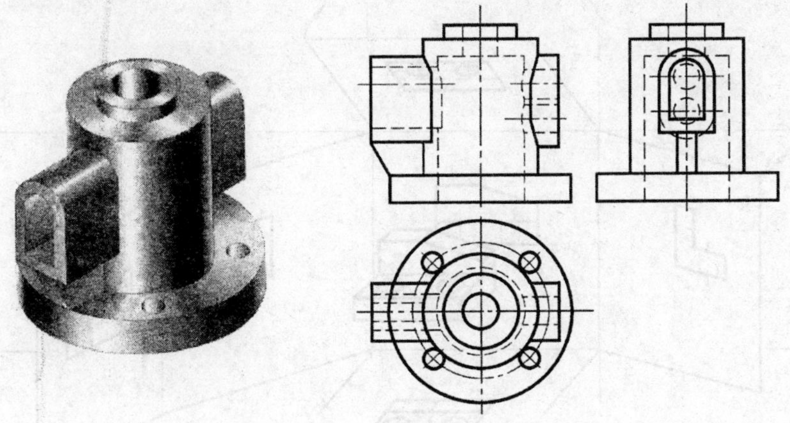

图5-1　机件的三视图

在机械图样中，视图一般用来表达机件的外形结构，分为基本视图、向视图、局部视图和斜视图四种。在图5-2所示机件的表达方式中就应用了基本视图和局部视图。

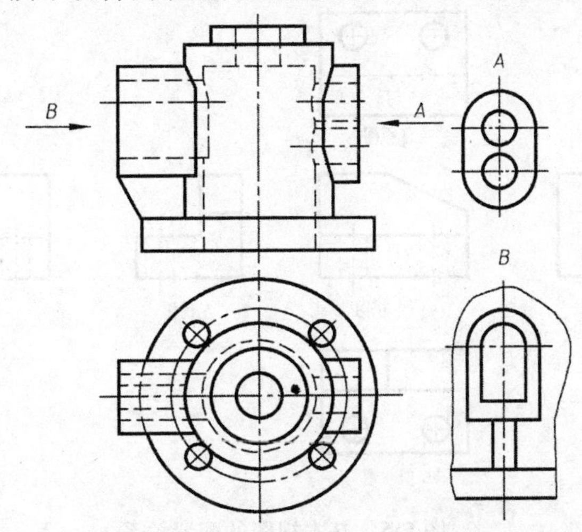

图5-2　机件的合理表达方式

一、基本视图

1. 基本视图名称

基本视图共六个，即主视图、俯视图、左视图、右视图、仰视图和后视图。

2. 基本视图投射方向

图 5-3 中六个箭头所示的方向为基本视图投射方向。

3. 基本投影面的展开

基本投影面共有六个，展开形式如图 5-4 所示。

4. 基本视图的配置关系

基本视图的配置关系如图 5-5 所示。要注意两点：第一，如果按图 5-5 所示的配置摆放视图，一律不注视图名称（图中注写名称是起解释作用）；第二，六个基本视图之间仍然要符合“长对正、高平齐、宽相等”的投影规律。

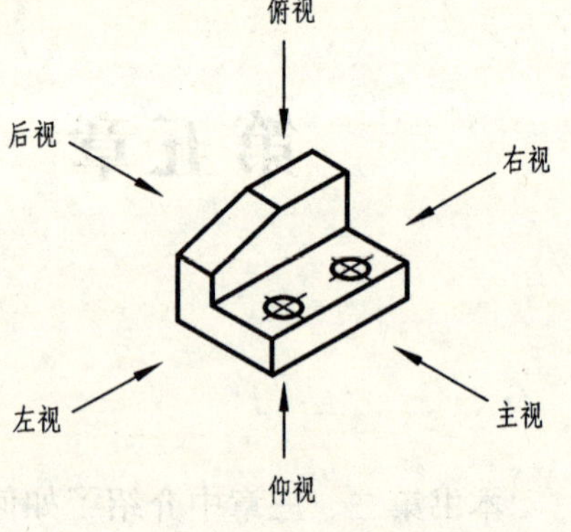

图 5-3　基本视图投射方向

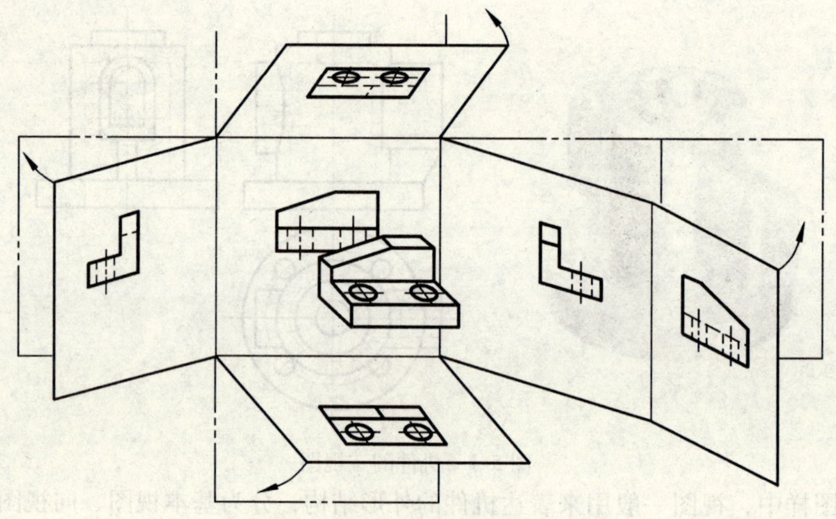

图 5-4　基本投影面的展开形式

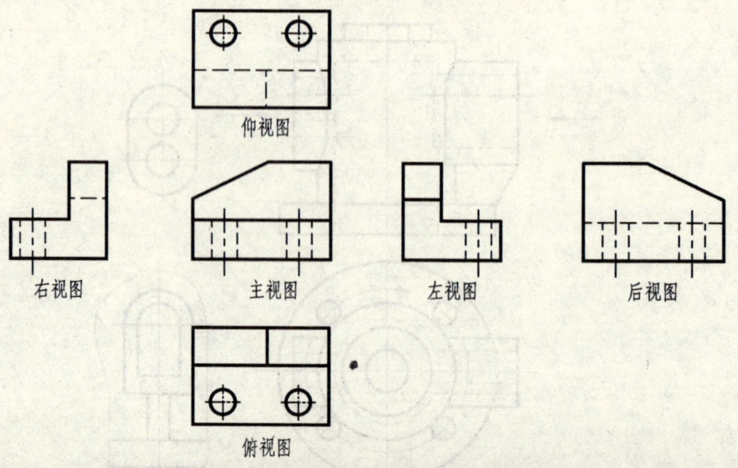

图 5-5　基本视图的配置关系

二、向视图

向视图是可以自由配置的视图，可以不按“长对正、高平齐、宽相等”的投影规律摆放视图。如图5-6所示，箭头加字母表示投射方向，图形正上方的字母表示图形名称。向视图的主要作用是为了具体表达机件在某一方向上的轮廓结构，并可充分利用图纸空间。

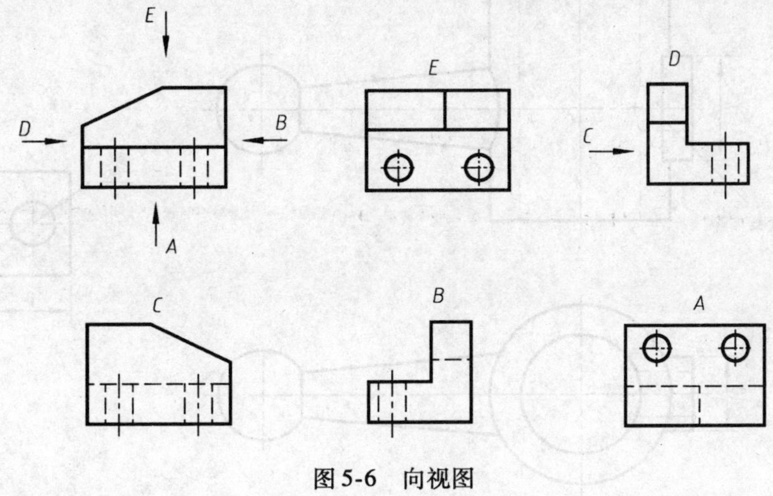

图5-6　向视图

三、局部视图

如图5-7所示，图A和图B就是采用局部视图来表达机件的局部外形。

图5-7所示的B向视图没有用波浪线与主体分开，是因为B向视图表达的椭圆结构，独立凸出于主体之外；而A向视图表达的门形结构，由于其底部与四孔底板相连，因此必须用波浪线将其与主体分开。

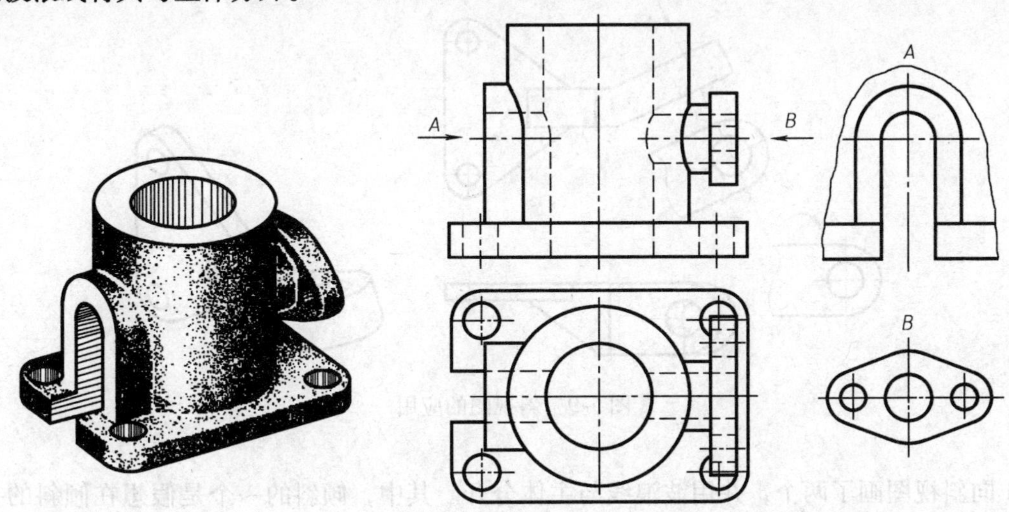

图5-7　局部视图的应用

例　画出图5-8a所示的A向局部视图。

分析　解此题要注意两点：一是如何确定A向视图的形状，二是如何确定A向视图图形尺寸。首先判断与空心圆柱左边相交的是一圆形凸台还是矩形凸台，由交线形状可知是一矩形凸台。若是圆形凸台，交线应是圆弧形相贯线。由圆弧虚线可确定矩形凸台中间挖了一个孔。图形的尺寸在原图上量取。

解 解题结果如图 5-8b 所示。

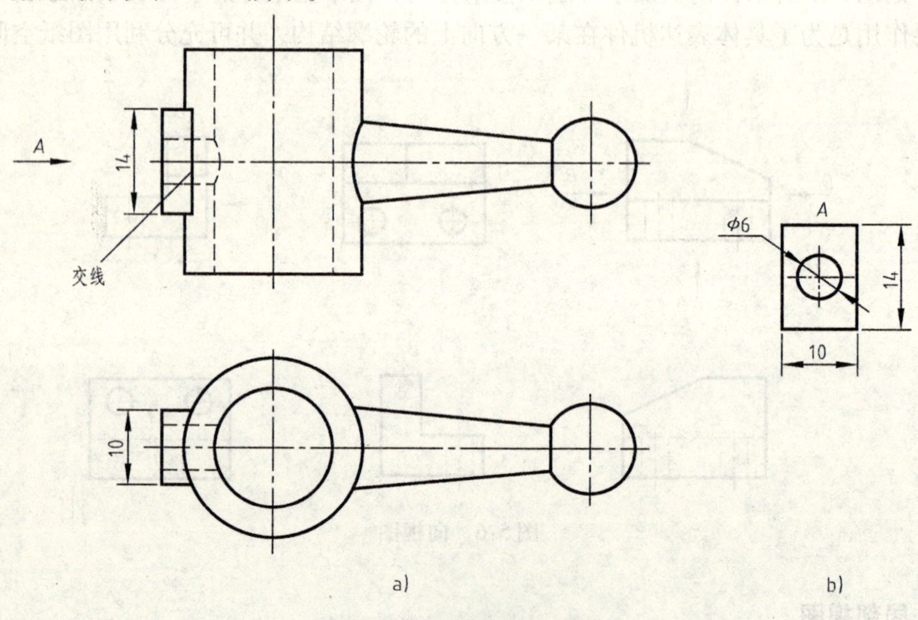

图 5-8 局部视图画法举例

四、斜视图

图 5-9 所示的 *A* 向视图就是采用斜视图来表达机件的倾斜部分。

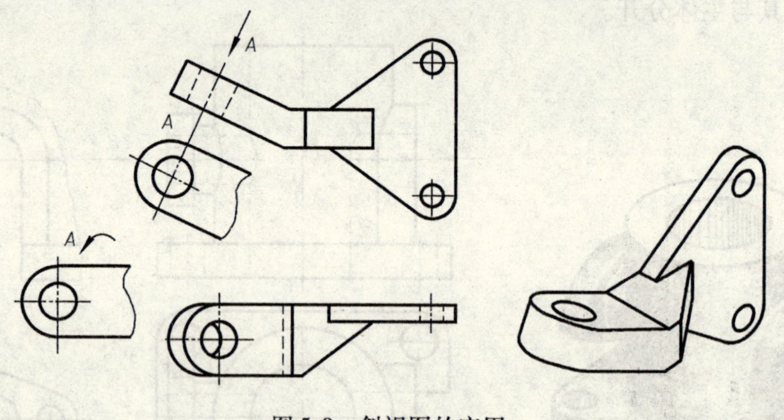

图 5-9 斜视图的应用

A 向斜视图画了两个，并用波浪线与主体分开。其中，倾斜的一个是假想在倾斜的投影面上通过投射而得到的实形，倾斜投影面与投射方向 *A* 是垂直的；水平放置的斜视图，带有弧线箭头，表明它是在倾斜斜视图的基础上向弧线箭头所指方向旋转了一个角度，得到非倾斜斜视图。

在将基本视图变为斜视图时如何确定倾斜部分的尺寸呢？由图 5-10a、b 可以看出，斜视图上的尺寸是在原视图上量取的。

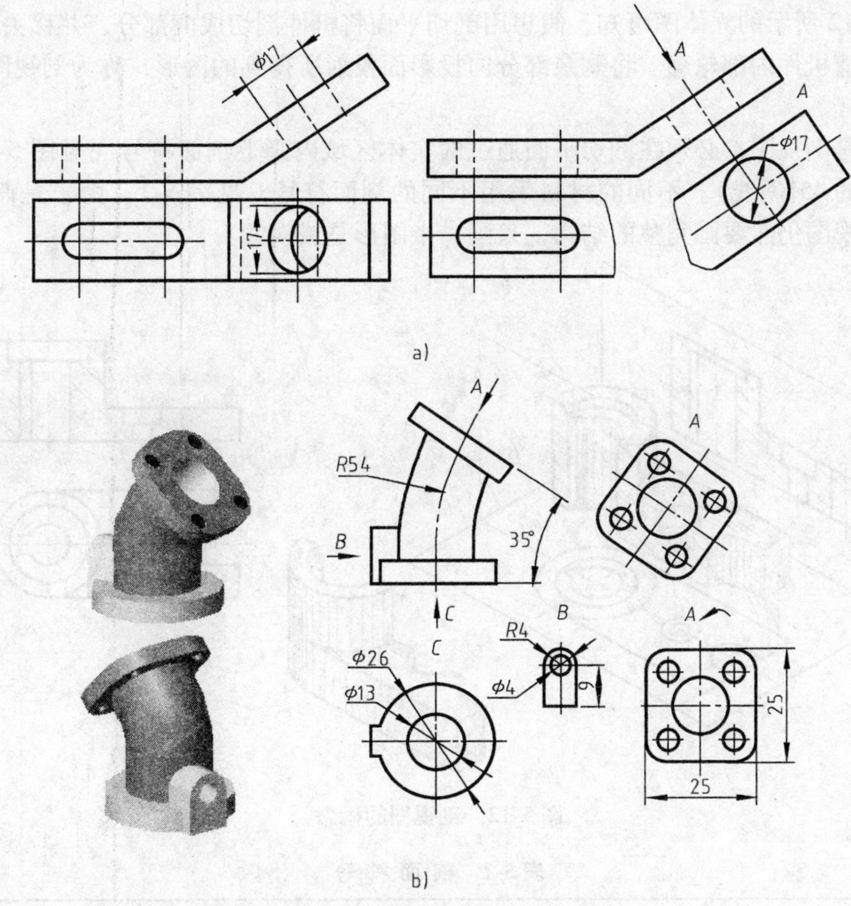

图 5-10　斜视图中倾斜部分的尺寸确定

第二节　剖　视　图

一、剖视图概念

图 5-11 所示为某一机件分别用视图和剖视图表达的对比情况。

当机件的内部结构比较复杂时，在视图中会出现许多虚线，虚线过多会使图形变得不清晰，因此，常采用剖视图来表达内部结构复杂的机件。

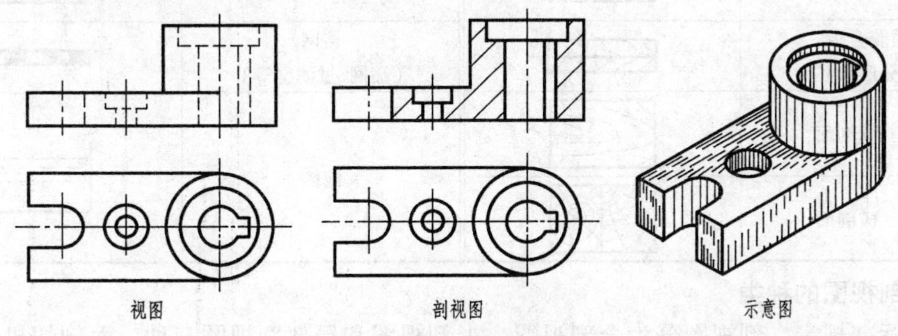

图 5-11　视图和剖视图比较

由图 5-12 所示的立体图可知，假想用剖切平面将机件剖切成两部分，并移去前半部分，使之能够看清机件内部轮廓。将剩余部分向投影面投射所得到的图形，称为剖视图，简称剖视。

为表明是剖视图，必须在剖切平面通过的实体区域内画上剖面符号（见图 5-12 主视图中相互平行的 45°斜线）。不同的材料采用不同的剖面符号，见表 5-1。由于是假想剖开机件，所以俯视图仍然要画完整的结构，只画一半图形是错误的。

图 5-12　剖视图的概念

表 5-1　剖 面 符 号

材料名称	剖面符号	材料名称	剖面符号
金属材料（已有规定剖面符号者除外）		线圈绕组元件	
非金属材料（已有规定剖面符号者除外）		转子、变压器等的迭钢片	
型砂、粉末冶金、陶瓷、硬质合金等		玻璃及其他透明材料	
木质胶合板（不分层数）		格网（筛网、过滤网等）	
木材　纵剖面		液体	
木材　横剖面			

二、剖视图的种类

国家标准规定，剖视图分为全剖视图、半剖视图和局部剖视图三种。而剖切机件的形式又分有单一剖切平面剖切（包含斜剖切）、几个平行的剖切平面剖切和几个相交的剖切平面剖切（包含复合剖切）。下面分别介绍三类剖视图的表达形式和注意事项。

1. 全剖视图

图 5-13 所示为用单一剖切平面剖开机件的全剖视图。与图 5-12 表达的剖视图不同的是，此剖视图的主视图标注了图形名称 $A—A$，俯视图左右两边的短粗实线为剖切符号，表示剖切平面的位置，箭头表示投射方向。通过对称结构的对称平面进行剖切，且不会引起误解时，可以省略标注，如图 5-12 所示。但对非对称结构进行剖切时，不能省略标注剖切符号。下面通过图 5-14 ~ 图 5-23 所示的全剖视图，逐一介绍画全剖视图应注意的相关问题。

图 5-13　可以省略标注的全剖视图

1）不能省略标注剖切符号的剖视图，如图 5-14 所示。

2）金属材料剖面符号的画法如图 5-15 所示。

3）剖切平面后的可见轮廓线必须画出，可根据图 5-16 所示的一组正误图形对比加深这一概念。

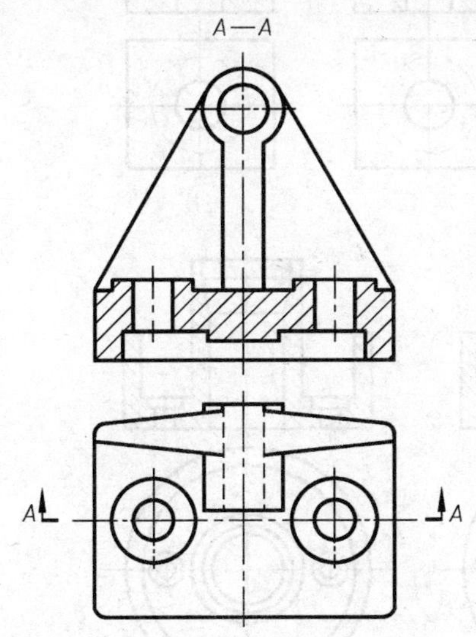

这是不能省略标注剖切符号的全剖视图。因为剖切平面没有通过所示机件的对称平面

图 5-14　不能省略标注剖切符号的全剖视图

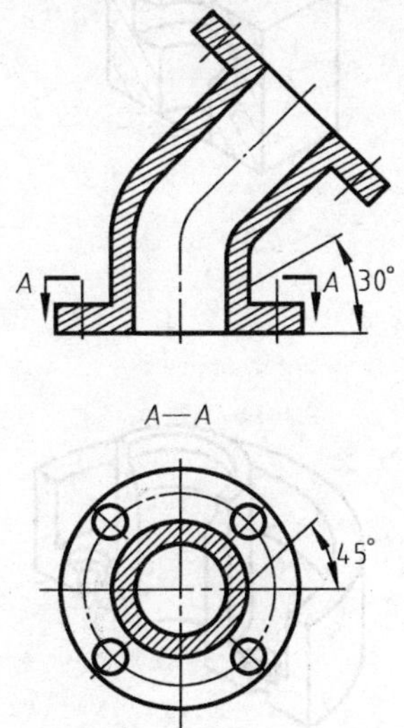

金属材料剖面符号与水平线的夹角通常为 45°。当剖开带有倾斜结构的机件时，剖面符号可画成 30°或 60°

图 5-15　剖面符号的方向

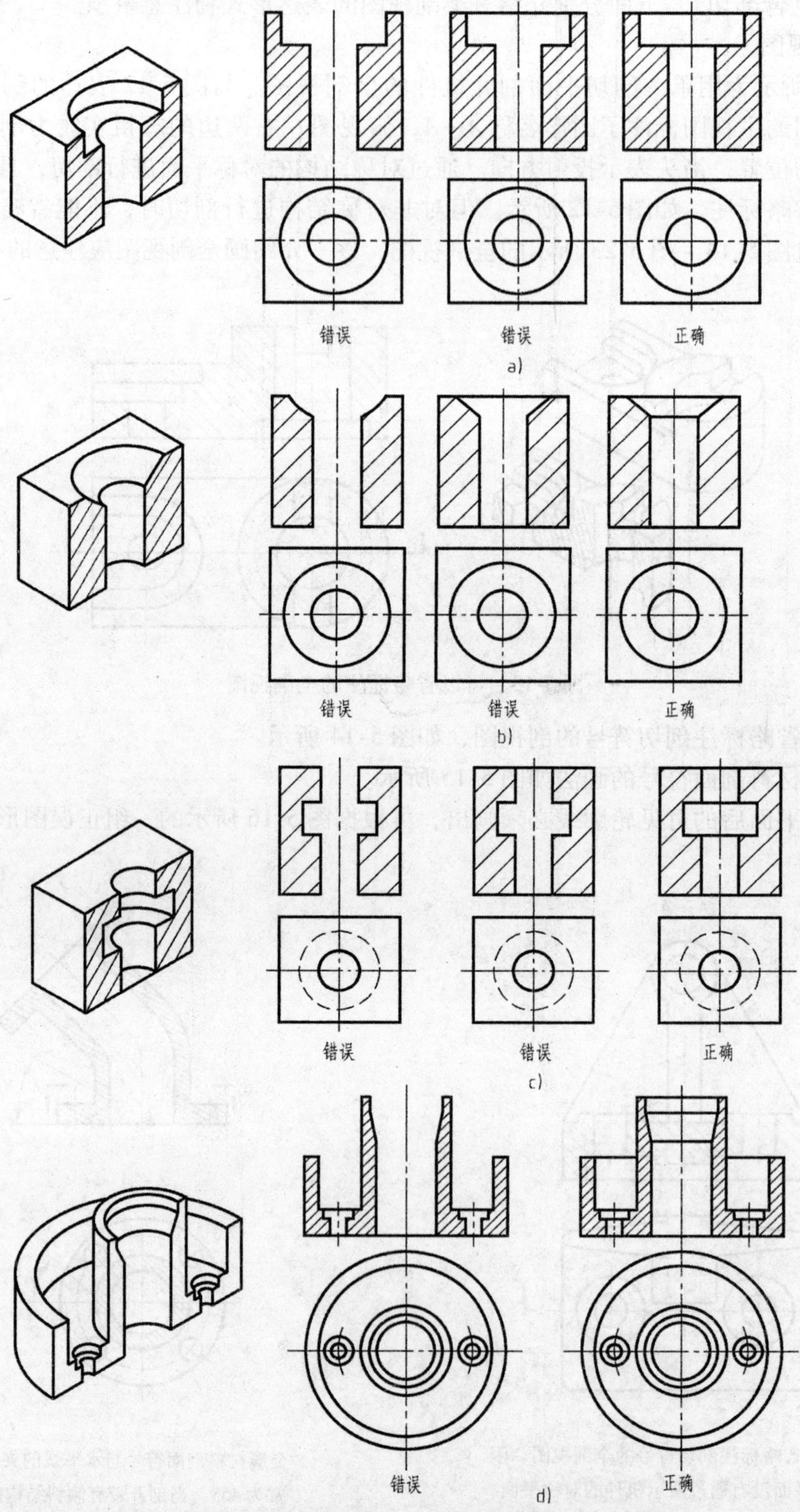

图 5-16　剖切平面后的可见轮廓线必须画出

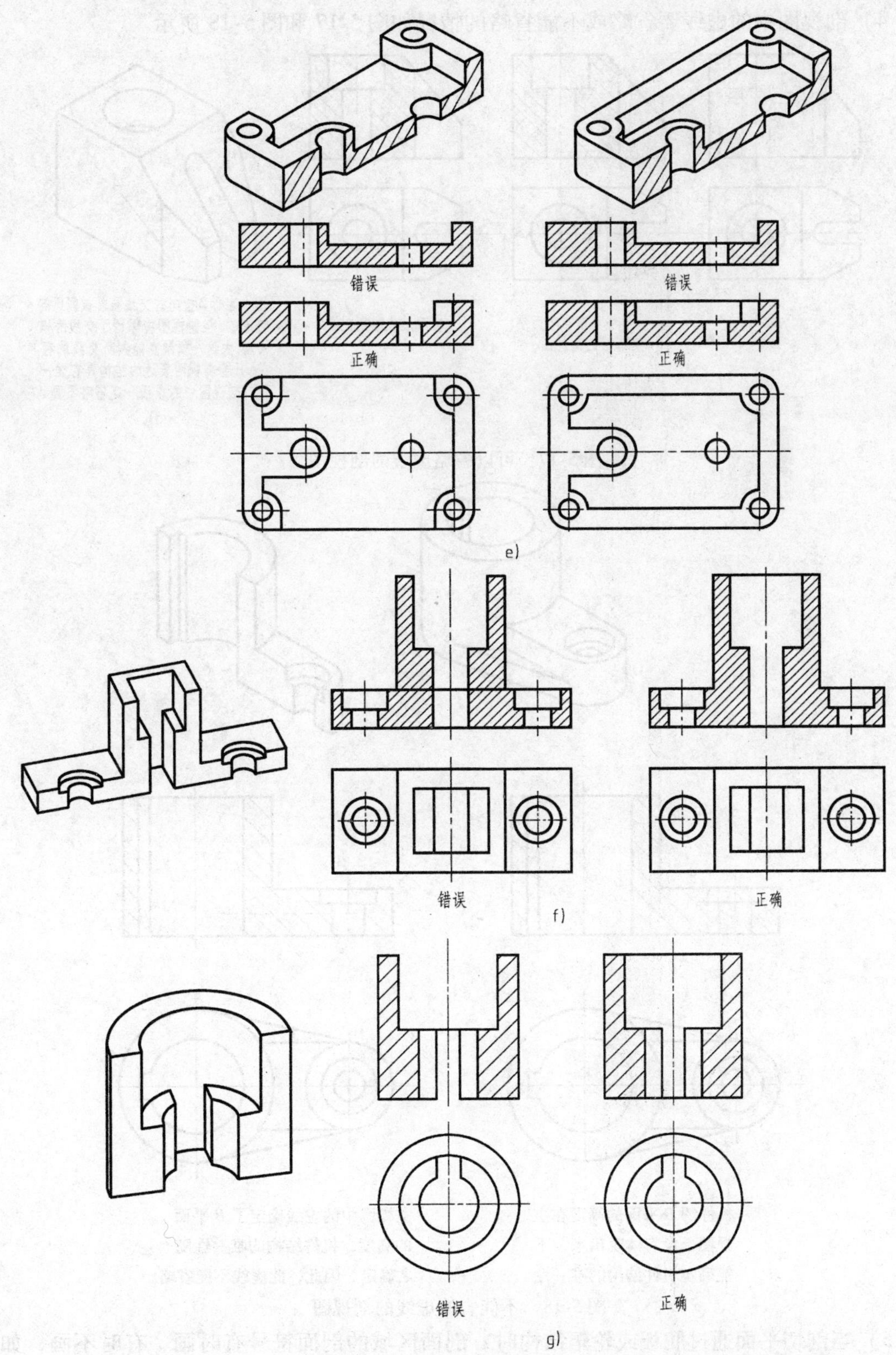

图 5-16　剖切平面后的可见轮廓线必须画出（续）

4）剖视图中的虚线要省略或不能省略的情况如图 5-17 和图 5-18 所示。

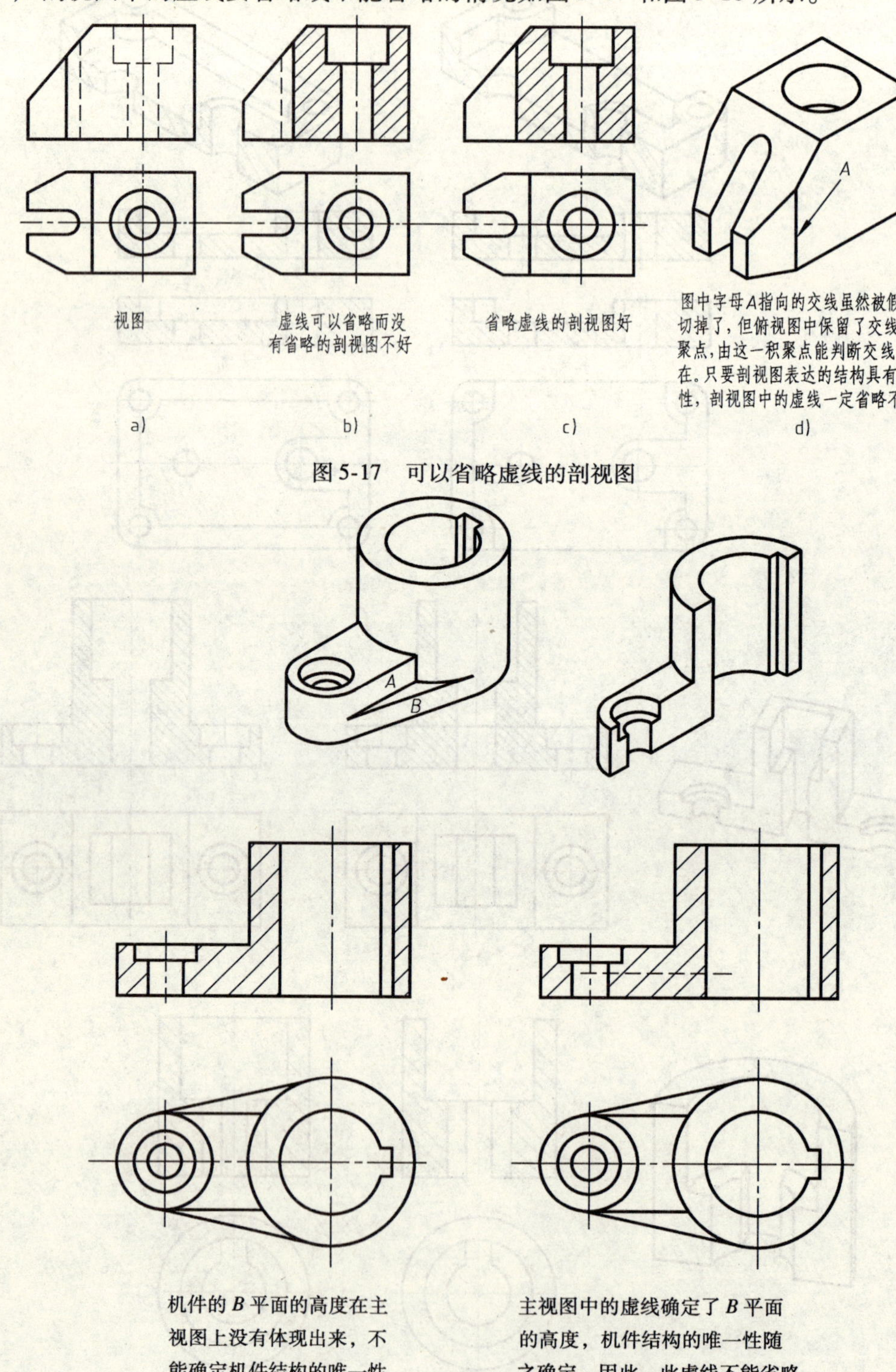

图 5-17　可以省略虚线的剖视图

图 5-18　不能省略虚线的剖视图

5）当剖切平面通过肋板或轮辐结构时，剖面区域的剖面符号有时画、有时不画，如图 5-19 所示。

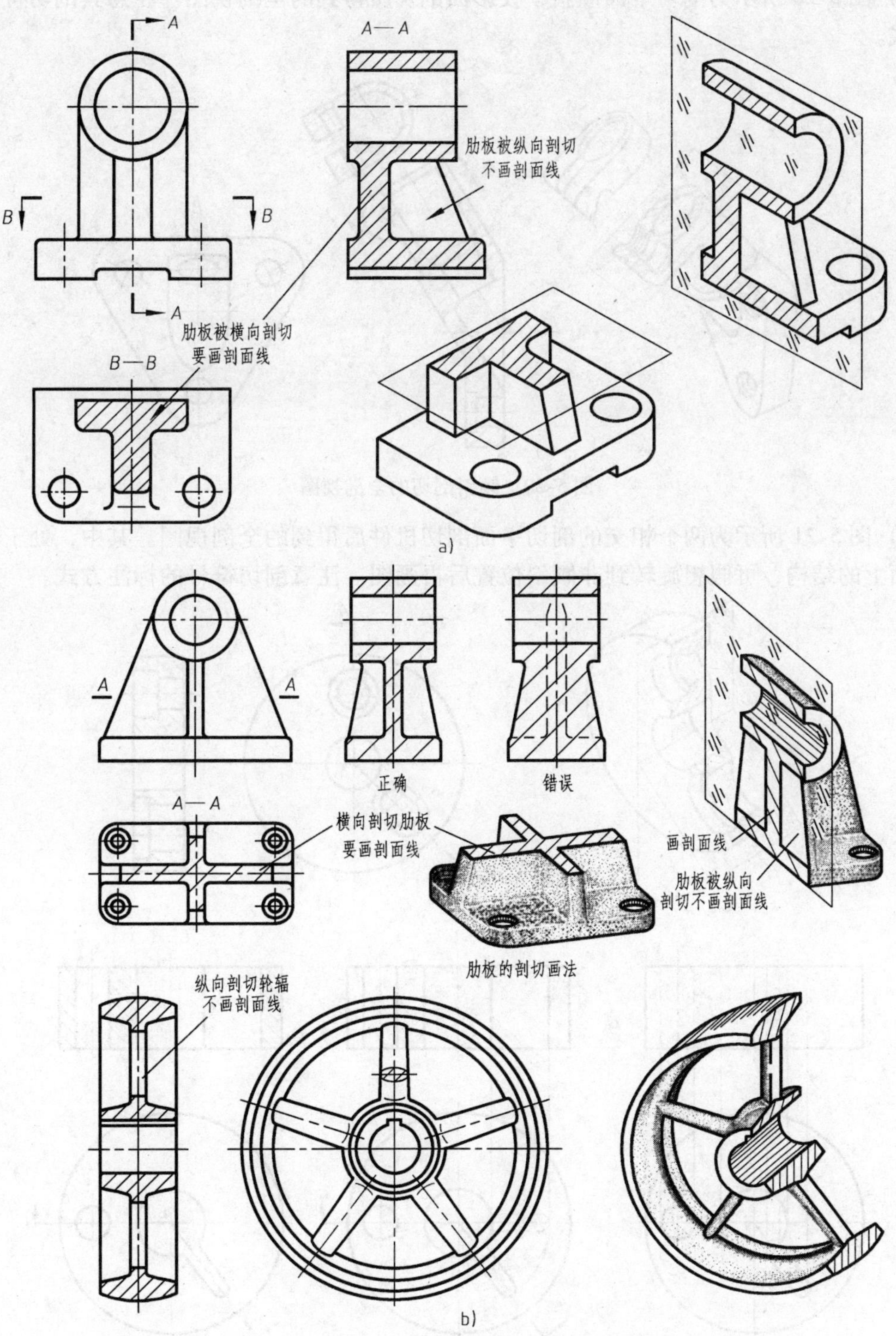

图 5-19　肋板和轮辐被剖切的画法

a）剖切平面通过肋板厚度的对称平面时即纵向剖切不画剖面符号

b）剖切平面垂直通过肋板或轮辐轴线时画剖面符号

6）图 5-20 所示为剖切平面倾斜于投影面剖切所得到的全剖视图。注意其剖切符号的标注方式。

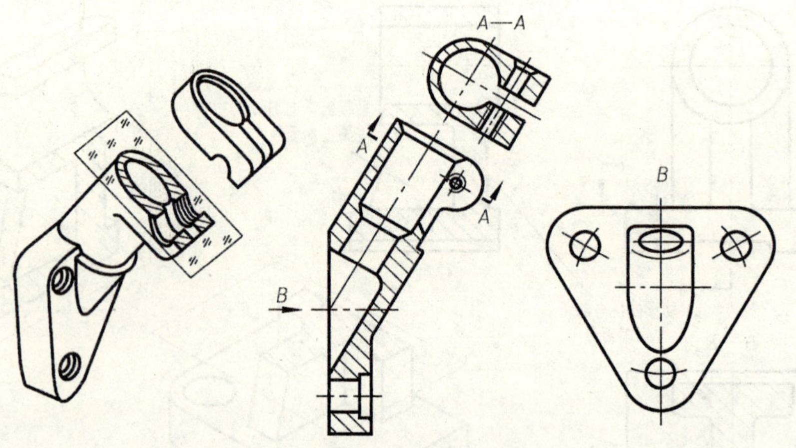

图 5-20　倾斜剖切的全剖视图

7）图 5-21 所示为两个相交的剖切平面剖切机件后得到的全剖视图。其中，处于倾斜剖切平面上的结构，可假想旋转到非倾斜位置后再画图。注意剖切符号的标注方式。

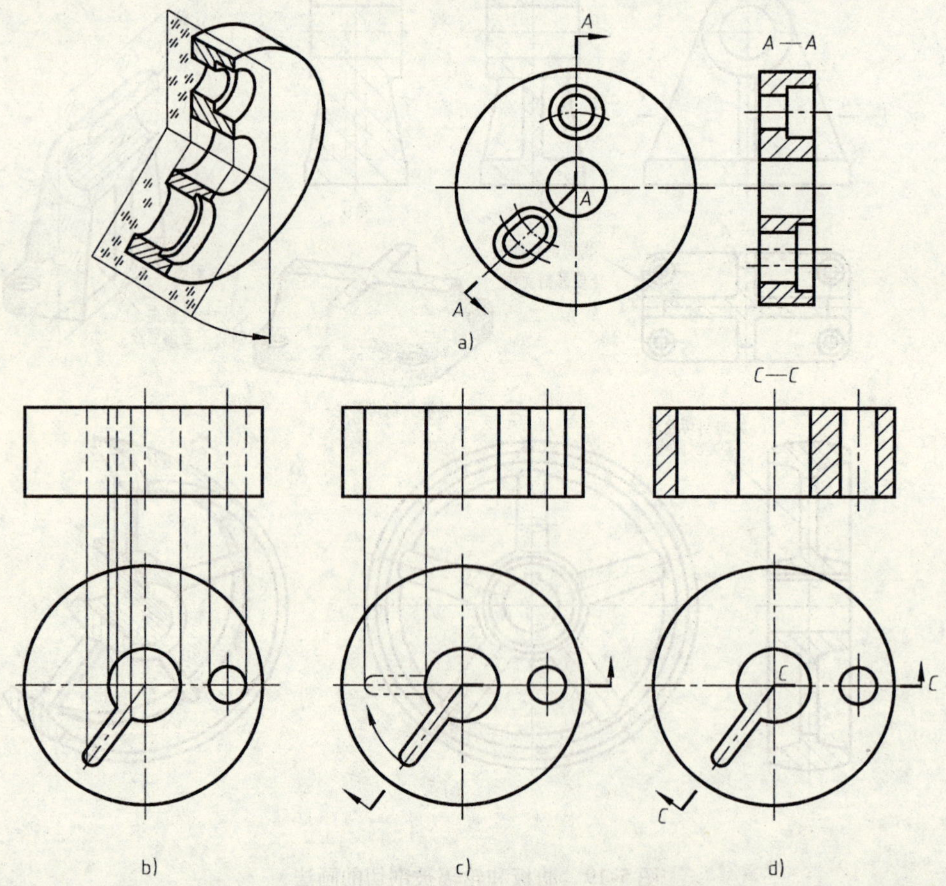

图 5-21　用相交剖切平面剖切的全剖视图

a）为方便作图，将长圆孔假想旋转到非倾斜位置　b）视图　c）假想旋转结构　d）旋转后的全剖视图

8）两相互平行的剖切平面剖切得到的全剖视图以及标注方式如图 5-22 所示。画平行剖切的全剖视图易出现图 5-23 所示的错误，要注意。

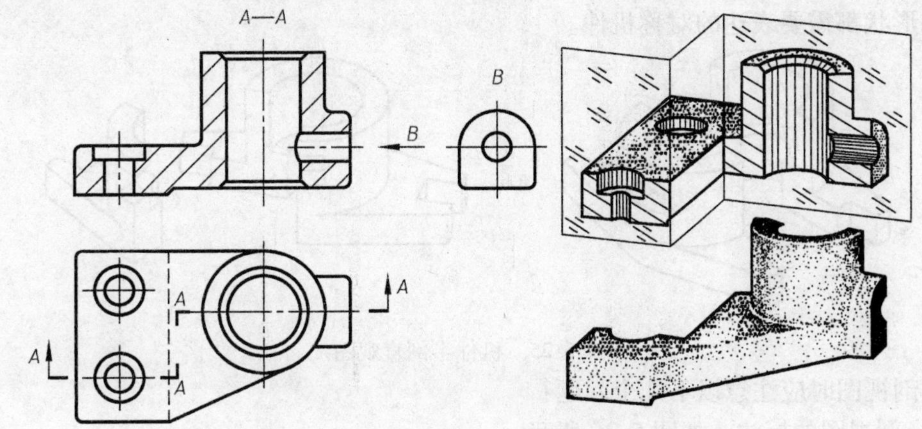

图 5-22　平行剖全剖视图

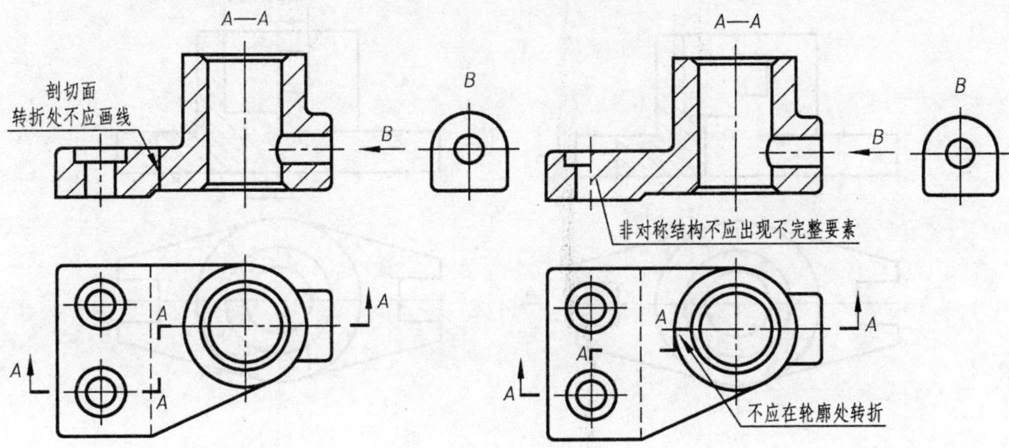

图 5-23　画平行剖的全剖视图易出现的错误

2. 半剖视图

图 5-24c 所示的图形就是半剖视图，将其与图 5-24a、b 比较可看出半剖视图的相关特征。

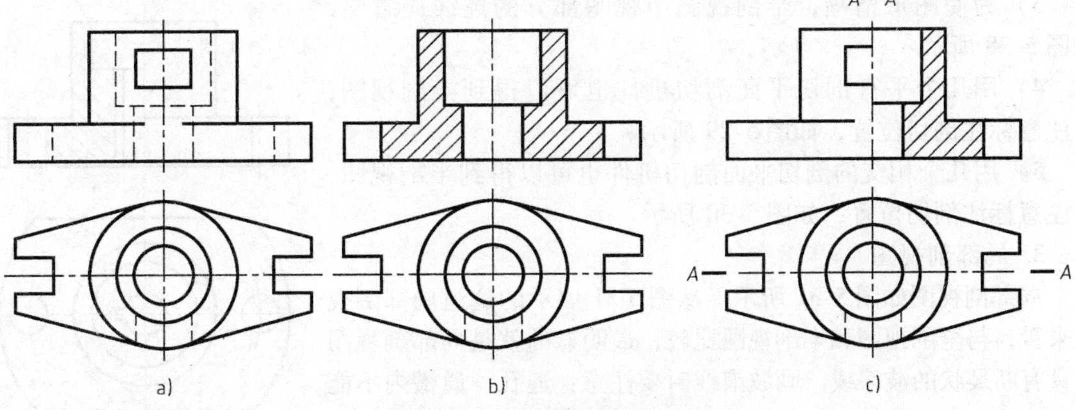

图 5-24　半剖视图的图形

a）视图　b）全剖视图　c）半剖视图

从图 5-25 所示的机件半剖直观图可知，当机件具有对称平面，且向垂直于对称平面的投影面投影时，可以以对称中心线为界，一半画成剖视图，另一半画成视图。半剖视图适用于内、外形状都需要表达的对称机件。

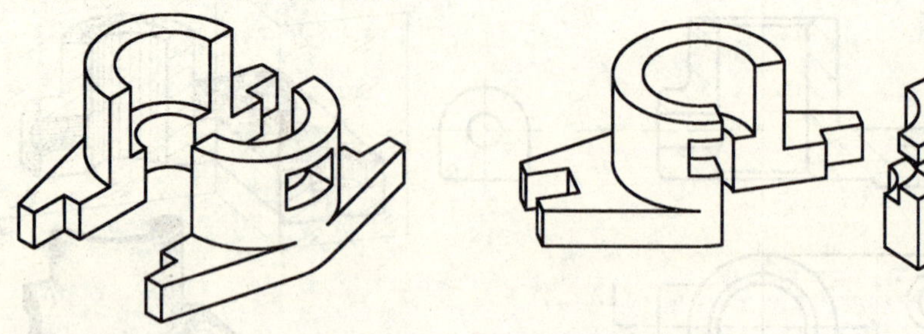
图 5-25　机件半剖直观图

画半剖视图时应注意以下几个问题：

1）半剖视图的标注，如图 5-26 所示。

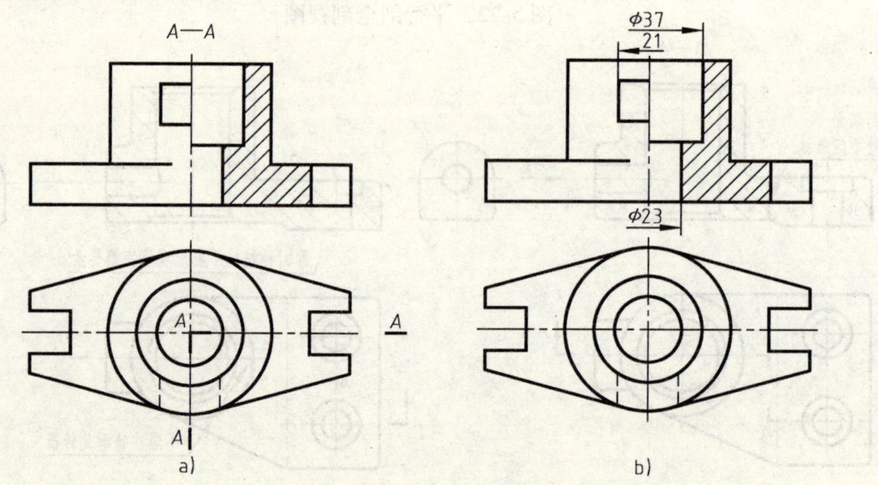

图 5-26　半剖视图的标注

a）错误，剖切位置标注不对　b）正确，用单边尺寸线箭头标注半剖视图

2）机件结构接近对称且看图不会引起误解时也可以画半剖视图，如图 5-27 所示。

3）为使图形清晰，半剖视图中视图部分的虚线应省略，如图 5-28 所示。

4）用几个平行剖切平面剖切机件也可以得到半剖视图，应注意标注剖切位置，如图 5-29 所示。

5）用几个相交的剖切平面剖切机件也可以得到半剖视图，应注意标注剖切位置，如图 5-30 所示。

3. 局部剖视图

局部剖视图如图 5-31 所示。从图 5-31 展示的这组局部剖视图来看，与全剖视图和半剖视图比较，最明显的就是局部剖视图中具有断裂状的波浪线。画波浪线时要注意：通孔、通槽内不能画波浪线，波浪线不能超出轮廓线以外，如图 5-32 和图 5-33 所示。

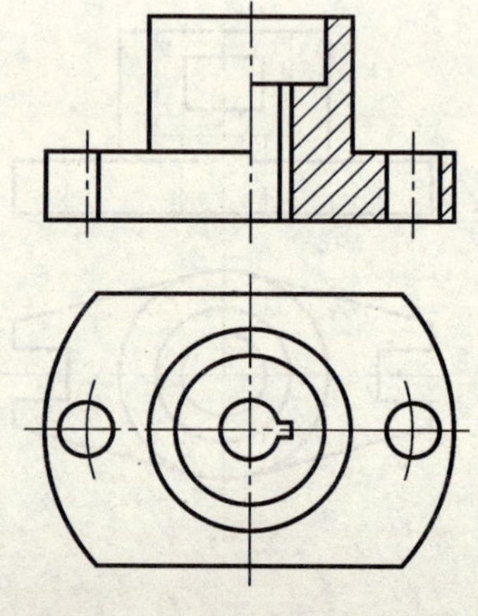
图 5-27　半剖视图示例（一）

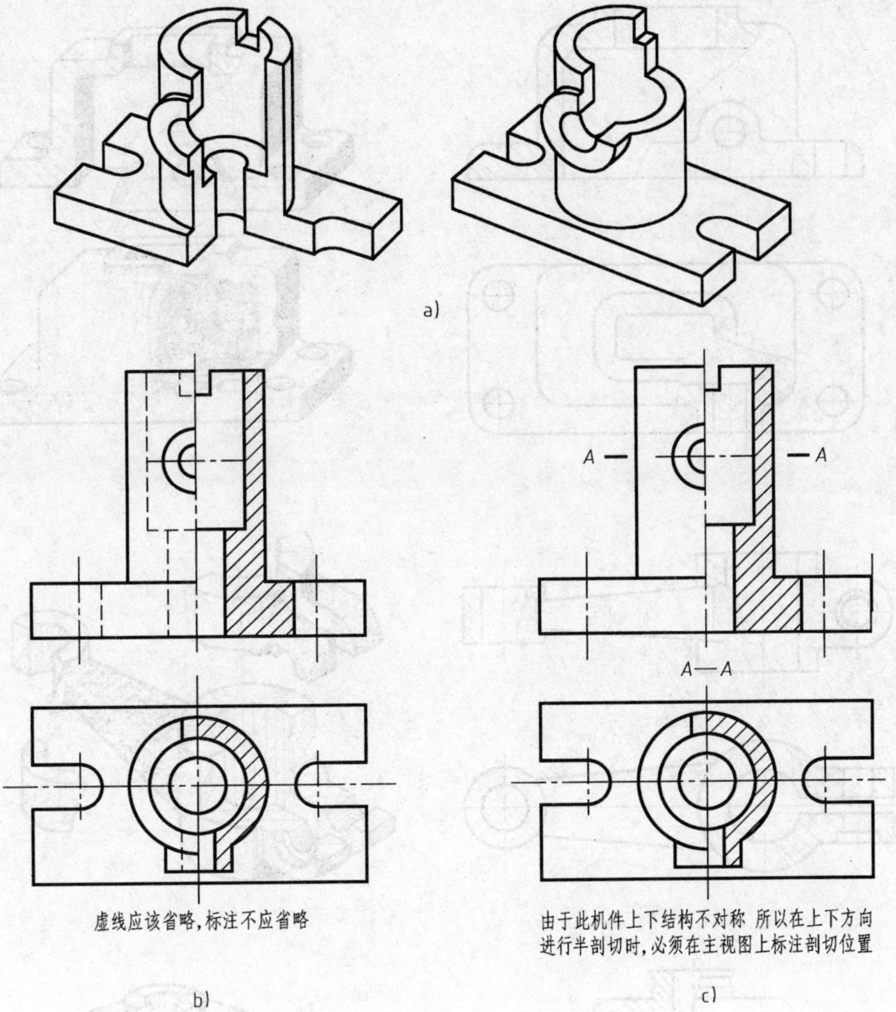

a)
A
A
A—A
虚线应该省略,标注不应省略
由于此机件上下结构不对称 所以在上下方向
进行半剖切时,必须在主视图上标注剖切位置
b)
c)

图 5-28　半剖视图中的虚线问题

a）机件示意图　b）不好　c）正确

A—A
A
A
A
A

图 5-29　半剖视图示例（二）

A—A
A
A
A

图 5-30　半剖视图示例（三）

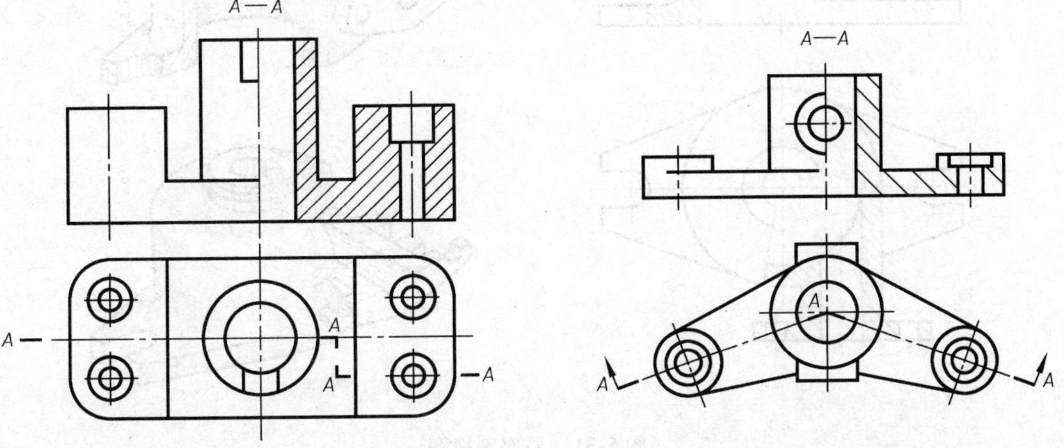

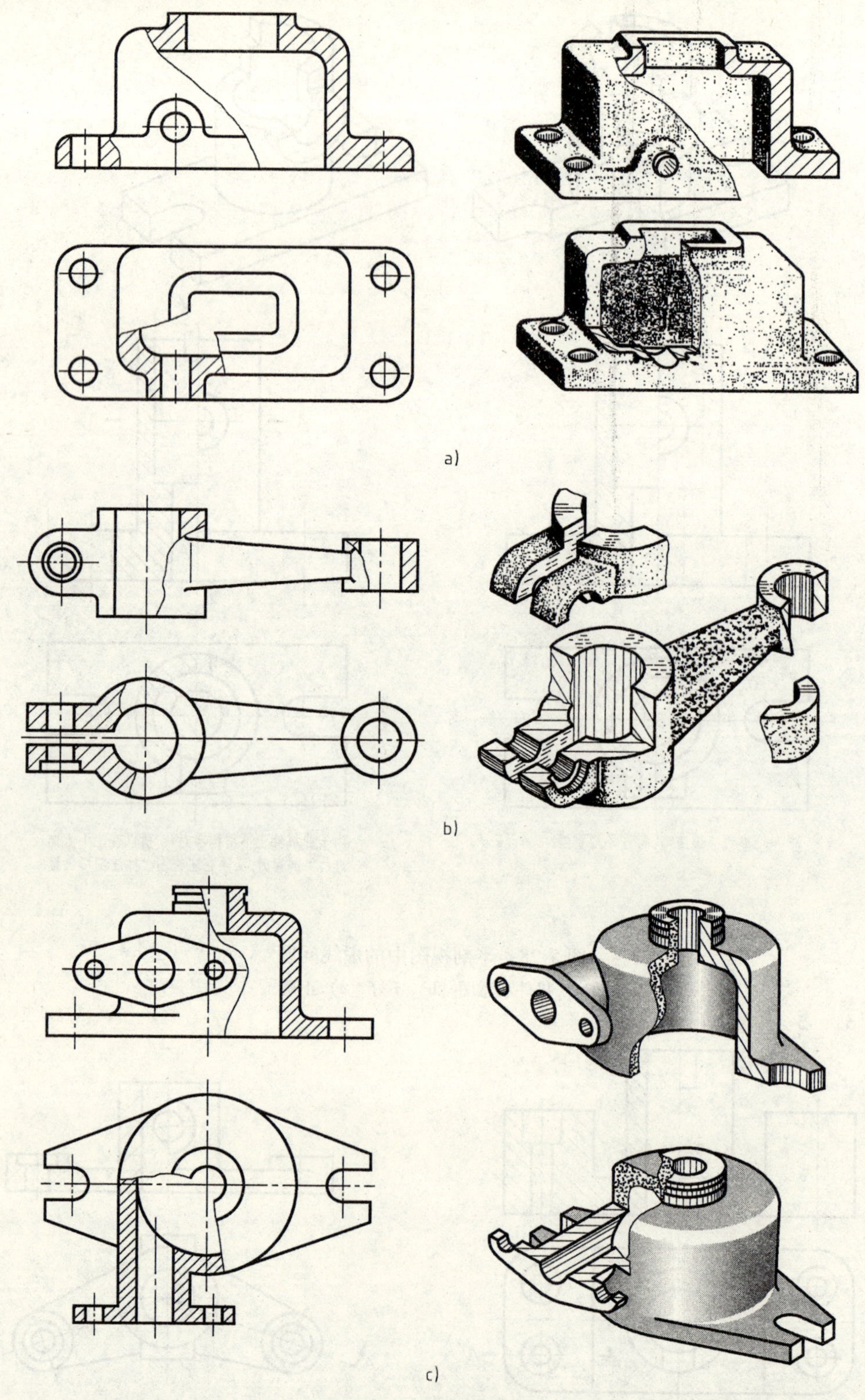

图 5-31　局部剖视图

a）局部剖视图示例（一）　b）局部剖视图示例（二）　c）局部剖视图示例（三）

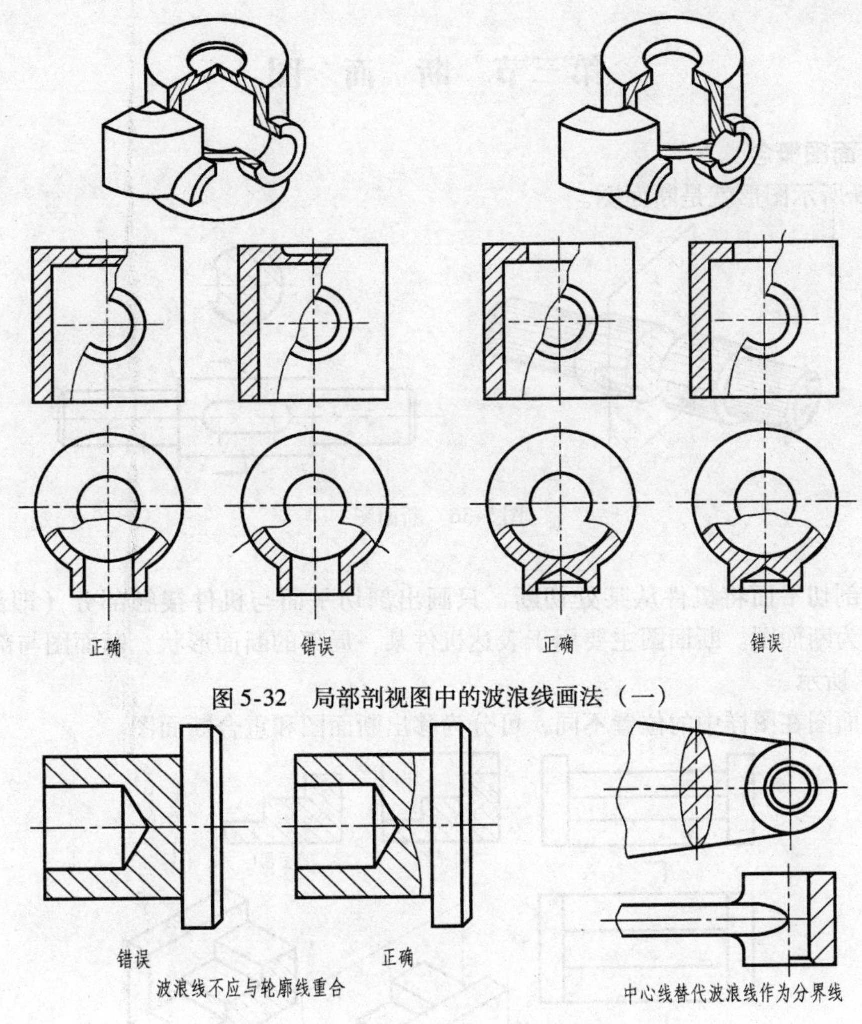

图 5-32　局部剖视图中的波浪线画法（一）

图 5-33　局部剖视图中的波浪线画法（二）

图 5-34 和图 5-35 所示为分别用相交和平行的剖切平面剖切机件后得到的局部剖视图。

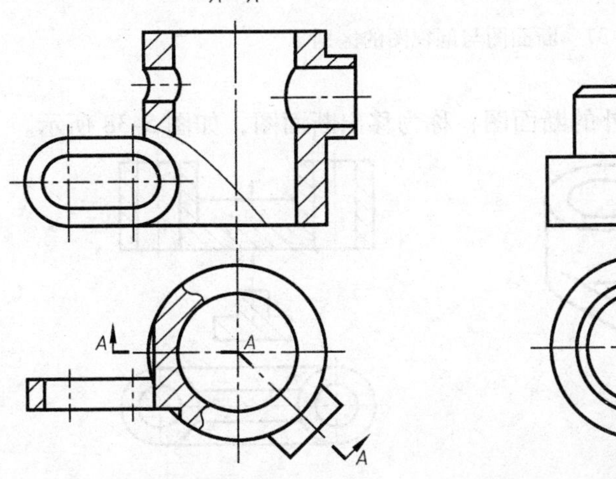

图 5-34　局部剖视图示例（四）　　图 5-35　局部剖视图示例（五）

第三节　断　面　图

一、断面图概念

图 5-36 所示图形就是断面图。

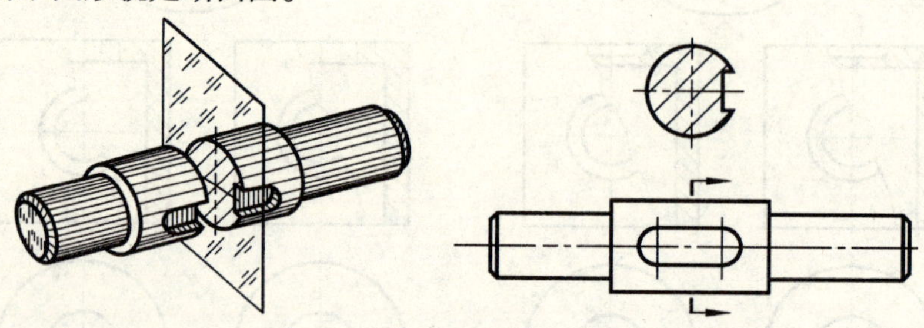

图 5-36　断面图

假想用剖切平面将机件从某处切断，只画出剖切平面与机件接触部分（即剖面区域）的图形，称为断面图。断面图主要用于表达机件某一局部的断面形状。断面图与剖视图的区别如图 5-37 所示。

根据断面图在图样中的位置不同，可分为移出断面图和重合断面图。

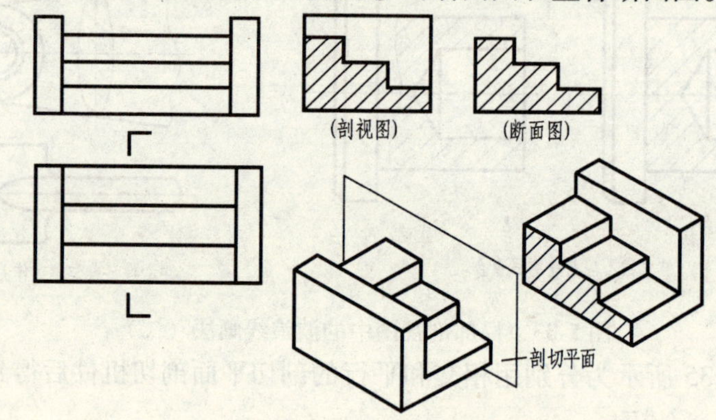

图 5-37　断面图与剖视图的区别

（1）移出断面图　画在视图之外的断面图，称为移出断面图，如图 5-38 所示。

图 5-38　移出断面图示例

（2）重合断面图　画在视图之内的断面图，称为重合断面图，如图 5-39 所示。

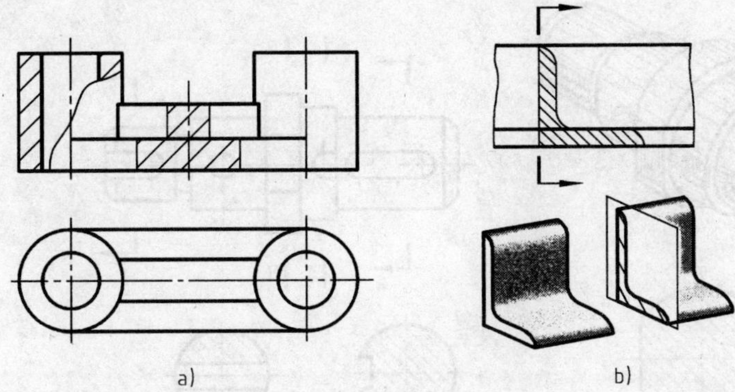

图 5-39　重合断面图示例

二、画断面图应注意的问题

（1）按剖视图绘制的断面图　按剖视图绘制的断面图如图 5-40 所示。

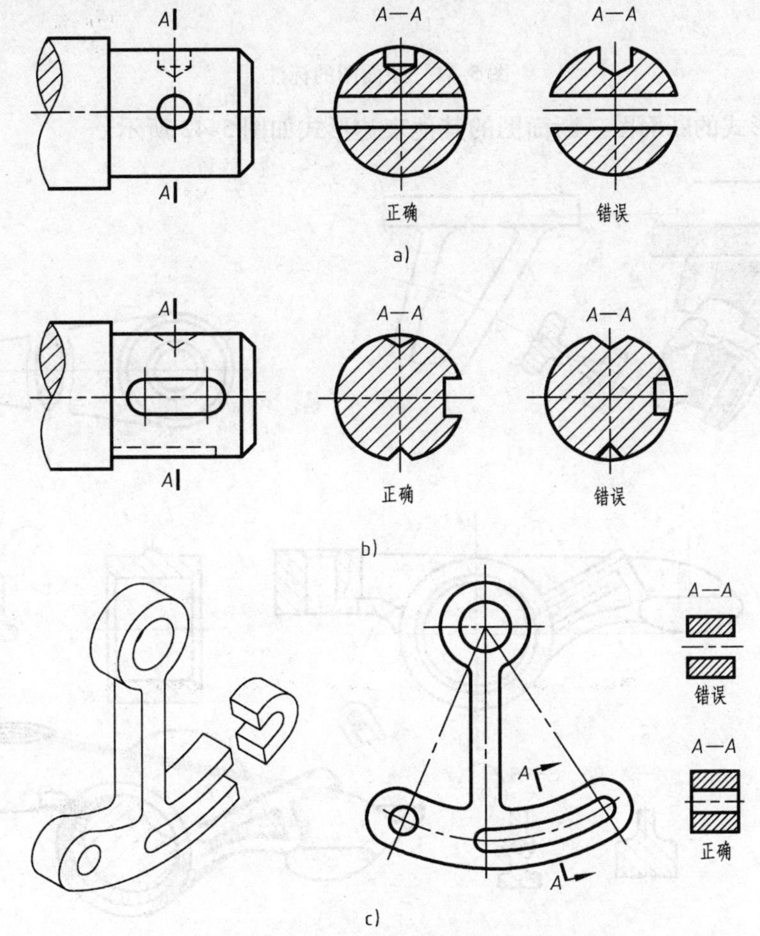

图 5-40　按剖视图绘制的断面图

a）剖切面通过回转面形成的孔的轴线时按剖视图绘制

b）剖切面通过回转面形成的凹坑的轴线时按剖视图绘制

c）出现分离的断面时按剖视图绘制

（2）断面图的标注　断面图的标注如图 5-41 所示。

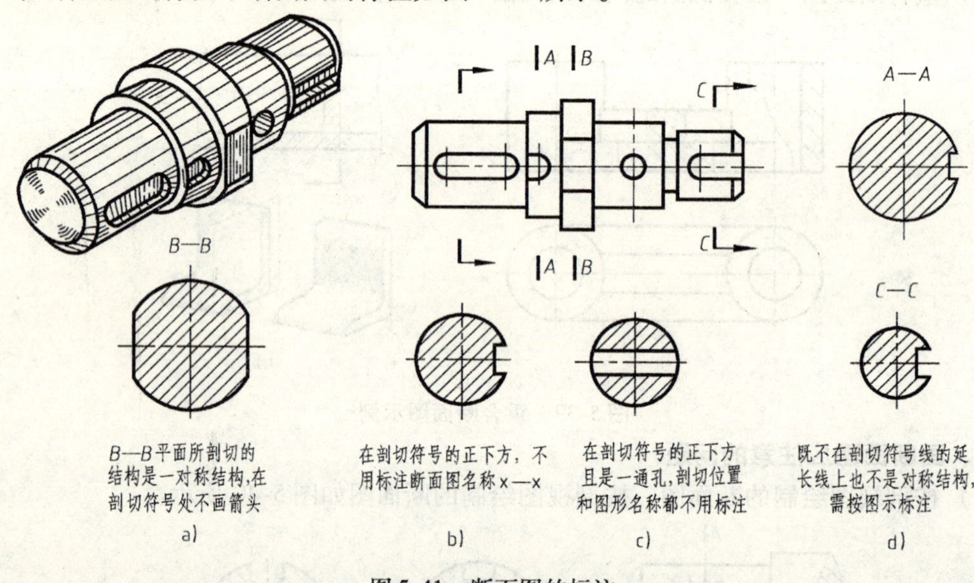

图 5-41　断面图的标注

（3）其他形式的断面图　断面图的其他表达形式如图 5-42 所示。

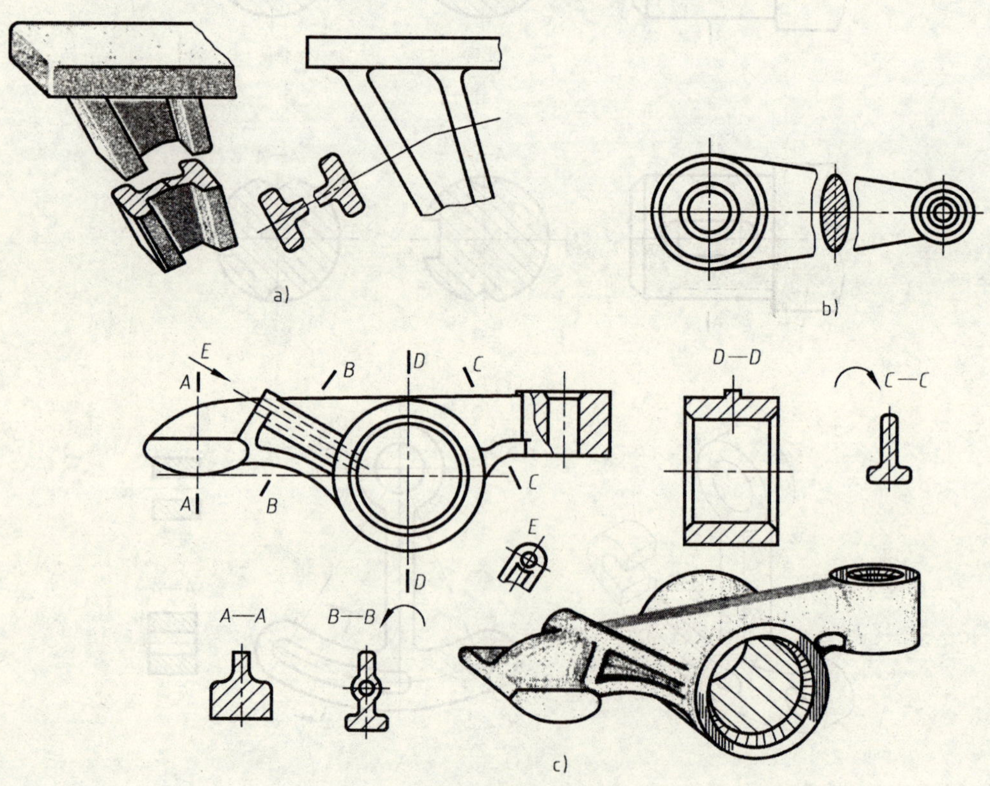

图 5-42　断面图的其他表达形式

a）不在同一平面上的断面要用波浪线断开画断面图　b）画在视图中断处的移出断面图

c）带旋转表达的移出断面图

（4）断面图的应用　断面图的应用如图 5-43 所示。

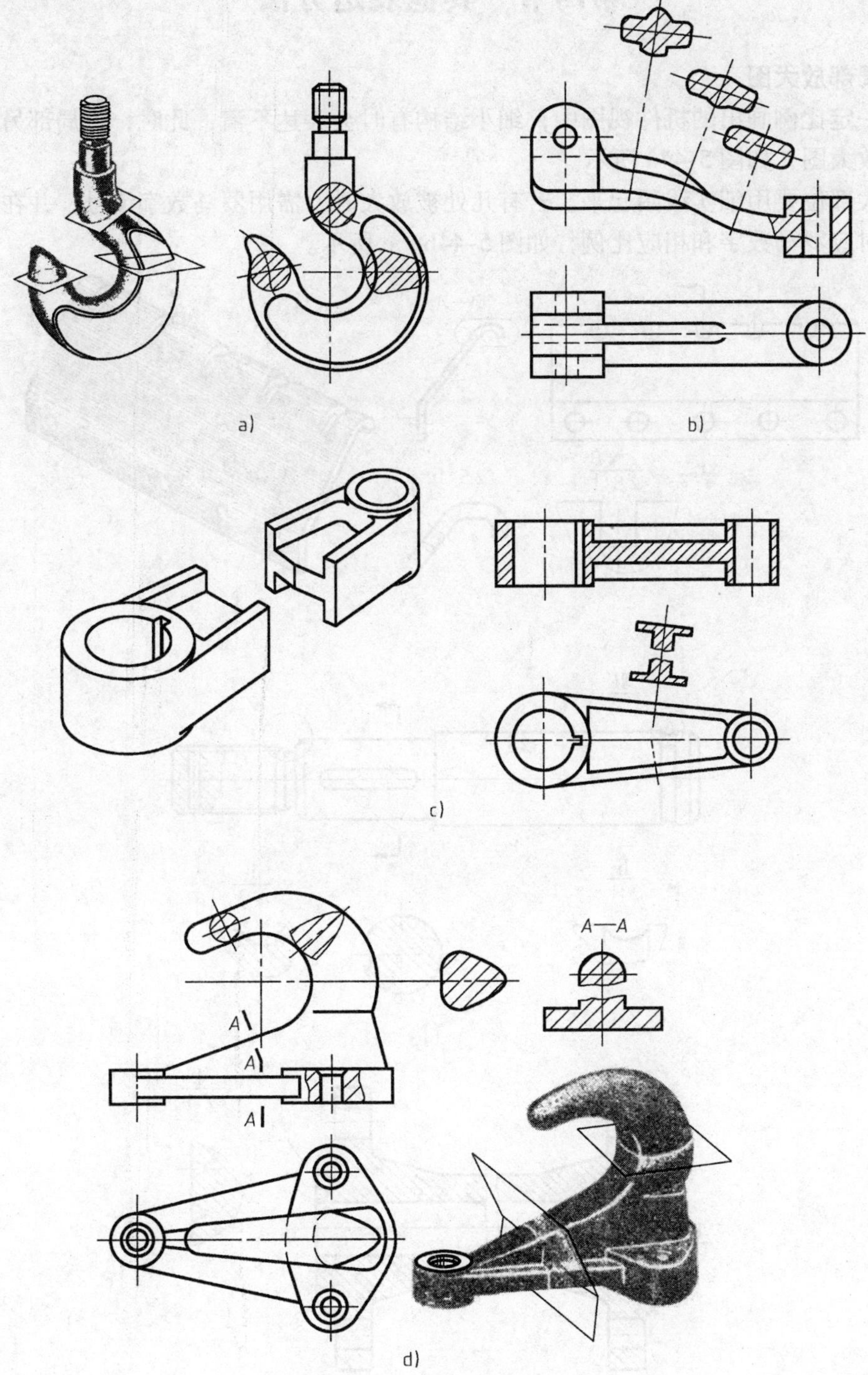

图 5-43　断面图的应用

a）重合断面图的应用　b）移出断面图的应用

c）断开的移出断面图的应用　d）移出、重合、断开断面图的综合应用

第四节　其他表达方法

一、局部放大图

在按一定比例画出的机件视图中，细小结构有时会表达不清，此时，可局部另行画出细小结构的放大图，如图5-44a所示。

被放大部位要用细实线圈起来。若有几处被放大时，需用罗马数字编号，并在局部放大图上标注对应罗马数字和相应比例，如图5-44b、c所示。

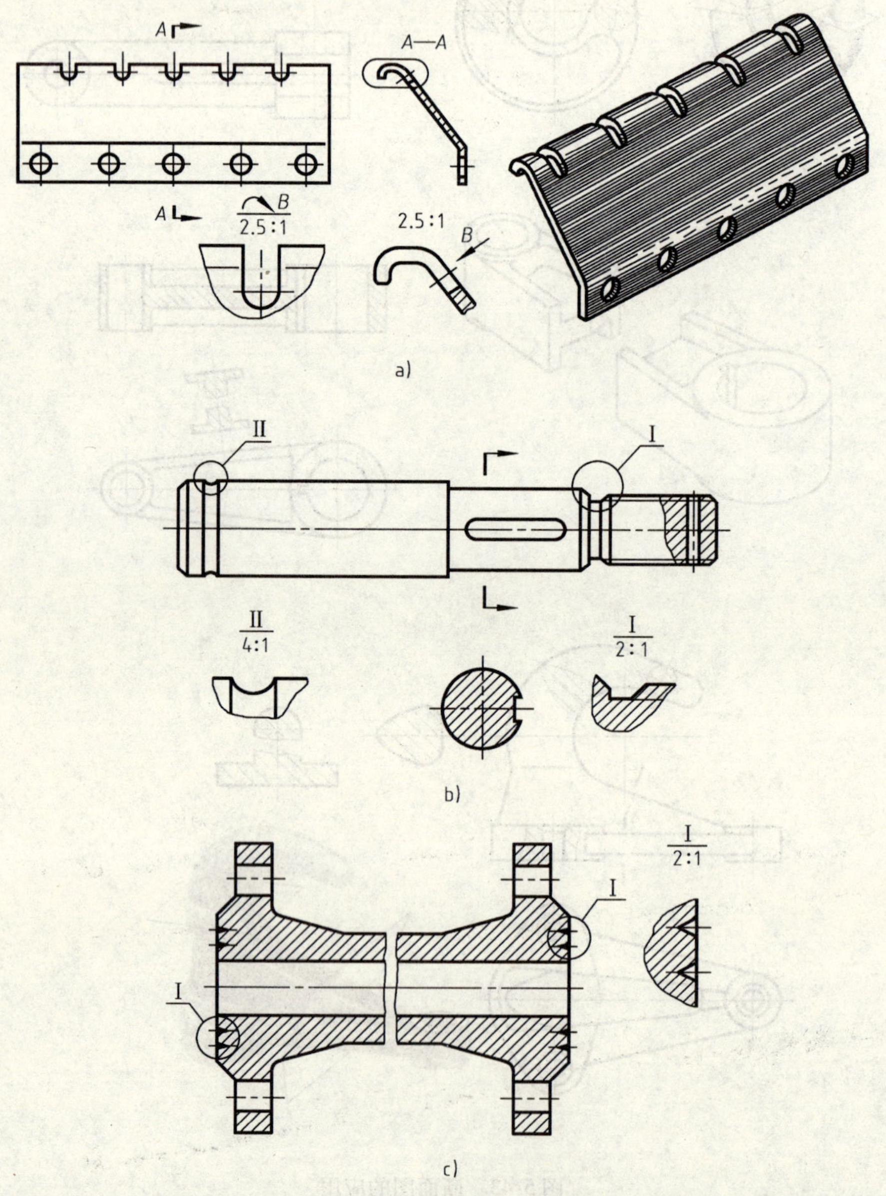

图5-44　局部放大图示例

a）局部放大图示例（一）　b）局部放大图示例（二）　c）局部放大图示例（三）

二、简化画法

（1）均匀分布的孔和肋板的简化画法　均匀分布的孔和肋板的简化画法如图 5-45 所示。

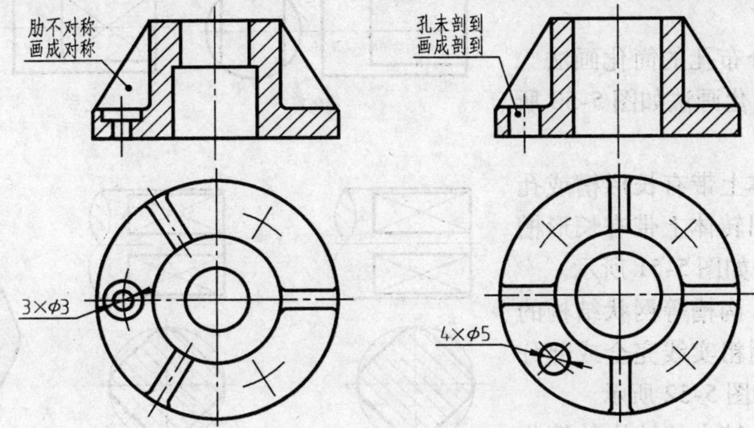

图 5-45　均匀分布的孔和肋板的简化画法

（2）对称机件的简化画法　对称机件的简化画法如图 5-46 所示。

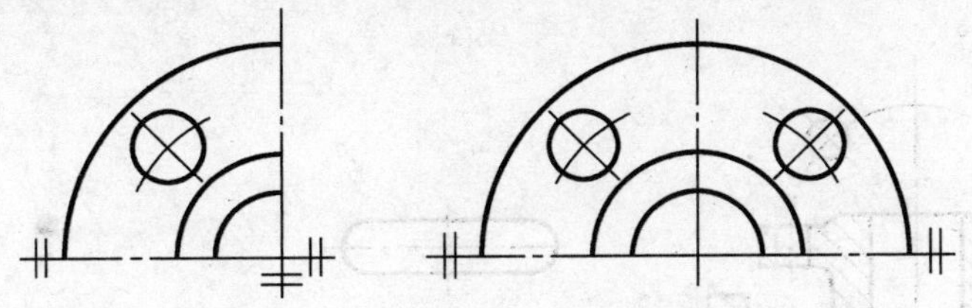

图 5-46　对称机件的简化画法

（3）机件的断开画法　机件的断开画法如图 5-47 所示。

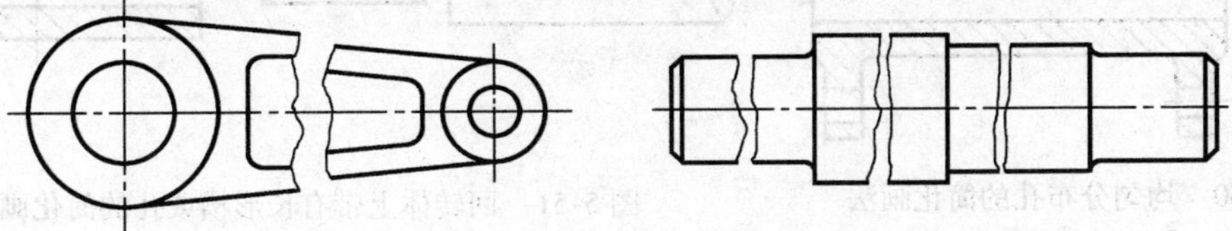

图 5-47　机件的断开画法

（4）相同结构要素的画法　相同结构要素的画法如图 5-48 所示。

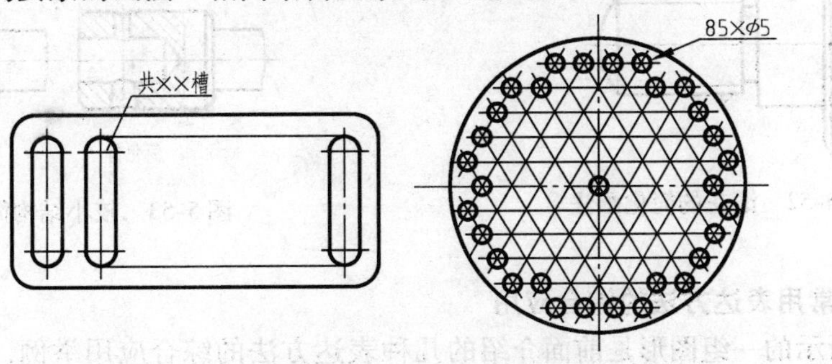

图 5-48　相同结构要素的画法

（5）回转体上的平面表示法　当平面在图形中不能充分表达时，可用平面符号（相交的两条细实线）表示，如图 5-49 所示。

（6）均匀分布孔的简化画法　均匀分布孔的简化画法如图 5-50 所示。

（7）回转体上带有长形槽或孔的简化画法　回转体上带有长形槽或孔的简化画法如图 5-51 所示。

（8）滚花、沟槽等网状结构的简化画法　可用粗实线完全或部分地表达出来，如图 5-52 所示。

（9）机件上较小的结构的简化画法　如果在一个图形中已表示清楚，则在其他图形中可以简化或省略，如图 5-53 所示。

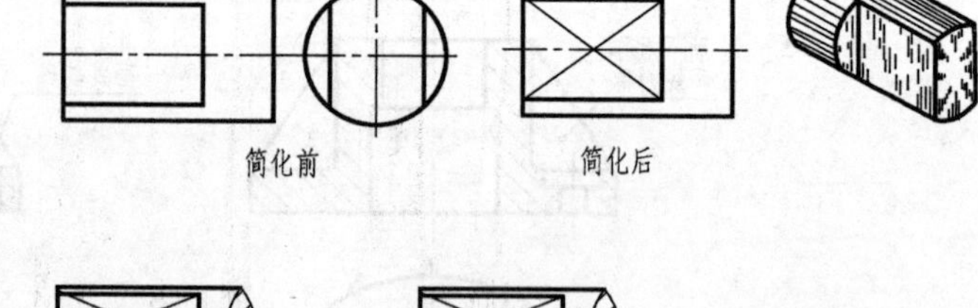

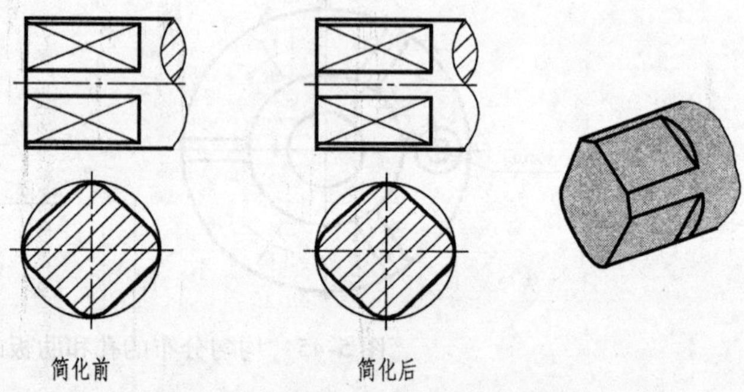

图 5-49　回转体上的平面表示法

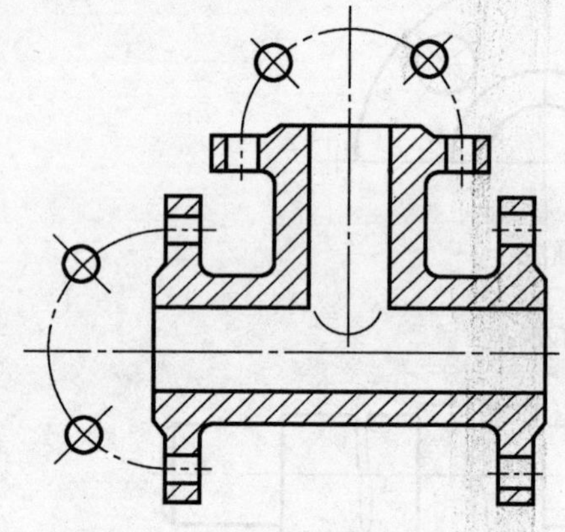

图 5-50　均匀分布孔的简化画法

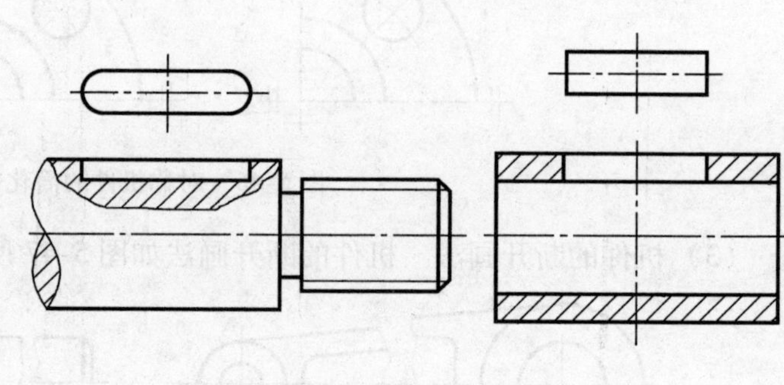

图 5-51　回转体上带有长形槽或孔的简化画法

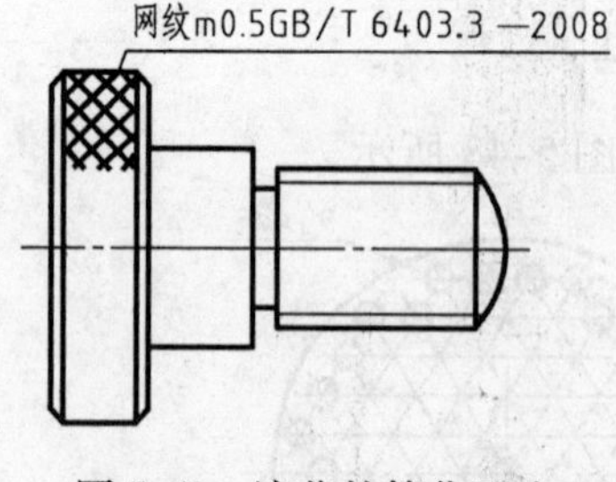

图 5-52　滚花的简化画法

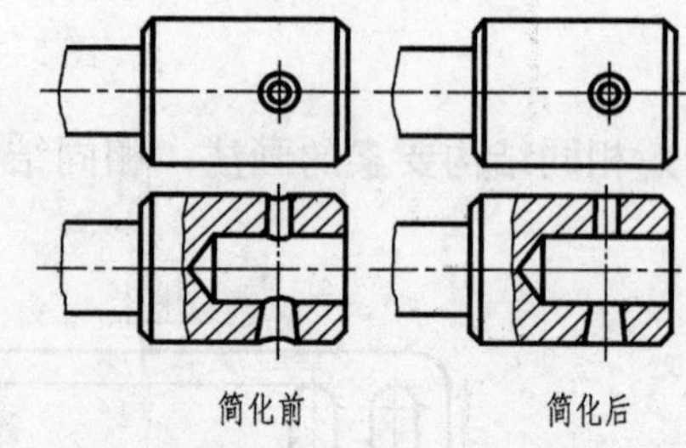

图 5-53　较小结构简化画法

三、机件常用表达方法的综合应用

图 5-54 所示的一组图形是前面介绍的几种表达方法的综合应用举例，读者通过阅读这些图形，可以建立初步的应用概念。

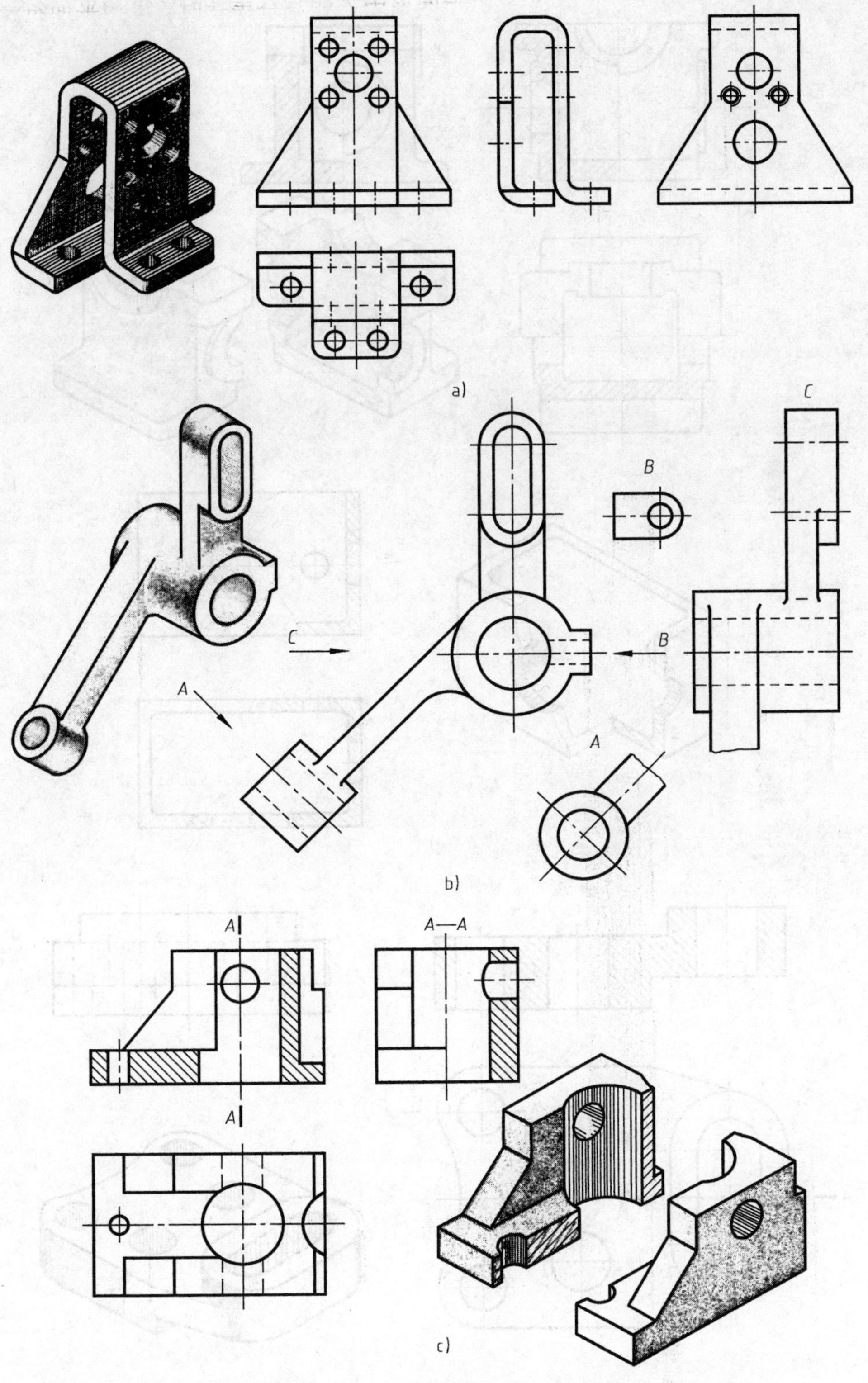

图 5-54　表达方法综合应用示例

a）基本视图的应用示例　b）向视图的应用示例　c）剖视图的综合应用示例

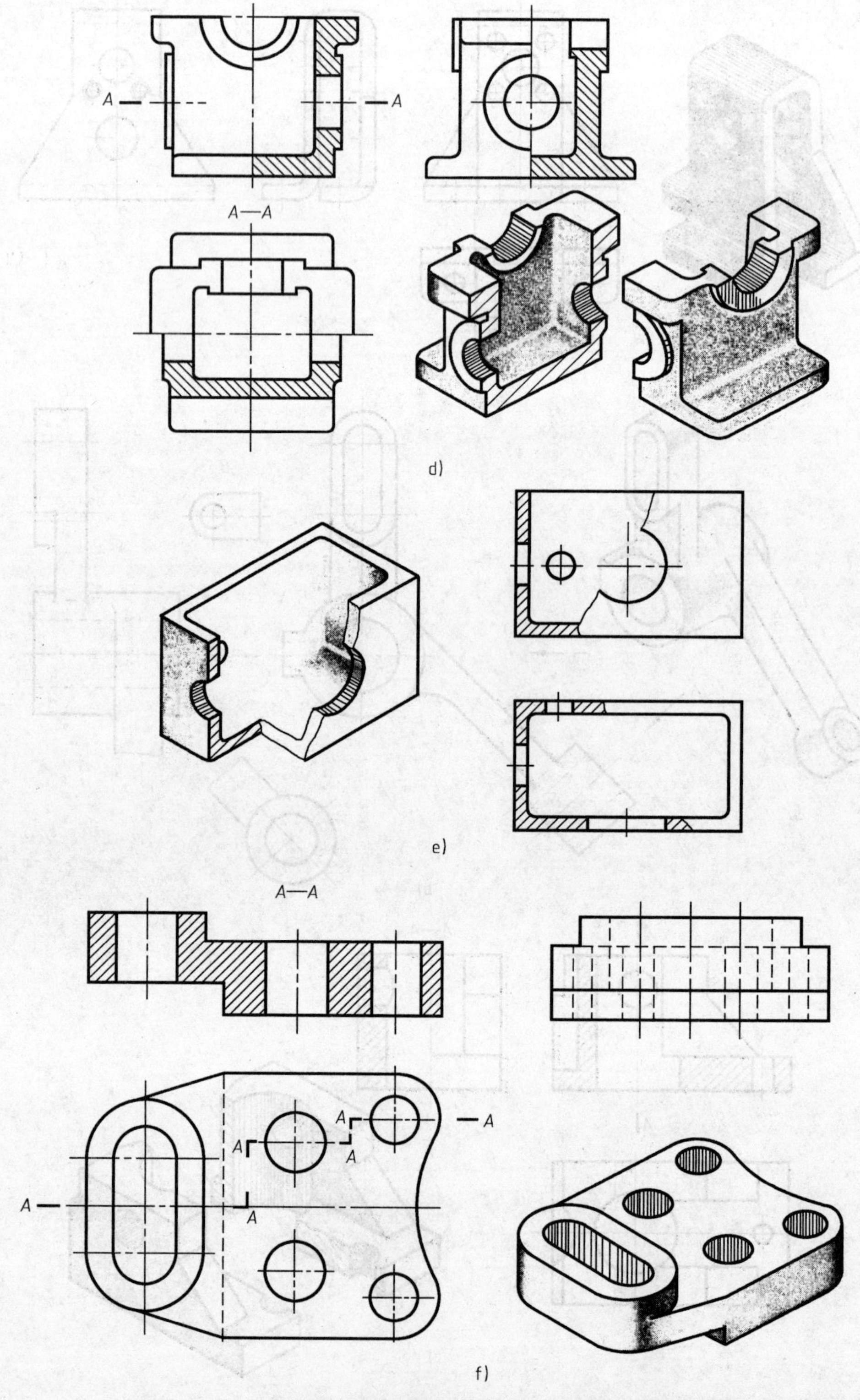

图 5-54　表达方法综合应用示例（续一）

d）半剖视图的应用示例　e）局部剖视图的应用示例　f）平行剖切平面剖切的全剖视图应用示例

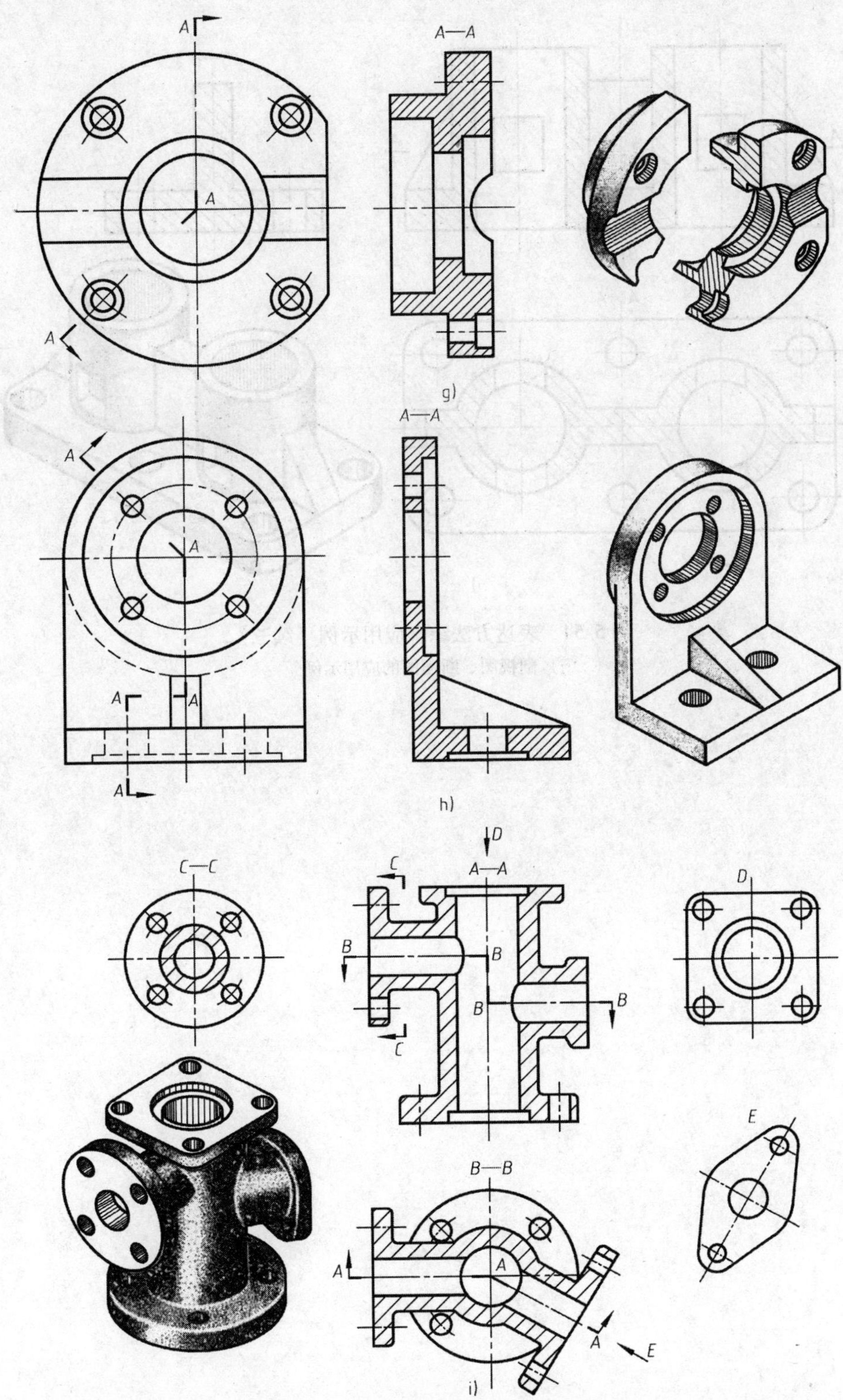

图 5-54 表达方法综合应用示例（续二）
g）相交剖切平面剖切的全剖视图应用示例 h）复合剖切平面剖切的全剖视图应用示例
i）各种剖视图和向视图的综合应用示例

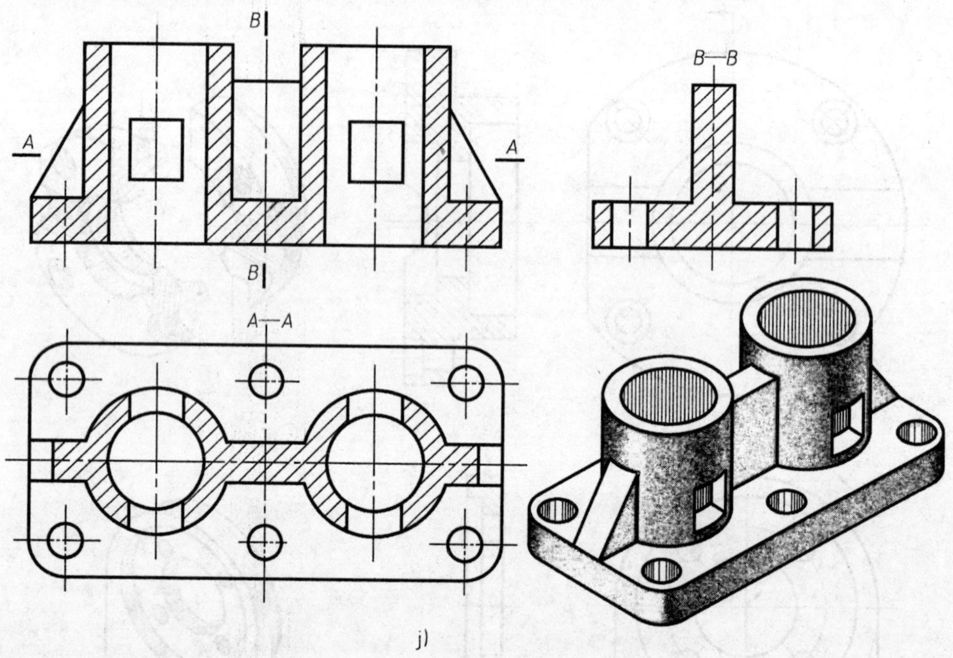

图 5-54　表达方法综合应用示例（续三）
j）剖视图、断面图的应用示例

第六章　零　件　图

第一节　零件图的内容

一、零件图图样

制造机器或一个小型部件，要先按零件图要求制造出全部零件，再按装配图要求将零件装配成机器或部件。表示零件结构、大小和技术要求的图样称为零件图。零件图图样如图 6-1a 所示。

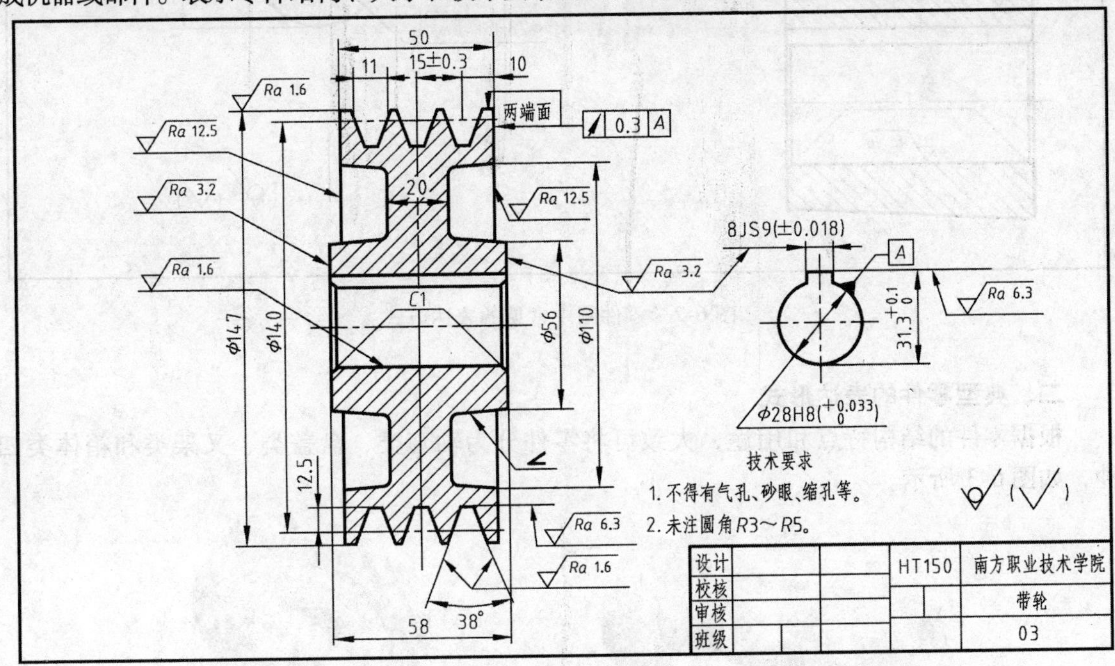

a)

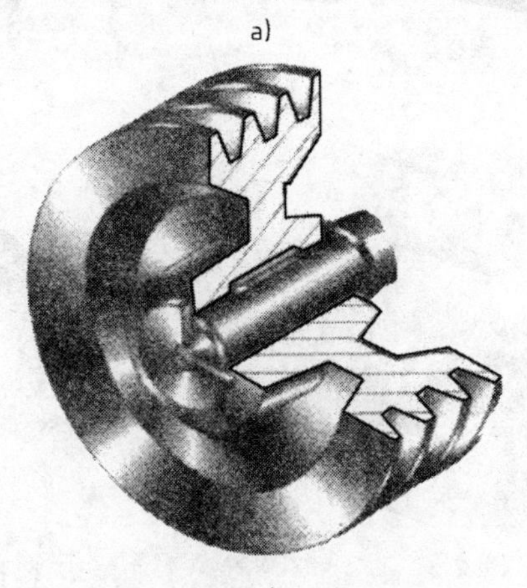

b)

图 6-1　零件图样图和零件示意图

在图 6-1a 所示的零件图上除了有一组视图、一组尺寸、标题栏、技术要求等内容外，还有一些我们比较陌生的表达内容。图 6-2 所示为零件图中常见的表达方式，本章后面将介绍这些表达方式的含义。

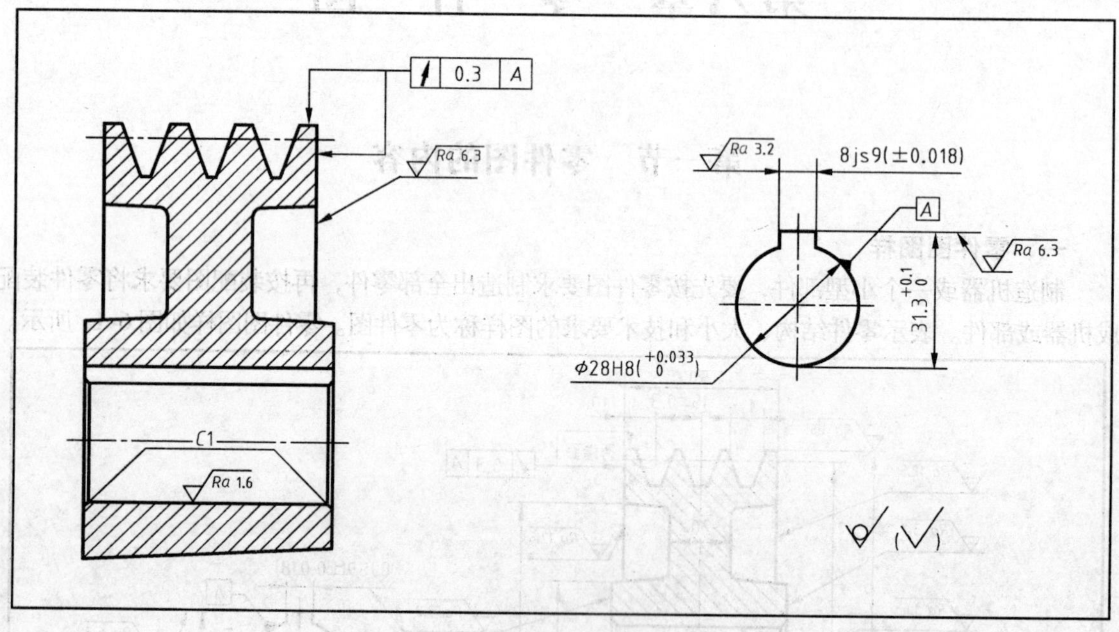

图 6-2　零件图中常见的表达方式

二、典型零件的表达形式

根据零件的结构特点和用途，大致可将零件分为轴套类、盘盖类、叉架类和箱体类四种，如图 6-3 所示。

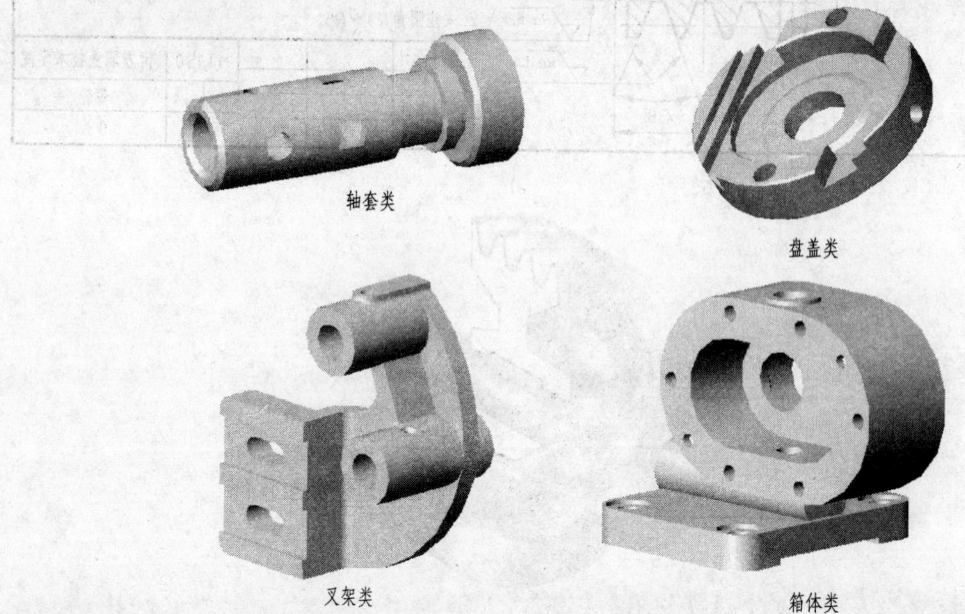

图 6-3　四类典型零件示例

1. 轴套类零件常规表达形式

通常将轴类零件的轴线水平放置，以使主视图能清楚地反映阶梯轴各段的形状、尺寸及相对位置。

一般采用局部剖视、移出断面、局部放大等方式表达零件，如图 6-4 所示。

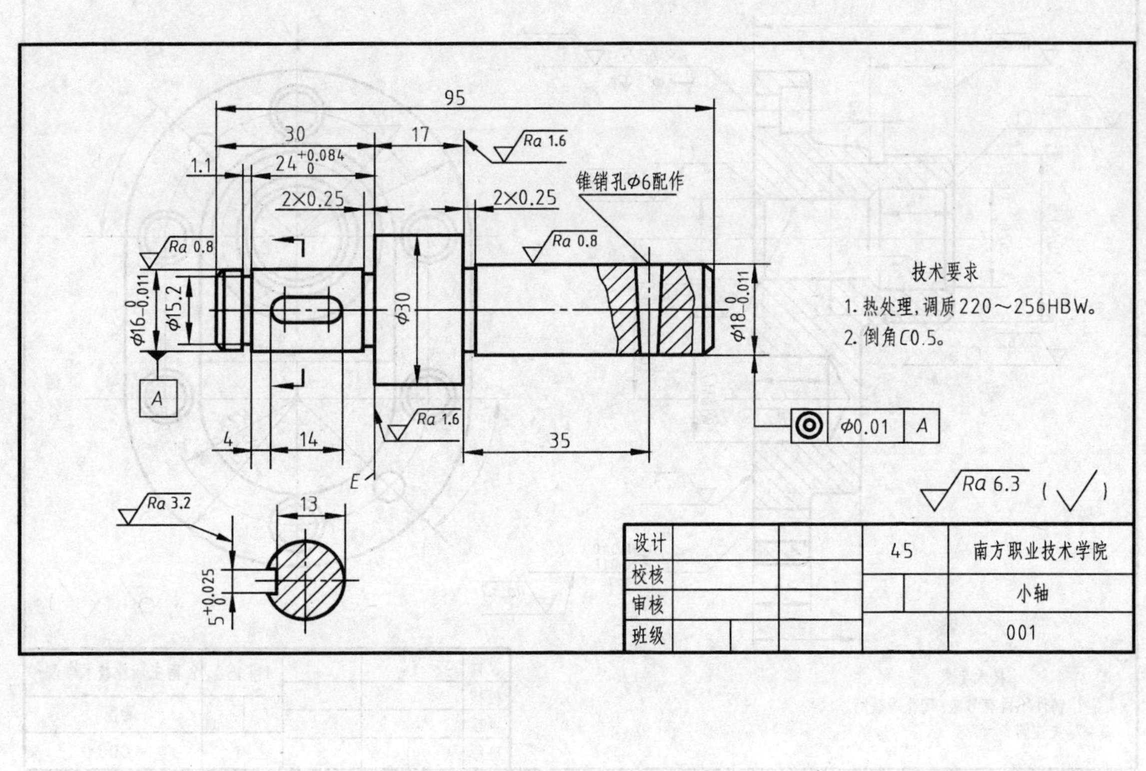

图 6-4　轴套类零件图示例

2. 盘盖类零件常规表达形式

盘盖类零件通常带有内外螺纹、销孔、安装孔、轮缘等结构，一般将轴线水平位置，主视图作全剖视或旋转全剖视；左视图一般用来表达孔等小结构的分布位置。盘盖类零件常规表达形式如图 6-5 所示。

3. 叉架类零件常规表达形式

由于叉架类零件常带有弯曲、倾斜等不规则形状结构，以及有较多的细部结构，因此，以能够表达零件主要形状特征的视图作为主视图，还通常用移出断面图、斜视图、局部剖视图等作局部结构表达。叉架类零件常规表达形式如图 6-6 所示。

4. 箱体类零件常规表达形式

箱体类零件常以工作位置方向作为主视图方向，不同形状特征确定用不同的剖视图，三种形式的剖视图都常用到。箱体类零件常规表达形式如图 6-7 所示。

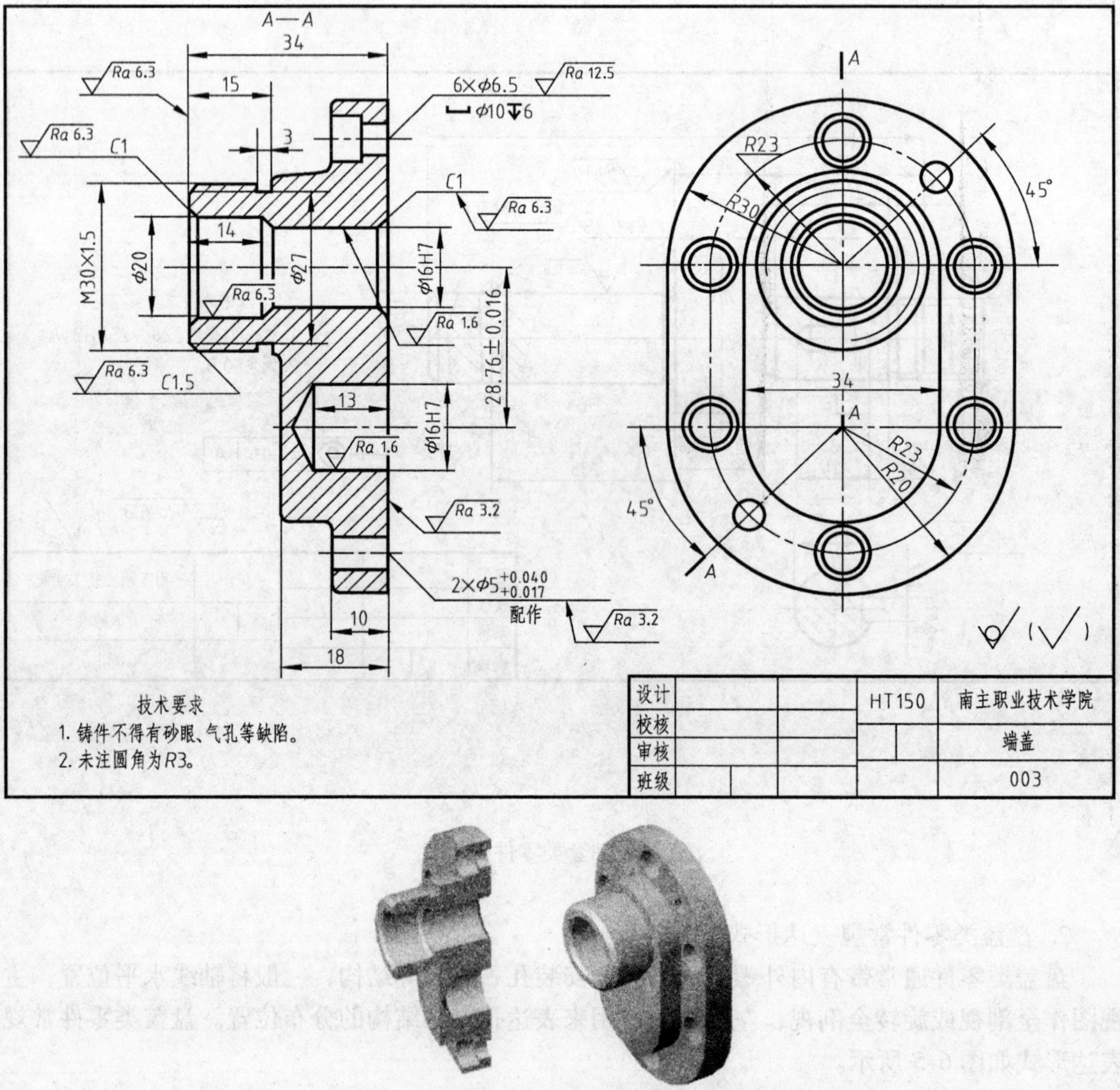

技术要求

1. 铸件不得有砂眼、气孔等缺陷。
2. 未注圆角为$R3$。

设计			HT150	南主职业技术学院
校核				端盖
审核				
班级				003

图 6-5　盘盖类零件图示例

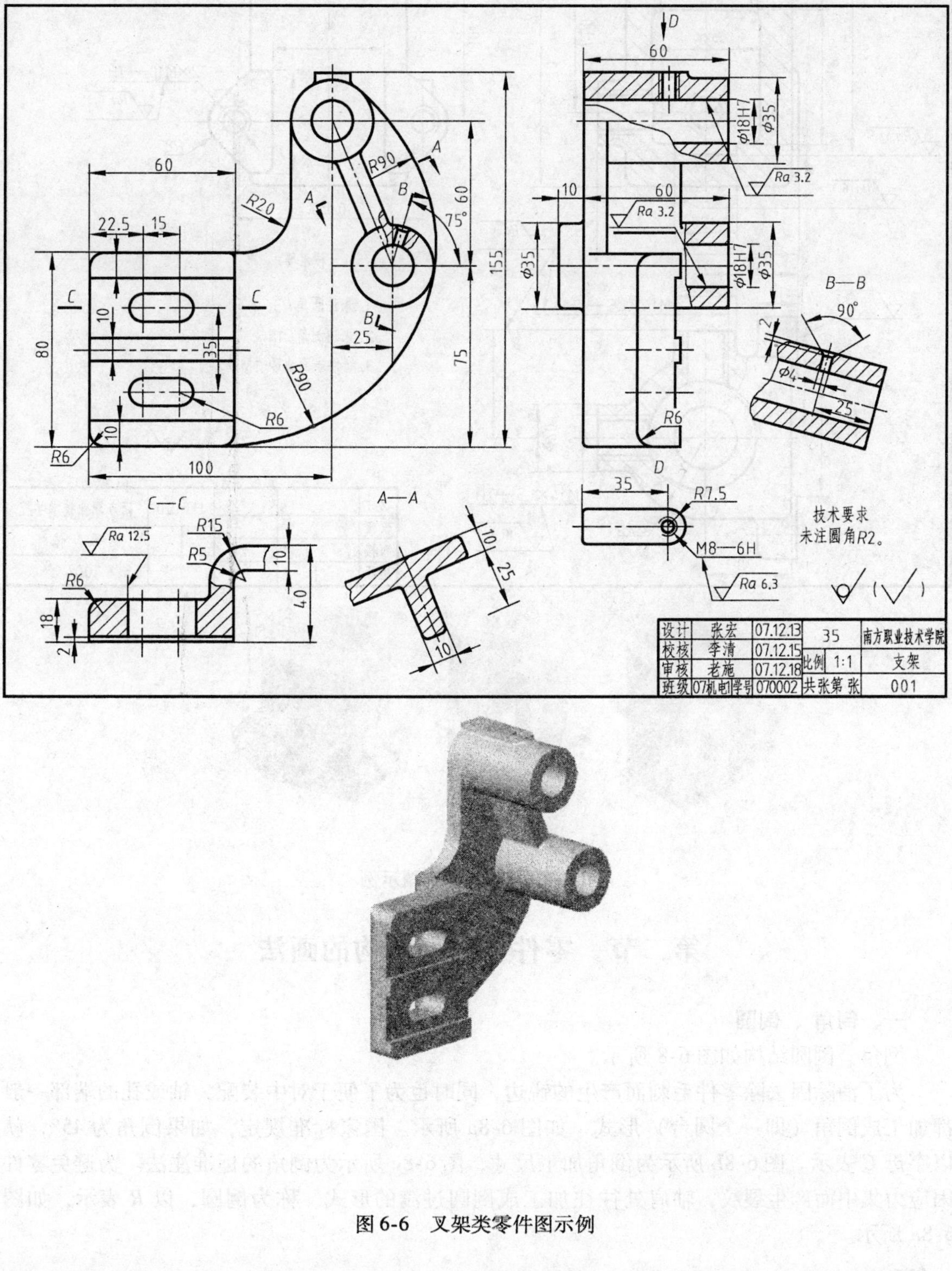

技术要求
未注圆角R2。

设计	张宏	07.12.13	35	南方职业技术学院
校核	李清	07.12.15	比例 1:1	支架
审核	老施	07.12.18		
班级	07机电1 学号	070002	共张第 张	001

图 6-6 叉架类零件图示例

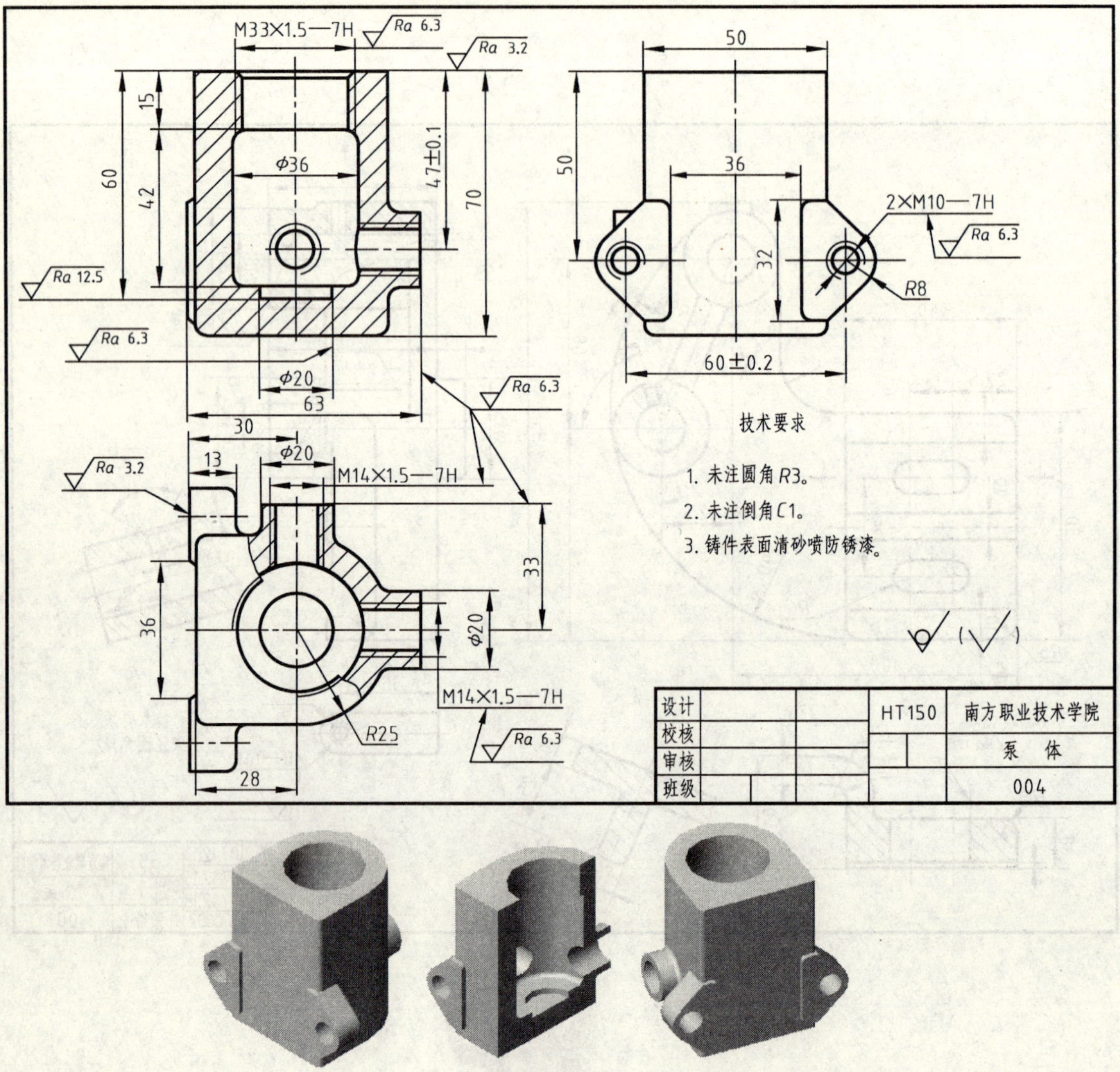

M33×1.5—7H Ra 6.3 Ra 3.2 Ra 12.5 Ra 6.3 Ra 6.3 Ra 3.2 Ra 6.3 Ra 6.3

技术要求

1. 未注圆角 R3。
2. 未注倒角 C1。
3. 铸件表面清砂喷防锈漆。

设计			HT150	南方职业技术学院
校核				泵　体
审核				
班级				004

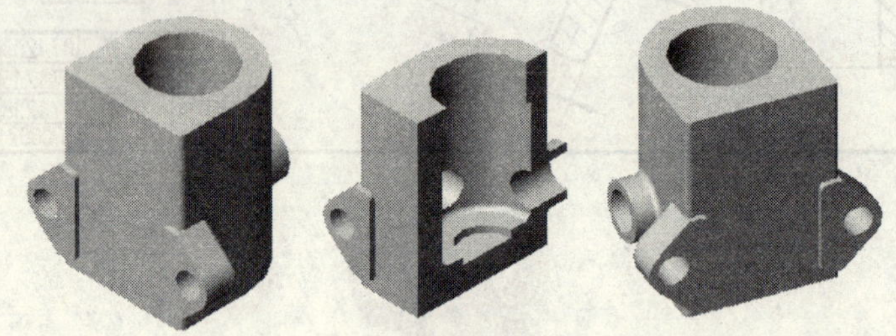

图 6-7　箱体类零件图示例

第二节　零件上细部结构的画法

一、倒角 、倒圆

倒角、倒圆结构如图 6-8 所示。

为了消除因去除零件毛刺而产生的锐边，同时也为了便于对中装配，轴或孔的端部一般都加工成倒角（即一个圆台）形式，如图 6-8a 所示。国家标准规定，如果倒角为 45°，就以字母 C 表示。图 6-8b 所示为倒角加工尺寸，图 6-8c 所示为倒角的标准注法。为避免零件因应力集中而产生裂纹，轴肩处往往加工成倒圆过渡的形式，称为倒圆，以 R 表示，如图 6-8a 所示。

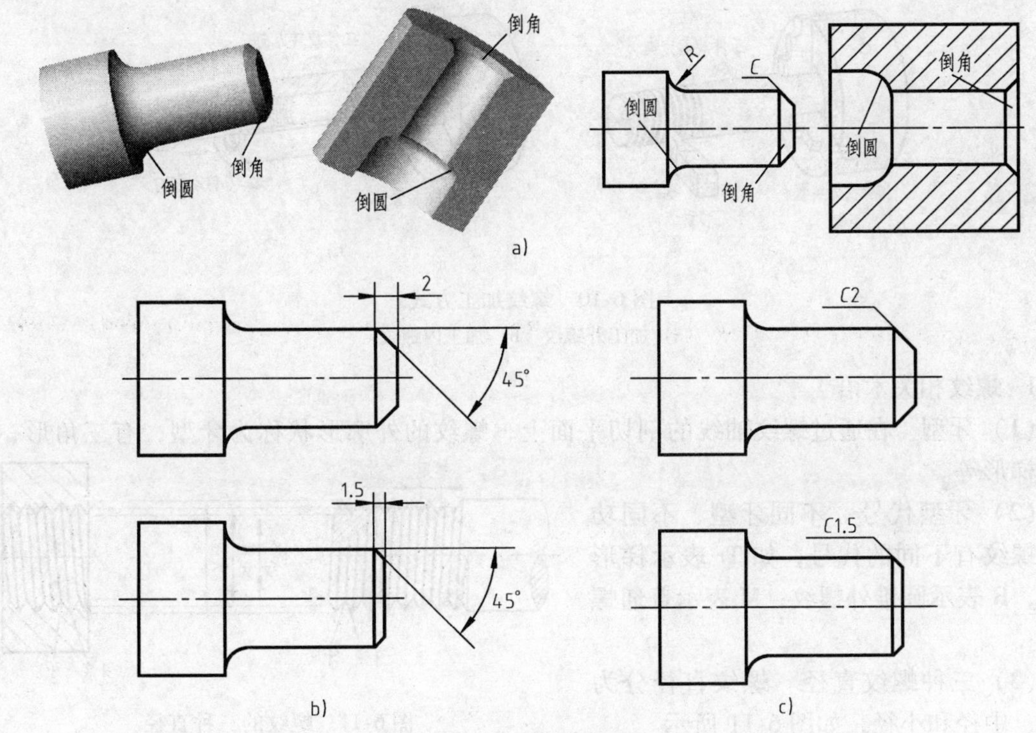

图 6-8　倒角、倒圆

a）倒角、倒圆的概念　b）倒角加工尺寸　c）倒角尺寸的标准注法

二、钻孔

用钻头可钻出通孔、不通孔以及不同直径的阶梯孔，如图 6-9 所示。由于钻头端部成 120°的角，所以，视图中不通孔的端部要画成 120°。

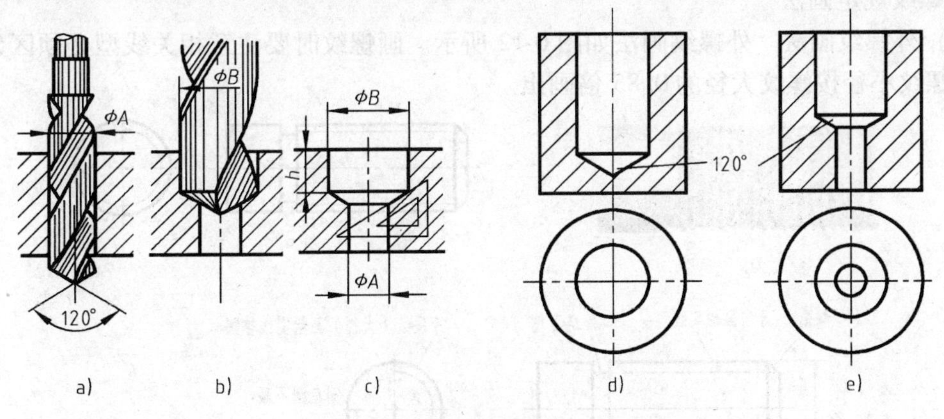

图 6-9　钻孔画法

a）钻通孔　b）钻阶梯孔　c）、e）阶梯孔画法　d）不通孔画法

三、螺纹结构

螺纹是机件上常见的一种结构，分为外螺纹和内螺纹。螺纹具有紧固连接和传动的功能。图 6-10 所示为在车床上加工螺纹的方式。

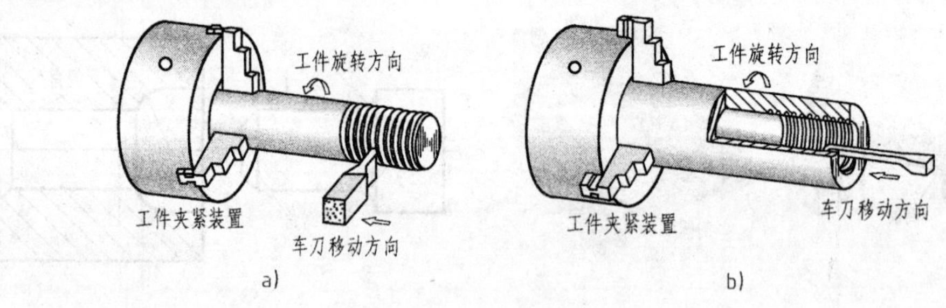

图 6-10　螺纹加工方式

a）加工外螺纹　b）加工内螺纹

1. 螺纹相关术语

（1）牙型　在通过螺纹轴线的剖切平面上，螺纹的外廓形状称为牙型，有三角形、矩形、梯形等。

（2）牙型代号　不同牙型、不同功能的螺纹有不同的代号，如 Tr 表示梯形螺纹，R 表示圆锥外螺纹，M 表示普通螺纹。

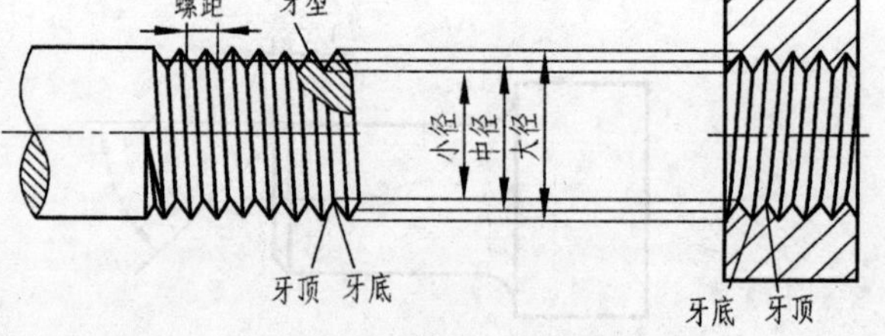

图 6-11　螺纹的三种直径

（3）三种螺纹直径　螺纹直径分为大径、中径和小径，如图 6-11 所示。

1）大径：与外螺纹牙顶或内螺纹牙底相切的假想圆柱面或圆锥面的直径，一般将螺纹大径称为公称直径。

2）小径：与外螺纹牙底或内螺纹牙顶相切的假想圆柱面或圆锥面的直径。

3）中径：一个假想圆柱面或圆锥面的直径，介于大径和小径之间。

（4）螺距　相邻两牙在中径线上对应两点间的轴向距离。

2. 螺纹规定画法

（1）外螺纹画法　外螺纹画法如图 6-12 所示。画螺纹时要注意相关线型必须区分明显。通常，螺纹小径按螺纹大径的 0.85 倍画出。

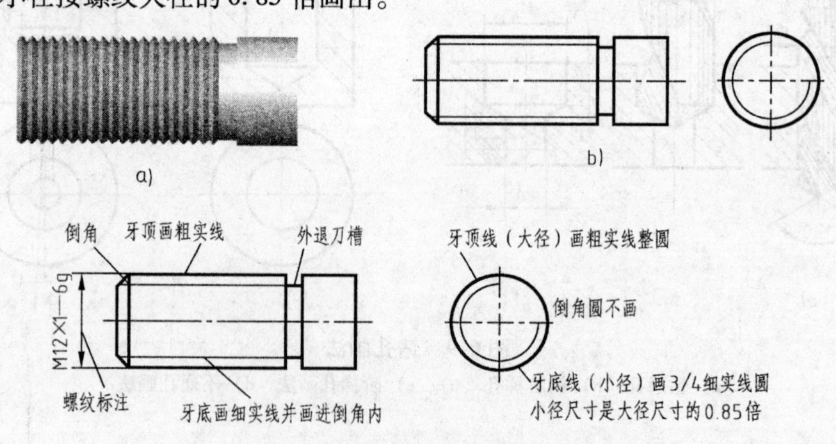

图 6-12　外螺纹画法

a）外螺纹直观图　b）外螺纹两视图　c）外螺纹画法说明

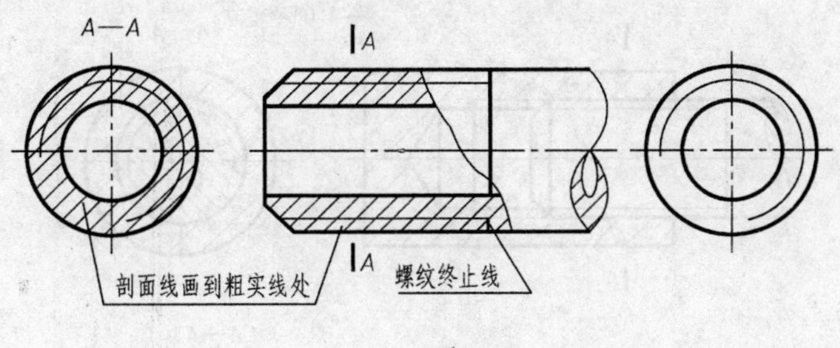

图 6-12 外螺纹画法（续）
d）外螺纹剖视图的画法

（2）内螺纹画法 内螺纹画法如图 6-13 所示。

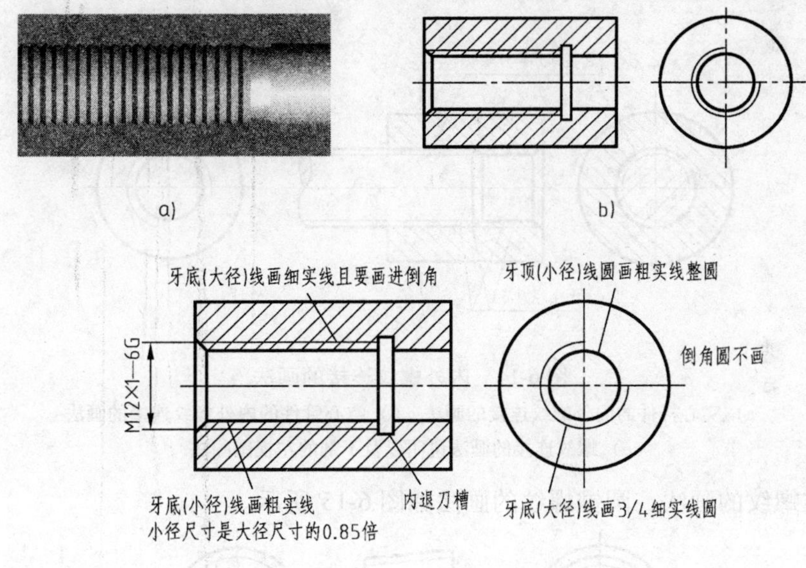

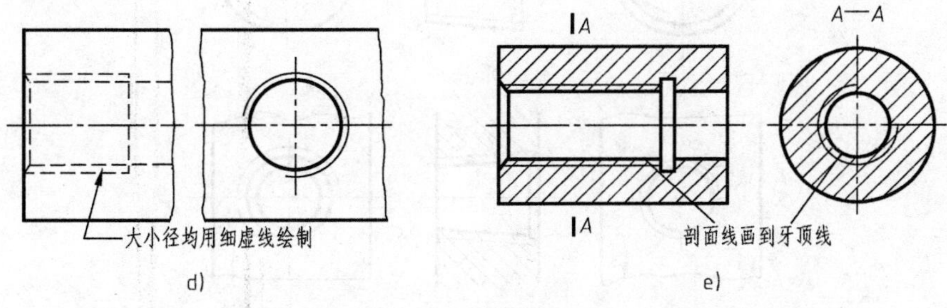

图 6-13 内螺纹画法
a）内螺纹直观图 b）内螺纹两视图 c）内螺纹画法说明
d）内螺纹不剖画法 e）内螺纹 *A—A* 剖视图画法

（3）内外螺纹连接画法 内外螺纹连接画法如图 6-14 所示。

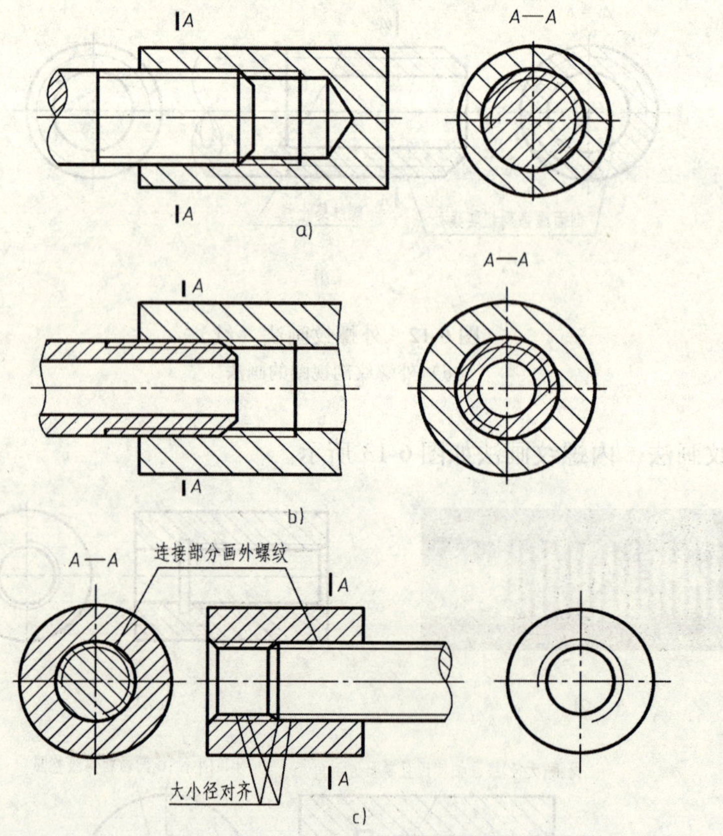

图 6-14　内外螺纹连接的画法

a）实心杆件的内外螺纹连接的画法　b）空心管件的内外螺纹连接的画法

c）螺纹连接的画法说明以及不剖的左视图画法

（4）圆锥螺纹的画法　圆锥螺纹的画法如图 6-15 所示。

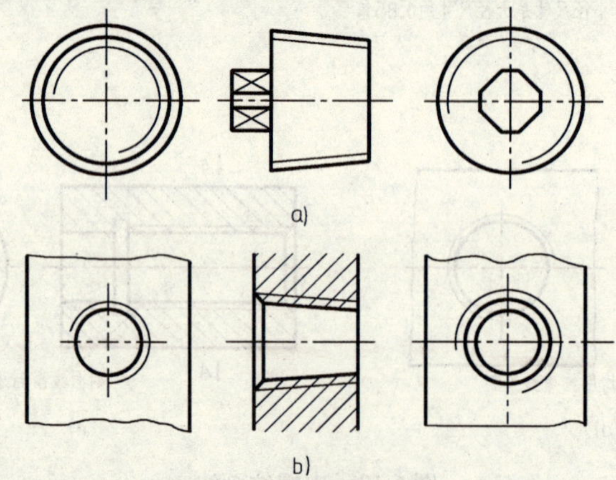

图 6-15　圆锥螺纹的画法

a）圆锥外螺纹画法　b）圆锥内螺纹画法

3. 螺纹的种类

常用标准螺纹的种类及用途见表 6-1。

表 6-1 常用螺纹的种类及用途

类型		牙型放大图	特征代号	标注示例	用途及说明
普通螺纹	粗牙	60°	M	M16—5g6g	最常用的一种联接螺纹。粗牙螺纹不注螺距
	细牙			M16×1—6G—LH	
小螺纹		60°	S	S0.9—4H5—LH	小螺纹主要用于钟表和仪表行业 S0.9—4H5—LH 的含义：小螺纹特征代号为 S，公称直径为 0.9mm，中径公差带代号为 4H，大径公差等级为 5（大径公差带位置只有一种，即为 h，所以仅标等级），螺纹旋向为左旋
55°管螺纹	非螺纹密封	55°	G	G1	管道联接中常用的螺纹。其尺寸代号中的数值与管子的孔径相近。螺纹的大径要从有关标准中查得
	螺纹密封	55°	Rc Rp R_1、R_2	Rc1/2	R_1、R_2：圆锥外螺纹（R_1——与密封圆柱内螺纹配合使用，R_2——与密封圆锥内螺纹配合使用） Rc：圆锥内螺纹 Rp：圆柱内螺纹
60°密封管螺纹		60°	NPT NPSC	NPT6	广泛应用于汽车制造行业。 NPT：圆锥管螺纹（内、外） NPSC：圆柱内螺纹
梯形螺纹		30°	Tr	Tr20(P4)	常用的两种传动螺纹，用于传递运动和动力。梯形螺纹可传递双向动力，锯齿形螺纹用来传递单向动力
锯齿形螺纹		3°　30°	B	B20×2LH	

4. 螺纹的标注

无论什么牙型的内、外螺纹，其规定画法都是相同的，只能通过螺纹的标记区分螺纹种类。螺纹标注时要注意标注方式，公称直径以毫米（mm）为单位的螺纹与管螺纹的标注是有区别的，如图 6-16 所示。

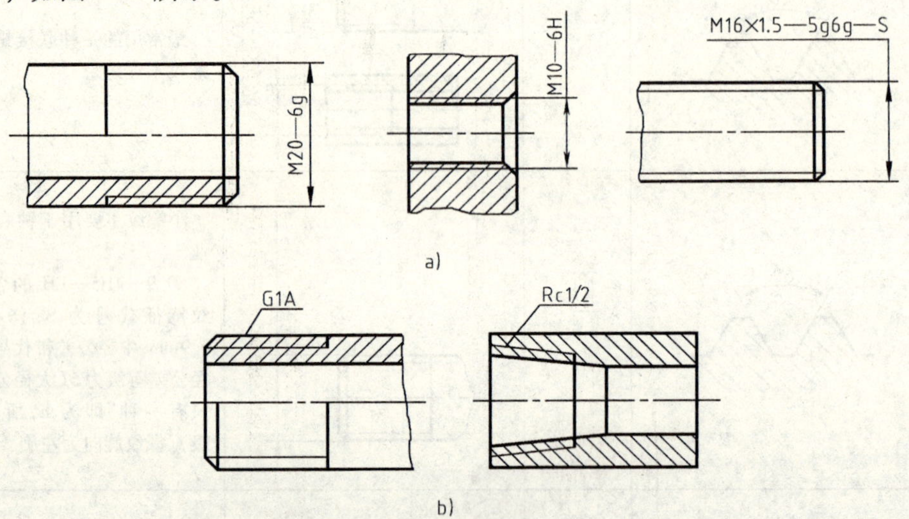

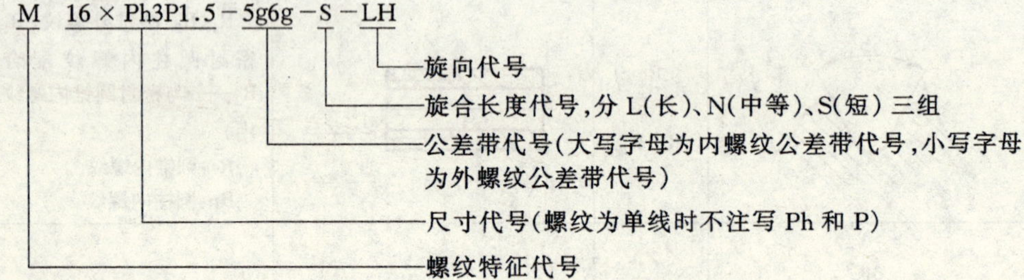

图 6-16　螺纹标注示例

a）公称直径以毫米为单位的螺纹标注示例　b）管螺纹的标注示例

螺纹标记解释如下：

M　16 × Ph3P1.5 − 5g6g − S − LH

- LH——旋向代号
- S——旋合长度代号，分 L(长)、N(中等)、S(短) 三组
- 5g6g——公差带代号（大写字母为内螺纹公差带代号，小写字母为外螺纹公差带代号）
- 16 × Ph3P1.5——尺寸代号（螺纹为单线时不注写 Ph 和 P）
- M——螺纹特征代号

螺纹标记举例：

1）M12 ×1-6g：普通细牙外螺纹（螺纹有粗牙螺纹与细牙螺纹之分，粗牙螺纹不标写螺距，其螺距需查表得到，见表 6-2），公称直径 12mm，螺距 1mm，中、顶径公差带（尺寸精度要求）6g。

2）M12 ×1-6G：普通细牙内螺纹，公称直径 12mm，螺距 1mm，中、顶径公差带 6G。

3）M16 × Ph3P1. 5-5g6g-L-LH：普通螺纹，公称直径 16mm，导程 3mm，螺距 1. 5mm，中径公差带 5g，顶径公差带 6g，短旋合长度，左旋。

4）M20-6g：普通螺纹，公称直径 20mm，中、顶径公差带 6g，右旋。

5）Tr40 ×14（P7）LH-8e-L：梯形螺纹，公称直径 40mm，导程 14mm，螺距 7mm，中、顶径公差带 8e，长旋合长度，双线，左旋。

管螺纹标记举例：

6）G1/2A：尺寸代号为 1/2 的 55°非密封管螺纹，公差等级 A 级。

7）R1/2LH：尺寸代号为 1/2 的 55°密封的圆锥外管螺纹，左旋。

8）Rc3/4：尺寸代号为 3/4 的 55°密封的圆锥内管螺纹，右旋。

9）Rp3/4：尺寸代号为3/4的55°密封的圆柱内管螺纹，右旋。

表6-2 普通螺纹公称直径、螺距和基本尺寸（摘自GB/T 193—2003、GB/T 196—2003）

（单位：mm）

公称直径 D、d		螺距 P		粗牙中径 D_2, d_2	粗牙小径 D_1, d_1
第一系列	第二系列	粗牙	细牙		
3		0.5	0.35	2.675	2.459
	3.5	0.6		3.110	2.850
4		0.7	0.5	3.545	3.242
	4.5	0.75		4.013	3.688
5		0.8		4.480	4.134
6		1	0.75	5.350	4.917
	7	1	0.75	6.350	5.917
8		1.25	1, 0.75	7.188	6.647
10		1.5	1.25, 1, 0.75	9.026	8.376
12		1.75	1.5, 1.25, 1	10.863	10.106
	14	2	1.5, 1.25, 1	12.701	11.835
16		2	1.5, 1	14.701	13.835
	18	2.5	2, 1.5, 1	16.376	15.294
20		2.5		18.376	17.294
	22	2.5		20.376	19.294
24		3	2, 1.5, 1	22.051	20.752
	27	3		25.051	23.752
30		3.5	(3), 2, 1.5, 1	27.727	26.211
	33	3.5	(3), 2, 1.5	30.727	29.211
36		4	3, 2, 1.5	33.402	31.670
	39	4		36.402	34.670
42		4.5	4, 3, 2, 1.5	39.077	37.129
	45	4.5		42.077	40.129
48		5		44.752	42.587
	52	5	3, 4, 2, 1.5	48.752	46.587
56		5.5	4, 3, 2, 1.5	52.428	50.046
	60	5.5		56.428	54.046
62		6		60.103	57.505
	68	6		64.103	61.505

注：1. 公称直径优先选用第一系列，第三系列未列入。括号内的螺距尽可能不用。

2. M14×1.25仅用于火花塞。

外管螺纹公差等级分A、B两级；内管螺纹公差等级只有一种，不需要标注。

对于管螺纹，螺纹大径等基本尺寸需要根据尺寸代号查表确定，见表6-3。

用螺纹密封的管螺纹，可以是内、外螺纹均为圆锥形管螺纹，也可以是圆柱内管螺纹与圆锥外管螺纹相配合，其联接本身具有一定的密封性，多用于高温、高压系统。

表 6-3 密封及非密封管螺纹的基本尺寸及其公差（摘自 GB/T 7306.2—2000）

1	2	3	4	5	6	7	8	9	10	11	12	13	14	15	16	17	18	19
尺寸代号	每25.4mm内所包含的牙数 n	螺距 P /mm	牙高 h /mm	基准平面内的基本直径			基准距离					装配余量		外螺纹的有效螺纹不小于			圆锥内螺纹基准平面轴向位置的极限偏差 $\pm T_2/2$	
				大径（基准直径）$d=D$ /mm	中径 $d_2=D_2$ /mm	小径 $d_1=D_1$ /mm	基本 /mm	极限偏差 $\pm T_1/2$		最大 /mm	最小 /mm			基准距离分别为				
								/mm	圈数			/mm	圈数	基本 /mm	最大 /mm	最小 /mm	/mm	圈数
1/16	28	0.907	0.581	7.723	7.142	6.561	4	0.9	1	4.9	3.1	2.5	2¾	6.5	7.4	5.6	1.1	1¼
1/8	28	0.907	0.581	9.728	9.147	8.566	4	0.9	1	4.9	3.1	2.5	2¾	6.5	7.4	5.6	1.1	1¼
1/4	19	1.337	0.856	13.157	12.301	11.445	6	1.3	1	7.3	4.7	3.7	2¾	9.7	11	8.4	1.7	1¼
3/8	19	1.337	0.856	16.662	15.806	14.950	6.4	1.3	1	7.7	5.1	3.7	2¾	10.1	11.4	8.8	1.7	1¼
1/2	14	1.814	1.162	20.955	19.793	18.631	8.2	1.8	1	10.0	6.4	5.0	2¾	13.2	15	11.4	2.3	1¼
3/4	14	1.814	1.162	26.441	25.279	24.117	9.5	1.8	1	11.3	7.7	5.0	2¾	14.5	16.3	12.7	2.3	1¼
1	11	2.309	1.479	33.249	31.770	30.291	10.4	2.3	1	12.7	8.1	6.4	2¾	16.8	19.1	14.5	2.9	1¼
1¼	11	2.309	1.479	41.910	40.431	38.952	12.7	2.3	1	15.0	10.4	6.4	2¾	19.1	21.4	16.8	2.9	1¼
1½	11	2.309	1.479	47.803	46.324	44.845	12.7	2.3	1	15.0	10.4	6.4	2¾	19.1	21.4	16.8	2.9	1¼
2	11	2.309	1.479	59.614	58.135	56.656	15.9	2.3	1	18.2	13.6	7.5	3¼	23.4	25.7	21.1	2.9	1¼
2½	11	2.309	1.479	75.184	73.705	72.226	17.5	3.5	1½	21.0	14.0	9.2	4	26.7	30.2	23.2	3.5	1½
3	11	2.309	1.479	87.884	86.405	84.926	20.6	3.5	1½	24.1	17.1	9.2	4	29.8	33.3	26.3	3.5	1½
4	11	2.309	1.479	113.030	111.551	110.072	25.4	3.5	1½	28.9	21.9	10.4	4½	35.8	39.3	32.3	3.5	½
5	11	2.309	1.479	138.430	136.951	135.472	28.6	3.5	1½	32.1	25.1	11.5	5	40.1	43.6	36.6	3.5	1½
6	11	2.309	1.479	163.830	162.351	160.872	28.6	3.5	1½	32.1	25.1	11.5	5	40.1	43.6	36.6	3.5	1½

非螺纹密封的管螺纹，其内、外螺纹都是圆柱管螺纹，无密封性，常用于润滑管路系统。

四、退刀槽和砂轮越程槽

图 6-17 所示为一带有螺纹、退刀槽以及砂轮越程槽的长轴。在车削内孔或螺纹以及磨削零件表面时，为便于退出刀具或使砂轮可以越过加工表面，常在加工面的台肩处预先制出退刀槽，砂轮退刀槽又称为砂轮越程槽。此两结构的尺寸可按“槽宽 $b\times$槽深 a”或“槽宽 $b\times$直径 ϕ”的形式标注，如图 6-17 所示。

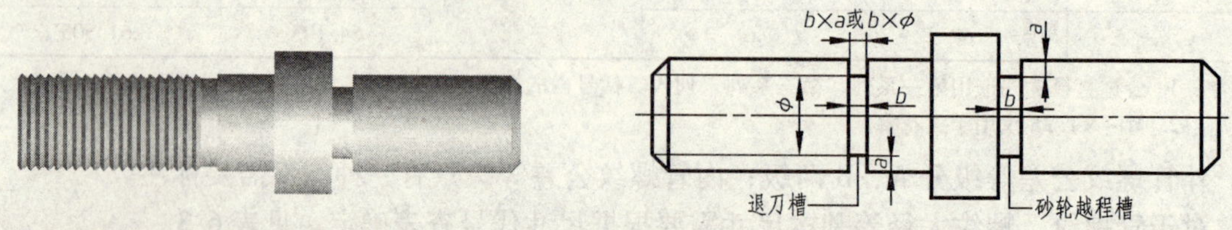

图 6-17 退刀槽和砂轮越程槽

第三节 零件图上技术要求注写简介

加工零件时，由于零件和刀具间的运动所产生的摩擦、机床的振动以及机床本身的精度等多种因素会导致零件表面存在许多微观凹凸不平的现象，国家标准就零件表面质量要求制定了相应的表示方法和评定参数，在绘制零件图时必须按规定相应地注写在图样之中。下面就有关注写方面的名词术语、图形符号和主要评定参数作一简要介绍。

一、表面粗糙度的概念及其注法

1. 表面结构

零件图中除了图形和尺寸外，还有制造该零件时应满足的一些加工要求，通常称为“技术要求”，如表面粗糙度、尺寸公差、几何公差以及材料热处理等。在机械图样上，为保证零件装配后的使用要求，除了对零件各部分结构给出尺寸公差和几何公差的要求外，还要根据零件的使用功能提出表面结构要求。表面结构是表面粗糙度、表面波纹度、表面缺陷、表面纹理和表面几何形状的总称。

2. 表面粗糙度

零件加工表面上具有较小间距和峰谷所组成的微观几何形状特性称为表面粗糙度。表面粗糙度是评定零件表面质量的一项重要技术指标，对于零件的配合、耐磨性、密封性等都有影响，是零件图中不可缺少的一项技术要求。评定表面粗糙度的两个主要参数是轮廓的算术平均偏差值 *Ra* 和轮廓的最大高度值 *Rz*，如图 6-18 所示。实际应用中以 Ra 用得最多。

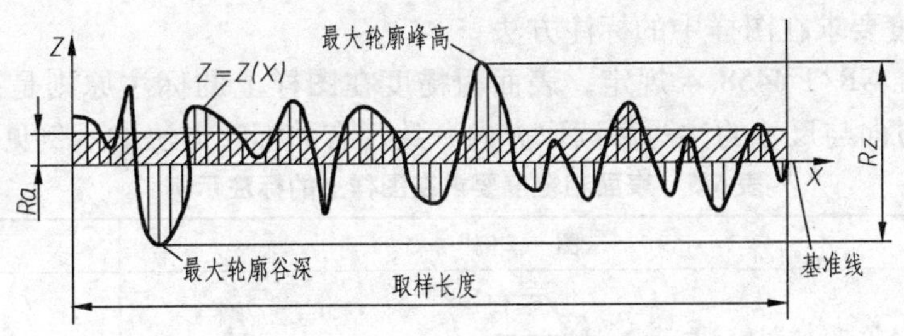

图 6-18 轮廓算术平均偏差值 *Ra* 和轮廓最大高度值 *Rz*

3. 表面粗糙度的图形符号

国家标准规定了表面粗糙度图形符号的画法，如图 6-19 所示，相关符号的名称及含义见表 6-4。

数字与字母的高度 h/mm	2.5	3.5	5	7	10	14	20
高度 H_1/mm	3.5	5	7	10	14	20	28
高度 H_2(最小值)/mm	7.5	10.5	15	21	30	42	60

图 6-19 表面粗糙度符号的画法与尺寸要求

表 6-4　表面粗糙度图形符号的名称及含义

符　号	名　称	含　义
√	基本图形符号	未指定工艺方法的表面，当通过一个注释解释时可以单独使用
（去除材料符号）	扩展图形符号	用去除材料方法获得的表面；仅当其含义是“被加工表面”时可单独使用
（不去除材料符号）		不去除材料的表面，也可用于表示保持上道工序形成的表面，不管这种情况是通过去除材料或不去除材料形成的
（带横线符号）	完整图形符号	对基本符号或扩展符号的扩充；用于对表面结构有补充要求的标注，符号的水平线长度取决于其上下所标注内容的长度
（带圆圈符号）		表示在图样某个视图上构成封闭轮廓的各表面有相同的表面结构要求
补充要求的注写	c a e d b	位置 a：注写表面结构的单一要求 位置 a 和 b：注写两个或多个表面结构要求 位置 c：注写加工方法 位置 d：注写表面纹理和方向 位置 e：注写加工余量
示例	Ra 3.2	表示去除材料，*R* 轮廓，算术平均偏差 3.2μm，评定长度为 5 个取样长度（默认）

4. 表面粗糙度要求在图样中的标注方法

根据国家标准 GB/T 4458.4 规定，表面粗糙度在图样上的标注原则是：表面粗糙度的注写和文字读取方向与尺寸的注写和读取方向一致，有关标注方法的示例见表 6-5。

表 6-5　表面粗糙度要求在图样上的标注示例

标注位置	图　例	说　明
轮廓线上或延伸线上	Ra 3.2 Ra 6.3 Ra 6.3 Ra 3.2 Ra 12.5	表面结构要求可标注在轮廓线上，其符号应从材料外指向并接触表面
	Ra 3.2 Ra 3.2 $\phi20$	必要时，表面结构符号用带箭头或黑点的指引线引出标注

（续）

标注位置	图 例	说 明
特征尺寸的尺寸线上	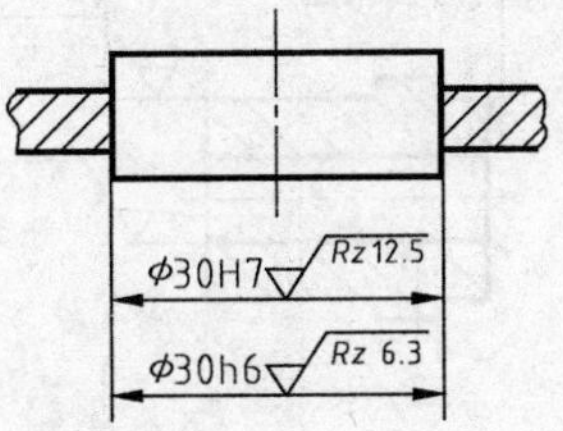 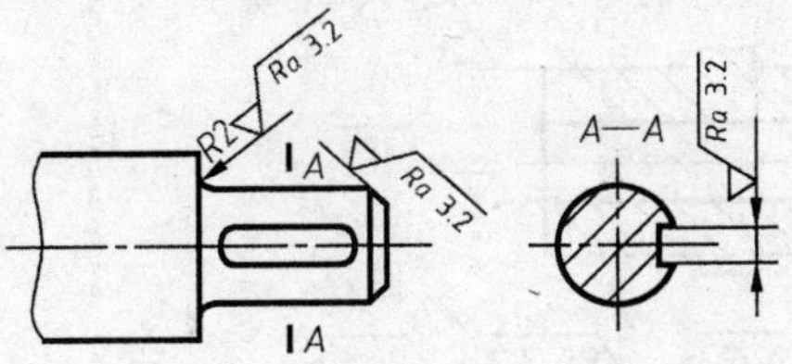 φ30H7 Rz 12.5 φ30h6 Rz 6.3 Ra 3.2 R2 A Ra 3.2 A A—A Ra 3.2	在不引起误解时，表面结构要求可以标注在给定的尺寸线上
几何公差框格的上方	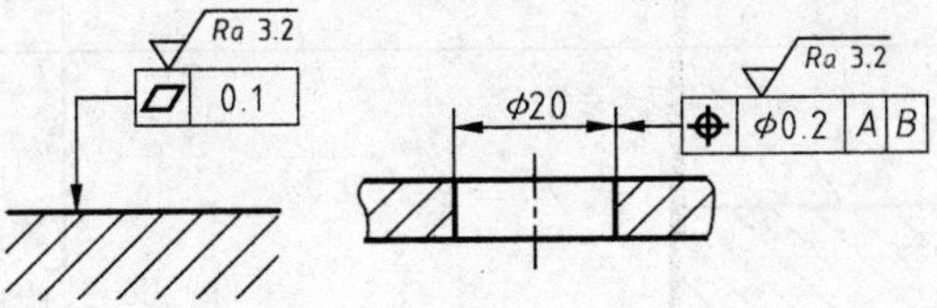 Ra 3.2 0.1 φ20 Ra 3.2 φ0.2 A B	表面结构要求可标注在几何公差框格的上方
圆柱和棱柱表面	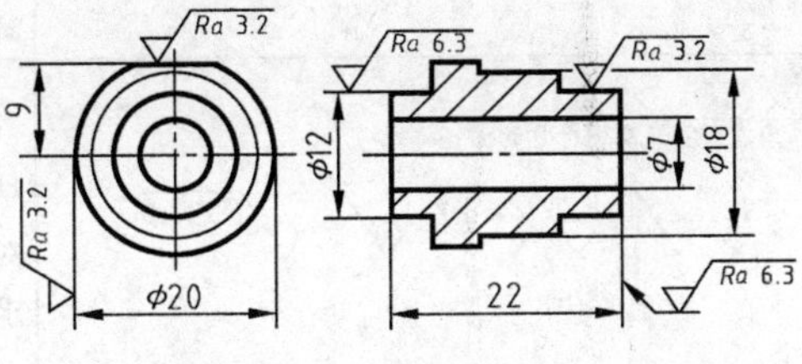 Ra 3.2 9 Ra 3.2 φ20 Ra 6.3 Ra 3.2 φ12 φ7 φ18 22 Ra 6.3	圆柱和棱柱表面的表面结构要求只标注一次
	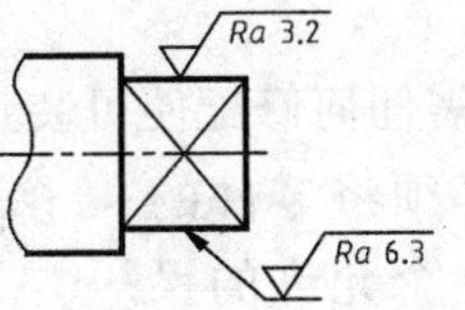 Ra 3.2 Ra 6.3	如果每个棱柱表面有不同的表面结构要求，则应分别单独标注
两种或多种工艺获得的同一表面	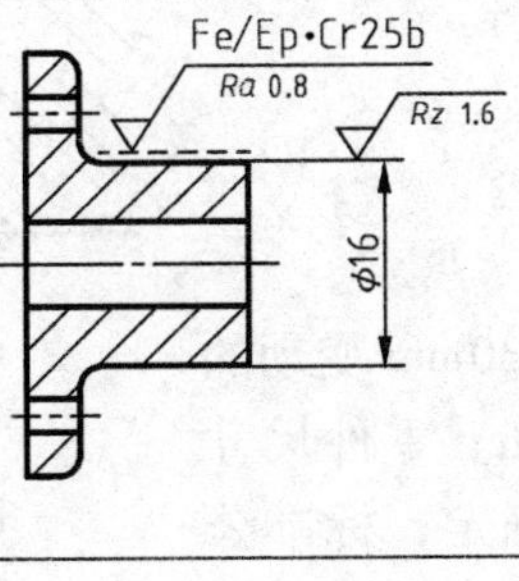 Fe/Ep·Cr25b Ra 0.8 Rz 1.6 φ16	由几种不同的工艺方法获得的同一表面，当需要明确每种工艺方法的表面结构要求时，可分别标注，图中为同时给出镀覆前后的表面结构要求的注法

（续）

标注位置	图例	说明
简化标注	有相同表面结构要求的简化标注 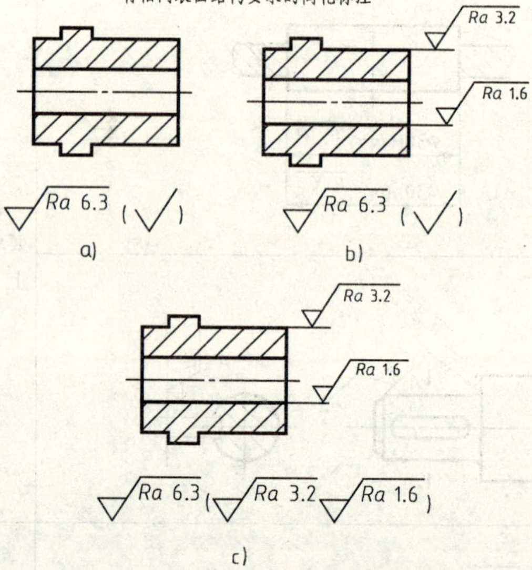 a) Ra 6.3 (√) b) Ra 3.2、Ra 1.6；Ra 6.3 (√) c) Ra 3.2、Ra 1.6；Ra 6.3 (Ra 3.2 Ra 1.6)	如果工件的全部表面有相同的表面结构要求，在图样的标题栏附近标注表面结构代号和括号内无任何其他标注的基本符号，如图 a 所示 如果工件的多数表面有相同的表面结构要求，则不同的表面结构要求应直接标注在图形中，相同的表面结构要求可按对应左图 b 或图 c 所示方式统一标注在图样的标题栏附近
	多个表面有共同要求的标注 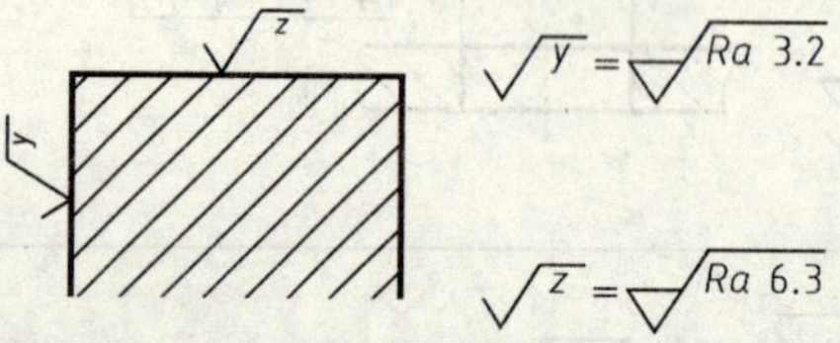 z、y √y = Ra 3.2 √z = Ra 6.3	可用带字母的完整符号，以等式的形式，在图形或标题栏附近，对有相同表面结构要求的表面进行简化标注
	只用表面表面结构符号的简化标注 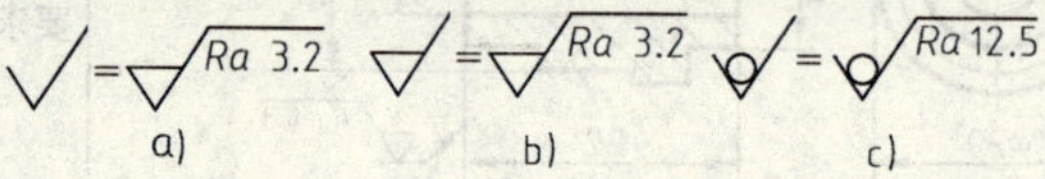 a) √ = Ra 3.2 b) = Ra 3.2 c) = Ra 12.5	可用对应左图 a、b、c 的表面结构符号，以等式的形式给出对多个表面共同的表面结构要求

二、尺寸公差的概念及其注法

在一批相同的零件中任取一个，不需任何修配便可装到机器上，并能达到使用要求的性质，称为互换性。为了保证互换性，必须将零件的实际尺寸控制在允许变动的范围内，这个允许的尺寸变动量称为尺寸公差，或者说公差是用于限制尺寸误差的。

1. 名词术语

有关公差的名词术语如图 6-20 所示。

2. 标准公差

在图 6-20 中，可以看到允许孔径 $\phi 30$mm 变动的尺寸量为 0.02mm，即公差值是 0.02mm。零件尺寸的公差值由国家标准规定的标准公差确定，标准公

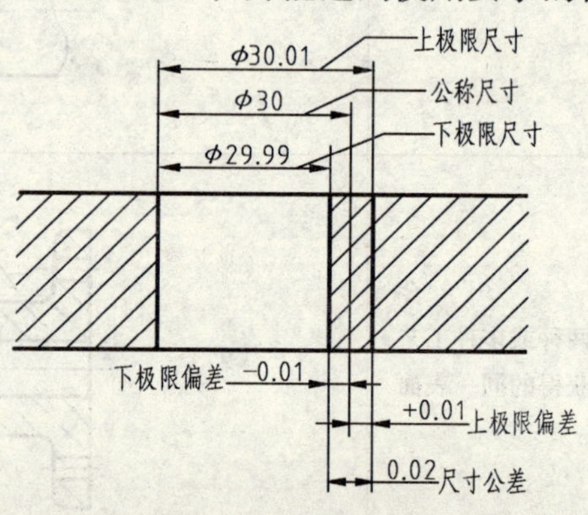

图 6-20　尺寸公差名词术语

差（英文简写 IT）由公称尺寸范围和标准公差等级组成。公差等级是确定尺寸精度程度的等级，由设计人员根据零件的材料、功能、寿命、成本等综合因素考虑选用。标准公差分20个等级，从IT01、IT0、IT1至IT18。见表6-6。如公称尺寸为48mm、公差等级为IT8所对应的公差数值是0.039mm。公称尺寸为30mm、公差等级为IT7所对应的公差数值是0.021mm。

表6-6 部分标准公差等级对应的公差值

公称尺寸/mm		标准公差等级																	
		IT1	IT2	IT3	IT4	IT5	IT6	IT7	IT8	IT9	IT10	IT11	IT12	IT13	IT14	IT15	IT16	IT17	IT18
大于	至	/μm											/mm						
6	10	1	1.5	2.5	4	6	9	15	22	36	58	90	0.15	0.22	0.36	0.58	0.9	1.5	2.2
10	18	1.2	2	3	5	8	11	18	27	43	70	110	0.18	0.27	0.43	0.7	1.1	1.8	2.7
18	30	1.5	2.5	4	6	9	13	21	33	52	84	130	0.21	0.33	0.52	0.84	1.3	2.1	3.3
30	50	1.5	2.5	4	7	11	16	25	39	62	100	160	0.25	0.39	0.62	1	1.6	2.5	3.9
50	80	2	3	5	8	13	19	30	46	74	120	190	0.3	0.46	0.74	1.2	1.9	3	4.6
80	120	2.5	4	6	10	15	22	35	54	87	140	220	0.35	0.54	0.87	1.4	2.2	3.5	5.4
120	180	3.5	5	8	12	18	25	40	63	100	160	250	0.4	0.63	1	1.6	2.5	4	6.3
180	250	4.5	7	10	14	20	29	46	72	115	185	290	0.46	0.72	1.15	1.85	2.9	4.6	7.2
250	315	6	8	12	16	23	32	52	81	130	210	320	0.52	0.81	1.3	2.1	3.2	5.2	8.1
315	400	7	9	13	18	25	36	57	89	140	230	360	0.57	0.89	1.4	2.3	3.6	5.7	8.9
400	500	8	10	15	20	27	40	63	97	155	250	400	0.63	0.97	1.55	2.5	4	6.3	9.7

3. 基本偏差

从图6-21a、b、c所示尺寸标注示例中不难发现，孔径公称尺寸都是ϕ60mm，允许ϕ60mm的尺寸变动量也都是0.019mm，但上、下极限偏差不一样，也就是变动范围的起始位置不一样。图中的零线代表公称尺寸ϕ60mm，在零线附近带有阴影的框格称为尺寸公差带图，靠近公称尺寸或者说靠近零线的极限偏差，称为基本偏差。那么公差带图6-21a的基本偏差是+0.004mm；公差带图6-21b的基本偏差是0；公差带图6-21c的基本偏差是-0.004mm。

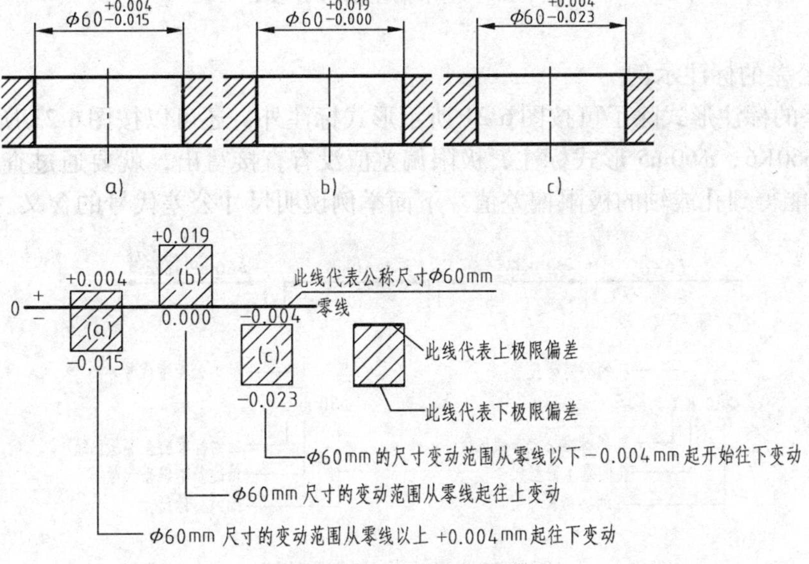

图6-21 基本偏差概念

孔类零件的上、下极限偏差可以用大写英语字母ES和EI表示，轴类零件的上、下极限偏差可用小写英语字母es和ei表示。上、下极限偏差与标准公差的关系可表示为：IT = ES - EI或IT = es - ei。从图6-21中能看出：标准公差是确定公差带大小的，而基本偏差是确定公差带位置（距离零线的位置）的。根据实际需要，国家标准分别对孔类零件和轴类零件各规定了28个不同的基本偏差，如图6-22所示。图中的A、B、C、CD、D…和a、b、c、cd、d…等字母为基本偏差代号。大写字母表示孔的基本偏差代号，小写字母表示轴的基本偏差代号。

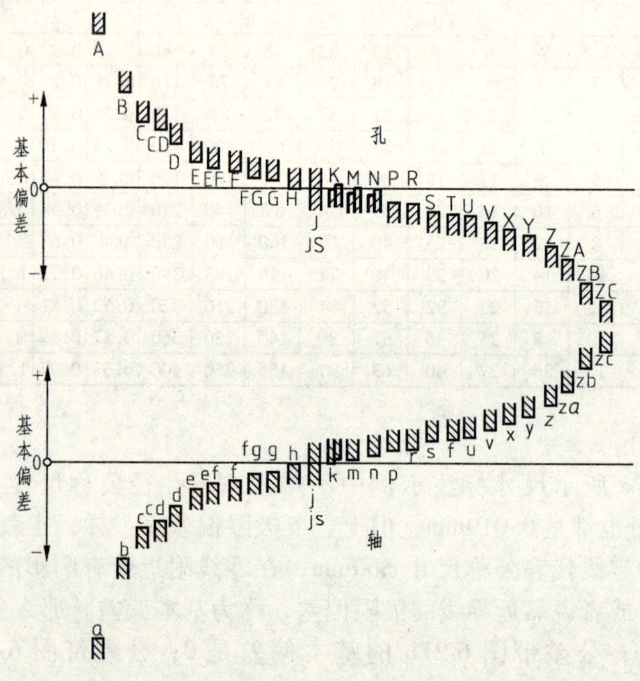

图6-22 基本偏差系列示意图

4. 尺寸公差的标注示例

尺寸公差的标注形式除了可按图6-21所示形式标注外，还可以按图6-23所示形式标注。其中，若以ϕ60K6、ϕ60m5形式标注，极限偏差值没有直接写出，就要通过查表（见表6-7和表6-8）才能得到孔或轴的极限偏差值。下面举例说明尺寸公差代号的含义。

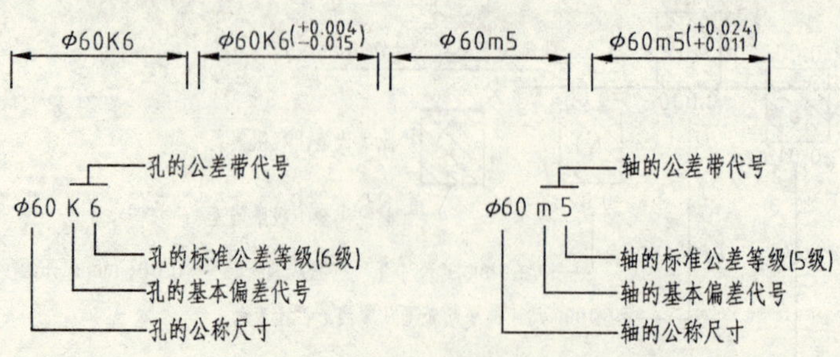

图6-23 尺寸公差标注示例

表 6-7 常用轴的极限偏差（摘自 GB/T 1800. 2—2009）

公称尺寸/mm	常用及优先公差带(带圈者为优先公差带)/μm												
	a	b		c			d				e		
	11	11	12	9	10	⑪	8	⑨	10	11	7	8	9
>0~3	-270 -330	-140 -200	-140 -240	-60 -85	-60 -100	-60 -120	-20 -34	-20 -45	-20 -60	-20 -80	-14 -24	-14 -28	-14 -39
>3~6	-270 -345	-140 -215	-140 -260	-70 -100	-70 -118	-70 -145	-30 -48	-30 -60	-30 -78	-30 -105	-30 -32	-20 -38	-20 -50
>6~10	-280 -370	-150 -240	-150 -300	-80 -116	-80 -138	-80 -170	-40 -62	-40 -79	-40 -98	-40 -130	-25 -40	-25 -47	-25 -61
>10~14 >14~18	-290 -400	-150 -260	-150 -330	-95 -138	-95 -165	-95 -205	-50 -77	-50 -93	-50 -120	-50 -160	-32 -50	-32 -59	-32 -75
>18~24 >24~30	-300 -430	-160 -290	-160 -370	-110 -162	-110 -194	-110 -240	-65 -98	-65 -117	-65 -149	-65 -195	-40 -61	-40 -73	-40 -92
>30~40	-310 -470	-170 -330	-170 -420	-120 -182	-120 -220	-120 -280	-80 -119	-80 -142	-80 -180	-80 -240	-50 -75	-50 -89	-50 -112
>40~50	-320 -480	-180 -340	-180 -430	-130 -192	-130 -230	-130 -290							
>50~54	-340 -530	-190 -380	-190 -490	-140 -214	-140 -260	-140 -330	-100 -146	-100 -174	-100 -220	-100 -290	-60 -90	-60 -106	-60 -134
>65~80	-360 -550	-220 -390	-200 -500	-150 -224	-150 -270	-150 -340							
>80~100	-380 -600	-200 -440	-220 -570	-170 -257	-170 -310	-170 -390	-120 -174	-120 -207	-120 -260	-120 -340	-72 -109	-72 -126	-72 -159
>100~120	-410 -630	-240 -460	-240 -590	-180 -267	-180 -320	-180 -400							
>120~140	-460 -710	-260 -510	-260 -660	-200 -300	-200 -360	-200 -450							
>140~160	-520 -770	-280 -530	-280 -680	-210 -310	-210 -370	-210 -460	-145 -208	-145 -245	-145 -305	-145 -395	-85 -125	-85 -148	-85 -185
>160~180	-580 -830	-310 -560	-310 -710	-230 -330	-230 -390	-230 -480							
>180~200	-660 -950	-340 -630	-340 -800	-240 -355	-240 -425	-240 -530							
>200~225	-740 -1030	-380 -670	-380 -840	-260 -375	-260 -445	-260 -550	-170 -242	-170 -285	-170 -355	-170 -460	-100 -146	-100 -172	-100 -215
>225~250	-820 -1110	-420 -710	-420 -880	-280 -395	-280 -465	-280 -570							

（续）

公称尺寸/mm	常用及优先公差带(带圈者为优先公差带)/μm												
	a	b		c			d				e		
	11	11	12	9	10	⑪	8	⑨	10	11	7	8	9
>250~280	-920 -1240	-480 -800	-480 -1000	-300 -430	-300 -510	-300 -620	-190 -271	-190 -320	-190 -400	-190 -510	-110 -162	-110 -191	-110 -240
>280~315	-1050 -1370	-540 -860	-540 -1060	-330 -460	-330 -540	-330 -650							
>315~355	-1200 -1560	-600 -960	-600 -1170	-360 -500	-360 -590	-360 -720	-210 -299	-210 -350	-210 -440	-210 -570	-125 -182	-125 -214	-215 -265
>355~400	-1350 -1710	-680 -1040	-680 -1250	-400 -540	-400 -630	-400 -760							
>400~450	-1500 -1900	-760 -1160	-760 -1390	-440 -595	-400 -690	-440 -840	-230 -327	-230 -385	-230 -480	-230 -630	-135 -198	-135 -232	-135 -290
>450~500	-1650 -2050	-840 -1240	-840 -1470	-480 -635	-480 -730	-480 -880							

公称尺寸/mm	常用及优先公差带(带圈者为优先公差带)/μm															
	f					g			h							
	5	6	⑦	8	9	5	⑥	7	5	⑥	⑦	8	⑨	10	⑪	12
>0~3	-6 -10	-6 -12	-6 -16	-6 -20	-6 -31	-2 -6	-2 -8	-2 -12	0 -4	0 -6	0 -10	0 -14	0 -25	0 -40	0 -60	0 -100
>3~6	-10 -15	-10 -18	-10 -22	-10 -28	-10 -40	-4 -9	-4 -12	-4 -16	0 -5	0 -8	0 -12	0 -18	0 -30	0 -48	0 -75	0 -120
>6~10	-13 -19	-13 -22	-13 -28	-13 -35	-13 -49	-5 -11	-5 -14	-5 -20	0 -6	0 -9	0 -15	0 -22	0 -36	0 -58	0 -90	0 -150
>10~14	-16 -24	-16 -27	-16 -34	-16 -43	-16 -59	-16 -14	-6 -17	-6 -24	0 -8	0 -11	0 -18	0 -27	0 -43	0 -70	0 -110	0 -180
>14~18																
>18~24	-20 -29	-20 -33	-20 -41	-20 -53	-20 -72	-7 -16	-7 -20	-7 -28	0 -9	0 -13	0 -21	0 -33	0 -52	0 -84	0 -130	0 -210
>24~30																
>30~40	-25 -36	-25 -41	-25 -50	-25 -64	-25 -87	-9 -20	-9 -25	-9 -34	0 -11	0 -16	0 -25	0 -39	0 -62	0 -100	0 -160	0 -250
>40~50																
>50~65	-30 -43	-30 -49	-30 -60	-30 -76	-30 -104	-10 -23	-10 -29	-10 -40	0 -13	0 -19	0 -30	0 -46	0 -74	0 -120	0 -190	0 -300
>65~80																
>80~100	-36 -51	-36 -58	-36 -71	-36 -90	-36 -123	-12 -27	-12 -34	-12 -47	0 -15	0 -22	0 -35	0 -54	0 -87	0 -140	0 -220	0 -350
>100~120																
>120~140	-43 -61	-43 -68	-43 -83	-43 -106	-43 -143	-14 -32	-14 -39	-14 -54	0 -18	0 -25	0 -40	0 -63	0 -100	0 -160	0 -250	0 -400
>140~160																
>160~180																

（续）

公称尺寸/mm	常用及优先公差带（带圈者为优先公差带）/μm															
	f					g			h							
	5	6	⑦	8	9	5	⑥	7	5	⑥	⑦	8	⑨	10	⑪	12
>180～200 >200～225 225～250	-50 -70	-50 -79	-50 -96	-50 -122	-50 -165	-15 -35	-15 -44	-15 -61	0 -20	0 -29	0 -46	0 -72	0 -115	0 -185	0 -290	0 -460
>250～280 >280～315	-56 -79	-56 -88	-56 -108	-56 -137	-56 -186	-17 -40	-17 -49	-17 -69	0 -23	0 -32	0 -52	0 -81	0 -130	0 -210	0 -320	0 -520
>315～355 >355～400	-62 -87	-62 -98	-62 -119	-62 -151	-62 -202	-18 -43	-18 -54	-18 -75	0 -25	0 -36	0 -57	0 -89	0 -140	0 -230	0 -360	0 -570
>400～450 >450～500	-68 -95	-68 -108	-68 -131	-68 -165	-68 -223	-20 -47	-20 -60	-20 -83	0 -27	0 -40	0 -63	0 -97	0 -155	0 -250	0 -400	0 -630

公称尺寸/mm	常用及优先公差带（带圈者为优先公差带）/μm														
	js			k			m			n			p		
	5	⑥	7	5	⑥	7	5	6	7	5	⑥	7	5	⑥	7
>0～3	±2	±3	±5	+4 0	+6 0	+10 0	+6 +2	+8 +2	+12 +2	+8 +4	+10 +4	+14 +4	+10 +6	+12 +6	+15 +6
>3～6	±2.5	±4	±6	+6 +1	+9 +1	+13 +1	+9 +4	+12 +4	+15 +4	+13 +8	+16 +8	+20 +8	+17 +12	+20 +12	+24 +12
>6～10	±3	±4.5	±7	+7 +1	+10 +1	+16 +1	+12 +6	+15 +6	+21 +6	+16 +10	+19 +10	+25 +10	+21 +15	+24 +15	+20 +15
>10～14 >14～18	±4	±5.5	±9	+9 +1	+12 +1	+19 +1	+15 +7	+18 +7	+25 +7	+20 +12	+23 +12	+30 +12	+26 +18	+29 +18	+36 +18
>18～24 >24～30	±4.5	±6.5	±10	+11 +2	+15 +2	+23 +2	+17 +8	+21 +8	+29 +8	+24 +15	+28 +15	+36 +15	+31 +22	+35 +22	+43 +22
>30～40 >40～50	±5.5	±8	±12	+13 +2	+18 +2	+27 +2	+20 +9	+25 +9	+34 +9	+28 +17	+33 +17	+42 +17	+37 +26	+42 +26	+51 +26
>50～65 >65～80	±6.5	±9.5	±15	+15 +2	+21 +2	+32 +2	+24 +11	+30 +11	+41 +11	+33 +20	+39 +20	+50 +20	+45 +32	+51 +32	+52 +32
>80～100 >100～120	±7.5	±11	±17	+18 +3	+25 +3	+38 +3	+28 +13	+35 +13	+48 +13	+38 +23	+45 +23	+58 +23	+52 +37	+59 +37	+72 +37
>120～140 >140～160 >160～180	±9	±12.5	±20	+21 +3	+28 +3	+43 +3	+33 +15	+40 +15	+55 +15	+45 +27	+52 +27	+67 +27	+61 +43	+68 +43	+83 +43
>180～200 >200～225 >225～250	±10	±14.5	±23	+24 +4	+33 +4	+50 +4	+37 +17	+46 +17	+63 +17	+51 +31	+60 +31	+77 +31	+70 +50	+79 +50	+96 +50

（续）

公称尺寸/mm	常用及优先公差带（带圈者为优先公差带）/μm														
	js			k			m			n			p		
	5	⑥	7	5	⑥	7	5	6	7	5	⑥	7	5	⑥	7
>250～280 >280～315	±11.5	±16	±26	+27 +4	+36 +4	+56 +4	+43 +20	+52 +20	+72 +20	+57 +34	+66 +34	+86 +34	+79 +56	+88 +56	+108 +56
>315～355 >355～400	±12.5	±18	±28	+29 +4	+40 +4	+61 +4	+46 +21	+57 +21	+78 +21	+62 +37	+73 +37	+94 +37	+87 +62	+98 +62	+119 +62
>400～450 >450～500	±13.5	±20	±31	+32 +5	+45 +5	+68 +5	+50 +23	+63 +23	+86 +23	+67 +40	+80 +40	+103 +40	+95 +68	+108 +68	+131 +68

公称尺寸/mm	常用及优先公差带（带圈者为优先公差带）/μm														
	r			s			t			u		v	x	y	z
	5	6	7	5	⑥	7	5	6	7	⑥	7	6	6	6	6
>0～3	+14 +10	+16 +10	+20 +10	+18 +14	+20 +14	+24 +14	—	—	—	+24 +18	+28 +18	—	+26 +20	—	+32 +26
>3～6	+20 +15	+23 +15	+27 +15	+24 +19	+27 +19	+31 +19	—	—	—	+31 +23	+35 +23	—	+36 +28	—	+43 +35
>6～10	+25 +19	+28 +19	+34 +19	+29 +23	+32 +23	+38 +23	—	—	—	+37 +28	+43 +28	—	+43 +34	—	+51 +42
>10～14	+31 +23	+34 +23	+41 +23	+36 +28	+39 +28	+46 +28	—	—	—	+44 +33	+51 +33	–	+51 +40	—	+61 +50
>14～18							—	—	—			+50 +39	+56 +45	—	+71 +60
>18～24	+37 +28	+41 +28	+49 +28	+44 +35	+48 +35	+56 +35	—	—	—	+54 +41	+62 +41	+60 +47	+67 +54	+76 +63	+86 +73
>24～30							+50 +41	+54 +41	+62 +41	+61 +48	+69 +48	+68 +55	+77 +64	+88 +75	+101 +88
>30～40	+45 +34	+50 +34	+59 +34	+54 +43	+59 +43	+68 +43	+59 +48	+64 +48	+73 +48	+76 +60	+85 +60	+84 +68	+96 +80	+110 +94	+128 +112
>40～50							+65 +54	+70 +54	+79 +54	+86 +70	+95 +70	+97 +81	+113 +97	+130 +114	+152 +136
>50～65	+54 +41	+60 +41	+71 +41	+66 +53	+72 +53	+83 +53	+79 +66	+85 +66	+96 +66	+106 +87	+117 +87	+121 +102	+141 +122	+163 +144	+191 +172
>65～80	+56 +43	+62 +43	+73 +43	+72 +59	+78 +59	+89 +59	+88 +75	+94 +75	+105 +75	+121 +102	+132 +102	+139 +120	+165 +146	+193 +174	+229 +210
>80～100	+66 +51	+73 +51	+86 +51	+86 +71	+93 +71	+106 +91	+106 +91	+113 +91	+126 +91	+146 +124	+159 +124	+168 +146	+200 +178	+236 +214	+280 +258
>100～120	+69 +54	+76 +54	+89 +54	+94 +79	+101 +79	+114 +79	+110 +104	+126 +104	+136 +104	+166 +144	+179 +144	+194 +172	+232 +210	+276 +254	+332 +310

（续）

公称尺寸/mm	常用及优先公差带（带圈者为优先公差带）/μm													
	r			s			t			u		v	x	y	z
	5	6	7	5	⑥	7	5	6	7	⑥	7	6	6	6	6
>120～140	+81 +63	+88 +63	+103 +63	+110 +92	+117 +92	+132 +92	+140 +122	+147 +122	+162 +122	+195 +170	+210 +170	+227 +202	+273 +248	+325 +300	+390 +365
>140～160	+83 +65	+90 +65	+105 +65	+118 +100	+125 +100	+140 +100	+152 +134	+159 +134	+174 +134	+215 +190	+230 +190	+253 +228	+305 +280	+365 +340	+440 +415
>160～180	+86 +68	+93 +68	+108 +68	+126 +108	+133 +108	+148 +108	+164 +146	+171 +146	+186 +146	+235 +210	+250 +215	+277 +252	+335 +310	+405 +380	+490 +465
>180～200	+97 +77	+106 +77	+123 +77	+142 +122	+151 +122	+168 +122	+186 +166	+195 +166	+212 +166	+265 +236	+282 +236	+313 +284	+379 +350	+454 +425	+549 +520
>200～225	+100 +80	+109 +80	+126 +80	+150 +130	+159 +130	+176 +130	+200 +180	+209 +180	+226 +180	+287 +258	+304 +258	+339 +310	+414 +385	+499 +470	+604 +575
>225～250	+104 +84	+113 +84	+130 +84	+160 +140	+169 +140	+186 +140	+216 +196	+225 +196	+242 +196	+313 +284	+330 +284	+369 +340	+454 +425	+549 +520	+669 +640
>250～280	+117 +94	+126 +94	+146 +94	+181 +158	+290 +158	+210 +158	+241 +218	+250 +218	+270 +218	+347 +315	+367 +315	+417 +385	+507 +475	+612 +580	+742 +710
>280～315	+121 +98	+130 +98	+150 +98	+193 +170	+202 +170	+222 +170	+263 +240	+272 +240	+292 +240	+382 +350	+402 +350	+457 +425	+557 +525	+682 +650	+822 +790
>315～355	+133 +108	+144 +108	+165 +108	+215 +190	+226 +190	+247 +190	+293 +268	+304 +268	+325 +268	+426 +390	+447 +390	+511 +475	+626 +590	+766 +730	+936 +900
>355～400	+139 +114	+150 +114	+171 +114	+233 +208	+244 +208	+265 +208	+319 +294	+330 +294	+351 +294	+471 +435	+492 +435	+566 +530	+696 +660	+856 +820	+1036 +1000
>400～450	+153 +126	+166 +126	+189 +126	+259 +232	+272 +232	+295 +232	+357 +330	+370 +330	+393 +330	+530 +490	+553 +490	+635 +595	+780 +740	+960 +920	+1140 +1100
>450～500	+159 +132	+172 +132	+195 +132	+279 +252	+292 +252	+315 +252	+387 +360	+400 +360	+423 +360	+580 +540	+603 +540	+700 +660	+860 +820	+1040 +1000	+1290 +1250

注：公称尺寸<1mm 时，各级的 a 和 b 均不采用。

表 6-8 常用孔的极限偏差（摘自 GB/T 1800.2—2009）

公称尺寸/mm	常用及优先公差带（带圈者为优先公差带）/μm													
	A	B		C	D				E		F			
	11	11	12	⑪	8	⑨	10	11	8	9	6	7	⑧	9
>0～3	+330 +270	+200 +140	+240 +140	+120 +60	+34 +20	+45 +20	+60 +20	+80 +20	+28 +14	+39 +14	+12 +6	+16 +6	+20 +6	+31 +6
>3～6	+345 +270	+215 +140	+260 +140	+145 +70	+48 +30	+60 +30	+78 +30	+105 +30	+38 +20	+50 +20	+18 +10	+22 +10	+28 +10	+40 +10

（续）

公称尺寸/mm	常用及优先公差（带圈者为优先公差带）/μm													
	A	B		C	D				E		F			
	11	11	12	⑪	8	⑨	10	11	8	9	6	7	⑧	9
>6～10	+370 +280	+240 +150	+300 +150	+170 +80	+60 +40	+76 +40	+98 +40	+130 +40	+47 +25	+61 +25	+22 +13	+28 +13	+35 +13	+40 +13
>10～14 >14～18	+400 +290	+260 +150	+330 +150	+205 +95	+77 +50	+93 +50	+120 +50	+160 +50	+59 +32	+75 +32	+27 +16	+34 +16	+43 +16	+59 +16
>18～24 >24～30	+430 +300	+290 +160	+370 +160	+240 +110	+98 +65	+117 +65	+249 +65	+195 +65	+73 +40	+92 +40	+33 +20	+41 +20	+53 +20	+72 +20
>30～40	+470 +310	+330 +170	+420 +170	+280 +170	+119 +80	+142 +80	+180 +80	+240 +80	+89 +50	+112 +50	+41 +25	+50 +25	+64 +25	+87 +25
>40～50	+480 +320	+340 +180	+430 +180	+290 +180										
>50～65	+530 +340	+380 +190	+490 +190	+330 +140	+146 +100	+170 +100	+220 +100	+290 +100	+106 +6	+134 +80	+49 +30	+60 +30	+76 +30	+104 +30
>65～80	+550 +360	+390 +200	+500 +200	+340 +150										
>80～100	+600 +380	+440 +220	+570 +220	+390 +170	+174 +120	+207 +120	+260 +120	+340 +120	+126 +72	+159 +72	+58 +36	+71 +36	+90 +36	+123 +36
>100～120	+630 +410	+460 +240	+590 +240	+400 +180										
>120～140	+710 +460	+510 +260	+660 +260	+450 +200	+208 +145	+245 +145	+305 +145	+395 +145	+148 +85	+135 +85	+68 +43	+83 +43	+106 +43	+143 +43
>140～160	+770 +520	+530 +280	+680 +280	+460 +210										
>160～180	+830 +580	+560 +310	+710 +310	+480 +230										
>180～200	+950 +660	+630 +340	+800 +340	+530 +240	+242 +170	+285 +170	+355 +170	+460 +170	+172 +100	+215 +100	+79 +50	+96 +50	+122 +50	+165 +50
>200～225	+1030 +740	+670 +380	+840 +380	+550 +260										
>225～250	+1110 +820	+710 +420	+880 +420	+570 +280										
>250～280	+1240 +920	+800 +480	+1000 +480	+620 +300	+271 +190	+320 +190	+400 +190	+510 +190	+191 +110	+240 +110	+88 +56	+108 +56	+137 +56	+186 +56
>280～315	+1370 +1050	+860 +540	+1060 +540	+650 +330										

（续）

公称尺寸/mm	常用及优先公差（带圈者为优先公差带）/μm													
	A	B		C	D				E		F			
	11	11	12	⑪	8	⑨	10	11	8	9	6	7	⑧	9
>315～355	+1560 +1200	+960 +600	+1170 +600	+720 +360	+299 +210	+350 +210	+440 +210	+570 +210	+214 +125	+265 +125	+98 +62	+119 +62	+151 +62	+202 +62
>355～400	+1710 +1350	+1040 +680	+1250 +680	+760 +400										
>400～450	+1900 +1500	+1160 +760	+1390 +760	+840 +400	+327 +230	+385 +230	+480 +230	+630 +230	+232 +135	+290 +135	+108 +68	+131 +68	+165 +68	+223 +68
>420～500	+2050 +1650	+1240 +840	+1470 +840	+880 +480										

公称尺寸/mm	常用及优先公差带（带圈者为优先公差带）/μm																	
	G		H							JS			K			M		
	6	⑦	6	⑦	⑧	⑨	10	⑪	12	6	7	8	6	⑦	8	6	7	8
>0～3	+8 +2	+12 +2	+6 0	+10 0	+14 0	+25 0	+40 0	+60 0	+100 0	±3	±5	±7	0 -6	0 -10	0 -14	-2 -8	-2 -12	-2 -16
>3～6	+12 +4	+16 +4	+8 0	+12 0	+18 0	+30 0	+48 0	+75 0	+120 0	±4	±6	±9	+2 -6	+3 -9	+5 -13	-1 -9	0 -12	+2 -16
>6～10	+14 +5	+20 +5	+9 0	+15 0	+22 0	+36 0	+58 0	+90 0	+150 0	±4.5	±7	±11	+2 -7	+5 -10	+6 -16	-3 -12	0 -15	+1 -21
>10～14	+17 +6	+24 +6	+11 0	+18 0	+27 0	+43 0	+70 0	+110 0	+180 0	±5.5	±9	±13	+2 -9	+6 -12	+8 -19	-4 -15	0 -18	+2 -2
>14～18																		
>18～24	+20 +7	+28 +7	+13 0	+21 0	+33 0	+52 0	+84 0	+130 0	+210 0	±6.5	±10	±16	+2 -11	+6 -15	+10 -23	-4 -17	0 -21	+4 -29
>24～30																		
>30～40	+25 +9	+34 +9	+16 0	+25 0	+39 0	+62 0	+100 0	+160 0	+250 0	±8	±12	±19	+3 -13	+7 +18	+12 -27	-4 -20	0 -25	+5 -34
>40～50																		
>50～65	+29 +10	+40 +10	+19 0	+30 0	+46 0	+74 0	+120 0	+190 0	+300 0	±9.5	±15	±23	+4 -15	+9 -21	+14 -32	-5 -24	0 -30	+5 -41
>65～80																		
>80～100	+34 +12	+47 +12	+22 0	+35 0	+54 0	+87 0	+140 0	+220 0	+350 0	±11	±17	±27	+4 -18	+10 -25	+16 -38	-6 -28	0 -35	+6 -48
>100～120																		
>120～140	+39 +14	+54 +14	+25 0	+40 0	+63 0	+100 0	+160 0	+250 0	+400 0	±12.5	±20	±31	±4 -21	+12 -28	+20 -43	-8 -33	0 -40	+8 -55
>140～160																		
>160～180																		
>180～200	+44 +15	+61 +15	+29 0	+46 0	+72 0	+115 0	+185 0	+290 0	+460 0	±14.5	±23	±36	+5 -24	+13 -33	+22 -50	-8 -37	0 -46	+9 -63
>200～225																		
>225～250																		
>250～280	+49 +17	+69 +17	+32 0	+52 0	+81 0	+130 0	+210 0	+320 0	+520 0	±16	±26	±40	+5 -27	+16 -36	+25 -56	-9 -41	0 -52	+9 -72
>280～315																		

（续）

公称尺寸/mm	常用及优先公差带（带圈者为优先公差带）/μm																	
	G		H							JS			K			M		
	6	⑦	6	⑦	⑧	⑨	10	⑪	12	6	7	8	6	⑦	8	6	7	8
>315~355 >355~400	+54 +18	+75 +18	+36 0	+57 0	+89 0	+140 0	+230 0	+360 0	+570 0	±18	±28	±44	+7 −29	+17 −40	+28 −61	−10 −46	0 −57	+11 −78
>400~450 >450~500	+60 +20	+83 +20	+40 0	+63 0	+97 0	+155 0	+250 0	+400 0	+630 0	±20	±31	±48	+8 −32	+18 −45	+29 −68	−10 −50	0 −63	+11 −86

公称尺寸/mm	常用及优先公差带（带圈者为优先公差带）/μm											
	N			P		R		S		T		U
	6	⑦	8	6	⑦	6	7	6	⑦	6	7	⑦
>0~3	−4 −10	−4 −14	−4 −18	−6 −12	−6 −16	−10 −16	−10 −20	−14 −20	−14 −24	—	—	−18 −28
>3~6	−5 −13	−4 −16	−2 −20	−9 −17	−8 −20	−12 −20	−11 −23	−16 −24	−14 −24	—	—	−19 −31
>6~10	−7 −16	−4 −19	−3 −25	−12 −21	−9 −24	−16 −25	−13 −28	−20 −29	−17 −32	—	—	−22 −37
>10~14 >14~18	−9 −20	−5 −23	−3 −30	−15 −26	−11 −29	−20 −31	−16 −34	−25 −36	−21 −39	—	—	−26 −44
>18~24	−11 −24	−7 −28	−3 −36	−18 −31	−14 −35	−24 −37	−20 −41	−31 −44	−27 −48	—	—	−33 −54
>24~30										−37 −50	−33 −54	−40 −61
>30~40	−12 −28	−8 −33	−3 −42	−21 −37	−17 −42	−29 −45	−25 −50	−38 −54	−34 −59	−43 −59	−39 −64	−51 −76
>40~50										−49 −65	−45 −70	−61 −86
>50~65	−14 −33	−9 −39	−4 −50	−26 −45	−21 −51	−35 −54	−30 −60	−47 −66	−42 −72	−60 −79	−55 −85	−76 −106
>65~80						−37 −56	−32 −62	−53 −72	−48 −78	−69 −88	−64 −94	−91 −121
>80~100	−16 −38	−10 −45	−4 −58	−30 −52	−24 −59	−44 −66	−38 −73	−64 −86	−58 −93	−84 −106	−78 −113	−111 −146
>100~120						−47 −69	−41 −76	−72 −94	−66 −101	−97 −119	−91 −126	−131 −166
>120~140	−20 −45	−12 −52	−4 −67	−36 −61	−28 −68	−56 −81	−48 −88	−85 −110	−77 −117	−115 −140	−107 −147	−155 −195
>140~160						−58 −83	−50 −90	−93 −118	−85 −125	−127 −152	−119 −159	−175 −125
>160~180						−61 −86	−53 −93	−101 −126	−93 −133	−139 −164	−131 −171	−195 −235

（续）

公称尺寸/mm	常用及优先公差带（带圈者为优先公差带）/μm											
	N			P		R		S		T		U
	6	⑦	8	6	⑦	6	7	6	⑦	6	7	⑦
>180～200						-68 -97	-60 -106	-113 -142	-105 -151	-157 -186	-149 -195	-219 -265
>200～225	-22 -51	-14 -60	-5 -77	-41 -70	-33 -79	-71 -100	-63 -109	-121 -150	-113 -159	-171 -200	-163 -209	-241 -287
>225～250						-75 -104	-67 -113	-131 -160	-123 -169	-187 -216	-179 -225	-267 -313
>250～280	-25 -57	-14 -66	-5 -86	-47 -79	-36 -88	-85 -117	-74 -126	-149 -181	-138 -190	-209 -241	-198 -250	-295 -347
>280～315						-89 -121	-78 -130	-161 -193	-150 -202	-231 -263	-220 -272	-330 -382
>315～355	-26 -62	-16 -73	-5 -94	-51 -87	-41 -98	-97 -133	-87 -144	-179 -215	-169 -226	-257 -293	-247 -304	-369 -426
>355～400						-103 -139	-93 -150	-197 -233	-187 -244	-283 -319	-273 -330	-414 -471
>400～450	-27 -67	-17 -80	-6 -103	-55 -95	-45 -108	-113 -153	-103 -106	-219 -259	-209 -272	-317 -357	-307 -370	-467 -530
>450～500						-119 -159	-109 -172	-239 -279	-229 -292	-347 -387	-337 -400	-517 -580

注：公称尺寸 <1mm 时，各级的 A 和 B 均不采用。

例 6-1　ϕ30H7：公称尺寸 ϕ30mm，公差等级 7 级，基本偏差为 H 的孔的公差带。查表 6-8得到上极限偏差 +21μm 即 +0.021mm，下极限偏差 0.000mm。

例 6-2　ϕ65N8：公称尺寸 ϕ65mm，公差等级 8 级，基本偏差为 N 的孔的公差带。查表 6-8得到上极限偏差 -4μm 即 -0.004mm，下极限偏差 -50μm 即 -0.050mm。

例 6-3　ϕ35h8：公称尺寸 ϕ35mm，公差等级 8 级，基本偏差为 h 的轴的公差带。查表 6-7得到上极限偏差 0.000，下极限偏差 -39μm 即 -0.039mm。

例 6-4　ϕ18r6：公称尺寸 ϕ18mm，公差等级 6 级，基本偏差为 r 的轴的公差带。查表 6-7得到上极限偏差 +34μm 即 +0.034mm，下极限偏差 +23μm 即 +0.023mm。

5. 配合及其注法

公称尺寸相同的并且互相配合的孔和轴之间的关系，称为配合。轴与孔的公称尺寸虽然相同，但分别加工后得到的实际尺寸不会相同，装配后就会出现有松有紧的情况。国家标准规定：配合分为三类，即间隙配合、过盈配合和过渡配合，如图 6-24 所示，这是用公差带图表示的三种配合形式。

图 6-24a 所示的间隙配合，是孔的公差带在轴的公差带之上，任取一对轴和孔的尺寸相

配合，都具有间隙配合，包括最小间隙为零；图 6-24b 所示的过盈配合，是轴的公差带在孔的公差带之上，任取一对轴和孔的尺寸相配合，都具有过盈的配合，包括最小过盈量为零；图 6-24c 所示的过渡配合，轴的公差带与孔的公差带相互交叠，任取一对轴和孔的尺寸相配合，将会出现间隙配合或过盈配合这两种可能。

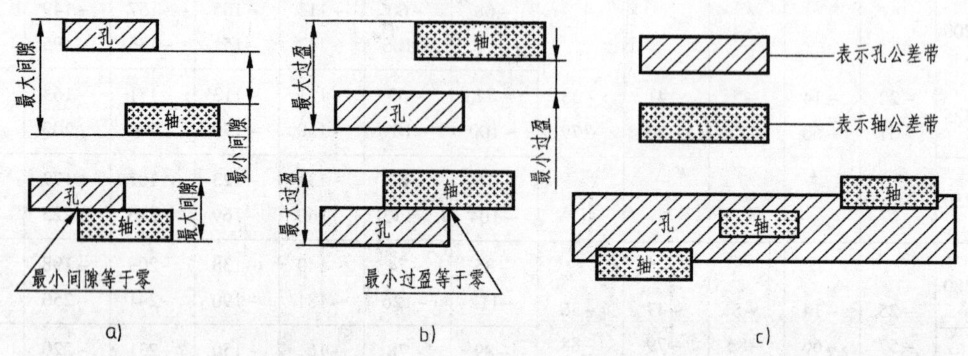

图 6-24　用公差带图表示的三种配合

a）间隙配合　b）过盈配合　c）过渡配合

图 6-25 所示为装配图中配合的标注形式。

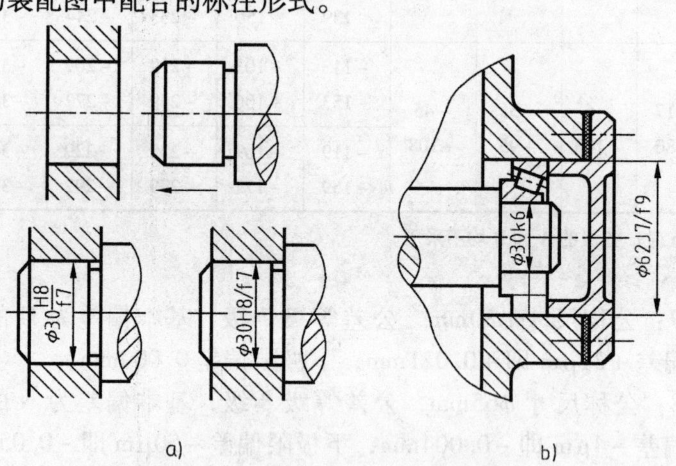

图 6-25　装配图中配合的标注形式

a）组合式标注　b）标准件与零件配合时的标注

三、几何公差的概念及其注法

几何公差是指零件的实际几何要素相对于理想几何要素的允许变动量。

1. 几何公差的分类

根据几何公差特征将其分为四类公差，即形状、位置、方向和跳动。GB/T 1182—2008 对几何公差的类型、符号、标注等都作了相关规定，几何特征符号见表 6-9。

2. 几何公差的标注方法

几何公差的标注示例见表 6-10。

表 6-9 几何特征符号

公差类型	几何特征	符 号	有无基准	公差类型	几何特征	符 号	有无基准
形状公差	直线度	—	无	位置公差	位置度	⌖	有或无
	平面度	⏥			同心度（用于中心点）	◎	有
	圆度	○			同轴度（用于轴线）		
	圆柱度	⌭			对称度	⌯	
	线轮廓度	⌒			线轮廓度	⌒	
	面轮廓度	⌓			面轮廓度	⌓	
方向公差	平行度	∥	有	跳动公差	圆跳动	↗	
	垂直度	⊥			全跳动	⌰	
	倾斜度	∠					
	线轮廓度	⌒					
	面轮廓度	⌓					

表 6-10 几何公差标注示例

图 例	说 明	图 例	说 明
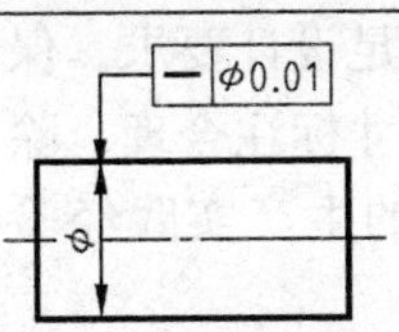 — φ0.01	提取（实际）圆柱面的中心线应限定在直径等于 ϕ0.01mm 的圆柱面内	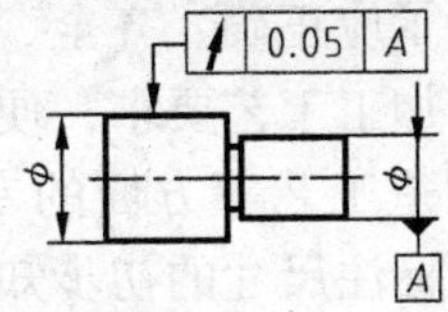 ↗ 0.05 A	在任一垂直于 *A* 的横断面内，提取（实际）圆柱面应限定在半径差等于 0.05mm，圆心在基准轴线 *A* 上的同心圆之间
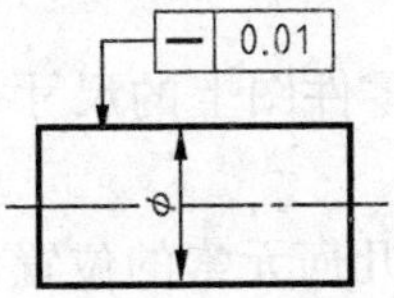 — 0.01	提取（实际）圆柱面的任意素线应限定在 0.01mm 的两平行平面内	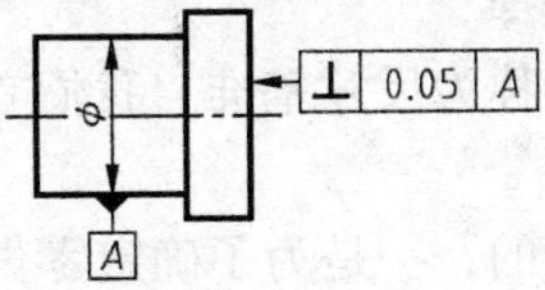 ⊥ 0.05 A	提取（实际）表面应限定在间距等于 0.05mm，且垂直于基准轴线 *A* 的两平行平面之间
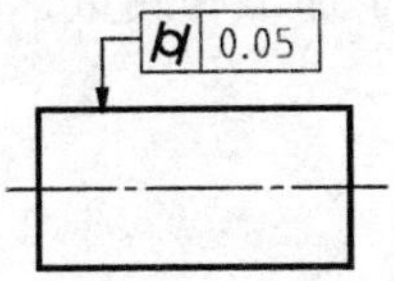 ⌭ 0.05	提取（实际）圆柱面应限定在半径差等于 0.05mm 的两个同轴圆柱面之间	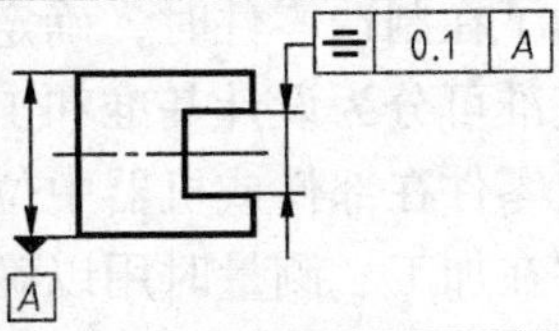 ⌯ 0.1 A	提取（实际）中心平面应限定在间距为 0.1mm，且对称基准中心平面 *A* 的两平行平面之间
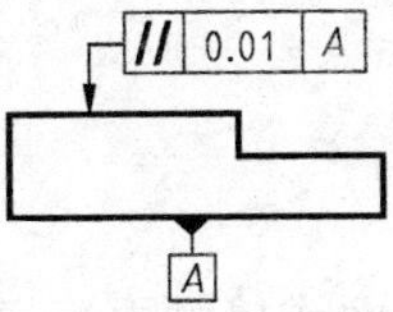 ∥ 0.01 A	提取（实际）表面应限定在间距为 0.01mm，且平行于基准平面 *A* 的两平行平面之间	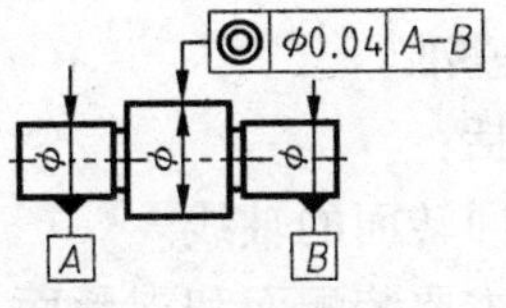 ◎ φ0.04 A—B	大圆柱提取（实际）中心线应限定在直径为 ϕ0.04mm，且与以公共基准轴线 *A*—*B* 为轴线的圆柱面内

（续）

图　例	说　明	图　例	说　明
	多个被测要素有相同的几何公差要求时，可以从一个框格的同一端引出多个指示箭头		同一个被测要素有多项形位公差要求时，可以在一个指引线上画出多个公差框格

标注几何公差要注意公差框格和基准符号的正确表达，图6-26所示为几何公差标注要点。

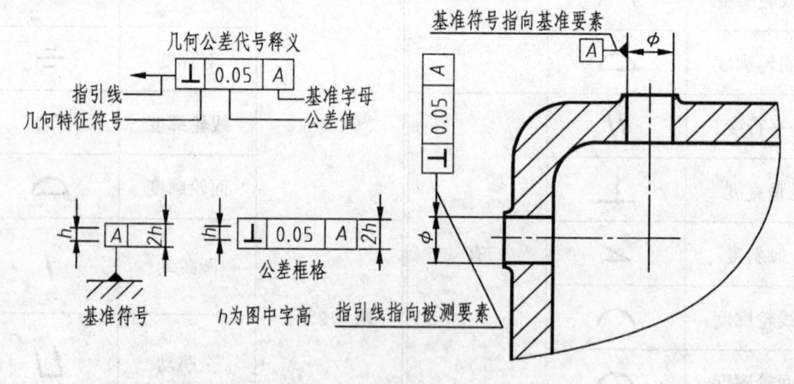

图6-26　几何公差标注要点

第四节　零件图的尺寸标注

零件图的尺寸标注除了应正确、齐全、清晰外，还应合理，既要满足设计要求，保证机器的使用性能，又要符合加工工艺要求，便于加工测量。要真正做到尺寸标注合理，除了要具有较多的机械设计、制造工艺等方面的专业知识外，还要有较丰富的生产实践经验。这里，我们只介绍一些合理标注尺寸的初步知识。

一、尺寸基准的选择

标注尺寸的起点，称为尺寸基准。我们首先从图6-27中感受一下零件图上的尺寸基准是如何选择的。

选择尺寸基准的目的，一是为了确定零件在机器中的位置或零件上几何元素的位置，以符合设计要求；二是为了在制造零件时，确定测量尺寸的起点位置，便于加工和测量，以符合工艺要求。因此，基准可分为设计基准和工艺基准。

设计基准——确定零件在部件或机器中位置的基准。

工艺基准——零件在加工、测量时用以确定其表面位置的基准。

主要基准——决定零件主要尺寸的基准。

辅助基准——附加基准。

尺寸基准的形式包括：

基准线——零件上回转面的轴线。

基准面——零件的主要装配面和支承面，零件的主要加工面（定位面或接触面），零件的对称面。

下面以图 6-27 为例说明上述尺寸基准的选择原则。

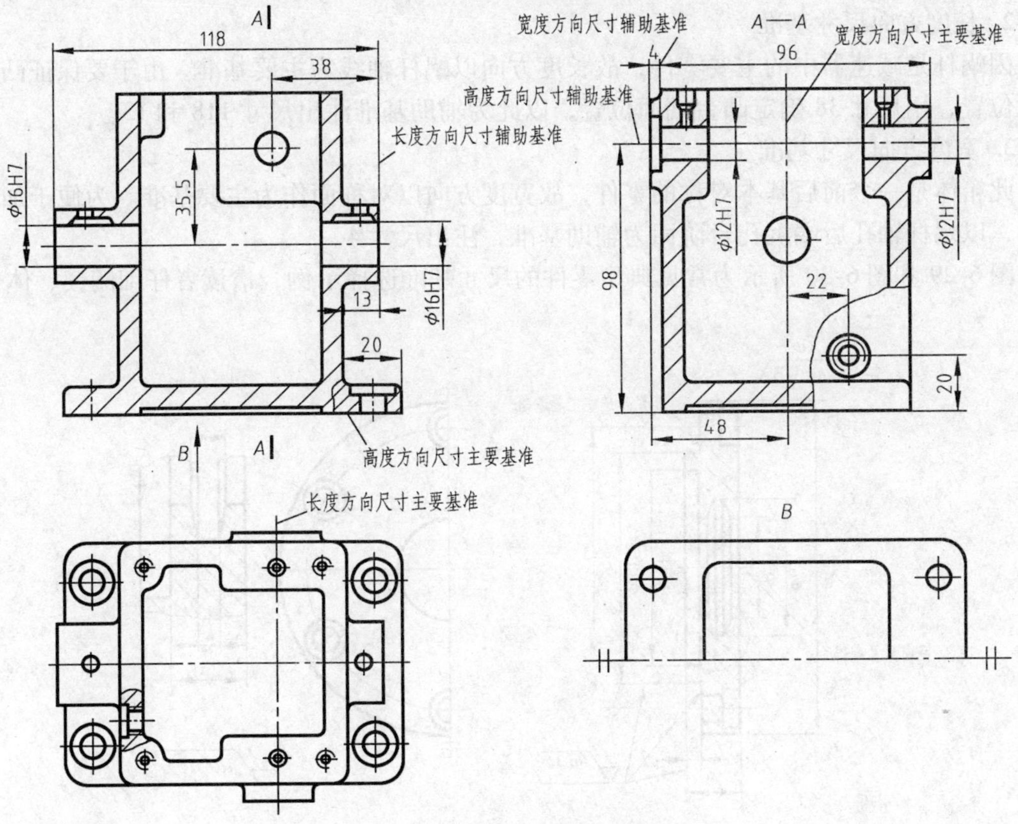

图 6-27 零件图上的尺寸基准示例

1. 高度方向尺寸基准

图 6-27 所示零件为一箱体类零件，此箱体在蜗轮减速器上主要用来支承蜗轮蜗杆。箱体的底面是安装基面，以此作为高度方向的设计基准，即主要尺寸基准，如图 6-28 所示。此外，机械加工时首先加工箱体底面，然后以底面为基准加工各轴孔和其他平面。因此，底

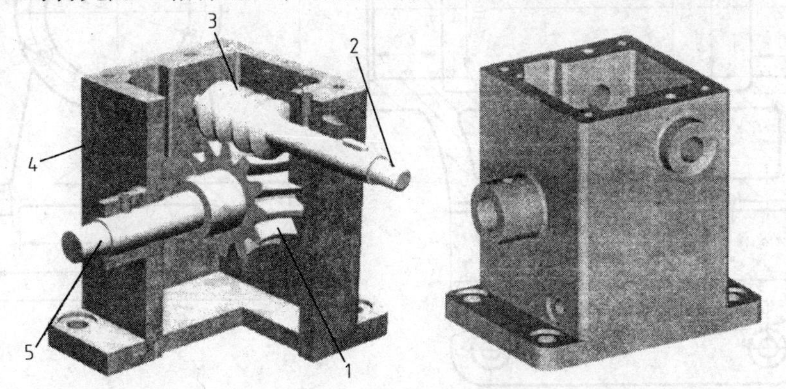

图 6-28 箱体零件示意图

1—蜗轮 2—蜗杆轴 3—蜗杆 4—箱体 5—蜗轮轴

面又是工艺基准。为保证蜗杆和蜗轮正确啮合，必须保证它们的中心距，因此，以蜗杆轴孔轴线为辅助基准标注尺寸 35.5，以确定蜗轮轴孔在高度方向的位置。

2. 长度方向尺寸基准

因蜗杆是减速器中的主要零件，故长度方向以蜗杆轴线为主要基准。由于要保证凸台的凸出位置，用尺寸 38 确定凸台端面位置，以此为辅助基准注出尺寸 118 和 13。

3. 宽度方向尺寸基准

此箱体是一个前后基本对称的零件，故宽度方向以对称面作为主要基准。为便于加工和测量，以蜗杆轴孔后端沉孔台阶面为辅助基准，注出尺寸 4。

图 6-29 和图 6-30 所示为常见典型零件的尺寸基准选择示例，请读者仔细阅读、体会。

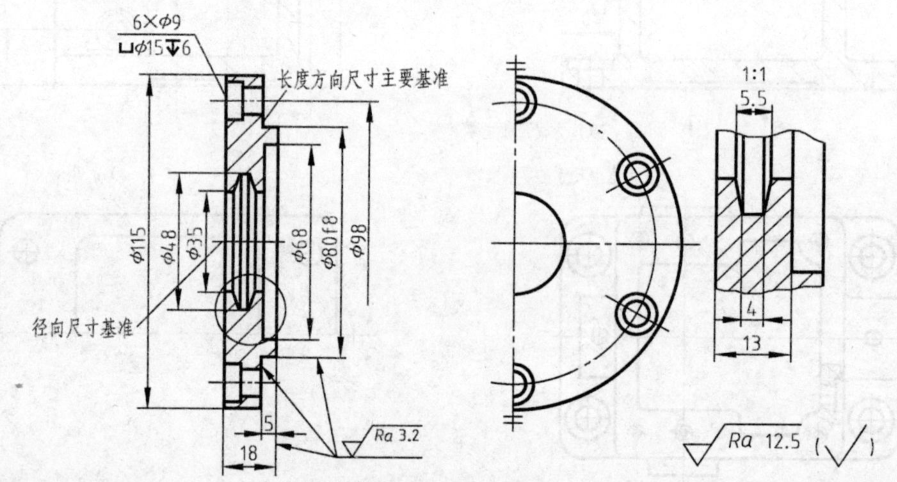

图 6-29 盘盖类零件的尺寸基准选择

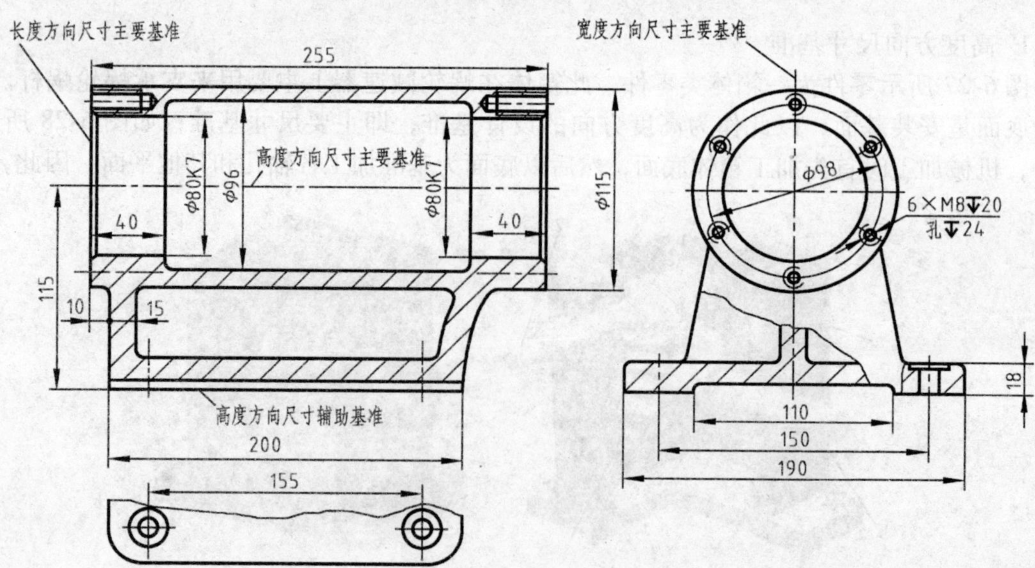

图 6-30 箱体类零件的尺寸基准选择

二、标注零件尺寸时应注意的问题

1. 退刀槽、砂轮越程槽的尺寸标注

退刀槽和砂轮越程槽等工艺结构的尺寸要单独注出，便于加工测量。标注形式如图 6-31 所示。

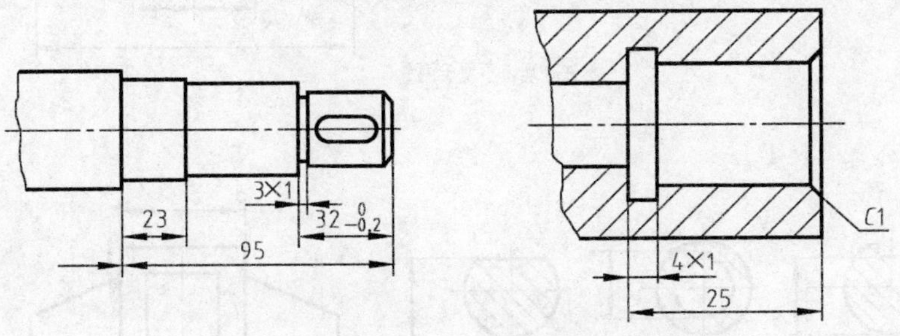

图 6-31 退刀槽、砂轮越程槽的尺寸标注

2. 长圆孔或凸台的尺寸标注

长圆孔或凸台的尺寸标注如图 6-32 所示。由于此结构的功能和加工方法不同，故有不同的尺寸注法。为方便测量，一般情况下按第一种注法标注。当长圆孔用于安装螺栓时，中心距为允许螺栓变动的距离，也是钻孔的定位尺寸，此时采用第二种注法。当需要指明半径尺寸是由其他尺寸所确定时，按第三种形式标注。

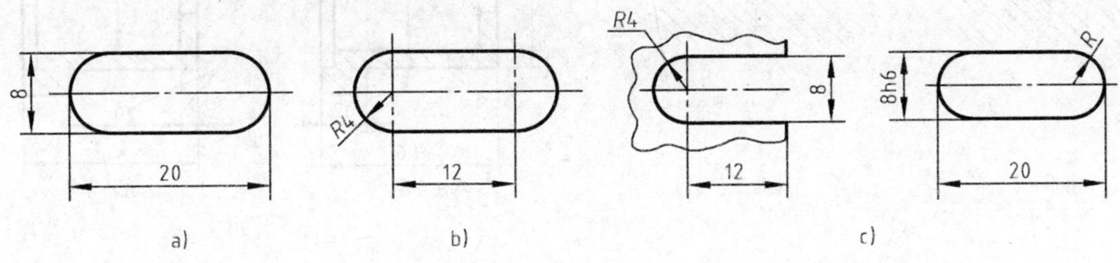

图 6-32 长圆孔的标注形式

a）第一种注法 b）第二种注法 c）第三种注法

3. 标注尺寸应考虑加工和测量

图 6-33 所示的一组图形分别表示了尺寸标注的合理性问题。

4. 尺寸标注不要注成封闭尺寸链

按加工顺序来说，在一个尺寸链（按一定顺序依次连接起来排成的尺寸标注形式）中，每一个尺寸都是尺寸链中的组成环。通常将尺寸链中最不重要的一个尺寸作为开口环，使制造误差都集中到这个开口环上，从而保证重要尺寸精度，如图 6-34 所示。

5. 零件上常见孔的尺寸注法

零件上常见孔的尺寸注法见表 6-11。

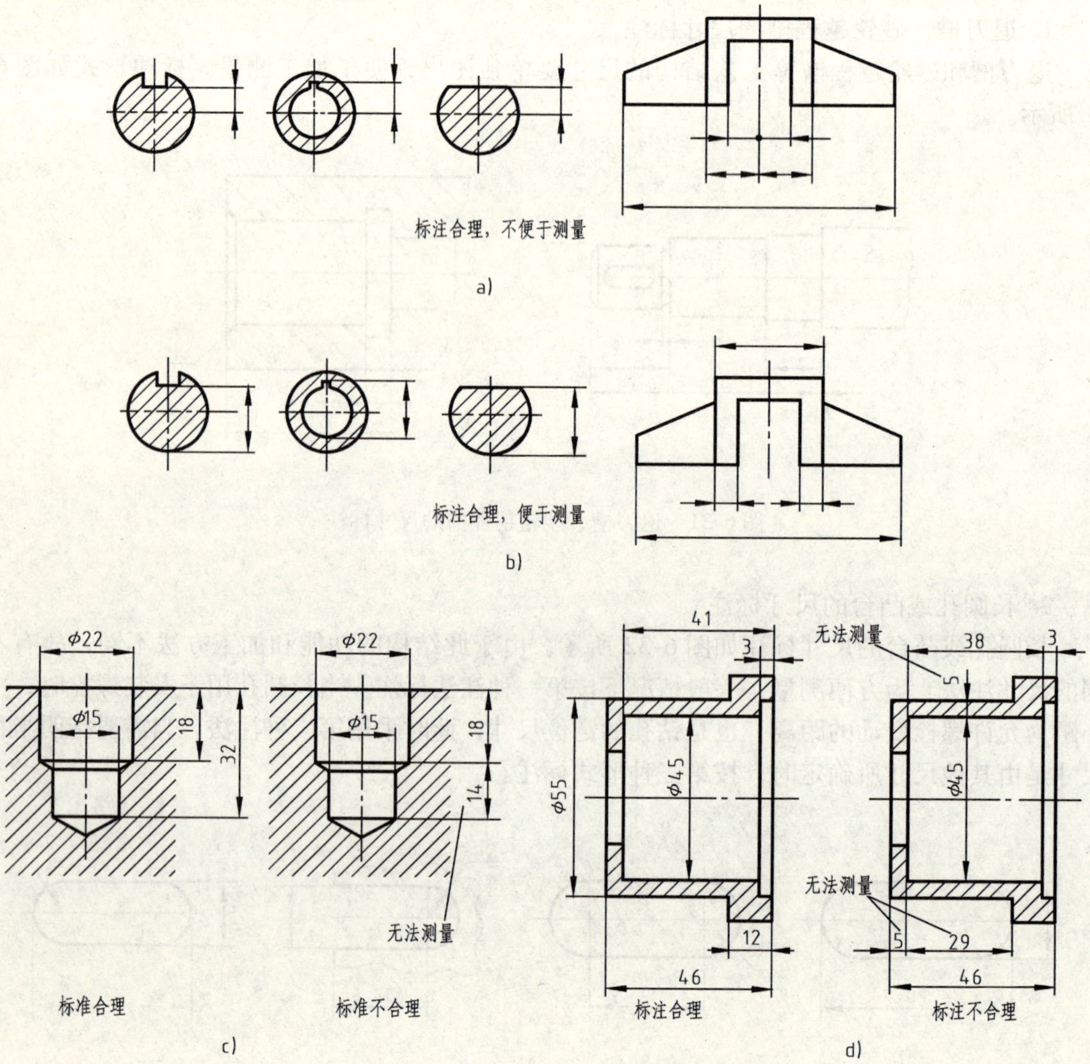

标注合理，不便于测量

a)

标注合理，便于测量

b)

φ22 φ15 18 32

标准合理

φ22 φ15 18 14 无法测量

标准不合理

c)

41 3 φ55 φ45 12 46

标注合理

无法测量 38 3 5 φ45 无法测量 5 29 46

标注不合理

d)

图 6-33　尺寸标注的合理性问题

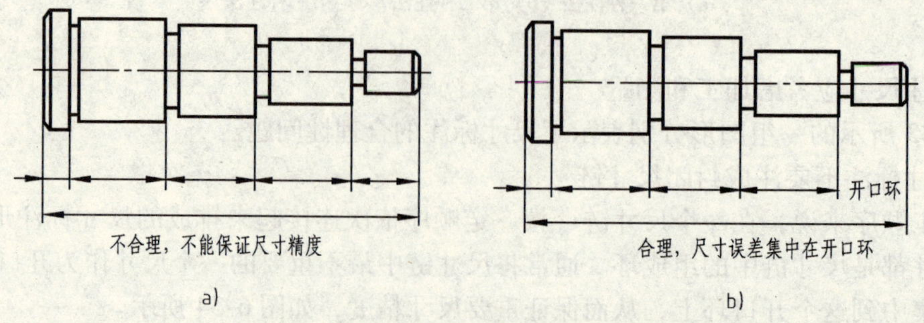

图 6-34　不要注成封闭尺寸链

表 6-11 零件上常见孔的尺寸注法

类型	旁注法		普通注法	说明
螺孔	3×M6	3×M6	3×M6	3×M6 表示公称直径为 6mm 均匀分布的 3 个螺孔
	3×M6↧10 ↧12	3×M6↧10 ↧12	3×M6 12 10	"↧"为深度符号。M6↧10 表示公称直径为 6mm 螺孔深 10mm。↧12 表示钻孔深 12mm
	3×M6↧10	3×M6↧10	3×M6 10	如对钻孔深度无一定要求，可不必标注，一般加工到比螺孔稍深即可
光孔	4×ϕ4↧10	4×ϕ4↧10	4×ϕ4 10	4×ϕ4 表示直径为 4mm 均匀分布的 4 个光孔
	6×ϕ7 ⌵ϕ13×90°	6×ϕ7 ⌵ϕ13×90°	90° ϕ13 6×ϕ7	"⌵"为埋头孔的符号。锥形孔的直径 ϕ13mm 及锥角 90°均需注出
沉孔	4×ϕ6.4 ⌴ϕ12↧4.5	4×ϕ6.4 ⌴ϕ12↧4.5	ϕ12 4.5 4×ϕ6.4	"⌴"为沉孔及锪平孔的符号
	4×ϕ9 ⌴ϕ20	4×ϕ9 ⌴ϕ20	ϕ20 4×ϕ9	锪平 ϕ20mm 的深度不需标注，一般锪平到不出现毛坯面为止

第五节　如何提高看懂零件图的能力

一、看零件图的基本步骤

在生产实践中，需要通过零件图了解零件的结构形状、材料、功用、技术要求以及加工方式，以便指导生产、监控质量，因此，工程技术人员应具备看懂零件图的能力。

一般来说，看零件图的基本步骤有以下几点：

1）看标题栏，了解零件名称、材料、图样比例。

2）了解零件形状。仔细观察每一个视图，通过读懂视图来了解零件结构。

3）尺寸分析。了解定形、定位、安装、配合及功能尺寸，进一步了解零件形状。

4）分析技术要求。表面粗糙度、形位公差都能反映该零件的重要部位、配合部位，以此了解零件的具体功用。

5）整理思绪，综合归纳。

下面通过阅读图 6-35 所示阀体零件图来具体了解读零件图的步骤。

1）看标题栏：得知零件名称为阀体，由 HT200 材料制成，图样比例为 1:1。

2）看视图想形状：共有四个视图，即全剖主视图 *B—B*、全剖左视图 *A—A*、全剖俯视图 *C—C*，以及 *D* 向视图。全剖主视图表达了由三个空腔体组成的阀体内部形状以及它们之间的相对位置，其中下方的空腔形状还需通过全剖的俯视图作进一步说明，所以俯视图表达了零件的下部门形腔体形状以及该零件底部带安装孔的底板形状。全剖左视图表达了M40 × 2—6g 的外螺纹结构，表明此处要与另一零件连接；还表达了 ϕ30mm 的圆柱凸台内有一 ϕ16mm 的不通孔，以及底板的高度（8mm 和 12mm）差别。*D* 向视图表达了在 90mm × 90mm 的正方形连接板上分布了 4 个 ϕ10mm 的通孔。

3）看表面粗糙度的标注等级、形位公差、配合尺寸。该零件中的 ϕ60H7mm 腔体内壁表面粗糙度要求最高，且其回转轴线要求与安装底板平行度误差不能超出 0. 02mm。门形腔体内壁表面粗糙度要求和尺寸精度要求不高，应不是重要的工作区域。阀体长 130mm，宽约 120mm，高约 125mm。

综合来看，阀体的形状应如图 6-36 所示。

二、如何提高看懂零件图的能力

读者在学习阶段如何提高看零件图的能力呢？可以从以下两个方面作自我训练。第一，对视图表达进行反复理解，从不同的角度想象零件的形状，总结表达规律；第二，对注释表达既会用语言清晰描述也能熟知注释的内在含义，不可孤立地只看一个注释。

现仍以上述阀体零件图为例具体说明如何提高看零件图的能力。

为了检验自己是否彻底看懂了阀体零件图，可在已经有了 *B—B* 和 *A—A* 剖视图的基础上，再画出主视方向、左视方向的阀体外形视图及 *E—E* 剖视图，如图 6-37a、b、c 所示。除此以外，还可以对视图中的细节提出问题。例如，图 6-38 中字母 *A* 所指的曲线表达的是什么结构？字母 *B* 所指的曲线是哪一部分的投影？你能画出 *C* 向和 *K* 向视图吗？这样做的目的是提醒不要忘了内、外螺纹端面方向的标准画法。诸如此类练习都是训练提高看零件图能力的具体方法。

另外，对于注释方面的问题，可以作一些问答式练习。比如：

技术要求
1. 不加工的外表面腻平喷灰漆。
2. 时效处理。
3. 未注圆角为R2～R3。
4. 铸造按要求进行压力测试。
设计 张宏 07.12.13
校核 李清 07.12.15
审核 老鹰 07.12.18
班级 07机电1 学号 070002
HT200
比例 1:1
共7张 第1张
南方职业技术学院
阀 体
006
A—A
B—B
C—C
D

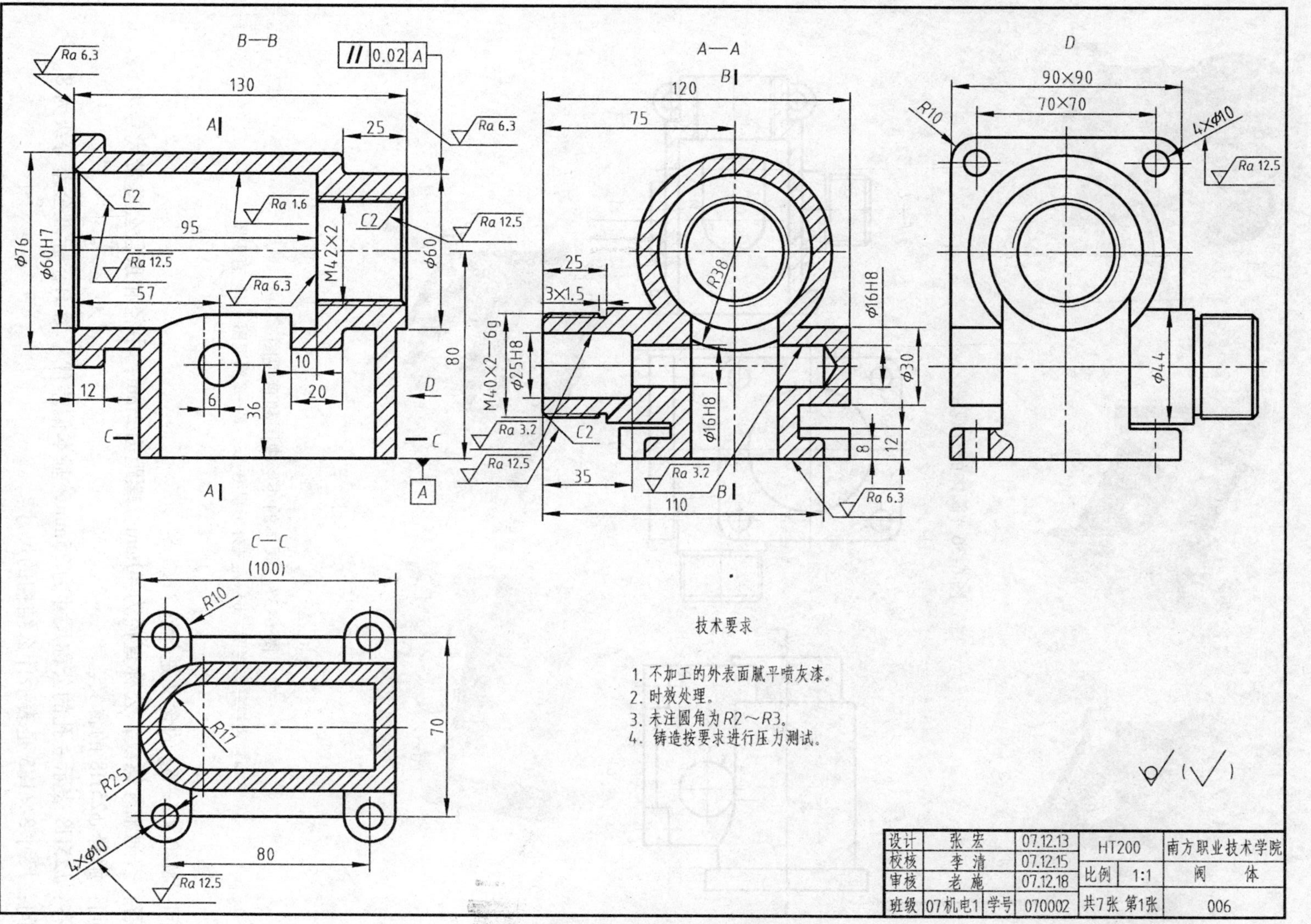

图 6-35 阀体零件图

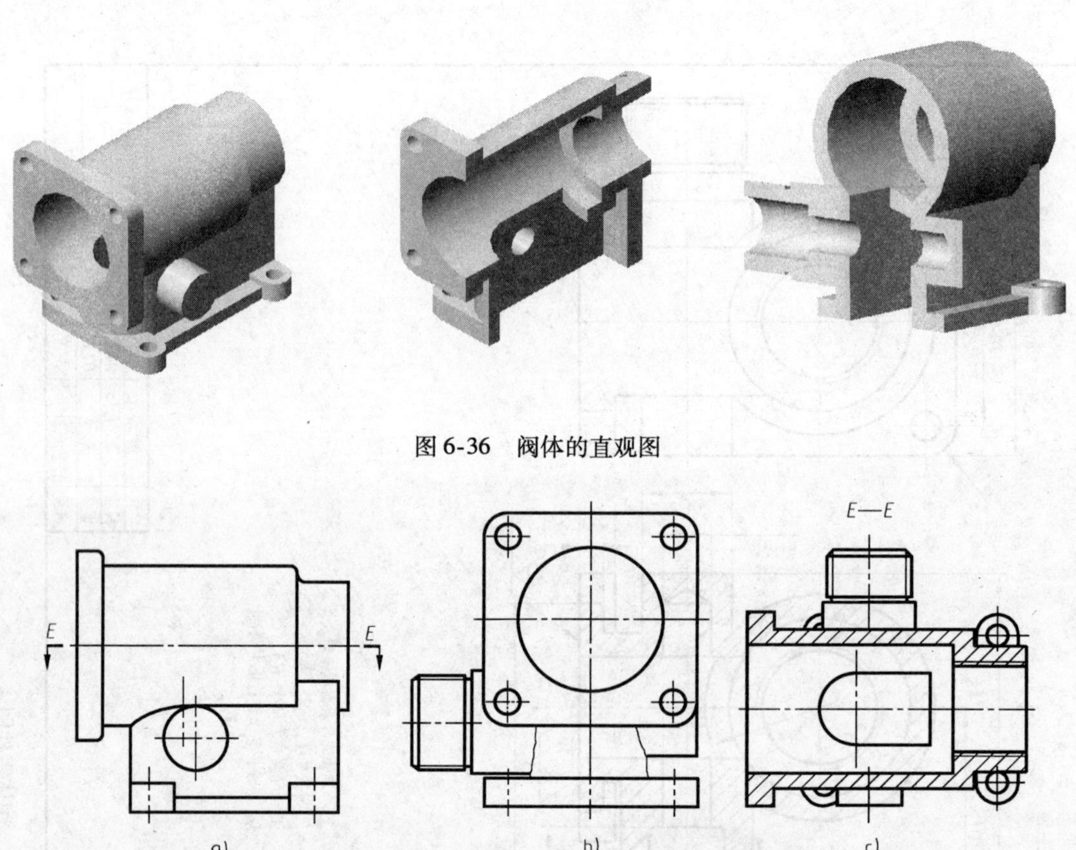

图 6-36　阀体的直观图

d)

图 6-37　阀体的外形视图和直观图

a）主视外形视图　b）左视外形视图　c）*E—E* 剖视图　d）直观图

问：M40×2—6g 的含义是什么？

答：普通细牙螺纹，公称直径为 40mm，螺距为 2mm，中径和顶径公差带代号为 6g。

问：解释 ϕ25H8 的含义。

答：ϕ25H8 表示一孔的公称尺寸为 25mm，基本偏差代号为 H，标准公差等级为 8。

问：尺寸 3×1.5 是表示什么结构的尺寸？

答：是表示螺纹退刀槽结构的尺寸，其中 3 表示槽宽 3mm，1.5 表示槽深 1.5mm。

问：*C*2 的含义是什么？

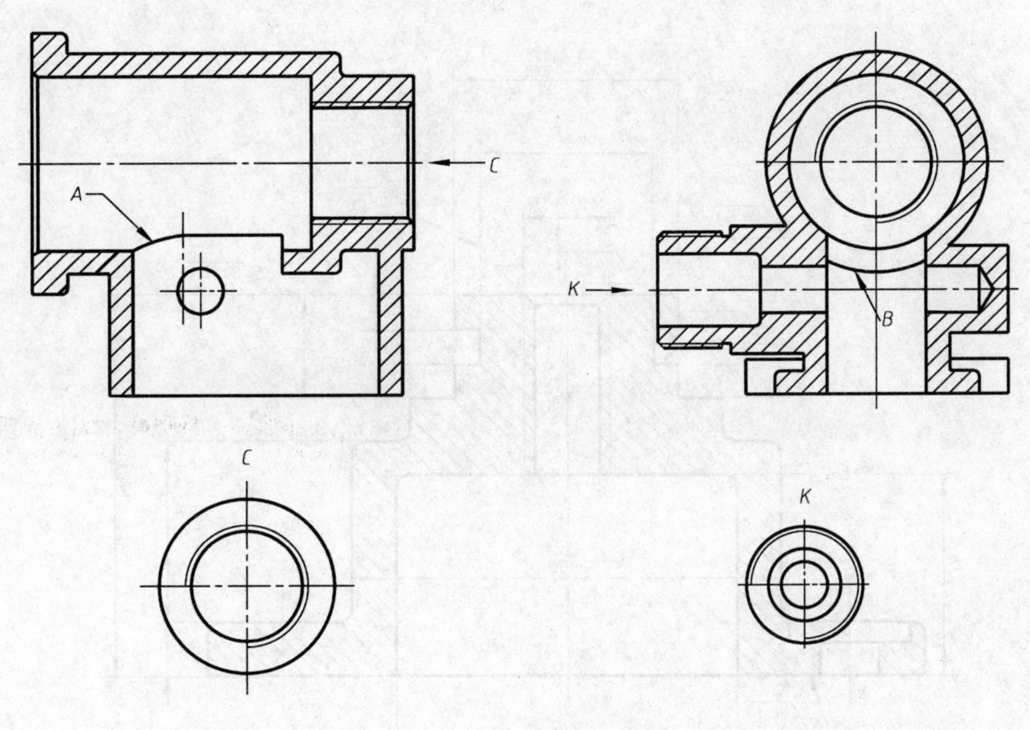

图 6-38 看阀体零件图回答问题

答：C 表示 45°倒角，2 表示轴向距离为 2mm。

问：零件何处表面粗糙度 Ra 值要求最高？ϕ76mm 圆柱外表面质量要求如何？

答：ϕ60H7mm 圆柱形内表面表面粗糙度要求最高。ϕ76mm 圆柱外表面要求腻平喷灰漆。

问：说出此零件的长、宽、高尺寸基准，以及部分定形、定位尺寸。

答：长度方向尺寸基准是 90mm × 90mm 的连接板左端面。高度方向尺寸基准是阀体底平面。从测量角度出发，高度方向尺寸基准不宜选择 ϕ60H7mm 所在的回转轴线，且形位公差要求回转轴线必须以阀体底平面为基准，其平行度不得超出 0.02mm。宽度方向尺寸基准是 ϕ60H7mm 孔的对称平面。

主视图中的定形尺寸有 130、ϕ76、95、ϕ60H7 等，定位尺寸有 36、6、80、57 等。俯视图中的 R25、R17 为定形尺寸，70、80 为定位尺寸，100 为参考尺寸。

问：试说出此零件的大概功用。

答：从阀体的结构来看，它具有支撑、容纳、配合、连接、安装等功用。此零件由毛坯铸件经过车、铣、镗、钻等加工成形。

通过上述两个层面的分析，我们对阀体零件的结构和大致用途有了更深入的了解。

三、零件图示例（见图 6-39）

φ26$^{-0.020}_{-0.053}$
φ20
M10—7H
Ra 6.3
Ra 12.5
C1
Ra 12.5
Ra 12.5
Ra 12.5
Ra 12.5
4
4
12
45
22
24
φ50
6
Ra 3.2
φ40
φ36
φ65
4×φ6.6 Ra 12.5
⌴φ13
R8
技术要求
未注圆角R3。
设计
校核
审核
班级
学号
HT200
比例
共 张 第 张
南方职业技术学院
上盖

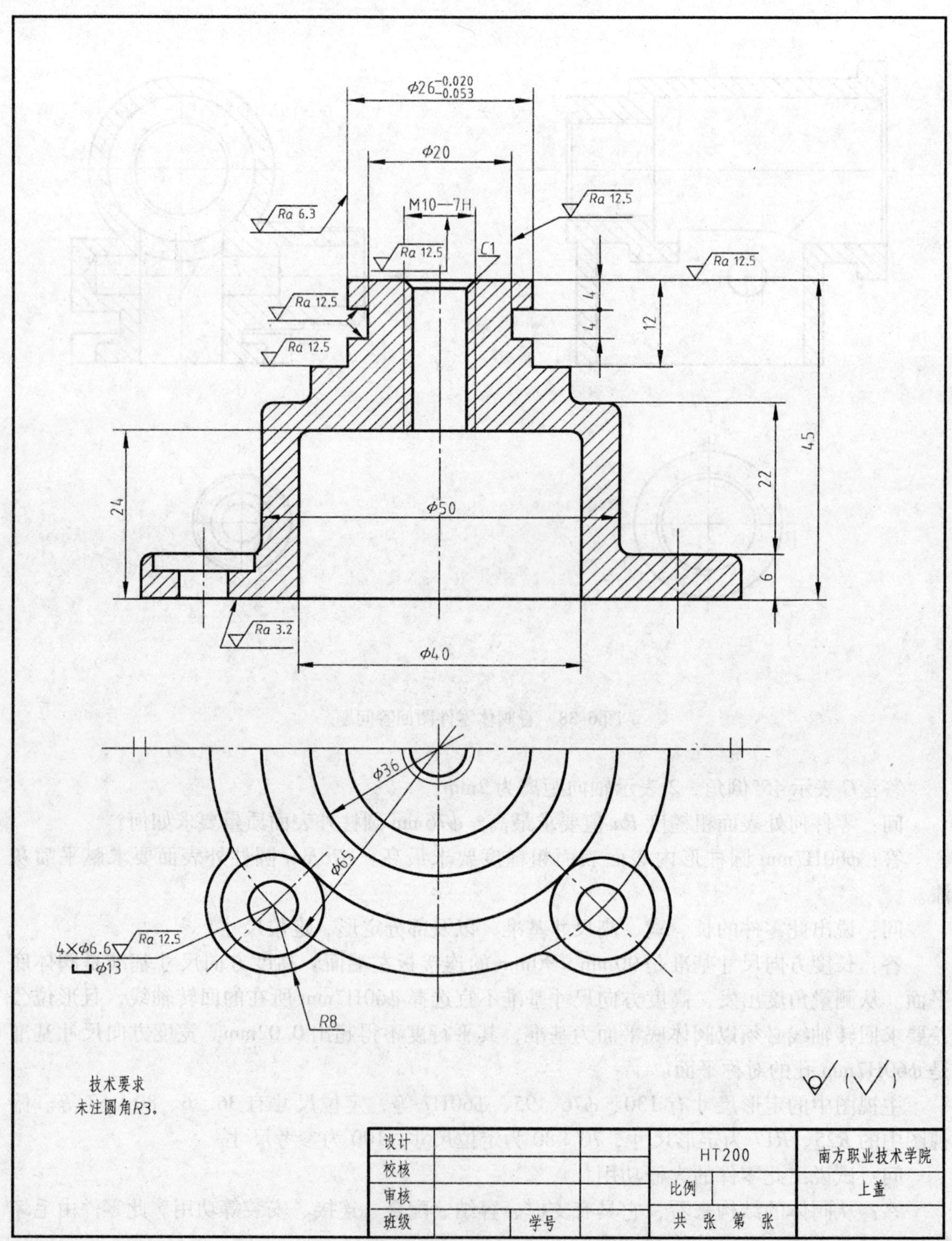

a)

图 6-39 零件图示例

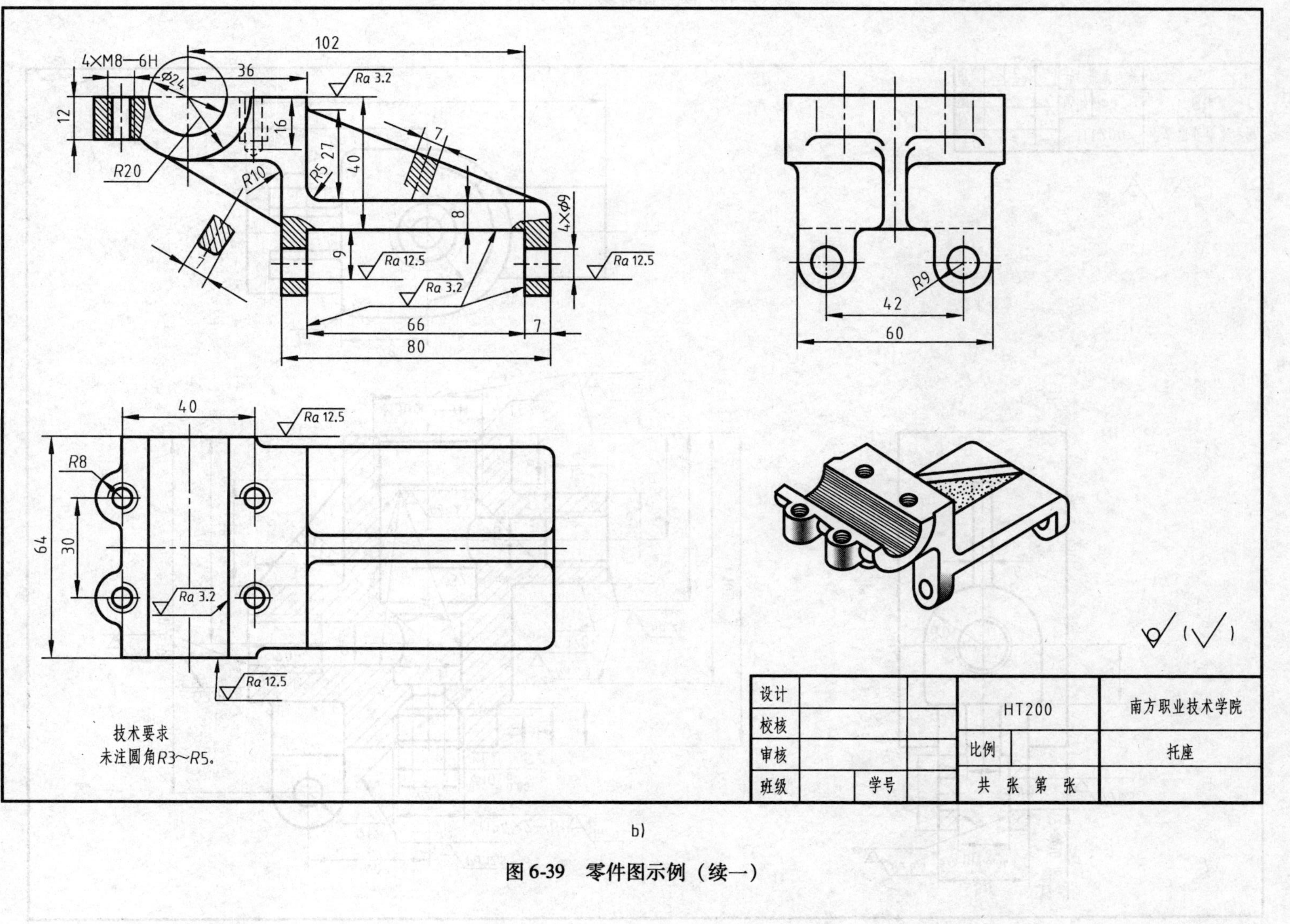

图 6-39 零件图示例（续一）

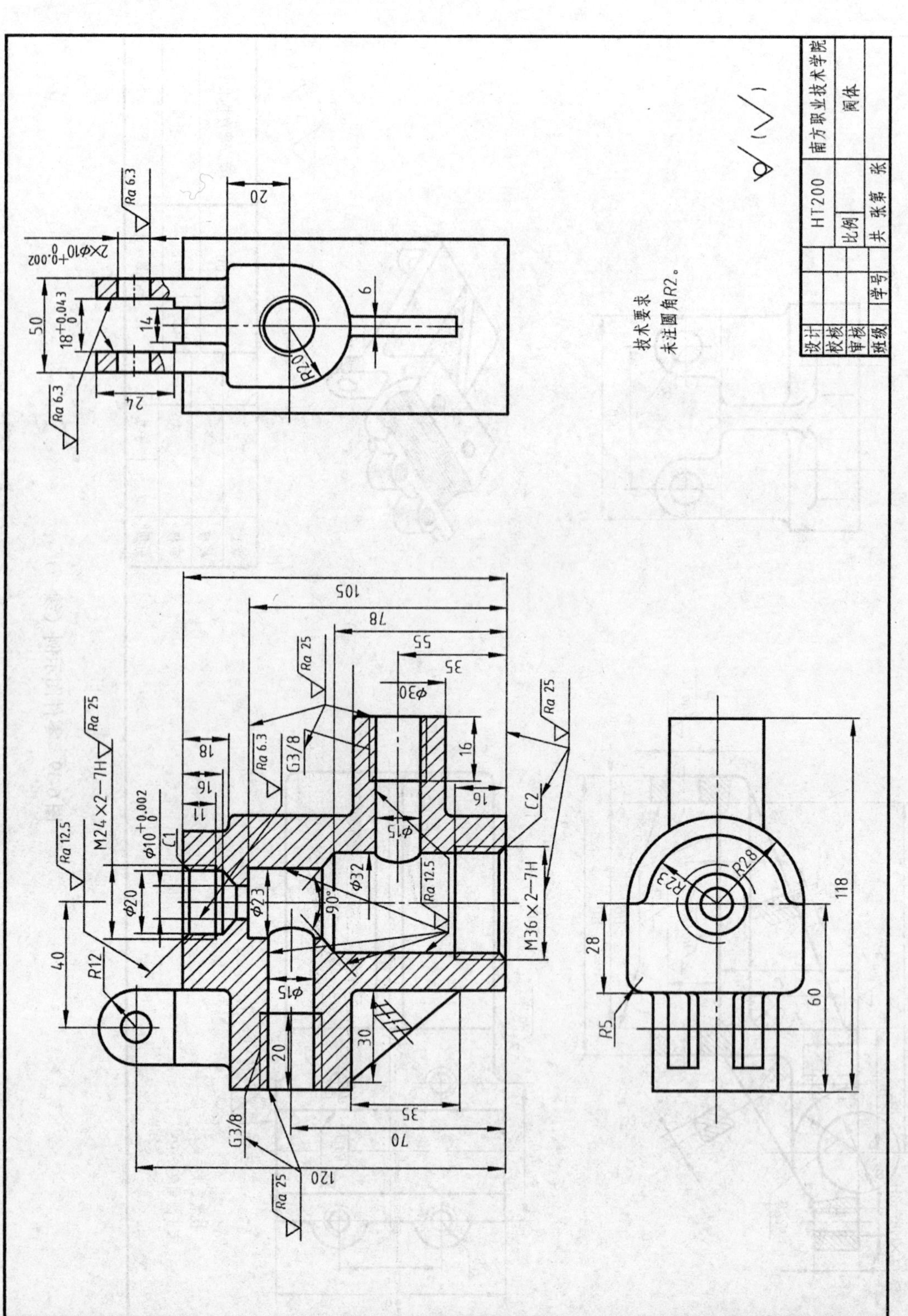

图 6-39 零件图示例（续二）

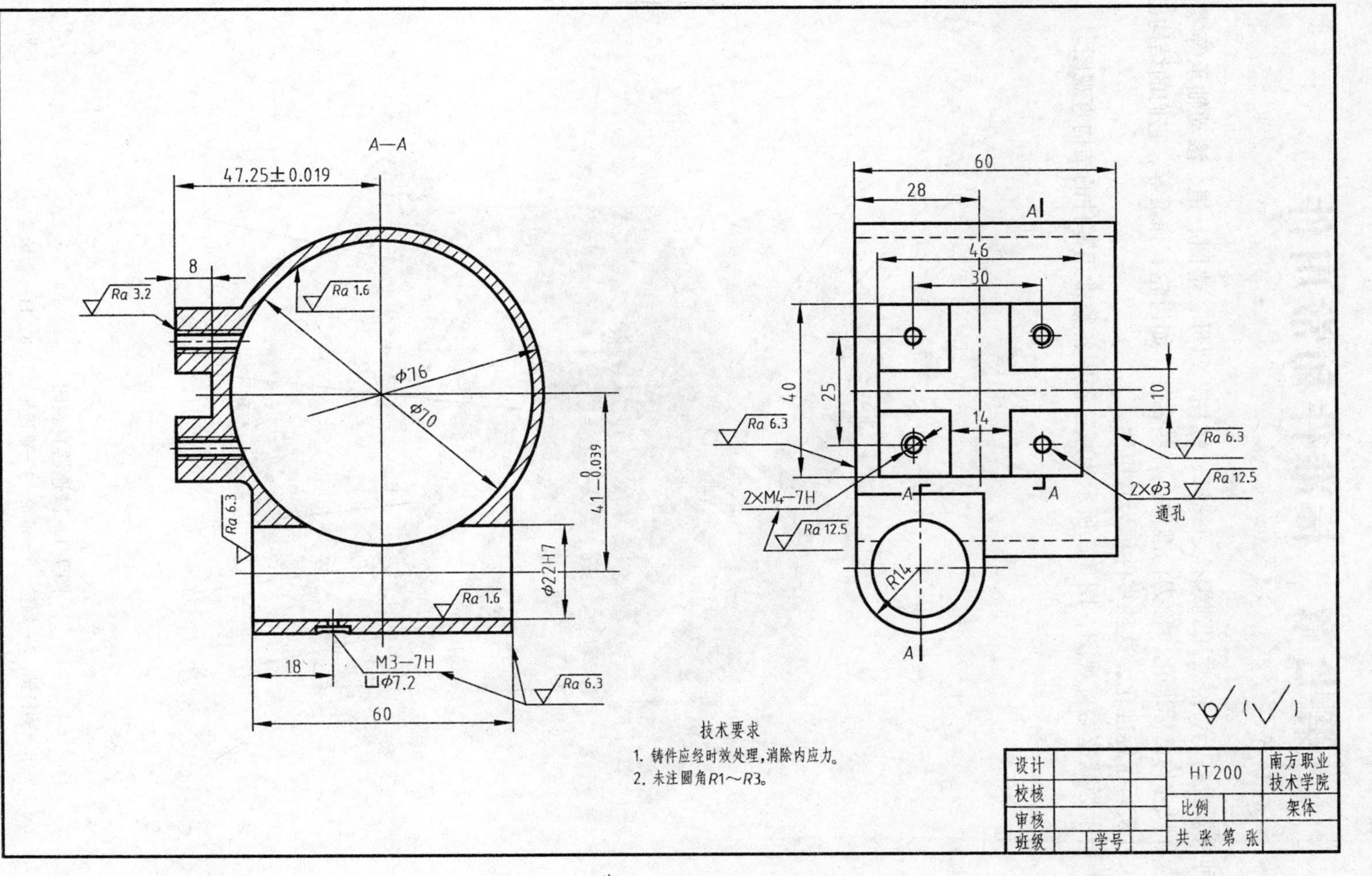

d)

图 6-39 零件图示例（续三）

第七章　标准件和常用件

在各种机器设备上，经常用到螺栓、螺钉、螺柱、螺母、垫圈、销、滚动轴承等零件，它们的结构和尺寸均已标准化，称为标准件。有些零件，如齿轮、弹簧等，它们的结构已定型、部分尺寸实行了标准化，这种零件称为常用件。

图 7-1 所示为减速器直观图，图 7-2 所示为减速器中各类常用零件的结构直观图。

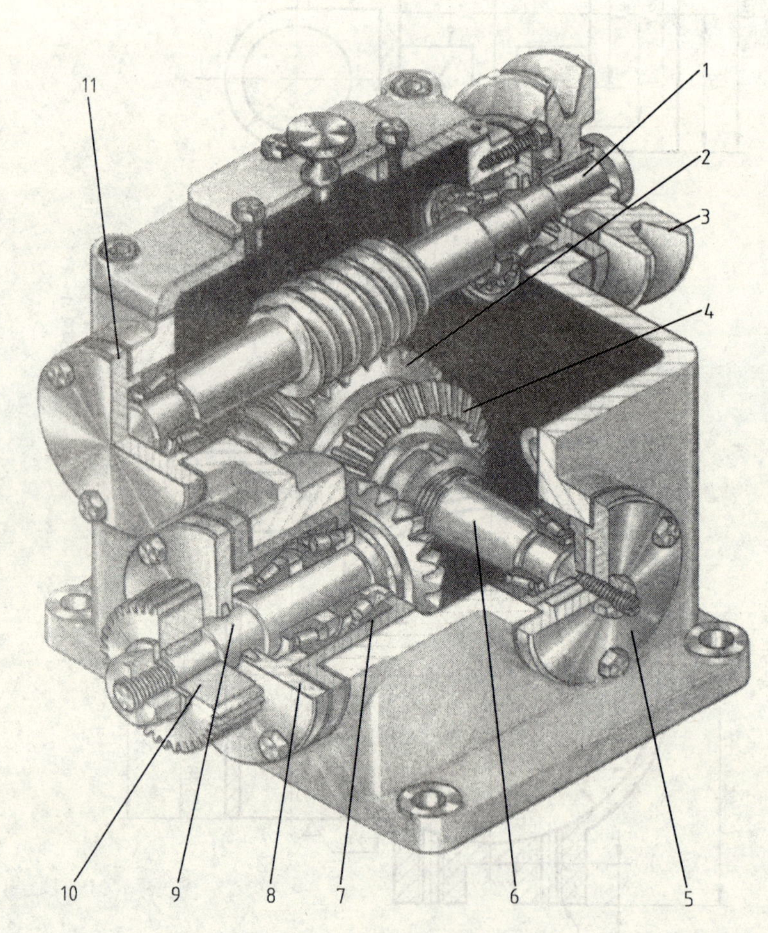

图 7-1　减速器直观图

1—蜗杆轴　2—蜗轮　3—带轮　4—锥齿轮　5、8、11—轴承盖
6—蜗轮轴　7—轴承套　9—锥齿轮轴　10—齿轮

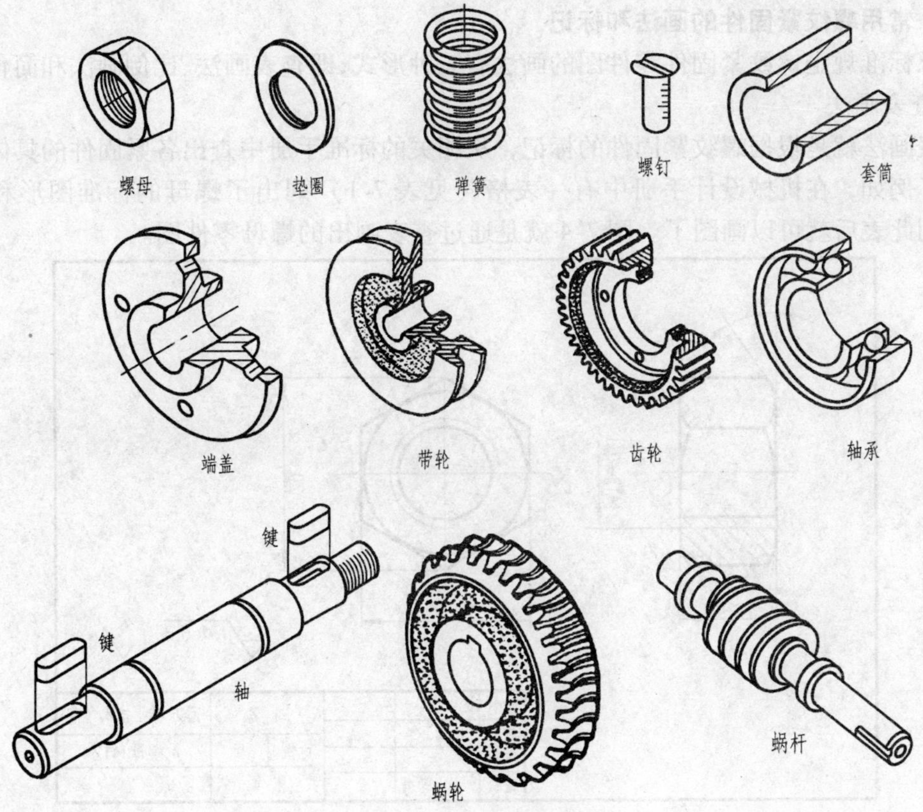

图 7-2　常用零件结构直观图

第一节　螺纹紧固件

螺纹的主要功能之一，就是通过内外螺纹结构起连接作用。图 7-3 所示为螺纹紧固件的直观图。

图 7-3　螺纹紧固件的直观图

一、常用螺纹紧固件的画法和标记

国家标准规定螺纹紧固件零件图的画法有三种形式,即查表画法、比例画法和简化画法。

1. 查表画法

查表画法就是根据螺纹紧固件的标记,从相关的标准手册中查出各紧固件的具体尺寸后再画图。例如,在机械设计手册中有一表格(见表7-1)列出了螺母的标准图形和系列尺寸,查到此表后就可以画图了。图7-4就是通过查表画出的螺母零件图。

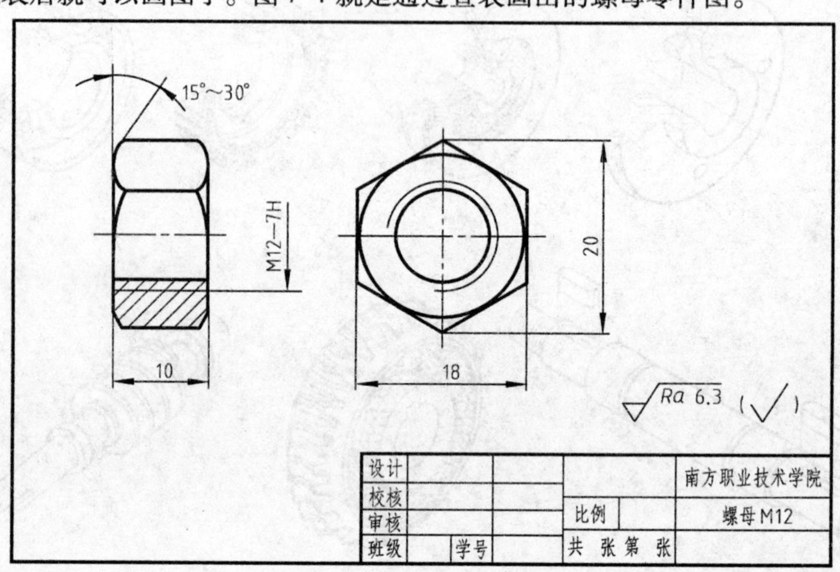

图7-4 用查表法画螺母零件图

表7-1 六角螺母的结构图与系列尺寸

六角螺母 C级(GB/T 41—2000)

标准图形

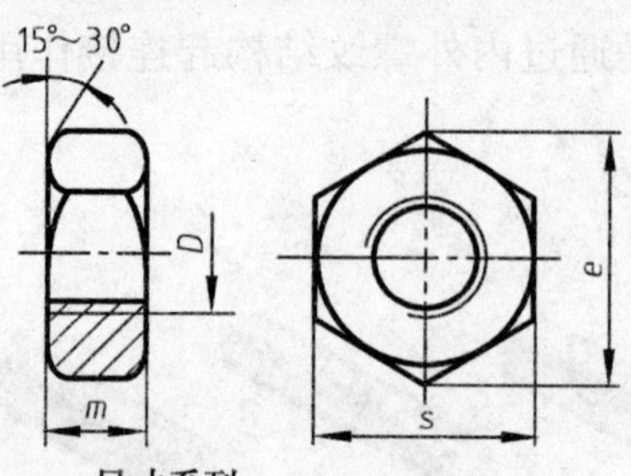

尺寸系列 (单位:mm)

螺纹规格 D		M4	M5	M6	M8	M10	M12	M16	M20	M24	M30	M36	M42	M48
s_{max}		7	8	10	13	16	18	24	30	36	46	55	65	75
e_{min}	A、B级	7.66	8.79	11.05	14.38	17.77	20.03	26.75	32.95	39.55	50.85	60.79	71.3	82.6
	C级	—	8.63	10.89	14.2	17.59	19.85	26.17	32.95	39.55	50.85	60.79	71.3	82.6
m_{max}	A、B级	3.2	4.7	5.2	6.8	8.4	10.8	14.8	18	21.5	25.6	31	34	38
	C级	—	5.6	6.4	7.9	9.5	12.2	15.9	19	22.3	26.4	31.9	34.9	38.9

注:1. A级用于 $D \leqslant 16$mm 的螺母;B级用于 $D > 16$mm 的螺母;C级用于 $D \geqslant 5$mm 的螺母。

2. 螺纹公差:A、B级为6H,C级为7H;力学性能等级:A、B级为6、8、10级,C级为4、5级。

3. 均为粗牙螺纹。

螺母标记示例:螺母 GB/T 41 M12

标记含义:螺纹规格 D=M12、性能等级为5级、不经表面处理、产品等级为C级的六角螺母。

螺纹紧固件的标记如图 7-5 所示。在下面列举的螺纹紧固件标记中，逐一解释了标记的含义。请读者注意正确标注。

（1）标记示例：螺栓　GB/T 5782—2000　M24×100

紧固件名称是螺栓，其标准代号为 GB/T 5782—2000，公称直径为 24mm，粗牙普通螺纹，公称长度 100mm。查阅相应标准（见表 7-2），可进一步知道该螺栓的详细规格尺寸和各种技术参数。

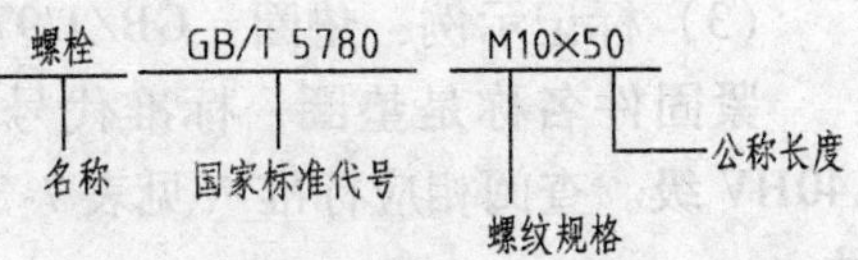

图 7-5　螺纹紧固件的标记说明

表 7-2　螺栓结构图与系列尺寸

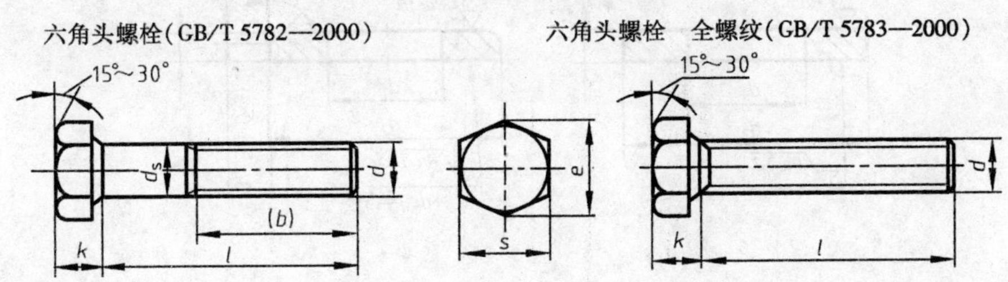

标记示例

螺纹规格 d = M12、公称长度 l = 80mm、性能等级为 8.8 级、表面氧化、产品等级为 A 级的六角头螺栓

螺栓　GB/T 5782　M12×80

螺纹规格 d = M12、公称长度 l = 80mm、性能等级为 8.8 级、表面氧化、全螺纹、产品等级为 A 级的六角头螺栓

螺栓　GB/T 5783　M12×80

（单位：mm）

螺纹规格	d		M4	M5	M6	M8	M10	M12	M16	M20	M24	M30	M36	M42	M48
$b_{参考}$	$l \leqslant 125$		14	16	18	22	26	30	38	46	54	66	—	—	—
	$125 < l \leqslant 200$		20	22	24	28	32	36	44	52	60	72	84	96	108
	$l > 200$		33	35	37	41	45	49	57	65	73	85	97	109	121
k			2.8	3.5	4	5.3	6.4	7.5	10	12.5	15	18.7	22.5	26	30
d_{smax}			4	5	6	8	10	12	16	20	24	30	36	42	48
s_{max}			7	8	10	13	16	18	24	30	36	46	55	65	75
e_{min}	产品等级	A	7.66	8.79	11.05	14.38	17.77	20.03	26.75	33.53	39.98	—	—	—	—
		B	—	8.63	10.89	14.2	17.59	19.85	26.17	32.95	39.55	50.85	60.79	72.02	82.6
l 范围	GB/T 5782		25~40	25~50	30~60	40~80	45~100	50~120	65~160	80~200	90~240	110~300	140~360	160~440	180~480
	GB/T 5783		8~40	10~50	12~60	16~80	20~100	25~120	30~200	40~200	50~200	60~200	70~200	80~200	100~200
l 系列	GB/T 5782		20~65（5 进位）、70~160（10 进位）、180~400（20 进位）；l 小于最小值时，全长制螺纹												
	GB/T 5783		8、10、12、16、18、20~65（5 进位）、70~160（10 进位）、180~500（20 进位）												

注：1. 末端倒角按 GB/T 2—2001 规定。

2. 螺纹公差：6g；力学性能等级：8.8。

3. 产品等级：A 级用于 d = 1.6~24mm 和 $l \leqslant 10d$ 或 $l \leqslant 150$mm（按较小值）；B 级用于 $d > 24$mm 或 $l > 10d$ 或 > 150mm（按较小值）的螺栓。

4. 螺纹均为粗牙。

（2）标记示例：螺母　GB/T 6170—2000　M20

紧固件名称是螺母，标准代号为 GB/T 6170—2000，粗牙普通螺纹，公称直径为 20mm。

（3）标记示例：垫圈　GB/T 97.1　8　140HV

紧固件名称是垫圈，标准代号是 GB/T 97.1—2002，公称尺寸 $d=8\text{mm}$，性能等级为 140HV 级。查阅相应标准（见表 7-3），可进一步知道该垫圈的详细规格尺寸和各种技术参数。

表 7-3　垫圈结构图与系列尺寸

平垫圈—A 级（GB/T 97.1—2002）　　平垫圈　倒角型—A 级（GB/T 97.2—2002）

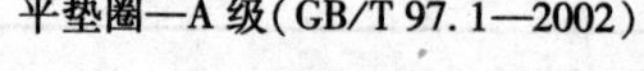

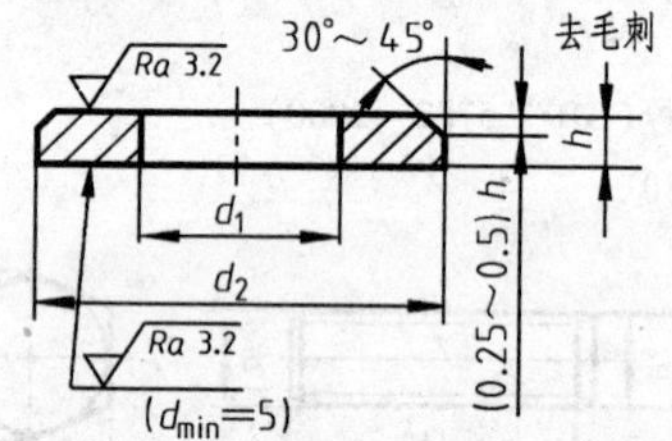

标记示例

标准系列、公称规格 8mm、硬度等级为 200HV 级、不经表面处理的 A 级平垫圈

垫圈　GB/T 97.1　8

（单位：mm）

公称尺寸（螺纹规格）d	3	4	5	6	8	10	12	14	16	20	24	30	36
内径 d_1	3.2	4.3	5.3	6.4	8.4	10.5	13	15	17	21	25	31	37
外径 d_2	7	9	10	12	16	20	24	28	30	37	44	56	66
厚度 h	0.5	0.8	1	1.6	1.6	2	2.5	2.5	3	3	4	4	5

（4）标记示例：螺钉　GB/T 65　M5×20

紧固件名称是螺钉，标准代号为 GB/T 65—2000，公称尺寸 $d=5\text{mm}$，公称长度 $l=20\text{mm}$。表 7-4 为螺钉的相关标准尺寸。

表 7-4　螺钉结构图与系列尺寸

开槽圆柱头螺钉（GB/T 65—2000）

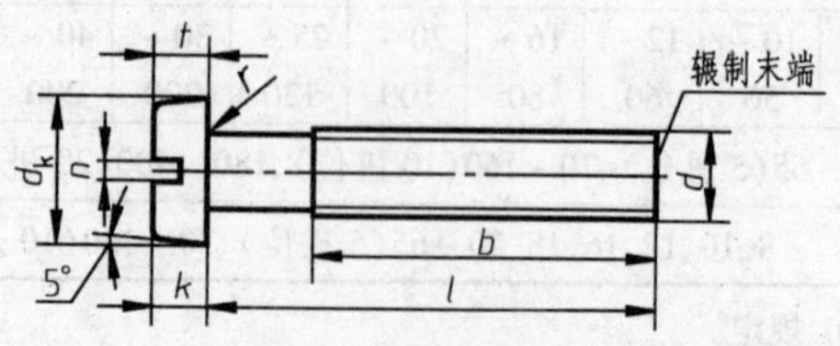

标记示例

螺纹规格 $d=\text{M5}$、公称长度 $l=20\text{mm}$、性能等级为 4.8 级、不经表面处理的 A 级开槽圆柱头螺钉

螺钉　GB/T 65　M5×20

（续）

（单位：mm）

螺纹规格 d	M4	M5	M6	M8	M10
P(螺距)	0.7	0.8	1	1.25	1.5
b	38	38	38	38	38
d_k	7	8.5	10	13	16
k	2.6	3.3	3.9	5	6
n	1.2	1.2	1.6	2	2.5
r	0.2	0.2	0.25	0.4	0.4
t	1.1	1.3	1.6	2	2.4
公称长度 l	5 ~ 40	6 ~ 50	8 ~ 60	10 ~ 80	12 ~ 80
l(系列)	5,6,8,10,12,(14),16,20,25,30,35,40,45,50,(55),60,(65),70(75),80				

注：1. 公称长度 l≤40mm 的螺钉，制出全螺纹。

2. 螺纹规格 d = M1.6 ~ M10；公称长度 l = 2 ~ 80mm。

3. 括号内的规格尽可能不采用。

开槽盘头螺钉(GB/T 67—2000)

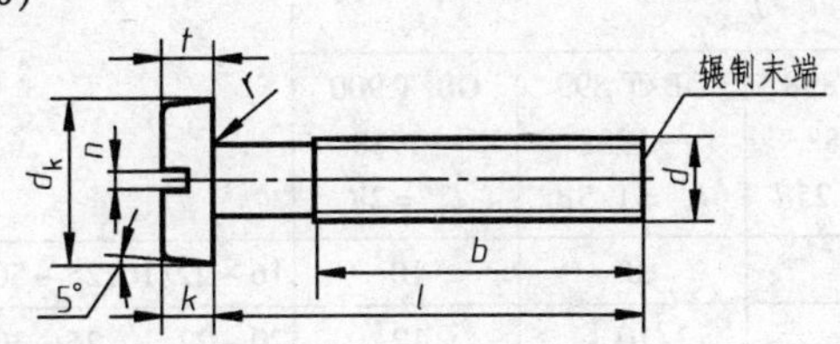

标记示例

螺纹规格 d = M5、公称长度 l = 20mm、性能等级为 4.8 级、不经表面处理的 A 级开槽盘头螺钉。

螺钉　GB/T 65　M5 × 20

（单位：mm）

螺纹规格 d	M1.6	M2	M2.5	M3	M4	M5	M6	M8	M10
P(螺距)	0.35	0.4	0.45	0.5	0.7	0.8	1	1.25	1.5
b	25	25	25	25	38	38	38	38	38
d_k	3.2	4	5	5.6	8	9.5	12	16	20
k	1	1.3	1.5	1.8	2.4	3	3.6	4.8	6
n	0.4	0.5	0.6	0.8	1.2	1.2	1.6	2	2.5
r	0.1	0.1	0.1	0.1	0.2	0.2	0.25	0.4	0.4
t	0.35	0.5	0.6	0.7	1	1.2	1.4	1.9	2.4
公称长度 l	2 ~ 16	2.5 ~ 20	3 ~ 25	4 ~ 30	5 ~ 40	6 ~ 50	8 ~ 60	10 ~ 80	12 ~ 80
l(系列)	2,2.5,3,4,5,6,8,10,12,(14),16,20,25,30,35,40,45,50,(55),60,(65),70,(75),80								

注：1. M1.6 ~ M3 的螺钉，公称长度 l≤30mm 的，制出全螺纹；M4 ~ M10 的螺钉，公称长度 l≤40mm 的，制出全螺纹。

2. 括号内的规格尽可能不采用。

（5）标记示例：螺柱　GB/T 897—1988　M10×50

紧固件名称是螺柱，两端均为粗牙普通螺纹，公称尺寸 $d=10\text{mm}$，$l=50\text{mm}$，B 型，$b_m=1d$。其他相关尺寸可查阅标准。表 7-5 所示为螺柱的标准系列尺寸。

表 7-5　螺柱结构图与系列尺寸

双头螺柱（GB/T 897—1988 ~ GB/T 900—1988）

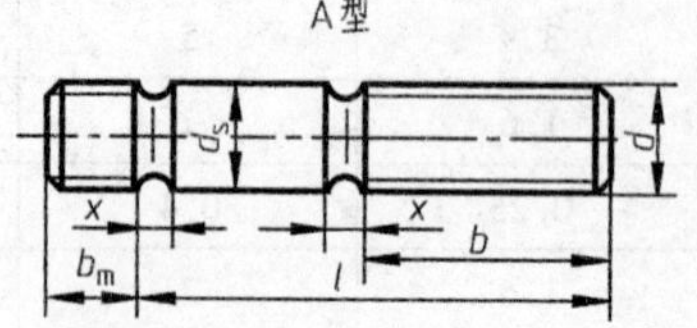

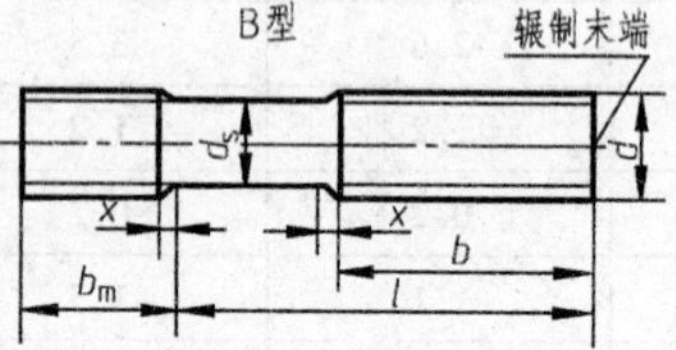

末端按 GB/T 2 规定；$d_s \approx$ 螺纹中径（仅适用于 B 型）；$x_{max}=1.5P$（螺距）

标记示例

两端均为粗牙普通螺纹，$d=10\text{mm}$，$l=50\text{mm}$，性能等级为 4.8 级，不经表面处理，B 型，$b_m=1.25d$ 的双头螺柱

螺柱　GB/T 898—1988　M10×1×50

旋入机体一端为粗牙普通螺纹、旋螺母一端为螺距 $P=1\text{mm}$ 的细牙普通螺纹，$d=10\text{mm}$，$l=5\text{mm}$，性能等级为 4.8 级、不经表面处理，A 型，$b_m=1.25d$ 的双头螺柱

螺柱　GB/T 898—1988　AM10—M10×1×50

螺纹规格	b_m				l/b
	GB/T 897—1988 $b_m=d$	GB/T 898—1988 $b_m=1.25d$	GB/T 899—1988 $b_m=1.5d$	GB/T 900—1988 $b_m=2d$	
M5	5	6	8	10	16 ~ 22/10, 25 ~ 50/16
M6	6	8	10	12	20 ~ 22/10, 25 ~ 30/14, 32 ~ 75/18
M8	8	10	12	16	20 ~ 22/12, 25 ~ 30/16, 32 ~ 90/22
M10	10	12	15	20	25 ~ 28/14, 30 ~ 38/16, 40 ~ 120/26, 130/32
M12	12	15	18	24	25 ~ 30/16, 32 ~ 40/20, 45 ~ 120/30, 130 ~ 180/36
(M14)	14	18	21	28	30 ~ 35/18, 38 ~ 50/25, 55 ~ 120/34, 130 ~ 180/40
M16	16	20	24	32	30 ~ 35/20, 40 ~ 55/30, 60 ~ 120/38, 130 ~ 200/44
(M18)	18	22	27	36	35 ~ 40/22, 45 ~ 60/35, 65 ~ 120/42, 130 ~ 200/48
M20	20	25	30	40	35 ~ 40/25, 45 ~ 65/35, 70 ~ 120/46, 130 ~ 200/52
(M22)	22	28	33	44	40 ~ 55/30, 50 ~ 70/40, 75 ~ 120/50, 130 ~ 200/56
M24	24	30	36	48	45 ~ 50/30, 55 ~ 75/45, 80 ~ 120/54, 130 ~ 200/60
(M27)	27	35	40	54	50 ~ 60/35, 65 ~ 85/50, 90 ~ 120/60, 130 ~ 200/66
M30	30	38	45	60	60 ~ 65/40, 70 ~ 90/50, 95 ~ 120/66, 130 ~ 200/72
(M33)	33	41	49	66	65 ~ 70/45, 75 ~ 95/60, 100 ~ 120/72, 130 ~ 200/78
M36	36	45	54	72	65 ~ 75/45, 80 ~ 110/60, 130 ~ 200/84, 210 ~ 300/97
(M39)	39	49	58	78	70 ~ 80/50, 85 ~ 120/65, 120/90, 210 ~ 300/103
M42	42	52	64	84	70 ~ 80/50, 85 ~ 120/70, 130 ~ 200/96, 210 ~ 300/109
M48	48	60	72	96	80 ~ 90/60, 95 ~ 110/80, 130 ~ 200/108, 210 ~ 300/121
l(系列)	16,(18),20,(22),25,(28),30,(32),35,(38),40,45,50,(55),60,(65),70,(75),80,(85),90,(95),100,110,120,130,140,150,160,170,180,190,200,210,220,230,240,250,260,270,280,290,300				

注：1. 尽可能不采用括号内的规格。

2. P——粗牙螺纹的螺距。

2. 比例画法

图 7-6 所示为以螺纹公称直径为主要参数，并分别按一定的比例画出的螺纹紧固件图形。

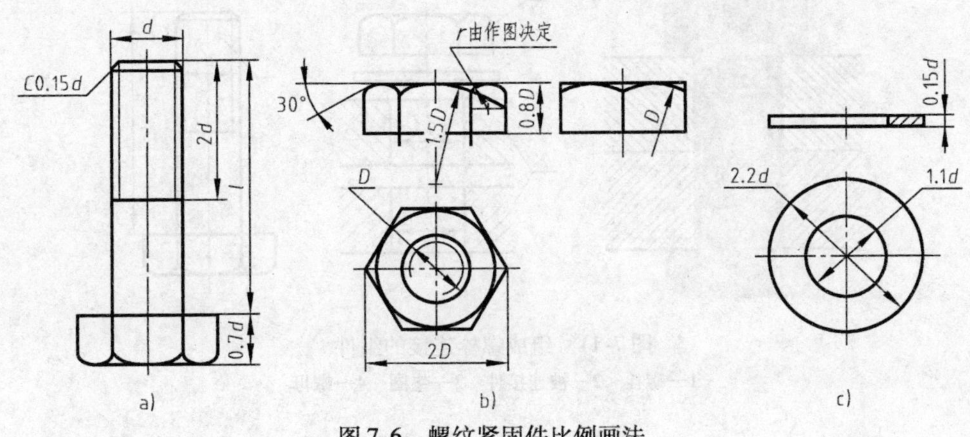

图 7-6　螺纹紧固件比例画法

a）螺栓　b）螺母　c）垫圈

3. 简化画法

图 7-7 ~ 图 7-10 所示为螺纹紧固件的简化画法。

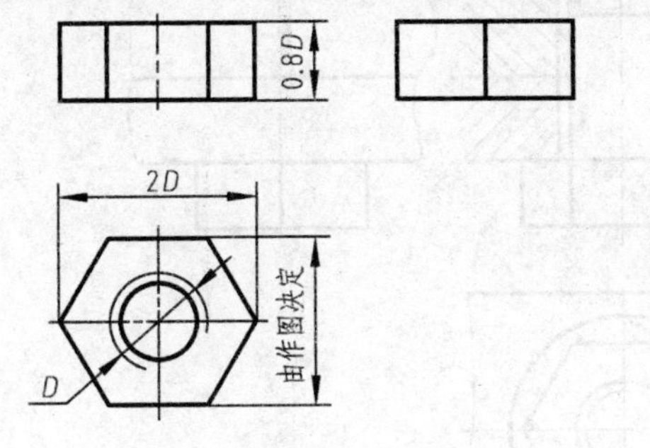

图 7-7　螺母的简化画法

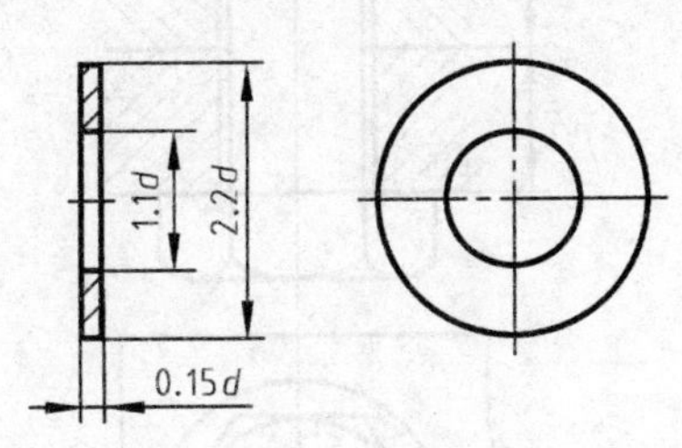

图 7-8　垫圈的简化画法

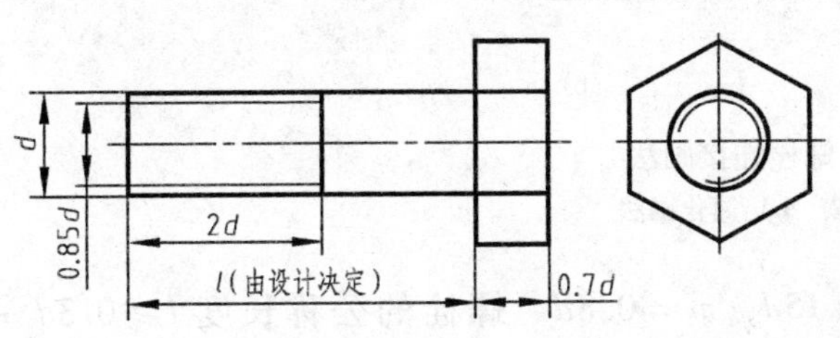

图 7-9　螺栓的简化画法

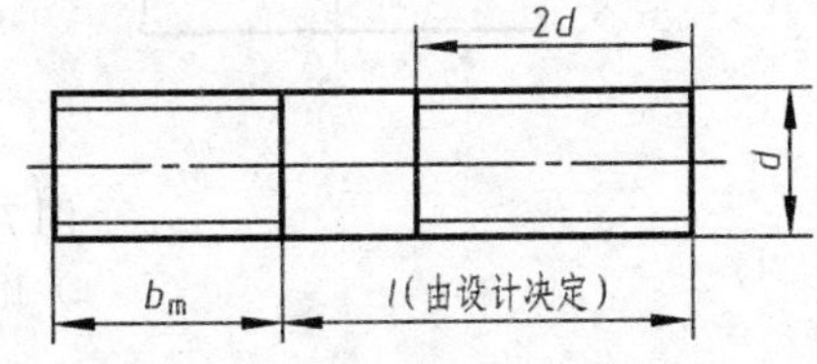

b_m 由材料决定：钢与青铜 $b_m = d$，铸铁 $b_m = 1.25d$，铸铁或铝合金 $b_m = 1.5d$，铝合金 $b_m = 2d$

图 7-10　螺柱的简化画法

二、螺纹紧固件连接的画法

螺纹紧固件及其连接，是用一对内、外螺纹的连接作用来连接或紧固一些零件。螺纹连接是工程上应用最广泛的连接方式，属于可拆连接。常用的螺纹紧固件包括螺栓、双头螺柱、螺钉、螺母和垫圈等。

1. 螺栓连接画法

螺栓连接画法如图 7-11 和图 7-12 所示。

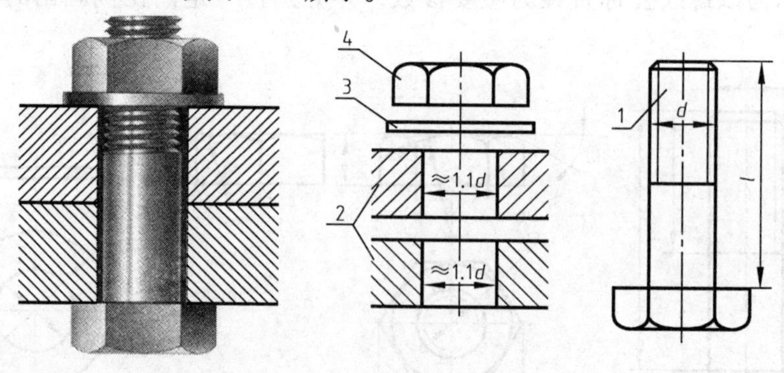

图 7-11 组成螺栓连接的组件

1—螺栓 2—被连接件 3—垫圈 4—螺母

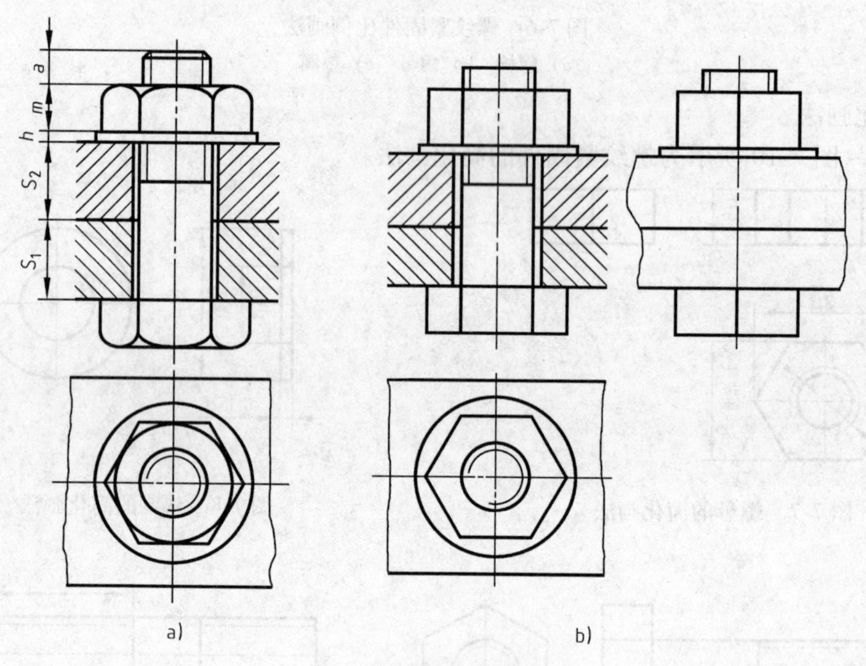

图 7-12 螺栓连接画法

a）比例画法 b）简化画法

螺栓连接比例画法中 $a=0.3d$、$h=0.15d$，$m=0.8d$。螺栓的公称长度 $l \geqslant 0.3d+0.15d+0.8d+S_1+S_2$，按此式计算出的螺栓长度，还应根据螺栓的标准长度系列，选取标准长度值。标准长度系列见表 7-2。

2. 螺柱连接画法

螺柱连接画法如图 7-13 所示。

螺柱的公称长度 $l \geqslant h(0.5d)+m(0.8d)+a(0.3d)+\delta$，按此式计算后，再从相关手册中选取合适的标准长度。

3. 螺钉连接画法

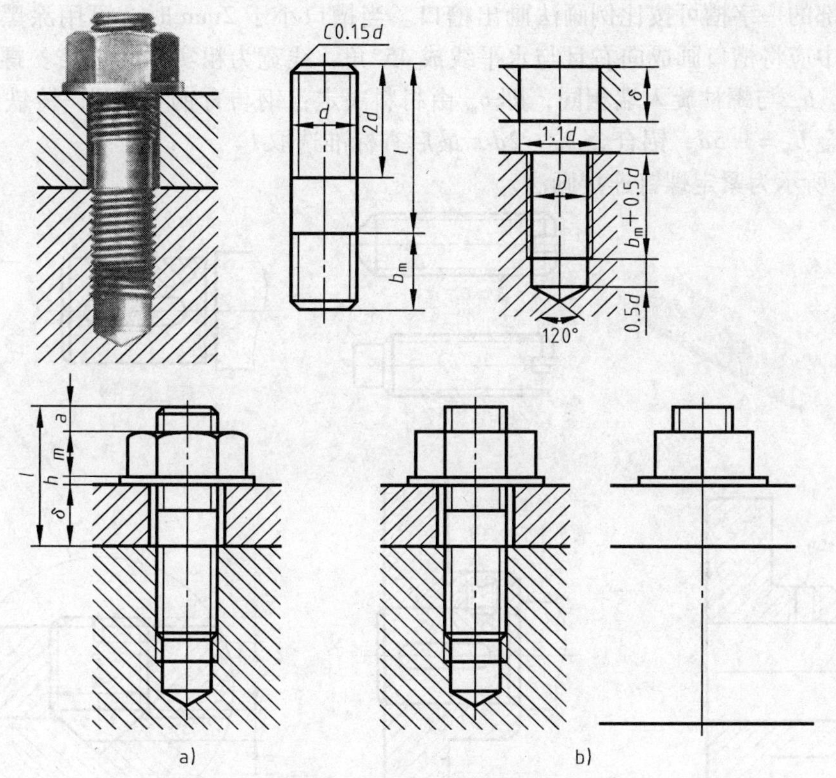

图 7-13 螺柱连接画法

a）比例画法 b）简化画法

螺钉连接与螺柱连接类似，但不需要螺母。螺钉用来连接不经常拆卸和受力较小的零件。螺钉连接画法如图 7-14 所示。

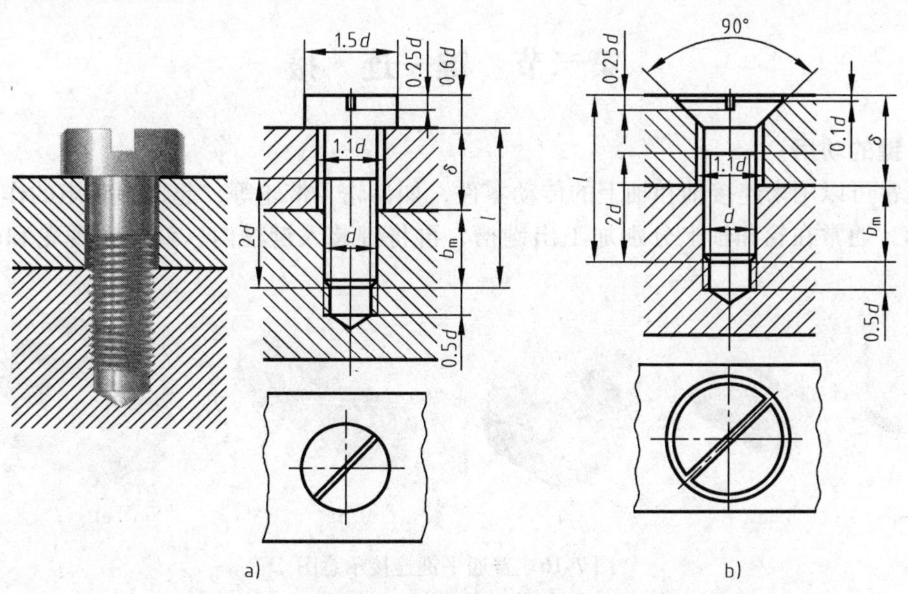

图 7-14 螺钉连接画法

a）开槽圆柱头螺钉连接 b）开槽沉头螺钉连接

螺钉头部的一字槽可按比例画法画出槽口。当槽口小于 2mm 时，可用涂黑的粗实线绘制。俯视图中应将槽口画成向右且与水平线成 45°角，线宽为粗实线的 2 倍。螺钉的公称长度 $l \geqslant \delta + b_m$。b_m 与螺柱旋入端相同，即 b_m 由材料决定：钢与青铜 $b_m = d$，铸铁 $b_m = 1.25d$，铸铁或铝合金 $b_m = 1.5d$，铝合金 $b_m = 2d$，最后查标准选取 l。

图 7-15 所示为紧定螺钉连接画法。

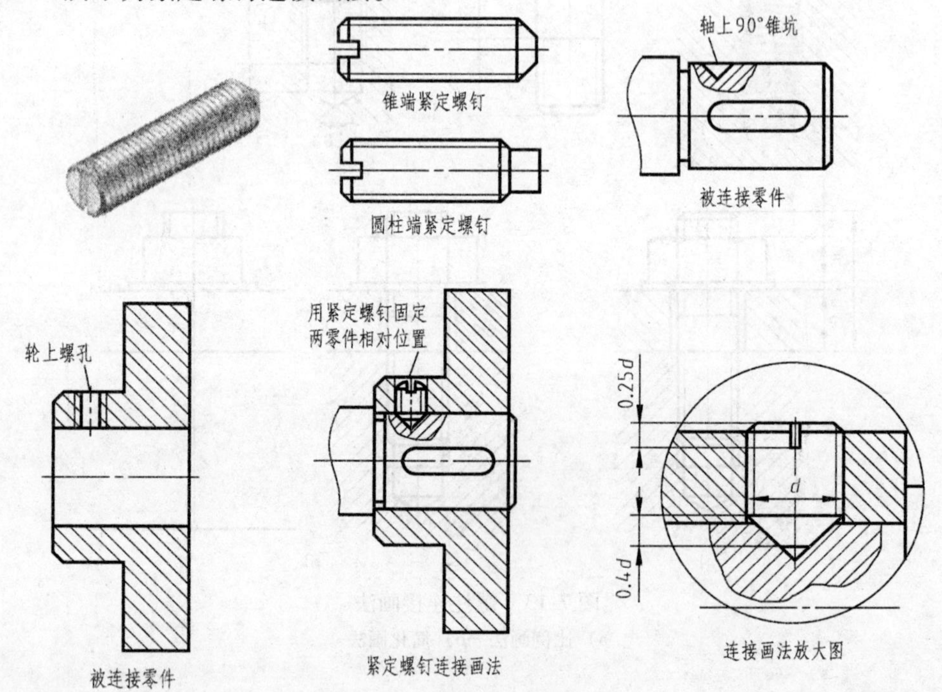

图 7-15　紧定螺钉连接画法

第二节　键　连　接

一、键的功用

键通常可以用来连接轴和轴上的传动零件，如齿轮、带轮等，起传递转矩的作用。如图 7-16 所示，通常在轮和轴上分别加工出键槽，再将键装入键槽内，就可实现轮和轴的共同转动。

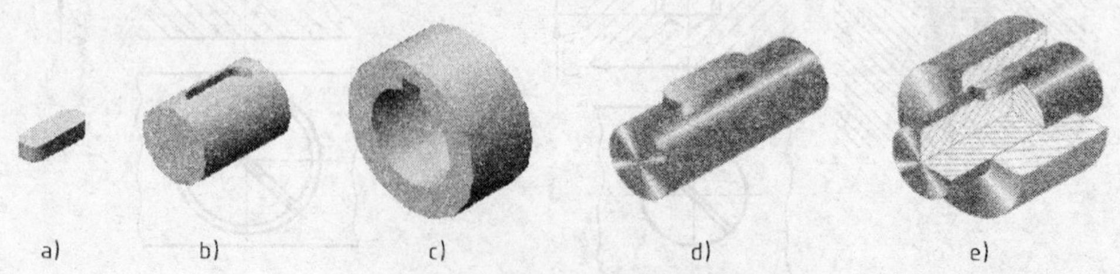

图 7-16　普通平键连接示意图

a）键　b）在轴上加工键槽　c）在轮毂上加工键槽

d）将键嵌入槽内　e）键与轴同时装入轮毂

二、键的种类、图例与标记

常用键有普通平键、半圆键和钩头楔键等，当需要传递较大的动力，并且被连接零件之间的同轴度和沿轴向的导向性要求较高时，可使用花键。它们的结构形式如图 7-17 所示。键的图例与标记见表 7-6。

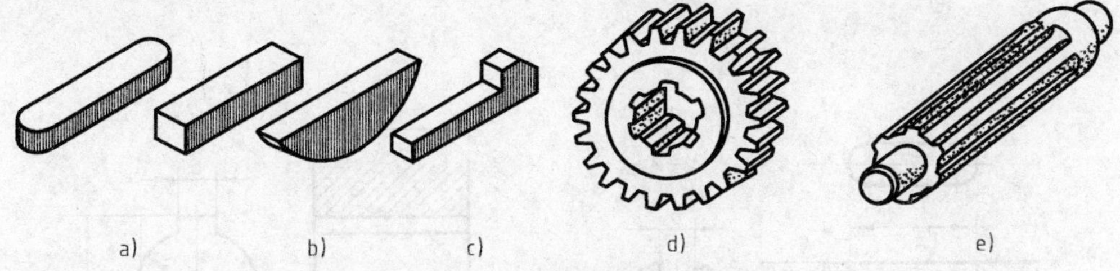

图 7-17　各种键的结构

a）普通平键　b）半圆键　c）钩头楔键　d）内花键　e）外花键

表 7-6　键的图例与标记示例

图　例	标记示例
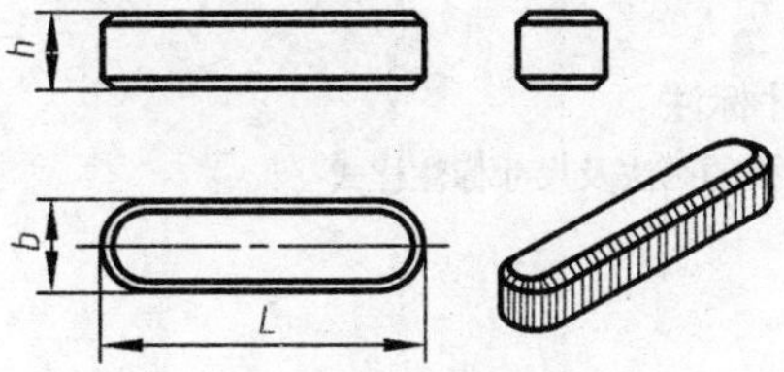	普通平键（GB/T 1096—2003） $b=8\text{mm}$、$h=7\text{mm}$、$L=25\text{mm}$ 的普通平键（A 型）标记为： GB/T 1096　键 8×7×25
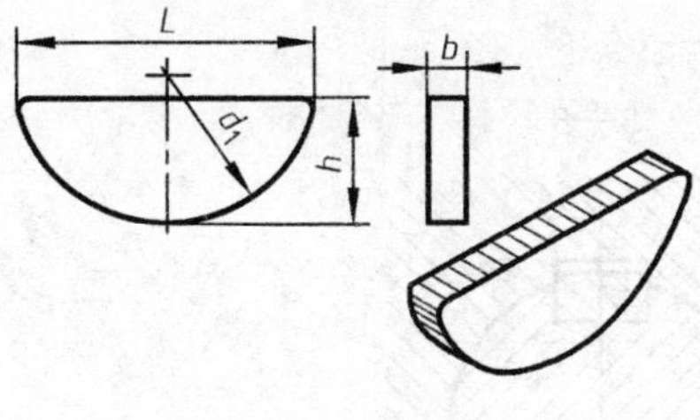	半圆键（GB/T 1099.1—2003） $b=6\text{mm}$、$h=10\text{mm}$、$D=25\text{mm}$ 的半圆键标记为： GB/T 1099.1　键 6×10×25
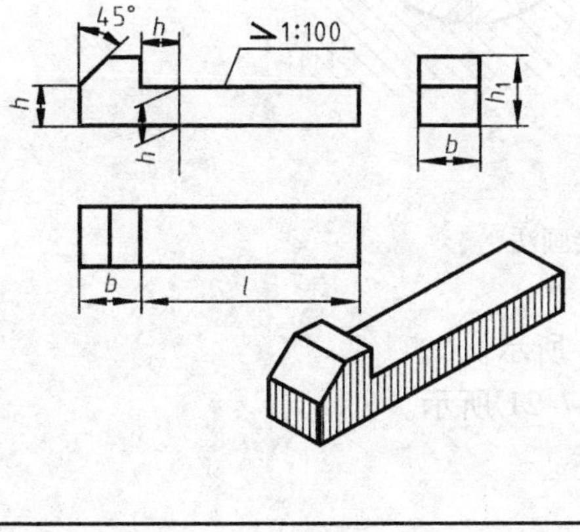	钩头楔键（GB/T 1565—2003） $b=16\text{mm}$、$h=10\text{mm}$、$L=100\text{mm}$ 的钩头楔键标记为： GB/T 1585　键 16×100

三、键槽的画法和尺寸标注

键槽的形式和尺寸，已因键的标准化而有相应的标准，设计或测绘时，可根据被连接轴的轴径查表得到相关尺寸。键长与轴上的键槽长，应根据轮毂宽在键的长度标准系列中选用（键长小于轮毂宽）。键槽的画法与尺寸标注如图 7-18 所示。

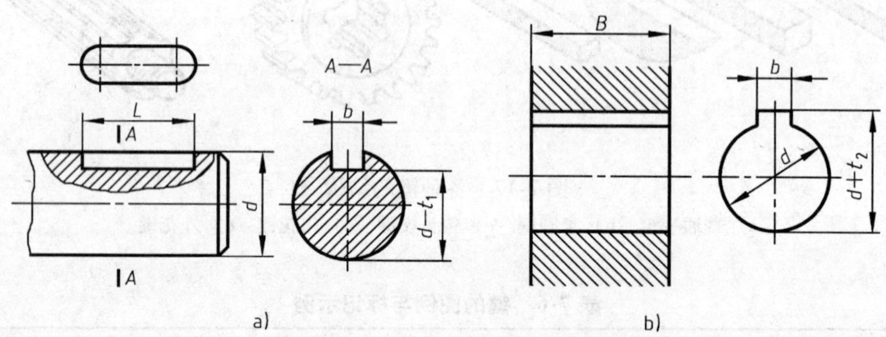

图 7-18　键槽的画法与尺寸标注

a）轴上键槽的画法及尺寸标注样式　b）轮上键槽的画法及尺寸标注样式

四、键连接画法

（1）普通平键连接画法　普通平键连接画法如图 7-19 所示。普通平键及键槽各部分系列尺寸与相应公差见表 7-7。

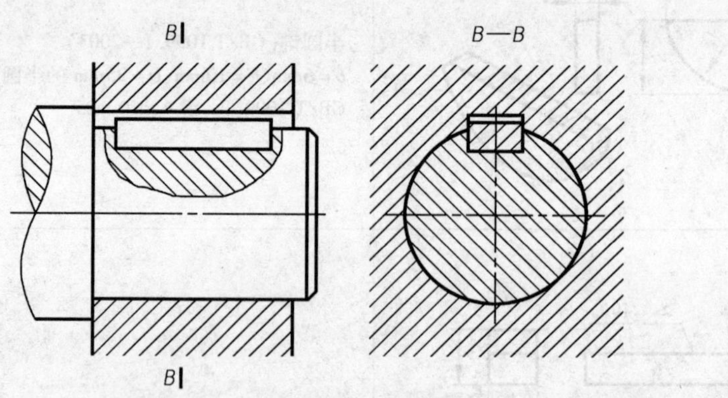

图 7-19　普通平键连接画法

（2）半圆键连接画法　半圆键连接画法如图 7-20 所示。

（3）钩头楔键连接画法　钩头楔键连接画法如图 7-21 所示。

（4）花键连接画法　花键连接画法如图 7-22 所示。

表 7-7　平键　键槽的剖面尺寸

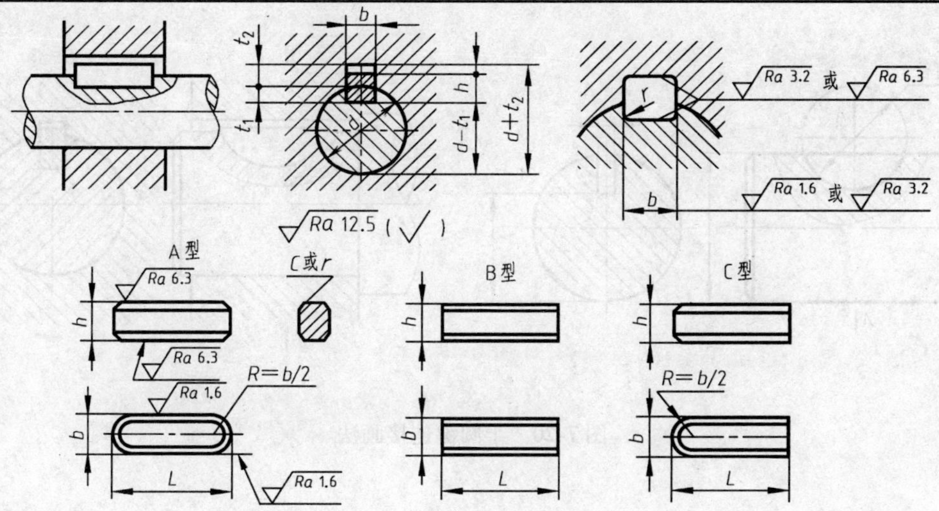

标记示例

GB/T 1096　键 16×100（圆头普通平键、b = 16mm、h = 10mm、L = 100mm）

GB/T 1096　键 B16×100（平头普通平键、b = 16mm、h = 10mm、L = 100mm）

GB/T 1096　键 C16×100（单圆头普通平键、b = 16mm、h = 10mm、L = 100mm）

（单位：mm）

轴	键		键槽											
公称直径 d	键尺寸 $b\times h$	长度 L	宽度（b）基本尺寸 b	极限偏差 松连接 轴 H9	松连接 毂 D10	正常连接 轴 N9	正常连接 毂 JS9	紧密连接 轴和毂 P9	深度 轴 t_1 公称尺寸	轴 t_1 极限偏差	毂 t_2 公称尺寸	毂 t_2 极限偏差	半径 r 最大	半径 r 最小
>10～12	4×4	8～45	4						2.5	+0.1	1.8		0.08	0.16
>12～17	5×5	10～56	5	+0.030 0	+0.078 +0.030	0 −0.030	±0.015	−0.012 −0.042	3.0		2.3	+0.1 0		
>17～22	6×6	14～70	6						3.5		2.8		0.16	0.25
>22～30	8×7	18～90	8	+0.036 0	+0.098 +0.040	0 −0.036	±0.018	−0.015 −0.051	4.0		3.3			
>30～38	10×8	22～110	10						5.0		3.3			
>38～44	12×8	28～140	12						5.0		3.3			
>44～50	14×9	36～160	14	+0.043 0	+0.120 +0.050	0 −0.043	±0.022	−0.018 −0.061	5.5		3.8		0.25	0.40
>50～58	16×10	45～180	16						6.0	+0.2 0	4.3	+0.2 0		
>58～65	18×11	50～200	18						7.0		4.4			
>65～75	20×12	56～220	20						7.5		4.9			
>75～85	22×14	63～250	22	+0.052 0	+0.149 +0.065	0 −0.052	±0.026	−0.022 −0.074	9.0		5.4			
>85～95	25×14	70～280	25						9.0		5.4		0.40	0.60
>95～110	28×16	80～320	28						10		6.4			
$L_{系列}$	6～22（2 进位）、25、28、32、36、40、45、50、56、63、70、80、90、100、110、125、140、160、180、200、220、250、280、320、360、400、450、500													

注：1.（$d-t_1$）和（$d+t_2$）两组组合尺寸的极限偏差按相应的 t_1 和 t_2 的极限偏差选取，但（$d-t_1$）极限偏差应取负号（−）。

2. 键宽 b 的极限偏差为 h8，键高 h 的极限偏差，矩形为 h11，方形为 h8，键长 L 的极限偏差为 h14。

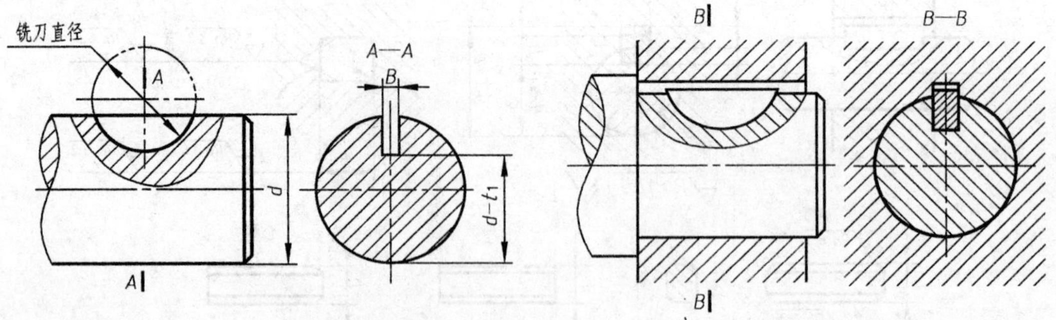

图 7-20　半圆键连接画法

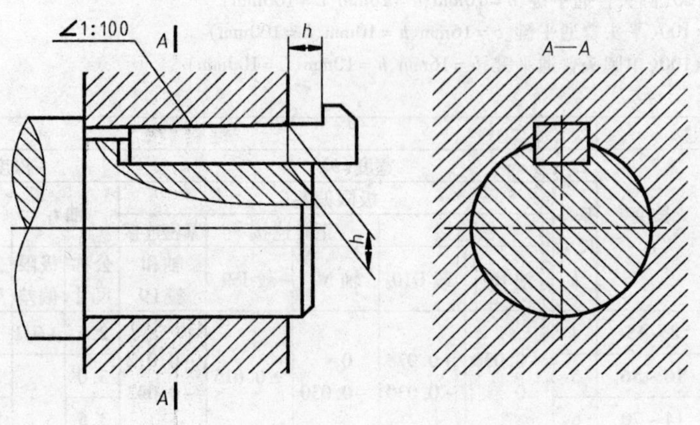

图 7-21　钩头楔键连接画法

花键标注方法有以下两种：

第一种，直接在图上标注有关规格尺寸，如大径 D、小径 d、键宽 b、齿数 Z、工作长度 L。

第二种，用引线标注出花键代号。代号⎍ $6\times23\,\dfrac{H7}{f7}\times26\,\dfrac{H10}{a11}\times6\,\dfrac{H11}{d11}$中，第一项图形符号表示花键类型为矩形花键（渐开线花键用符号⎍表示），第二项表示内、外花键的齿数，第三、四、五项分别表示内、外花键的小径、大径、齿宽及其公差带代号。比较小径和大径的配合要求可知，小径的配合要求要远远高于大径的配合要求，可见矩形花键是以小径定心的。

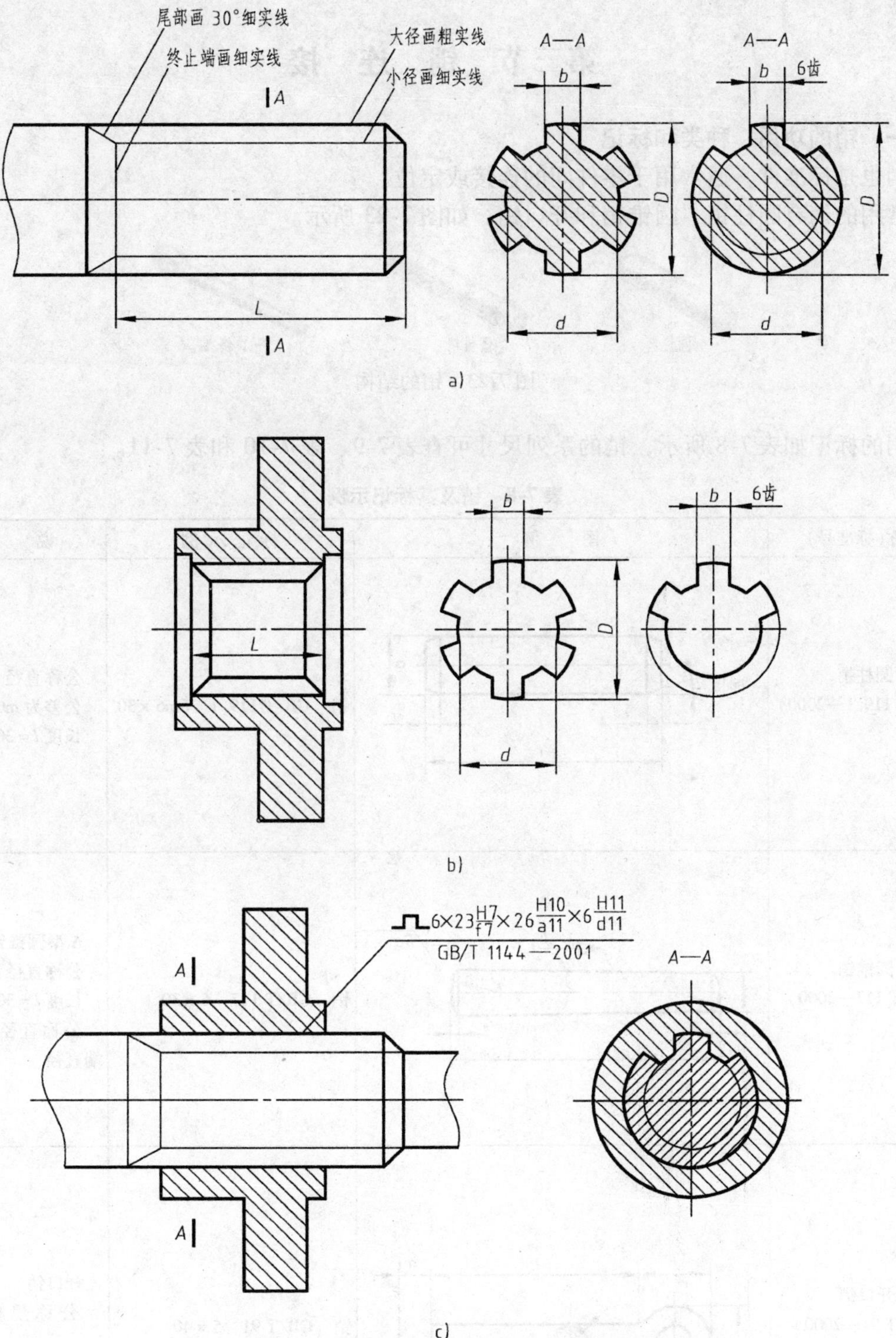

图 7-22　内、外花键及花键连接画法及尺寸标注样式

a）外花键的画法及尺寸标注样式　b）内花键的画法及尺寸标注样式

c）花键连接画法及尺寸标注样式

第三节　销　连　接

一、销的功用、种类和标记

销也是标准件，通常用于零件间的连接或定位。

常用的销有圆柱销、圆锥销和开口销，如图7-23所示。

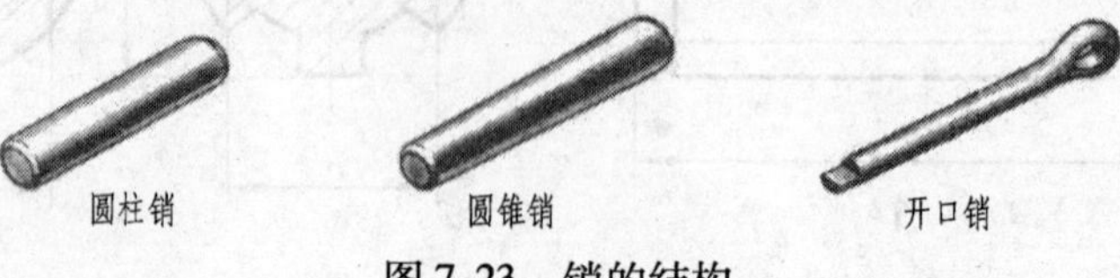

图7-23　销的结构

销的标记如表7-8所示，销的系列尺寸可查表7-9、表7-10和表7-11。

表7-8　销及其标记示例

名称(标准号)	图　例	标记示例	说　明
圆柱销 (GB/T 119.1—2000)	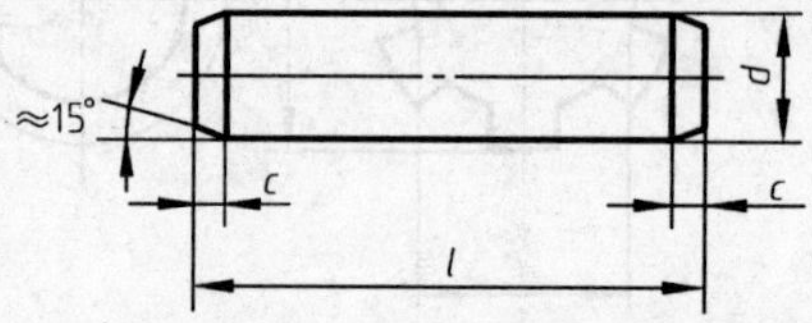	销　GB/T 119.1　6m6×30	公称直径 $d=6$mm 公差为m6 长度 $l=30$mm
圆锥销 (GB/T 117—2000)	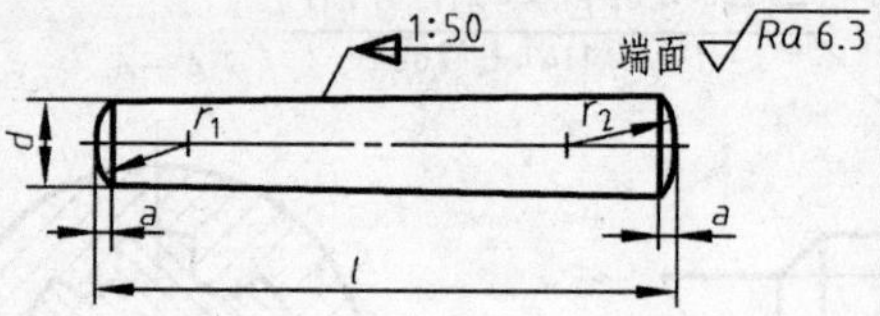	销　GB/T 117　6×30	A型圆锥销 公称直径 $d=6$mm 长度 $l=30$mm 公称直径 d 为小端直径
开口销 (GB/T 91—2000)	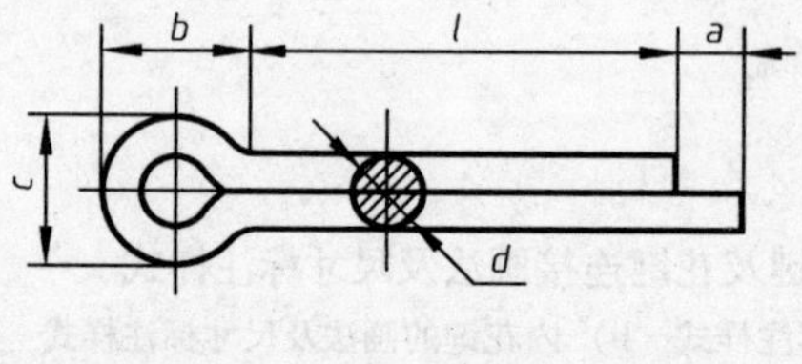	销　GB/T 91　5×40	开口销 公称规格为 = 5mm 长度 $l=40$mm

表 7-9 圆柱销系列尺寸

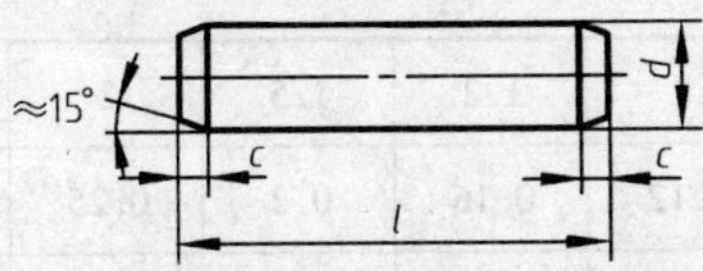

标记示例

公称直径 $d=6$mm、公差为 m6、公称长度 $l=30$mm、材料为钢、不经淬火、不经表面处理的圆柱销

销 GB/T 119.1 6m6×30

公称直径 $d=6$mm、公差为 m6、公称长度 $l=30$mm、材料为钢、普通淬火（A 型）、表面氧化处理的圆柱销

销 GB/T 119.2 6×30

（单位：mm）

d（公称）		1.5	2	2.5	3	4	5	6	8
c≈		0.3	0.35	0.4	0.5	0.63	0.8	1.2	1.6
l（商品长度范围）	GB/T 119.1	4~16	6~20	6~24	8~30	8~40	10~50	12~60	14~80
	GB/T 119.2	4~16	5~20	6~24	8~30	10~40	12~50	14~60	18~80
d（公称）		10	12	16	20	25	30	40	50
c≈		2	2.5	3	3.5	4	5	6.3	8
l（商品长度范围）	GB/T 119.1	18~95	22~140	26~180	35~200 以上	50~200 以上	60~200 以上	80~200 以上	95~200 以上
	GB/T 119.2	22~100 以上	26~100 以上	40~100 以上	50~100 以上	—	—	—	—
l（系列）		3,4,5,6,8,10,12,14,16,18,20,22,24,26,28,30,32,35,40,45,50,55,60,65,70,75,80,85,90,95,100,120,140,160,180,200,……							

注：1. 公称直径 d 的公差：GB/T 119.1—2000 规定为 m6 和 h8，GB/T 119.2—2000 仅有 m6。其他公差由供需双方协议。

2. GB/T 119.2—2000 中淬硬钢按淬火方法不同，分为普通淬火（A 型）和表面淬火（B 型）。

3. 公称长度大于 200mm，按 20mm 递增。

表 7-10 圆锥销系列尺寸

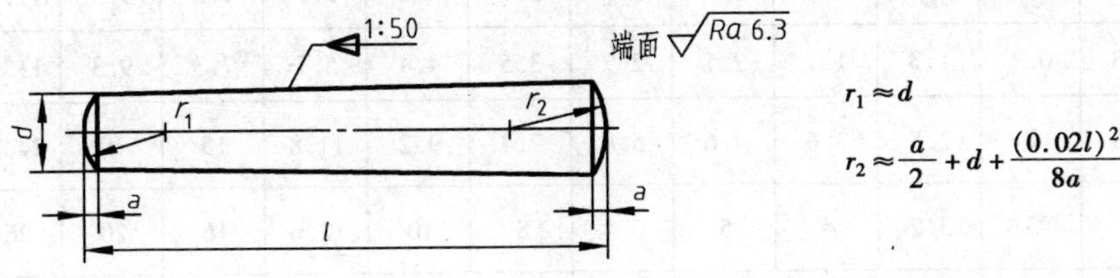

$r_1 \approx d$

$r_2 \approx \frac{a}{2} + d + \frac{(0.02l)^2}{8a}$

标记示例

公称直径 $d=6$mm、公称长度 $l=30$mm、材料为 35 钢、热处理硬度 28~38HRC、表面氧化处理的 A 型圆锥销

销 GB/T 117 6×30

（续）

（单位：mm）

d(公称)	0.6	0.8	1	1.2	1.5	2	2.5	3	4	5
a≈	0.08	0.1	0.12	0.16	0.2	0.25	0.3	0.4	0.5	0.63
l(商品长度范围)	4~8	5~12	6~16	6~20	8~24	10~35	10~35	12~45	14~55	18~60
d(公称)	6	8	10	12	16	20	25	30	40	50
a≈	0.8	1	1.2	1.6	2	2.5	3	4	5	6.3
l(商品长度范围)	22~90	22~120	26~160	32~180	40~200以上	45~200以上	50~200以上	55~200以上	60~200以上	65~200以上
l(系列)	2,3,4,5,6,8,10,12,14,16,18,20,22,24,26,28,30,32,35,40,45,50,55,60,65,70,75,80,85,90,95,100,120,140,160,180,200,……									

注：1. 公称直径 d 的公差规定为 h10，其他公差如 a11，c11 和 f8 由供需双方协议。

2. 圆锥销有 A 型和 B 型。A 型为磨削，锥面表面粗糙度 $Ra=0.8\mu m$，B 型为切削或冷镦，锥面表面粗糙度 $Ra=3.2\mu m$。

3. 公称长度大于 200mm，按 20mm 递增。

表 7-11　开口销系列尺寸

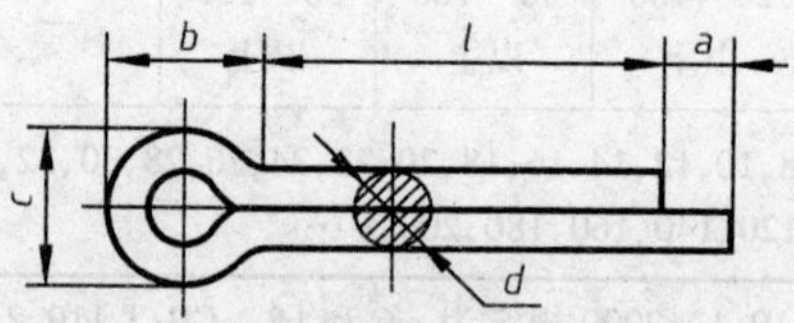

标记示例

公称规格为 5mm、长度 $l=50$mm、材料为低碳钢、不经表面处理的开口销

销　GB/T 91　5×50

（单位：mm）

d		0.8	1	1.2	1.6	2	2.5	3.2	4	5	6.3	8	10	12
d	公称	0.8	1	1.2	1.6	2	2.5	3.2	4	5	6.3	8	10	12
	max	0.7	0.9	1	1.4	1.8	2.3	2.9	3.7	4.6	5.9	7.5	9.5	11.4
	min	0.6	0.8	0.9	1.3	1.7	2.1	2.7	3.5	4.4	5.7	7.3	9.3	11.1
c_{max}		1.4	1.8	2	2.8	3.6	4.6	5.8	7.4	9.2	11.8	15	19	24.8
b		2.4	3	3	3.2	4	5	6.4	8	10	12.6	16	20	26
a_{max}		1.6		2.5				3.2	4				6.3	
$l_{范围}$		5~16	6~20	8~26	8~32	10~40	12~50	14~65	18~80	22~100	30~120	40~160	45~200	70~200
$l_{系列}$		4、5、6~32(2 进位)、36、40~100(5 进位)、120~200(20 进位)												

注：销孔的公称直径等于 $d_{公称}$，d_{min}≤销的直径≤d_{max}。

二、销的连接画法

1. 圆柱销、圆锥销连接画法

圆柱销、圆锥销的连接画法如图 7-24 所示。

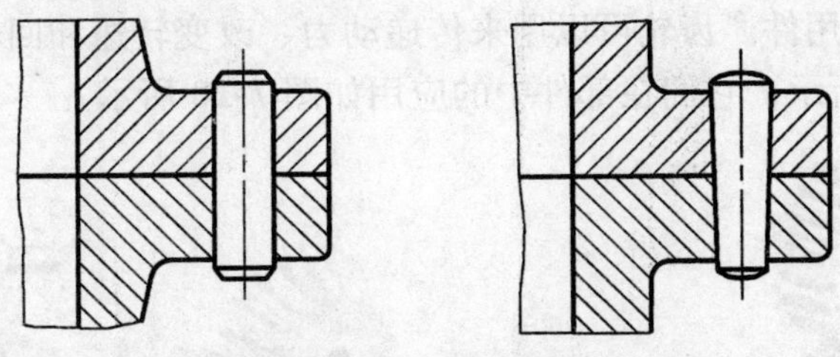

图 7-24　圆柱销、圆锥销的连接画法

圆柱销与圆锥销的装配要求较高，一般是将被连接的两个零件装配在一起同时加工销孔，如图 7-25 所示。

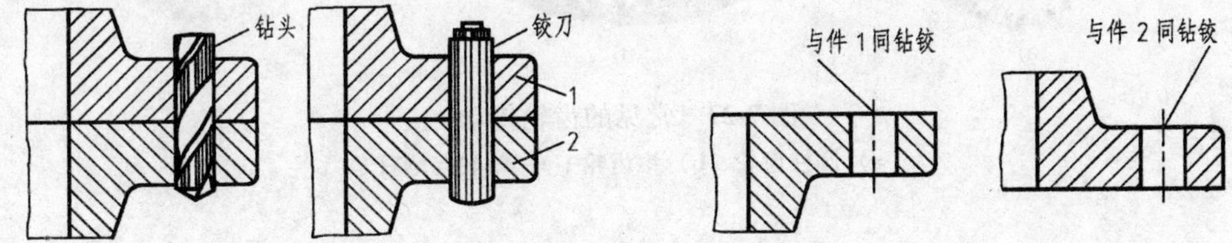

图 7-25　销孔的加工形式

2. 开口销连接画法

开口销连接画法如图 7-26 所示，开口销穿过槽形螺母上的槽和螺柱上的孔，以防止螺母松动。

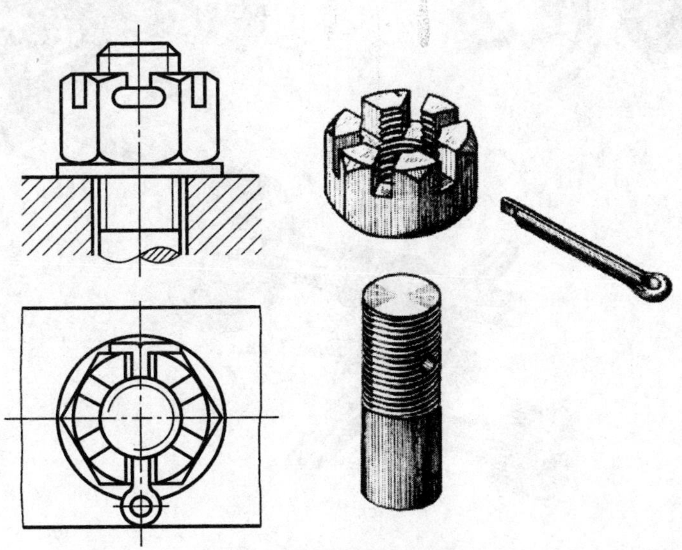

图 7-26　开口销连接画法

第四节 齿　　轮

齿轮是机械传动中广泛应用的传动零件之一。齿轮的参数中只有模数和压力角已经标准化，因此，齿轮属于常用件。齿轮可以用来传递动力、改变转速和回转方向。常见的三种齿轮传动形式如图7-27所示，它们在部件中的应用如图7-28所示。

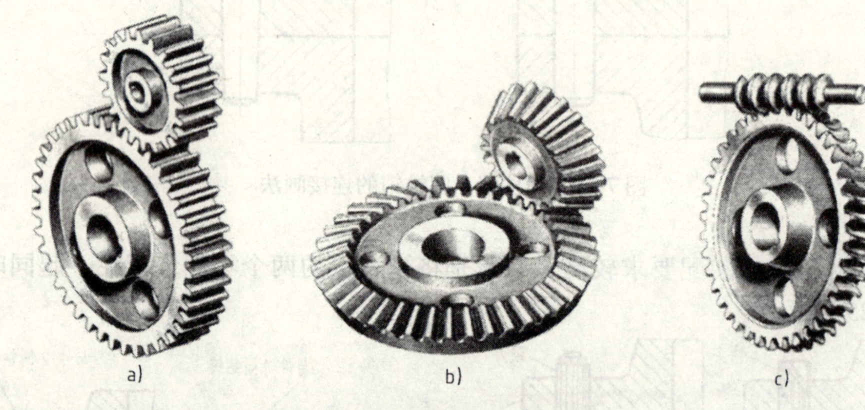

图7-27　常见的齿轮传动

a）圆柱齿轮　b）锥齿轮　c）蜗轮与蜗杆

图7-28　齿轮的应用

a）二级圆柱齿轮减速器　b）一级蜗杆减速器　c）减速器传动系统图

一、直齿圆柱齿轮

圆柱齿轮根据其齿顶圆直径的大小有多种结构形式，如图 7-29 所示。圆柱齿轮根据其齿形又可分为直齿圆柱齿轮、斜齿圆柱齿轮、人字齿圆柱齿轮等，本节主要讨论直齿圆柱齿轮。

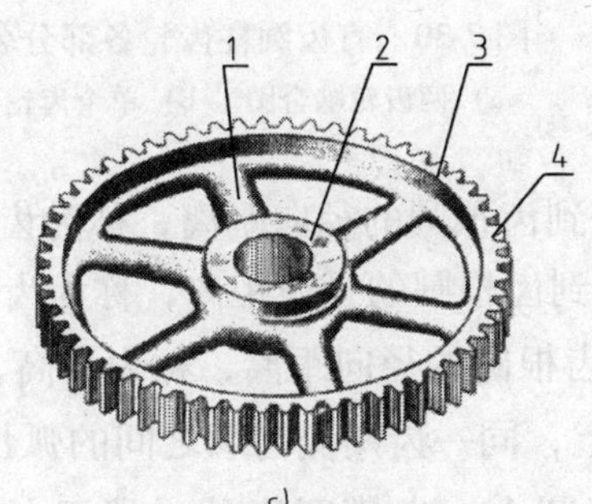

图 7-29　圆柱齿轮的各种结构型式

a）实体式圆柱齿轮　b）腹板式圆柱齿轮　c）轮辐式圆柱齿轮

1—轮辐　2—轮毂　3—轮缘　4—轮齿　5—轴孔

1. 直齿圆柱齿轮各部分名称、代号、尺寸关系

图 7-30a 所示为相互啮合的一对直齿圆柱齿轮的一部分，图 7-30b 所示为单个直齿圆柱齿轮的投影图。

直齿圆柱齿轮各部分名称如下：

（1）齿数 z　轮齿的个数。

（2）齿顶圆直径 d_a　通过齿轮轮齿顶端的圆称为齿顶圆，其直径用“d_a”表示。

（3）齿根圆直径 d_f　通过齿轮轮齿根部的圆称为齿根圆，其直径用“d_f”表示。

（4）节圆直径 d_w　两齿轮啮合时，齿廓的接触点 K 将齿轮的连心线分为两段，分别以 O_1、O_2 为圆心，以 O_1K、O_2K 为半径所画的圆，称为节圆，其直径用“d_w”表示。齿轮的传动就可以假想成这两个圆在作无滑动的纯滚动。正确安装的标准齿轮，分度圆和节圆相等，即 $d = d_w$。

（5）分度圆直径 d　在齿轮上有一个设计和加工时计算尺寸的基准圆，它是一个假想圆，在该圆上，齿厚 s 与齿槽宽 e 相等，分度圆直径用“d”表示。

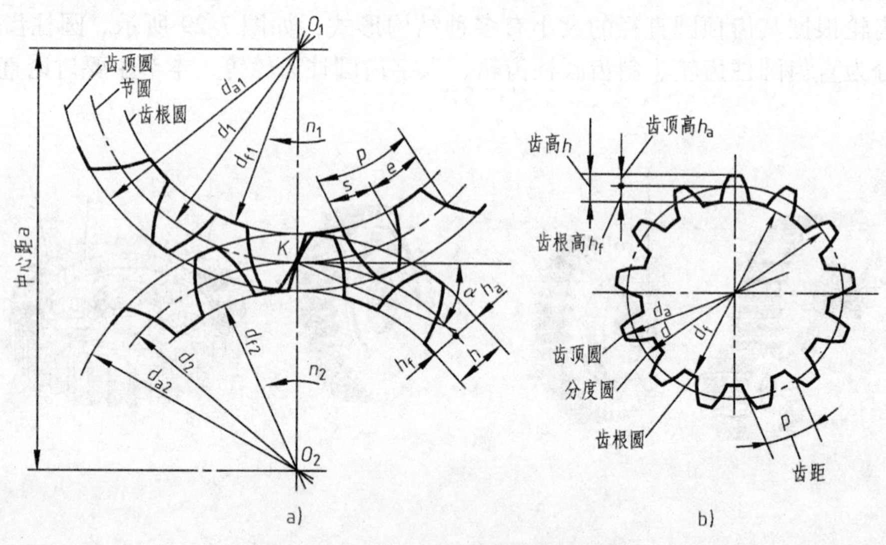

图 7-30　直齿圆柱齿轮各部分名称

a）两齿轮啮合图　b）单个齿轮图

（6）齿顶高 h_a　分度圆到齿顶圆的径向距离，称为齿顶高，用“h_a”表示。

（7）齿根高 h_f　分度圆到齿根圆的径向距离，称为齿根高，用“h_f”表示。

（8）齿高 h　齿顶圆到齿根圆的径向距离，称为齿高，用“h”表示，$h=h_a+h_f$。

（9）齿厚 s　在分度圆上，同一齿两侧齿廓之间的弧长，称为齿厚，用“s”表示。

（10）齿槽宽 e　在分度圆上，齿槽宽度的一段弧长，称为齿槽，也称为齿槽宽，用“e”表示。

（11）齿距 p　在分度圆上，相邻两齿同侧齿廓之间的弧长，称为齿距，用“p”表示。标准齿轮的 $s=e$，$p=s+e$。

（12）模数 m　分度圆大小与齿距和齿数有关，即

$$\pi d=pz \quad 或 \quad d=zp/\pi$$

令　　$m=p/\pi$，则 $d=zm$。m 称为模数，单位为 mm。

模数的大小直接反映轮齿的大小。一对相互啮合的齿轮，其模数必须相等。为了便于设计和制造齿轮，减少齿轮加工刀具，模数已标准化，其系列值见表 7-12。

表 7-12　标准模数 m　　（单位：mm）

第一系列	1　1.25　1.5　2　2.5　3　4　5　6　8　10　12　16　20　25　32　40　50
第二系列	1.125　1.375　1.75　2.25　2.75　3.5　4.5　5.5　(6.5)　7　9　11　14　18　22　28　36　45

注：模数应优先选用第一系列，其次选用第二系列。括号内的模数尽可能不用。

（13）压力角 α　渐开线圆柱齿轮基准齿形角为 20°，它等于两齿轮啮合时齿廓在节点处的公法线与两节圆的公切线所夹的锐角，称为压力角，用字母“α”表示。

直齿圆柱齿轮的尺寸计算公式见表 7-13。

表 7-13　标准直齿圆柱齿轮各基本尺寸计算公式

基本参数：模数 m、齿数 z			计算举例	
名称	代号	计算公式	已知：$m=3\text{mm}, z_1=22, z_2=42$	
分度圆直径	d	$d=mz$	$d_1=66\text{mm}$	$d_2=126\text{mm}$
齿顶高	h_a	$h_a=m$	$h_a=3\text{mm}$	
齿根高	h_f	$h_f=1.25m$	$h_f=3.75\text{mm}$	
齿高	h	$h=h_a+h_f=2.25m$	$h=6.75\text{mm}$	
齿顶圆直径	d_a	$d_a=d+2h_a=m(z+2)$	$d_{a1}=72\text{mm}$	$d_{a2}=132\text{mm}$
齿根圆直径	d_f	$d_f=d-2h_f=m(z-2.5)$	$d_{f1}=58.5\text{mm}$	$d_{f2}=118.5\text{mm}$
齿距	p	$p=\pi m$	$p=9.42\text{mm}$	
齿厚	s	$s=p/2$	$s=4.71\text{mm}$	
中心距	a	$a=(d_1+d_2)/2=m(Z_1+Z_2)/2$	$a=96\text{mm}$	

2. 直齿圆柱齿轮的规定画法

直齿圆柱齿轮的齿廓曲线多为渐开线，为了简化作图，必须使用国家标准规定的画法。

（1）单个齿轮画法　表达单个齿轮一般只采用两个视图，一个视图画成剖视图或半剖视图，另一个投影为圆的视图应将键槽的位置和形状表达出来，如图 7-31 所示。

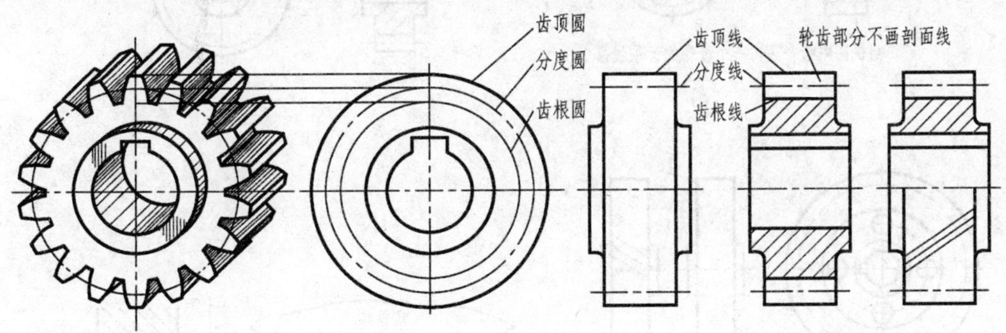

图 7-31　单个齿轮的画法

在视图中，齿根线和齿根圆用细实线绘制，也可省略不画。在剖视图中，当剖切平面通过齿轮轴线时，齿根线用粗实线绘制，轮齿按不剖处理。人字齿轮或斜齿轮可用半剖视图表示。

图 7-32 所示为单个直齿圆柱齿轮的工作图。齿轮的零件图应按零件图的要求绘制和标注，并且在零件图的右上角写出有关齿轮的啮合参数和检验精度。

（2）两啮合齿轮的画法　图 7-33a、b、c、d 所示为圆柱齿轮啮合的规定画法。

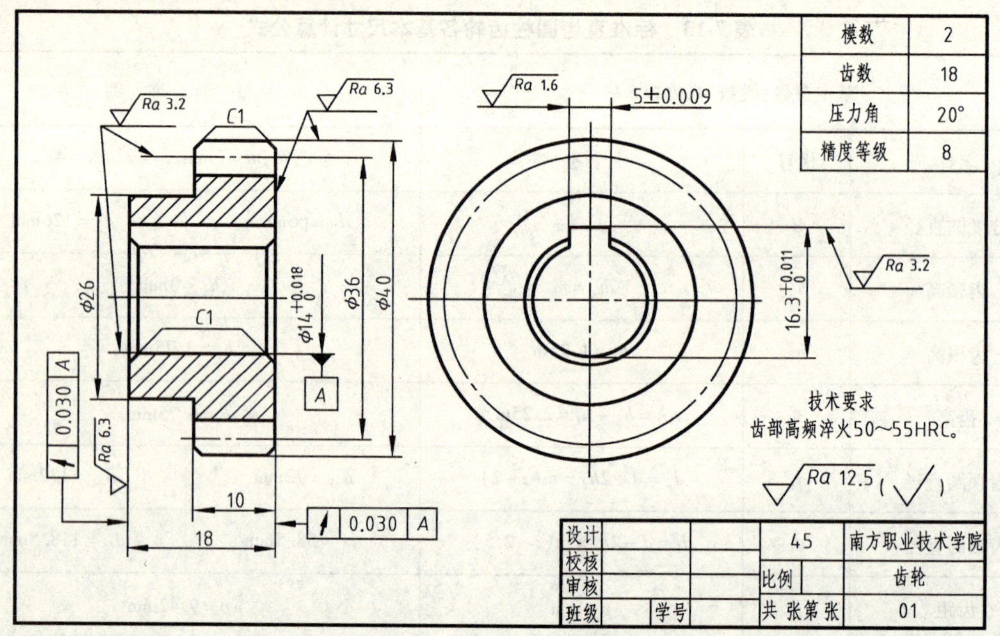

图 7-32 齿轮工作图

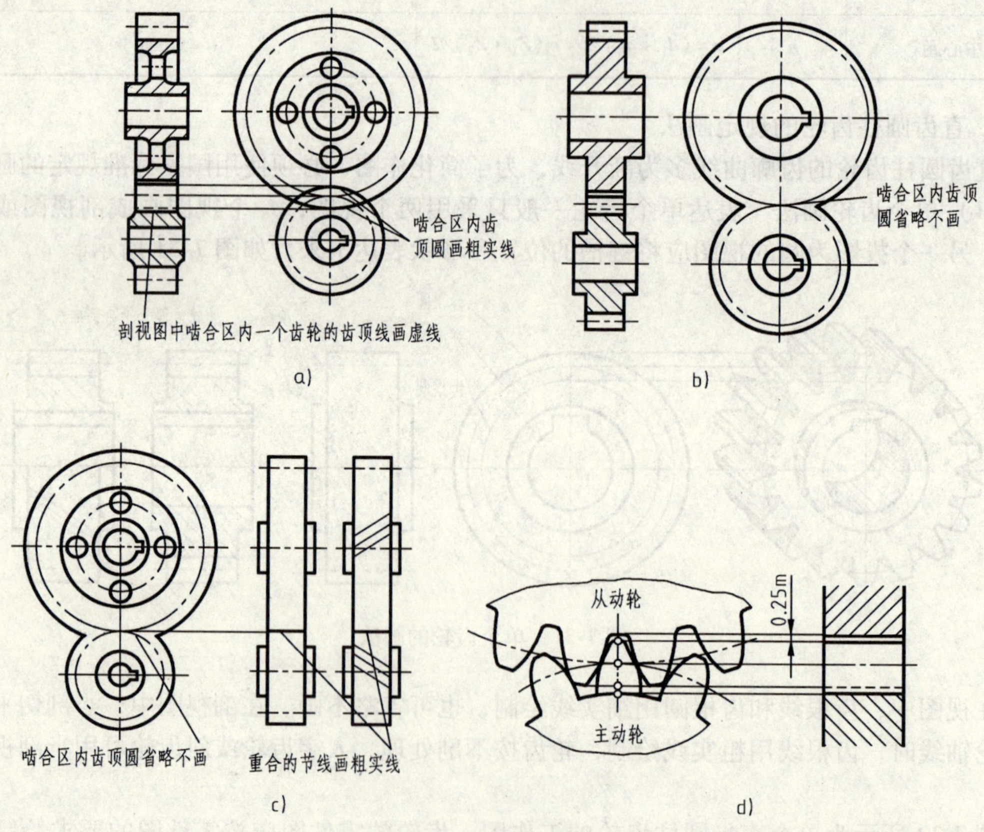

图 7-33 齿轮啮合画法

a）齿轮啮合画法 b）啮合区齿顶圆省略画法 c）啮合齿轮外形视图，齿根线都不画 d）两个齿轮啮合的间隙

3. 齿轮与齿条的啮合画法

图 7-34 所示为齿轮与齿条的啮合画法。

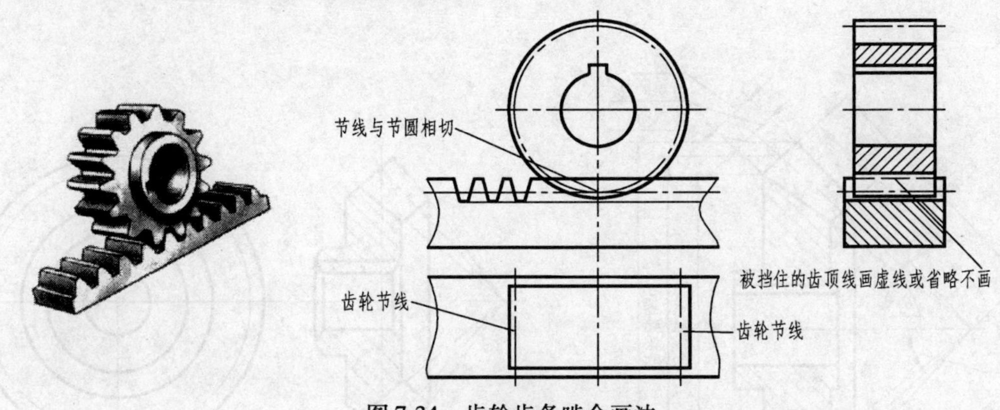

图 7-34　齿轮齿条啮合画法

二、锥齿轮

1. 直齿锥齿轮各部分名称、代号、尺寸关系

锥齿轮轮齿是在圆锥面上加工出来的，齿形从大端到小端逐渐收缩，因而一端大、一端小，两端的模数和分度圆直径不相同。为了计算和制造方便，通常规定以大端的模数和分度圆直径作为计算其他各部分尺寸的依据。直齿锥齿轮各部分的名称、尺寸关系及参数如图 7-35 及表 7-14 所示。

表 7-14　标准直齿锥齿轮各基本尺寸的计算公式

名称	代号	计算公式	名称	代号	计算公式
齿顶高	h_a	$h_a = m$	分度圆直径	d	$d = mz$
齿根高	h_f	$h_f = 1.2\text{m}$	齿顶圆直径	d_a	$d_a = m(z + 2\cos\delta)$
齿高	h	$h = 2.2\text{m}$	齿根圆直径	d_f	$d_f = m(z - 2.4\cos\delta)$
齿宽	b	$b \leqslant L/3$	分度圆锥角	δ_1、δ_2	当 $\delta_1 + \delta_2 = 90°$ 时， $\tan\delta_1 = z_1/z_2$ $\delta_2 = 90° - \delta_1$
锥距	R	$R = mz/2\sin\delta$	基本参数：模数 m、齿数 z、分度圆锥角 δ		
齿顶角	θ_a	$\tan\theta_a = (2\sin\delta)/z$			
齿根角	θ_f	$\tan\theta_f = (2.4\sin\delta)/z$			

2. 直齿锥齿轮的规定画法

（1）单个锥齿轮画法　国家标准规定，单个锥齿轮一般用两个视图表示，如图 7-36 所示。

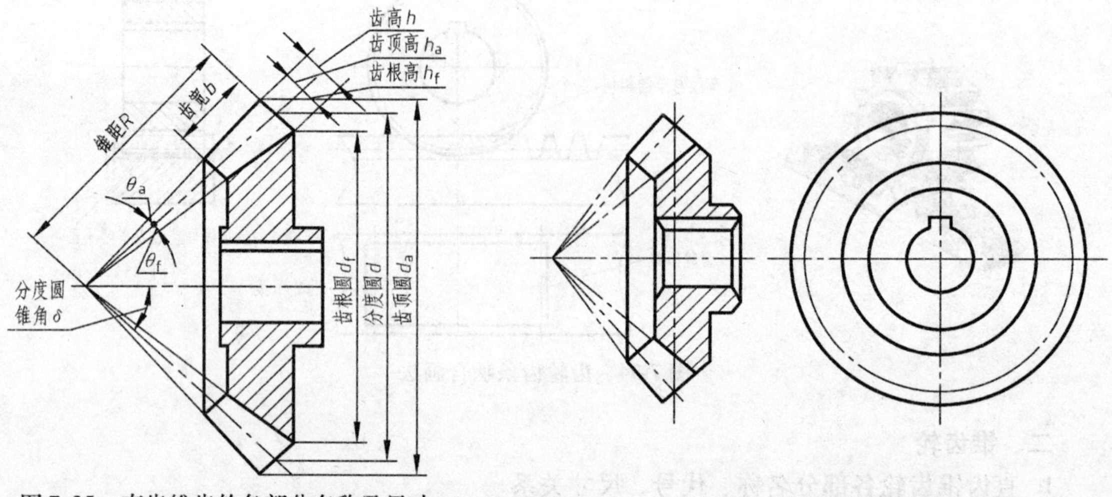

图 7-35　直齿锥齿轮各部分名称及尺寸　　图 7-36　单个锥齿轮视图

在外形视图中，大端和小端齿顶圆用粗实线绘制；齿根圆省略不画；分度锥线用细点画线绘制。投影为非圆的视图，常用剖视表示方法，轮齿部分按不剖绘制，顶锥线和根锥线用粗实线绘制。作图步骤如图 7-37 所示。图 7-38 所示为一锥齿轮的零件图。

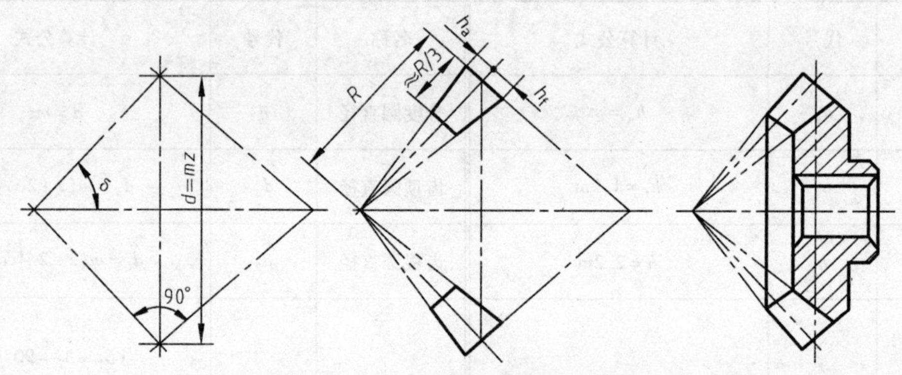

图 7-37　单个锥齿轮的画图步骤

（2）两个锥齿轮啮合的画法　两标准锥齿轮啮合时，分度圆锥应相切，啮合部分与圆柱齿轮啮合画法相同。主视图一般采用全剖视图，如图 7-39 所示。画主视图时，先分别以分度圆尺寸画出两垂直相交的点画线，再画顶锥线和根锥线，如图 7-40 所示。

三、蜗轮、蜗杆

蜗轮和蜗杆通常用于垂直交错的两轴之间的传动。蜗杆的齿数相当于螺杆的线数，常用的有单头和双头蜗杆。蜗杆传动的传动比较大，且传动平稳，但效率较低。

蜗杆、蜗轮的各部分名称及计算公式如图 7-41、图 7-42 及表 7-15 所示。

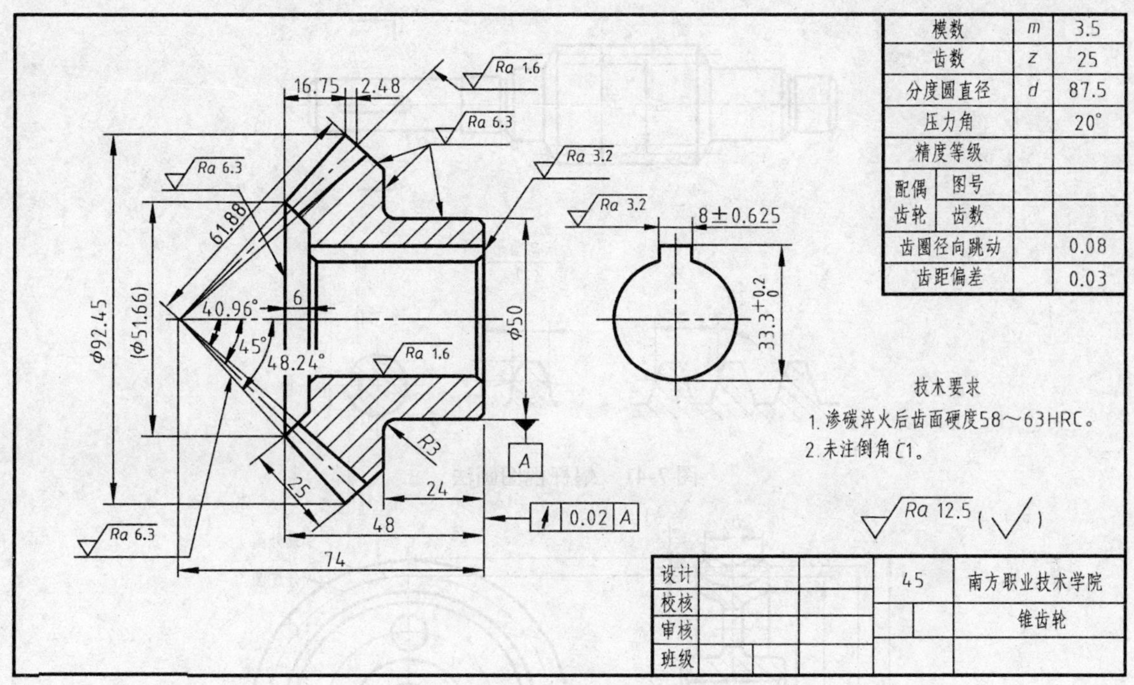

图 7-38　锥齿轮零件图

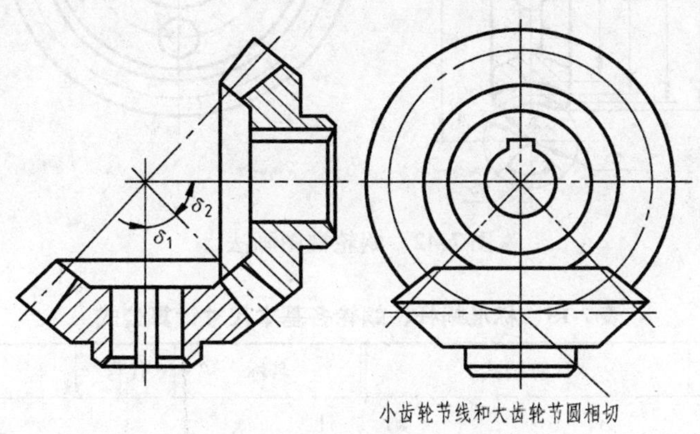

图 7-39　两锥齿轮啮合的视图

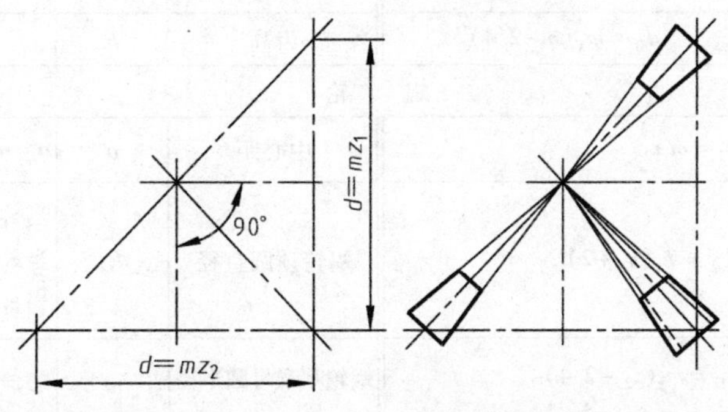

图 7-40　两锥齿轮啮合的起始画法

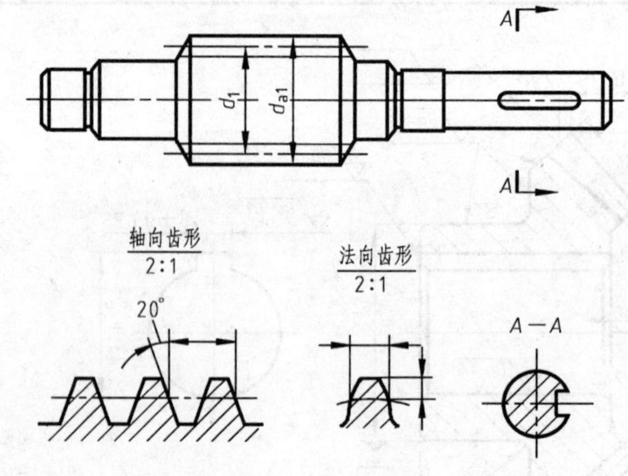

图 7-41　蜗杆视图画法

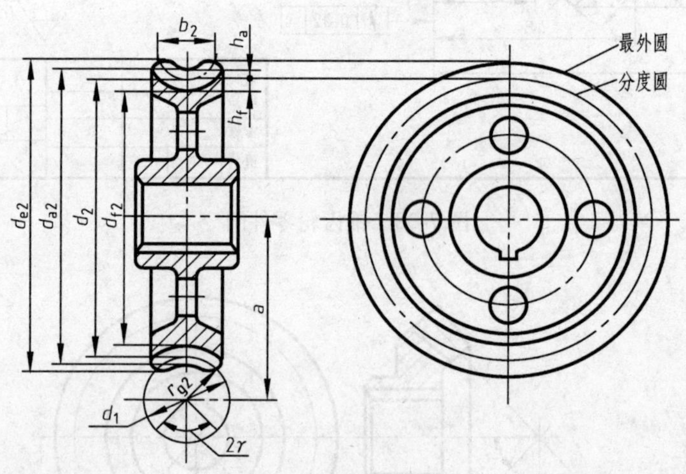

图 7-42　蜗轮视图画法

表 7-15　标准蜗杆、蜗轮各基本尺寸计算公式

名称	代号	计算公式	名称	代号	计算公式
		蜗　杆			
蜗杆分度圆直径	d_1	$d_1 = m_x q$	齿顶高	h_a	$h_a = m_x$
蜗杆齿顶圆直径	d_{a1}	$d_{a1} = m_x(q+2)$	齿根高	h_f	$h_f = 1.2m_x$
蜗杆齿根圆直径	d_{f1}	$d_{f1} = m_x(q-2.4)$	齿高	h	$h = 2.2m_x$
		蜗　轮			
蜗轮分度圆直径	d_2	$d_2 = m_t z_2$	中心距	a	$a = m_t(z_2+q)/2$
蜗轮喉圆直径	d_{a2}	$d_{a2} = m_t(z_2+2)$	蜗轮顶圆直径	d_{e2}	当 $z_1 = 1$ 时，$d_{e2} \leqslant d_{a2} + 2m_t$ 当 $z_1 = 2 \sim 3$ 时，$d_{e2} \leqslant d_{a2} + 1.5m_t$ 当 $z_1 = 4$ 时，$d_{e2} \leqslant d_{a2} + m_t$
蜗轮齿根圆直径	d_{f2}	$d_{f2} = m_t(z_2-2.4)$	蜗轮咽喉母圆半径	r_{g2}	$r_{g2} = a - d_{a2}/2$

基本参数：模数 $m = m_x$（轴向模数）$= m_t$（端面模数）、导程角 γ、蜗杆直径系数 q、蜗杆头数 z_1、蜗轮齿数 z_2

1. 蜗杆画法

蜗杆轮齿画法与圆柱齿轮画法基本相同，但为了表达蜗杆上的齿型，一般采用局部放大图，如图 7-41 所示。

2. 蜗轮画法

蜗轮轮齿画法与圆柱齿轮画法基本相同。在投影为圆的视图中，只画直径最大的圆（粗实线圆）和分度圆（点画线圆），齿顶圆和齿根圆省略不画，如图 7-42 所示。

3. 蜗杆蜗轮啮合画法

在蜗杆投影为圆的视图上，蜗轮与蜗杆重合的部分，只画蜗杆不画蜗轮，蜗轮被挡住部分可省略不画。在蜗轮投影为圆的视图上，啮合区内蜗杆的节线与蜗轮的分度圆画成相切。图 7-43a 所示为啮合的外形视图，图 7-43b 所示为啮合的剖视图。

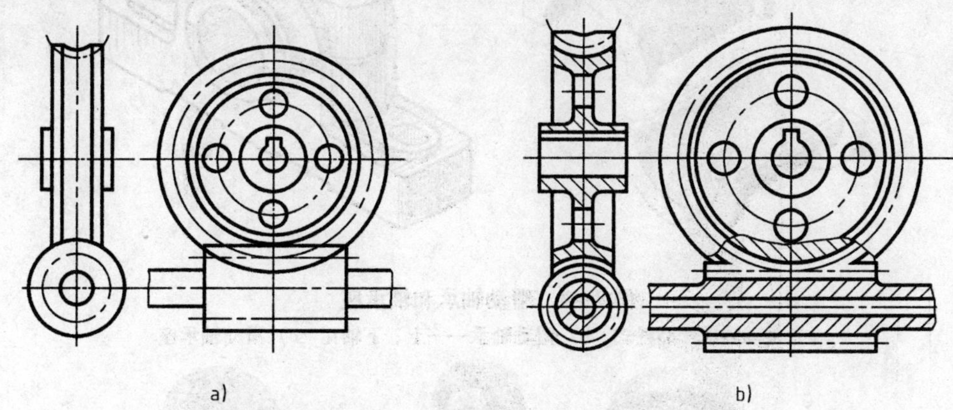

图 7-43 蜗杆与蜗轮啮合画法

a）外形视图 b）剖视图

第五节 滚动轴承

轴承是支承轴的零件，有时也可以支承绕轴转动的零件。按照轴承表面的摩擦性质，轴承可分为滑动轴承和滚动轴承两大类。图 7-44 所示为滑动轴承的直观图和放置滑动轴承的轴承座。

滚动轴承是标准件。滚动轴承由于具有结构紧凑、摩擦力小、拆装方便等优点，在各种机器、仪表等产品中得到广泛应用。图 7-45 所示为滚动轴承的零件样式和滚动轴承的应用。

一、滚动轴承的结构和分类

1. 滚动轴承的结构

滚动轴承一般由内圈、外圈、滚动体和保持架等零件组成，如图 7-46 所示。

2. 滚动轴承的分类

通常，按受力方向将滚动轴承分为以下三种：

（1）向心轴承　主要承受径向载荷，如深沟球轴承。

（2）推力轴承　主要承受轴向载荷，如推力球轴承。

（3）向心推力轴承　同时承受径向和轴向载荷，如圆锥滚子轴承。

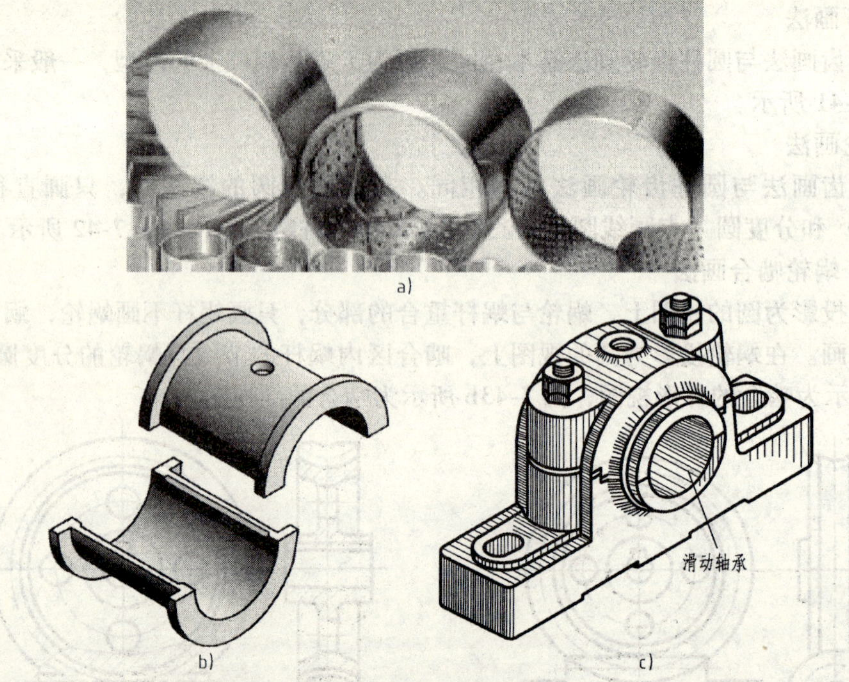

图 7-44 滑动轴承和轴承座

a）滑动轴承产品样式 b）滑动轴承——上、下轴瓦 c）滑动轴承座

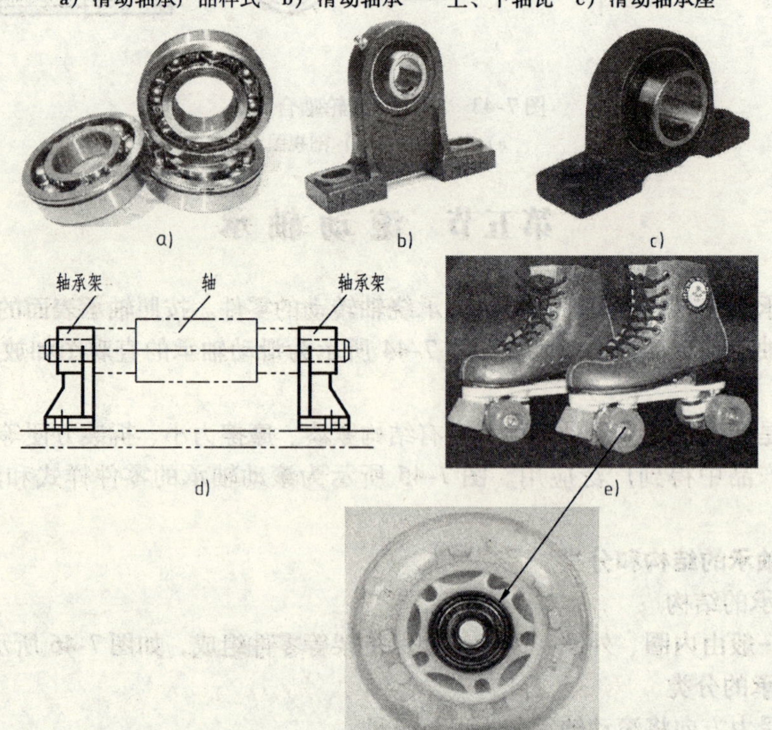

图 7-45 滚动轴承的外形以及应用

a）轴承 b）轴承架 c）轴承座 d）轴承应用示意图 e）轴承在轮滑鞋中的应用

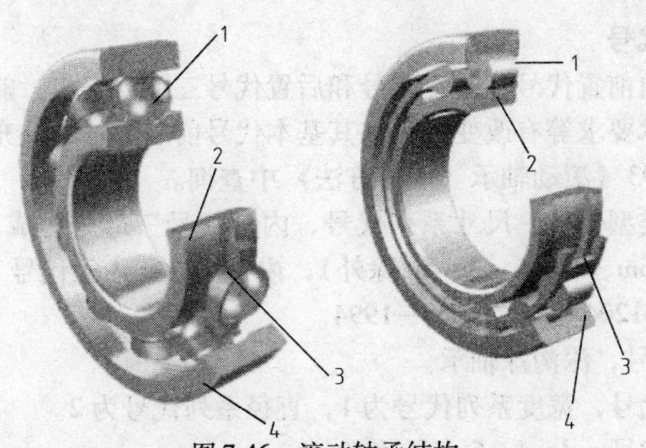

图 7-46　滚动轴承结构

1—滚动体　2—内圈　3—保持架　4—外圈

二、滚动轴承的画法

滚动轴承是标准件，国家标准规定有简化画法和规定画法两种。简化画法又分为通用画法和特征画法两种，见表 7-16。

表 7-16　常用滚动轴承的画法

轴承类型	结构形式	通用画法	特征画法	规定画法
		（均指滚动轴承在所属装配图的剖视图中的画法）		
深沟球轴承（GB/T 276—1994）6000 型				
圆锥滚子轴承（GB/T 297—1994）30000 型				
推力球轴承（GB/T 301—1995）51000 型				

三、滚动轴承的代号

滚动轴承的代号由前置代号、基本代号和后置代号三部分组成，前、后置代号是在轴承结构形状、尺寸和技术要求等有改变时，在其基本代号前后添加的补充代号。补充代号的规定可从 GB/T 272—1993《滚动轴承　代号方法》中查询。

基本代号由轴承类型代号、尺寸系列代号、内径代号三部分构成。当内径尺寸在 20 ~ 480mm 范围内时（22mm、28mm、32mm 除外），内径尺寸 = 内径代号 ×5mm。

例如：滚动轴承 61204　GB/T 276—1994。

6——轴承类型代号，深沟球轴承。

12——尺寸系列代号，宽度系列代号为 1，直径系列代号为 2。

04——轴承内径代号，$d=4\times5\text{mm}=20\text{mm}$。

例如：滚动轴承 6208　GB/T 276—1994。

6——轴承类型代号，深沟球轴承。

2——尺寸系列代号（02），宽度系列代号为 0（省略），直径系列代号为 2。

08——轴承内径代号，$d=8\times5\text{mm}=40\text{mm}$。

例如：圆锥滚子轴承 30312　GB/T 297—1994。

3——轴承类型代号，圆锥滚子轴承。

03——尺寸系列代号（03），宽度系列代号为 0（省略），直径系列代号为 3。

12——轴承内径代号，$d=12\times5\text{mm}=60\text{mm}$。

例如：推力球轴承 51310　GB/T 276—1994。

5——轴承类型代号，推力球轴承。

13——尺寸系列代号 13，宽度系列代号为 1，直径系列代号为 3。

10——轴承内径代号，$d=10\times5\text{mm}=50\text{mm}$。

滚动轴承内径代号见表 7-17。

表 7-17　滚动轴承内径代号

轴承公称直径/mm		内径代号	示　例
0.6 到 10（非整数）		用公称内径毫米直接表示，其与尺寸系列代号之间用“/”分开	深沟球轴承 618/2.5 $d=2.5\text{mm}$
1 到 9（整数）		用公称内径毫米直接表示，对深沟及角接触球轴承 7、8、9 直径系列，内径代号与尺寸系列代号之间用“/”分开	深沟球轴承 625、628/5 $d=5\text{mm}$
10 到 17	10	00	深沟球轴承 6200 $d=10\text{mm}$
	12	01	
	15	02	
	17	03	
20 到 480（22、28、32 除外）		公称内径除以 5 的商数，商数为个位数，需在商数左边加“0”，如 08	调心滚子轴承 23208 $d=8\times5\text{mm}=40\text{mm}$
大于和等于 500 以及 22、28、32		用公称内径毫米直接表示，但与尺寸系列代号之间用“/”分开	调心滚子轴承 230/500 $d=500\text{mm}$ 深沟球轴承 62/22 $d=22\text{mm}$

轴承类型代号由数字或字母表示，如表 7-18 所示。

表 7-18　滚动轴承类型代号

代号	0	1	2	3	4	5	6	7	8	N	U	QJ
轴承类型	双列角接触球轴承	调心球轴承	调心滚子轴承和推力调心滚子轴承	圆锥滚子轴承	双列深沟球轴承	推力球轴承	深沟球轴承	角接触球轴承	推力圆柱滚子轴承	圆柱滚子轴承	外球面球轴承	四点接触球轴承

第六节　弹　簧

弹簧通常用于减振、夹紧、测力和储存能量等。弹簧的特点是，在去掉外力后能立即恢复原状。应用比较广泛的弹簧如图 7-47 所示。本节仅介绍压缩弹簧的相关知识。

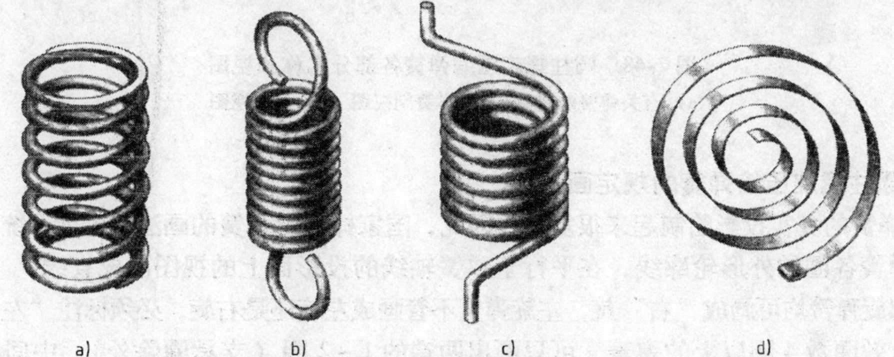

图 7-47　弹簧的种类

a）压缩弹簧　b）拉伸弹簧　c）扭转弹簧　d）平面涡卷弹簧

一、圆柱螺旋压缩弹簧各部分名称及尺寸关系

圆柱螺旋压缩弹簧各部分的名称及尺寸关系如图 7-48 所示。

（1）簧丝直径 d　弹簧钢丝的直径。

（2）弹簧外径 D_2　弹簧的最大直径。

（3）弹簧内径 D_1　弹簧的最小直径，$D_1 = D_2 - 2d$。

（4）弹簧中径 D　弹簧内径和外径的平均值，$D = (D_2 + D_1)/2 = D_1 + d = D_2 - d$。

（5）节距 t　除支承圈外，相邻两圈沿轴向的距离。

（6）支承圈数 n_2　为了使压缩弹簧工作时受力均匀，保证轴线垂直于支承面，通常将弹簧的两端并紧磨平。这部分圈数只起支承作用，称为支承圈数，常见的有 1.5 圈、2 圈、2.5 圈三种，其中，2.5 圈用得最多。

（7）有效圈数 n　弹簧能保持相同节距的圈数。

（8）总圈数 n_1　有效圈数与支承圈数之和，称为总圈数。$n_1 = n + n_2$。

（9）自由高度 H_0　弹簧没有负荷时的高度，$H_0 = nt + (n_2 - 0.5)d$。

（10）弹簧展开长度 L　弹簧丝展开后的长度，$L \approx n_1\sqrt{(\pi D_2)^2 + t^2}$。

（11）旋向　分左旋和右旋两种。

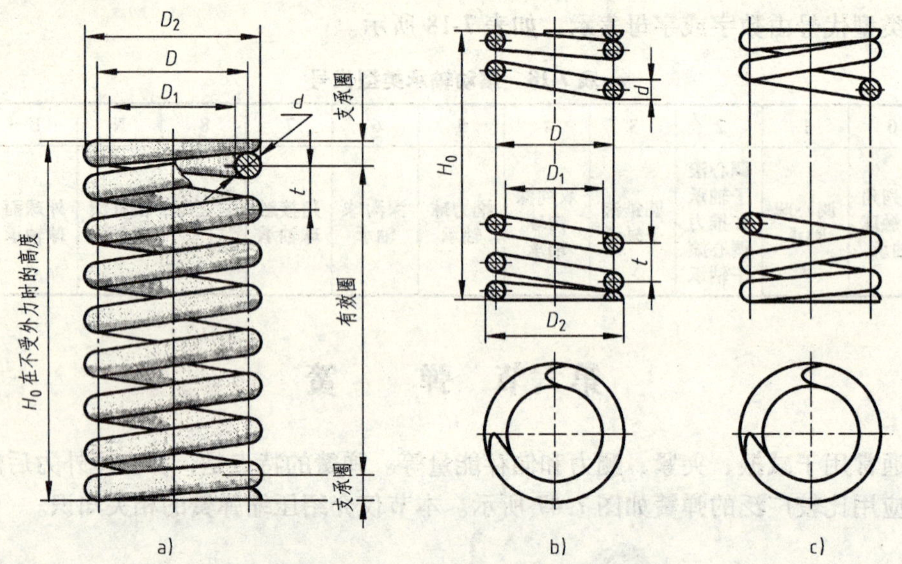

图 7-48 圆柱螺旋压缩弹簧各部分名称和视图

a）有关弹簧的名称 b）弹簧剖视图 c）弹簧视图

二、圆柱螺旋压缩弹簧的规定画法

由于弹簧的真实投影绘制起来很复杂，因此，国家标准对弹簧的画法作了如下统一规定：

1）弹簧各圈的外形轮廓线，在平行于弹簧轴线的投影面上的视图画成直线。

2）螺旋弹簧均可画成“右”旋，左旋弹簧不管画成左旋还是右旋，必须标注“左”字样。

3）有效圈数 4 圈以上的弹簧，可只画出两端的 1 ~2 圈（支承圈除外），中间各圈省略不画，只需用通过簧丝剖面中心的细点画线表示。

4）弹簧支承圈可按 2. 5 圈画，必要时也可依实际的支承结构画。

圆柱螺旋压缩弹簧的作图步骤如图 7-49 所示。

5）在装配图中，弹簧按实心零件画。被弹簧挡住的部分一般不画，可见部分画至弹簧的中径或外径。弹簧丝直径小于或等于 2mm 时，簧丝剖面可全部涂黑。簧丝直径小于 1mm 时，按简化画法画。弹簧在装配图中的画法如图 7-50 所示。弹簧的工作图如图 7-51 所示。

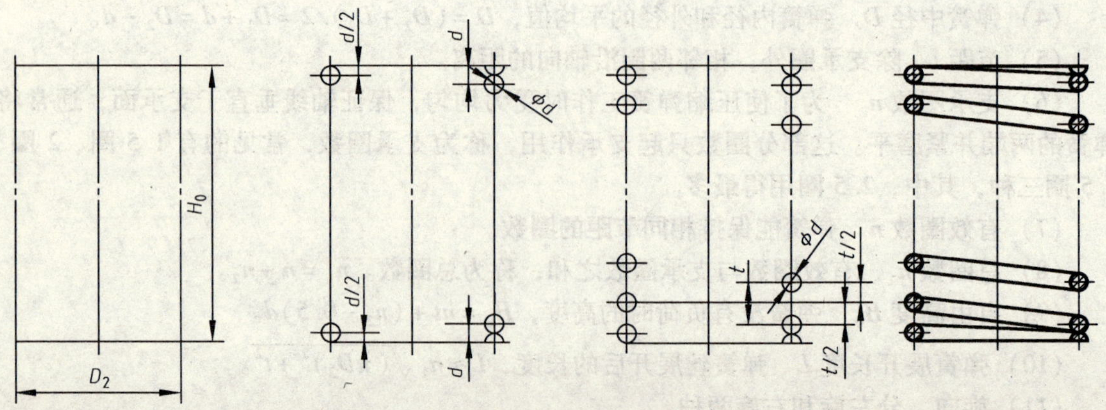

图 7-49 弹簧画法

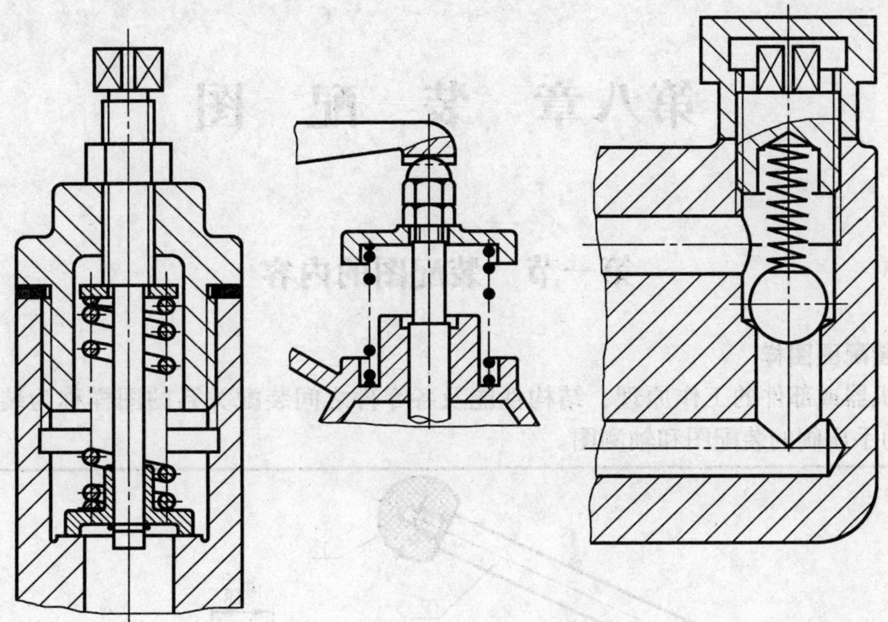

图 7-50　弹簧在装配图中的画法

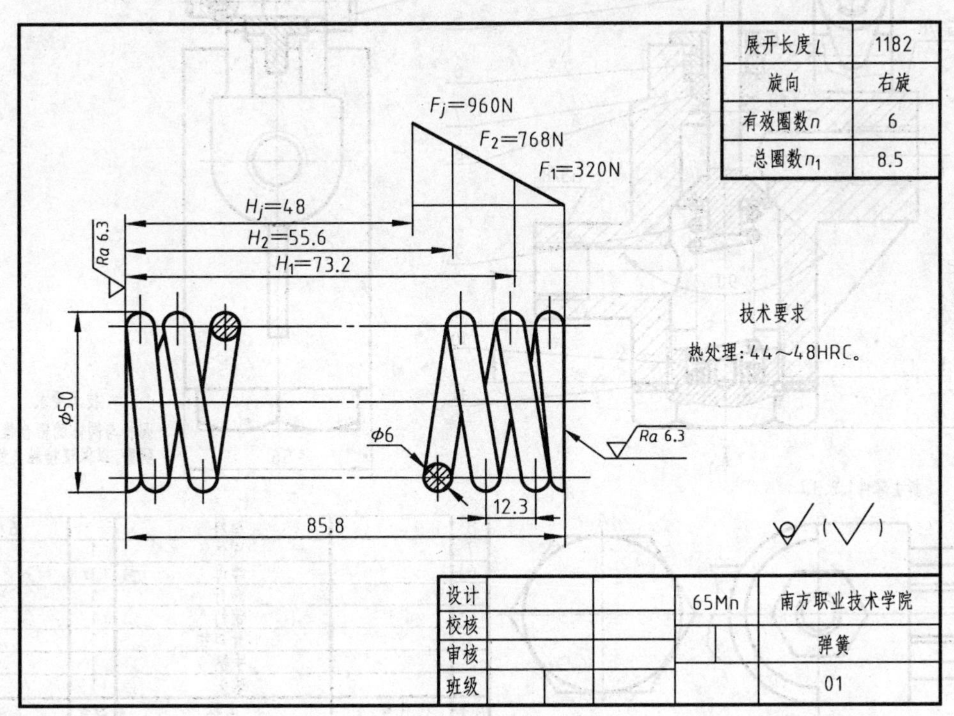

图 7-51　弹簧工作图

第八章　装　配　图

第一节　装配图的内容

一、装配图图样

表达机器或部件的工作原理、结构性能及各零件之间装配关系的图样称为装配图。图 8-1 所示为手压阀的装配图和轴测图。

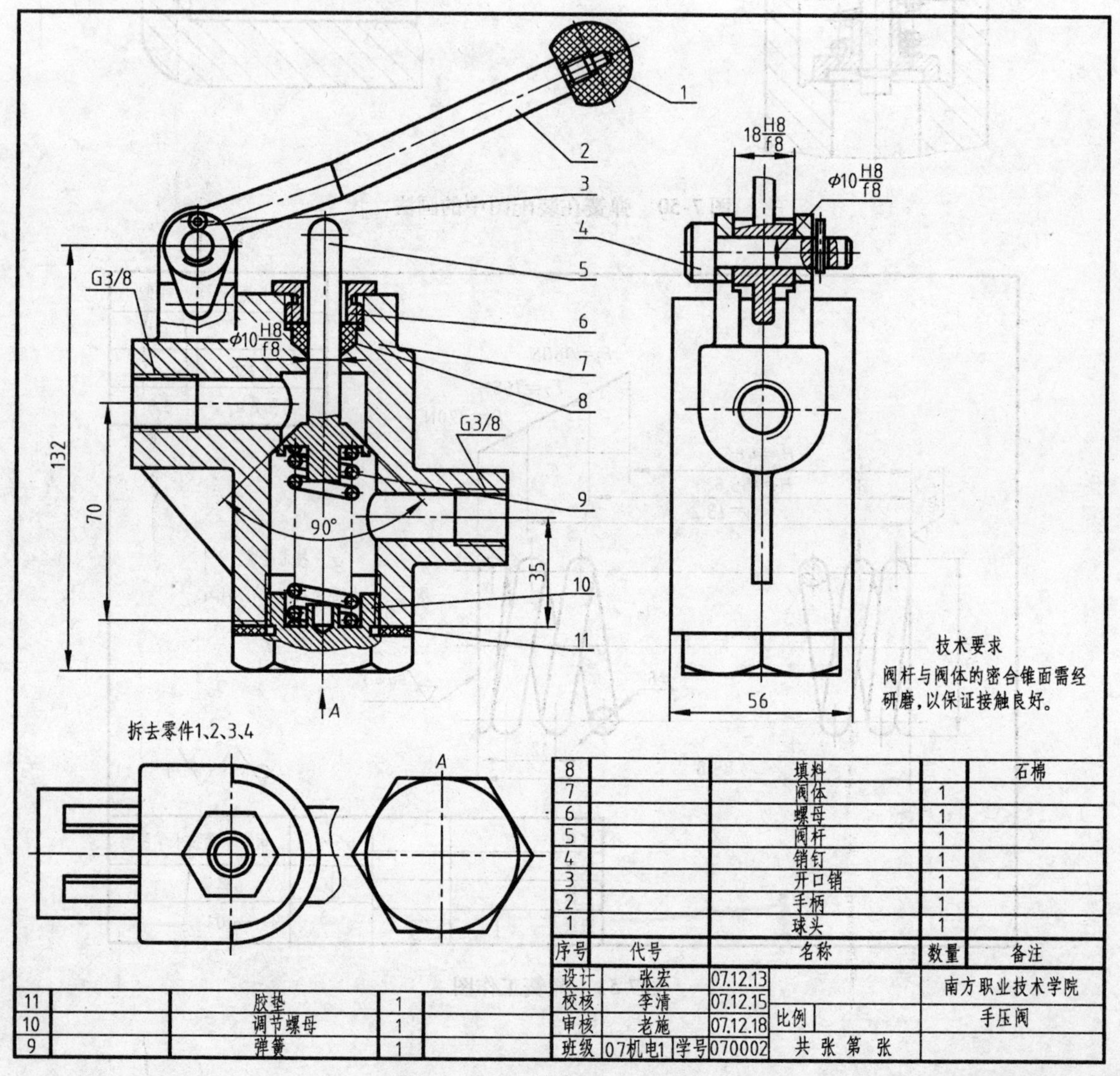

图 8-1　手压阀的装配图和轴测图

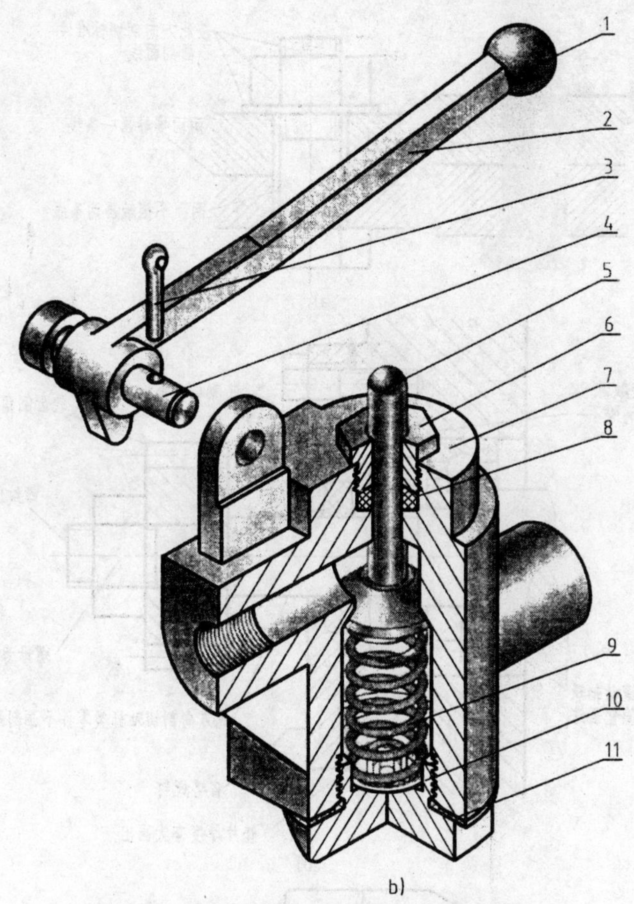

图 8-1 手压阀的装配图和轴测图（续）
1—球头 2—手柄 3—开口销 4—销钉 5—阀杆 6—螺母
7—阀体 8—填料 9—弹簧 10—调节螺母 11—胶垫

二、装配图的作用

1）设计产品时，一般先画出装配图，然后根据装配图所表达的机器或部件的构造、形状和尺寸，设计绘制零件图。

2）生产、检验产品时，根据装配图表达的装配关系，制订装配工艺流程，检验、调试和安装产品。

3）机器使用和维修时，根据装配图了解机器或部件工作原理及结构性能，从而决定机器的操作、保养、拆装和维修方法。

三、装配图的内容

从图 8-1 所示的装配图可看出，它除了与零件图有相同的视图、标题栏、尺寸、技术要求等内容以外，还多了明细栏、零件序号等内容。

第二节 装配图的表达方法

一、规定画法

图 8-2 所示为一些装配体的局部视图，从中可以了解装配图的一些规定画法。

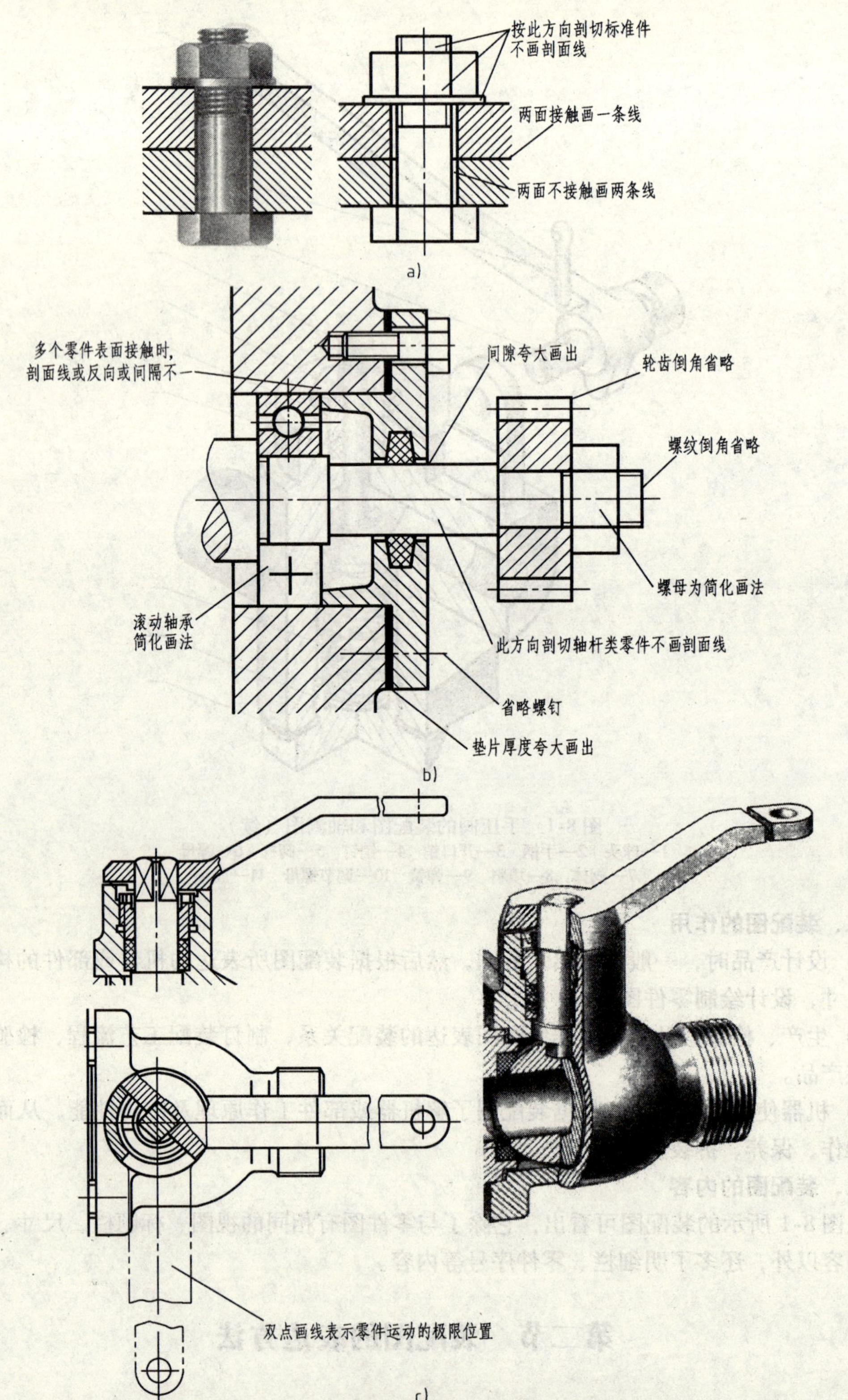

图 8-2 装配图中的一些规定画法

a) 装配图表达方法(一) b) 装配图表达方法(二) c) 装配图表达方法(三)

二、零件序号和明细表的编排

同一装配图中零件序号的编排风格要一致，序号按顺时针或逆时针方向顺次排列，如图 8-3 所示。明细栏的编排可按国家标准规定的格式，也可使用本单位自定的格式。本书推荐的是装配图明细栏格式如图 8-4 所示。

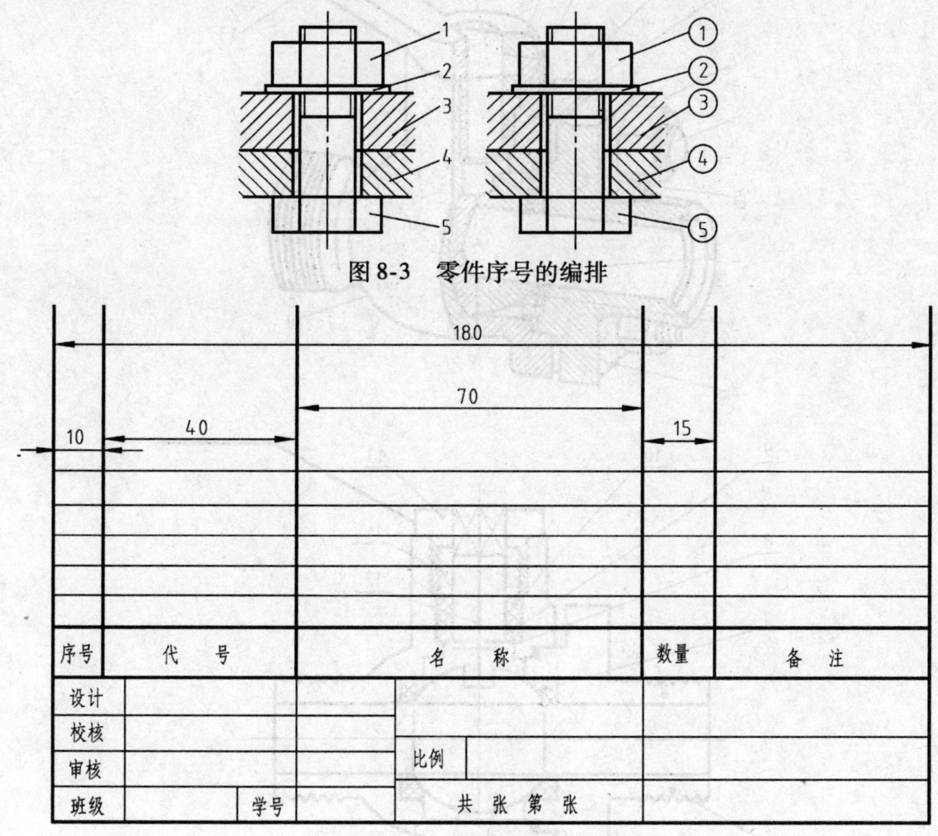

图 8-3 零件序号的编排

图 8-4 明细栏的格式

第三节 画装配图的步骤

在生产实践中，对原有机器进行维修或改造，以及设计新产品时，必须要拆卸、测绘相关机器，这项工作称为部件的拆、测、绘。有关拆、测工作会在后面专门进行介绍，本节只介绍绘制装配图的步骤。

绘制装配图之前若没有零件图，必须先要在现场将零件测绘完毕后再画装配图。假设零件图已经有了，对装配体也有了全面了解，就可以根据装配体实物或装配体示意图开始画装配图。

现以图 8-5 所示的球阀装配体为例，说明画装配图的步骤。

一、确定表达方法

1. 选择主视图

部件一般按安放位置选择主视图的投射方向。主视图要能清楚地反映主要装配关系和工作原理。

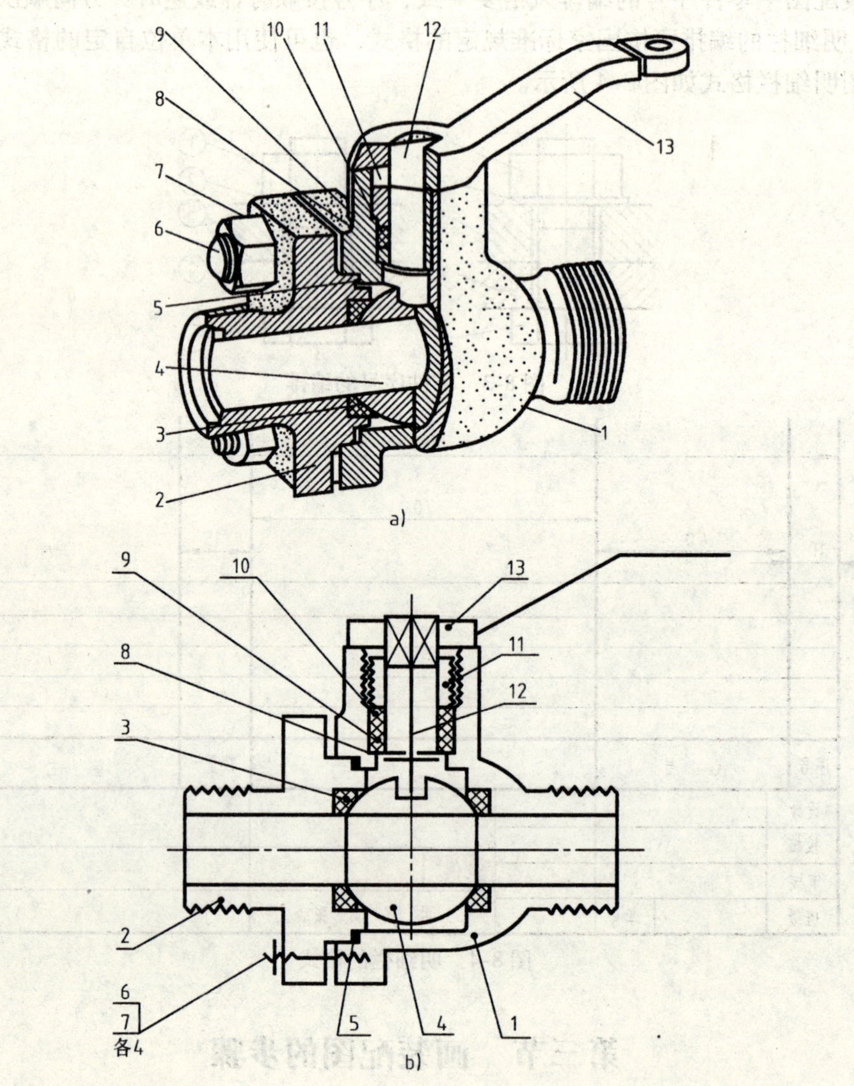

图 8-5 球阀轴测图和示意图

a）球阀轴测图 b）球阀示意图

1—阀体 2—阀盖 3—密封圈 4—阀芯 5—调整垫 6—螺柱 7—螺母 8—填料垫 9—中填料 10—上填料 11—填料压紧套 12—阀杆 13—扳手

2. 其他视图选择

根据确定的主视图，再选取反映其他装配关系、外形及局部结构的视图。

二、画图步骤

画装配图时，可根据装配顺序或运动路线逐一画出每一零件，也可由最里边零件向外画，或由最外边零件向里画。本球阀是以画阀体为先，其他零件围绕与阀体的装配形式逐一画出，如图 8-6 所示。

1）画出各视图的主要轴线、对称中心线及基准线，如图 8-6a 所示。

2）画主要零件轮廓线，三个视图要联系起来画，如图 8-6b 所示。

3）根据阀盖和阀体的相对位置画出三个视图，如图 8-6c 所示。

4）按相邻两零件装配位置画出其他零件，如图 8-6d 所示。

5）编排零件序号、填写标题栏和明细栏、标注相关尺寸、注写技术要求，如图 8-6e 所示。

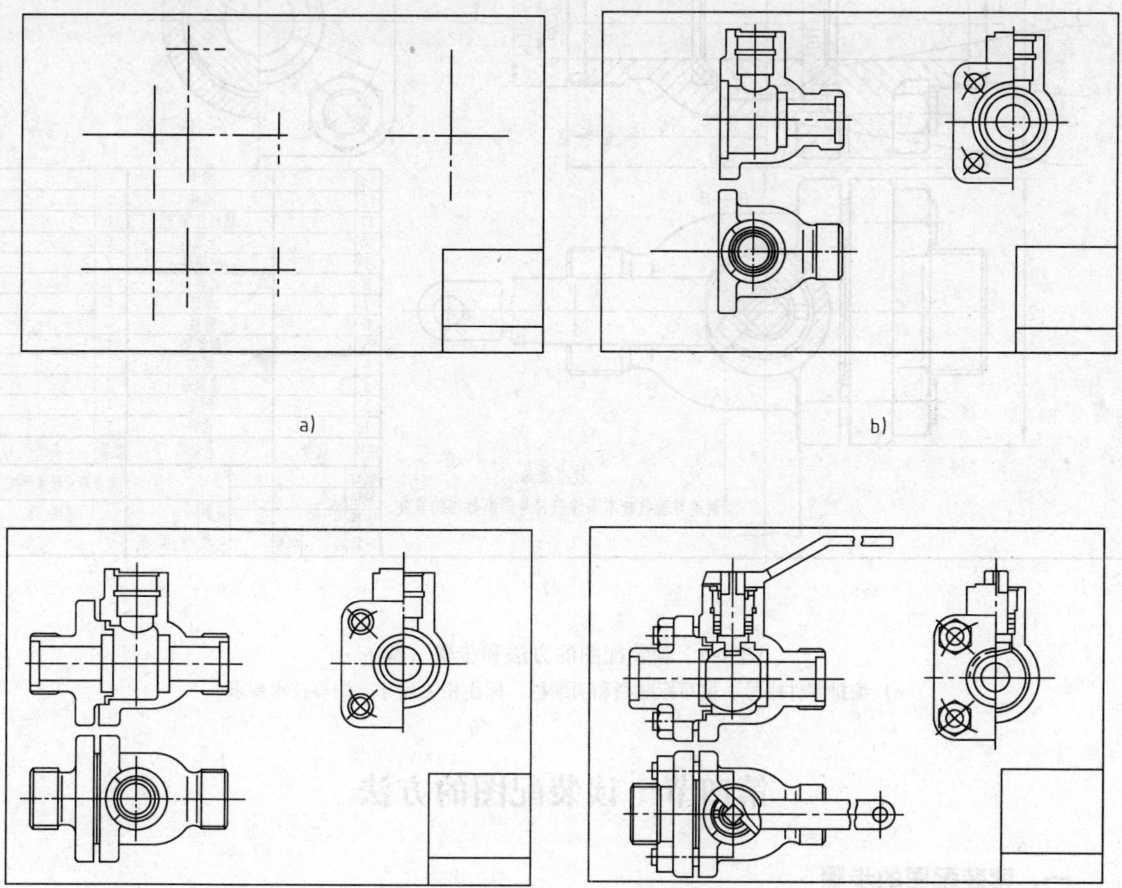

图 8-6 画装配图的方法和步骤

a）画出各视图的主要轴线、对称中心线及基准线 b）画主要零件轮廓线，三个视图联系起来画

c）根据阀盖和阀体相对位置画出三视图 d）按相邻两零件装配位置画出其他零件

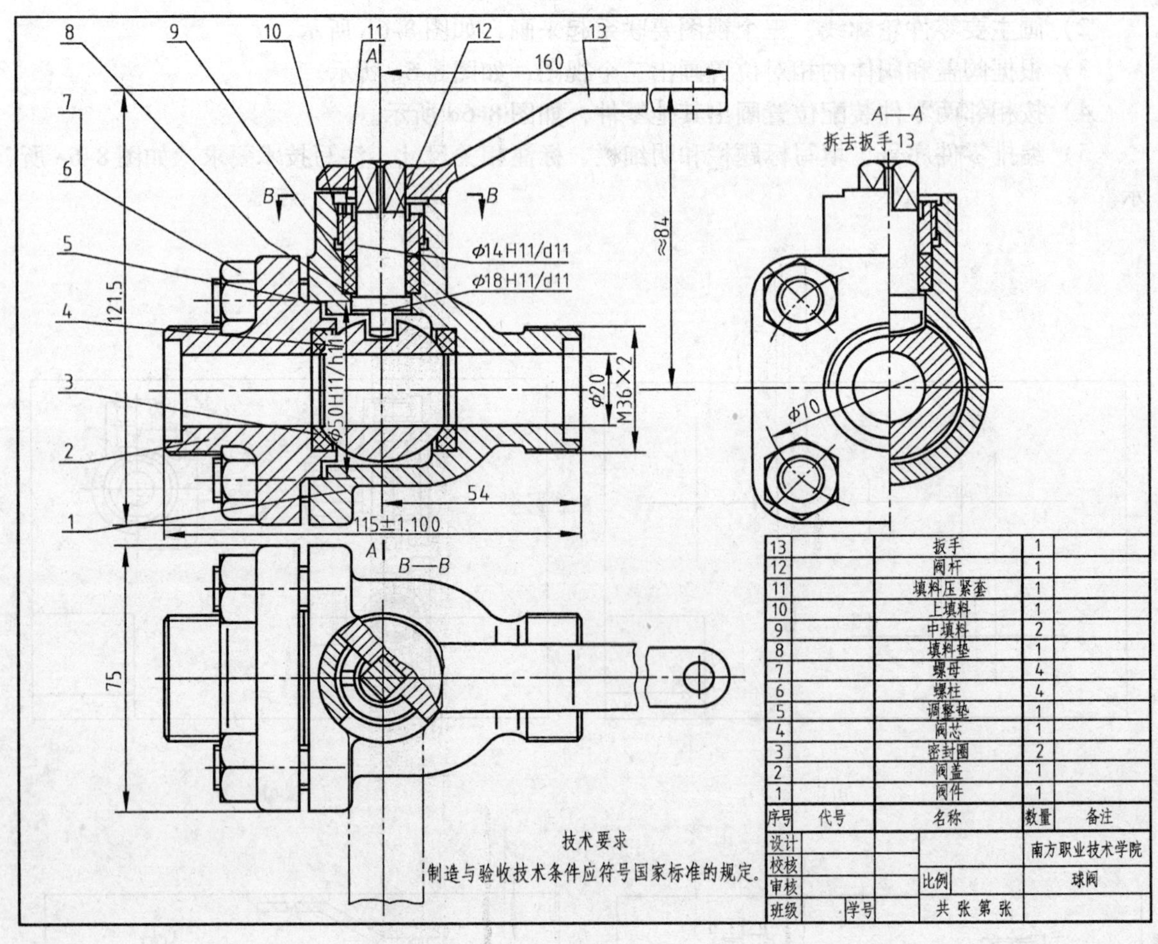

图 8-6 画装配图的方法和步骤（续）

e）编排零件序号、填写标题栏和明细栏、标注相关尺寸、注写技术要求

第四节 读装配图的方法

一、读装配图的步骤

以图 8-7 所示夹线体装配图为例说明读图的方法与步骤。

1. 概括了解

从标题栏了解到部件的名称为夹线体，从明细栏了解零件名称、数量、材料等，并在视图中找到相应零件的位置，大致阅读一下两个视图。夹线体由四个非标准零件组成。

2. 分析视图，想象零件形状

主视图采用全剖，可基本看清四个零件内外结构形状。为了表现零件 1 上的网纹滚花，在全剖的基础上又用了局部剖。由左视图可以进一步确定四个零件内外都是回转面，其中衬

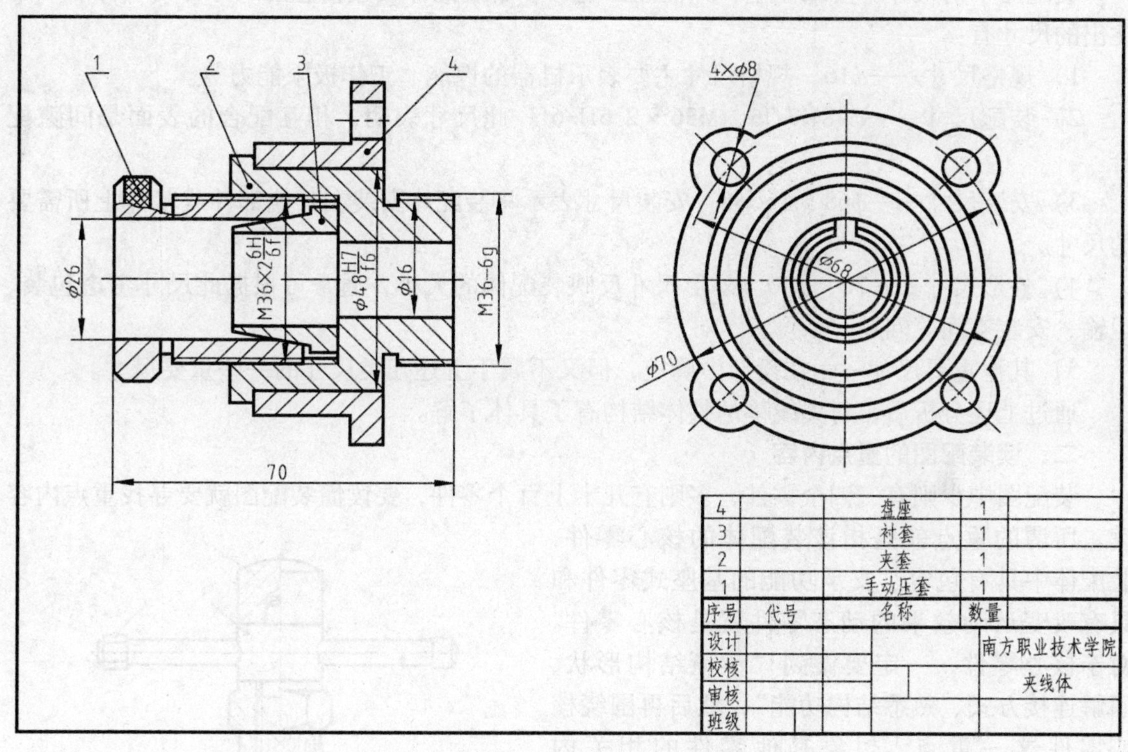

图 8-7 夹线体装配图

套 3 的外表面是圆锥面并在上方中间部位开了一个槽。手动压套 1 右端内表面有一小段圆锥面。图 8-8 所示为夹线体零件的直观图。

3. 了解装配关系和工作原理

从主视图中能了解到：衬套 3 装在夹套 2 中，以右端面接触定位。手动压套 1 通过螺纹连接到夹套 2 上，夹套 2 穿入盘座 4 孔中。手动压套 1 内孔右端头的小部分内锥面与衬套 3 的外锥面接触。

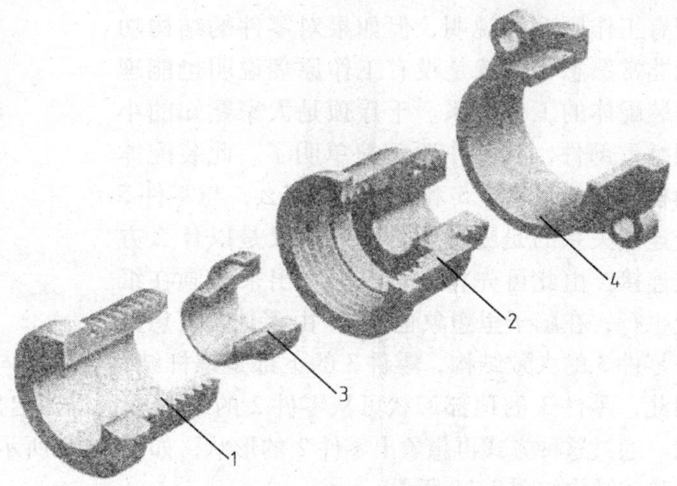

图 8-8 夹线体零件分解轴测图

1—手动压套 2—夹套 3—衬套 4—盘座

通过对装配关系的分析，可知夹线体的工作过程为：将线穿入衬套 3 中，旋转手动压套 1，通过螺纹功能使手动压套 1 向右移动，并沿锥面接触，迫使衬套 3 向中心收缩，从而夹紧线体。夹紧线体后，衬套 3 又可与手动压套 1、夹套 2 一起在盘座 4 的 $\phi48$mm 孔中转动。

4. 分析尺寸

装配图中的尺寸不要求注全，只需注出能够了解装配体相关信息的尺寸即可。图 8-7 中注出的尺寸有：

1）规格尺寸——ϕ16。规格尺寸主要表示机器的性能、工作极限能力等。

2）装配尺寸——ϕ48H7/f6、M36 × 2 6H/6f。此尺寸表明，相互配合的表面是间隙配合。

3）安装尺寸——ϕ68、4 × ϕ8。安装尺寸表示将装配体安装在其他部件或基体上所需要的尺寸。

4）外形尺寸——70、ϕ70。外形尺寸反映装配体的大小，通常可根据此尺寸考虑包装、运输、安装空间等问题。

5）其他重要尺寸——在设计中确定，但又不属于上述几类尺寸的一些重要尺寸。

通过上述分析后，对夹线体的整体结构有了具体了解。

二、读装配图的重点内容

装配图中少则有三四个零件，多则有几十上百个零件，要读懂装配图就要寻找重点内容读。所谓的重点就是指该装配体的核心零件，装配体中具有包容、支承功能的基座式零件和具有改变运动效果的动态零件就是核心零件。对于核心零件，一定要做到“读懂结构形状、了解连接方式、熟悉结构功能”，然后再围绕核心零件这一重点，想象其他零件的相关内容。

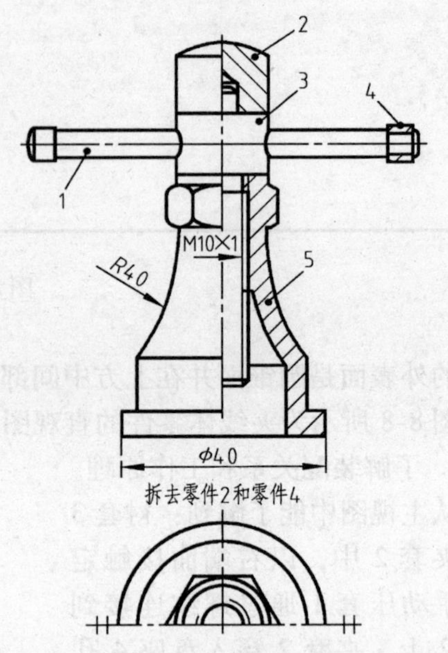

图 8-9　千斤顶装配图

1—转杆　2—支顶　3—螺杆

4—挡套　5—底座

现以图 8-9 所示的千斤顶装配图（略去尺寸、零件序号、技术要求、明细栏等内容）为例，学习读装配图的重要方法。装配图一般都配有工作原理的说明，但如果对零件的结构功能非常熟悉了，就是没有工作原理说明也能理解装配体的工作关系。千斤顶是大家熟知的小型举重部件，其工作原理简单明了。此装配体的核心零件是底座 5 和螺杆 3。那么，与零件 5 有连接关系的是哪些零件？它们又是以什么方式连接？由此可先将零件 5 独立出来（画在纸上也行，在脑子里想象也行），由零件 5 可想象出零件 3 的大致结构，零件 3 的下部是螺杆结构，用于与零件 5 连接，顶部要支承零件 2，因此，零件 3 的顶部形状可从零件 2 的结构形状得到启发。由此能想象出零件 3 的完整形状。通过这种方式再想象出零件 2 的形状，如图 8-10 所示。综合思考后，可以想象出千斤顶的整体结构如图 8-11 所示。

读装配图的难点是对单个零件和整个装配体的构形。下面我们仍以重点读核心零件的方法再看一个图例，学习如何突破难点。如图 8-12 所示，读小型夹具装配图（略去尺寸、零件序号、技术要求、明细栏等内容）。

图 8-10 千斤顶核心零件二维构形图

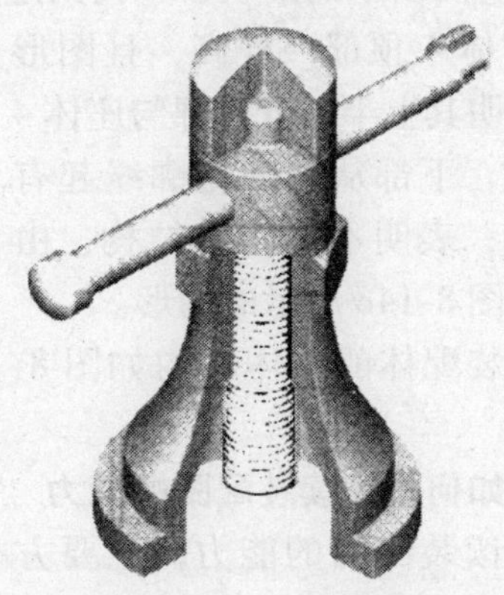

图 8-11 千斤顶轴测图

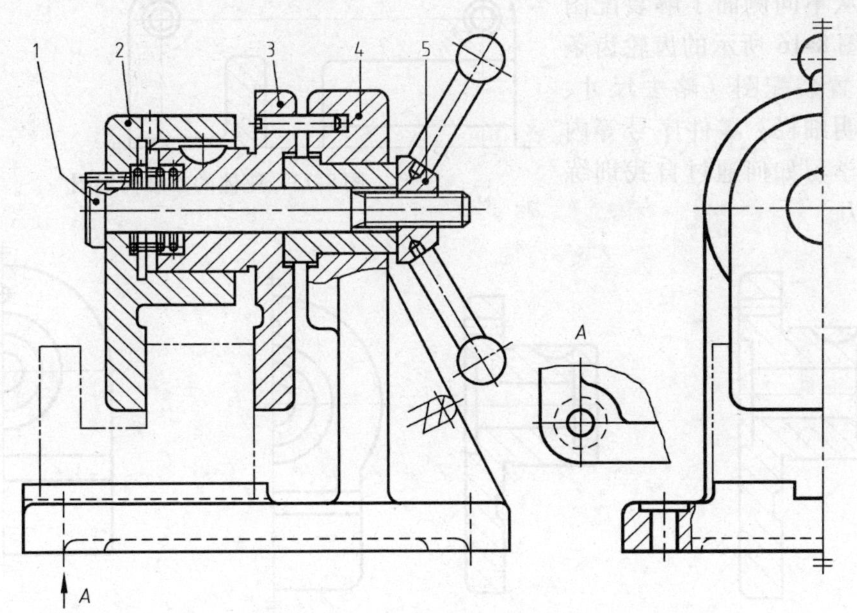

图 8-12 小型夹具装配图

1—螺杆 2—左夹板 3—右夹板 4—座体 5—手轮

此装配体虽然没有工作原理提示，但可以从图中判断出夹具的工作形式，即转动手轮 5 可以带动螺杆 1 进行左右移动，由于左夹板 2 装在螺杆 1 上且用销轴定位，所以左夹板 2 也可随螺杆 1 左右移动，通过调整左夹板 2 与右夹板 3 的间距来实现夹紧功能。此装配体共有 10 个零件，经分析，零件 1、2、3、4 属于装配体的关键零件，应重点思考这些零件的结构形状。零件 4 座体属于基座式零件，因此，结构上一般会有安装孔、包容腔体、支承肋板及连接结构。座体 4 的结构如图 8-13 所示。

考虑右夹板 3 的形状首先可以从主视图剥离出它的轴向层次形状，如图 8-14a 所示。由装配图的左视图可想象出右夹板 3 的端面形状，如图 8-14b 所示。在想象过程中，可能会构思出图 8-14c 所示的形状，如何判定此构形对否？我们可由装配体的左视图判定。由于右夹板 3 与座体 4 顶部一样高，且图形重叠，表明其上半部分外廓与座体 4 上部一致，下部从半圆轮廓线起有一圆弧线，表明不是相切结构，由此可排除图 8-14c 所示的构形。

夹具装配体的整体结构如图 8-15 所示。

三、如何提高读装配图的能力

提高读装配图的能力，主要方法之一当然是多读图。在读图的过程中以构形训练为重点，采取自问自答方式，从不同侧面了解装配图含义。现以图 8-16 所示的齿轮齿条往复运动装置装配图（略去尺寸、技术要求、明细栏、零件序号等内容）为例，学习如何通过自我训练提高看图能力。

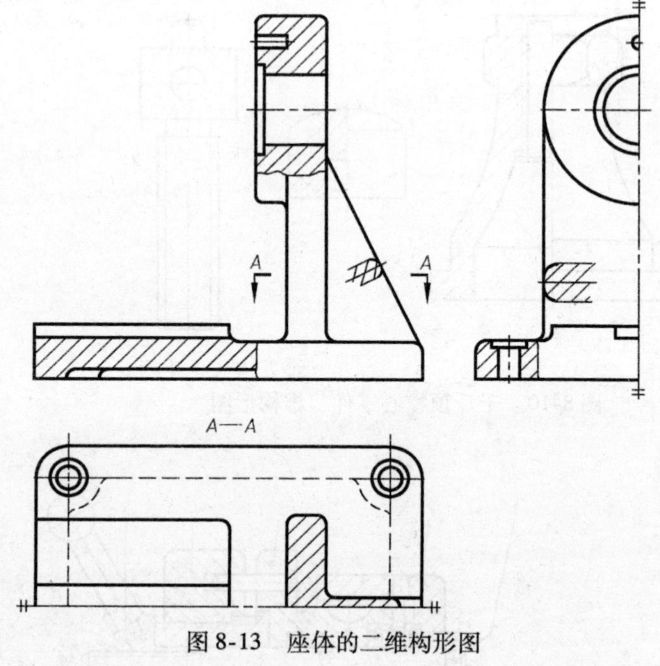

图 8-13　座体的二维构形图

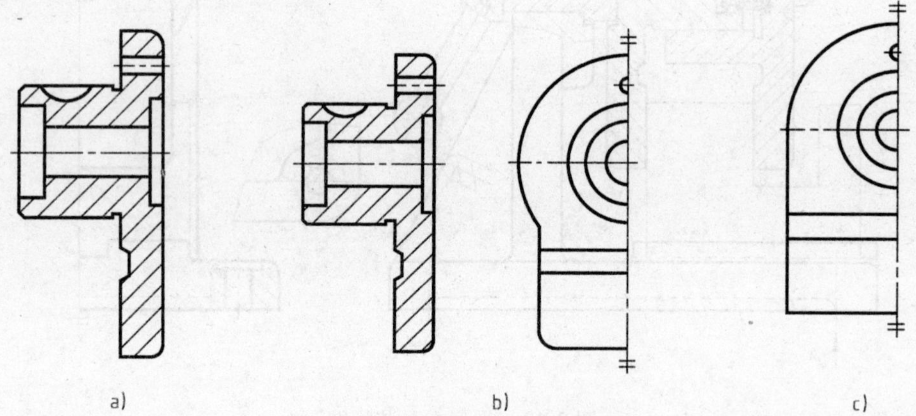

图 8-14　右夹板 3 构形过程

a）右夹板 3 主视图　b）右夹板 3 主、左视图　c）右夹板 3 构形

问：此装配图的主视图是什么剖视图？为什么用此剖视图？

答：主视图用的是局部剖视图，被剖部分是想表达挡块 4 如何对齿条进行定位，以及齿轮齿条的啮合状况。未剖部分是想表达端盖 2 的外形、托架 1 的外形以及端盖 2 与托架 1 的相对位置。由于该装配体左、右、上、下不对称，只有用局部剖视图才能兼顾内外形体都能表达清楚。

问：为什么齿条 5、齿轮轴 3 以及螺钉都被剖切了，但没画剖面线？

答：国家标准规定，实心杆类零件当沿轴线作纵向剖切时，不画剖面线，以保持图形清晰明了。

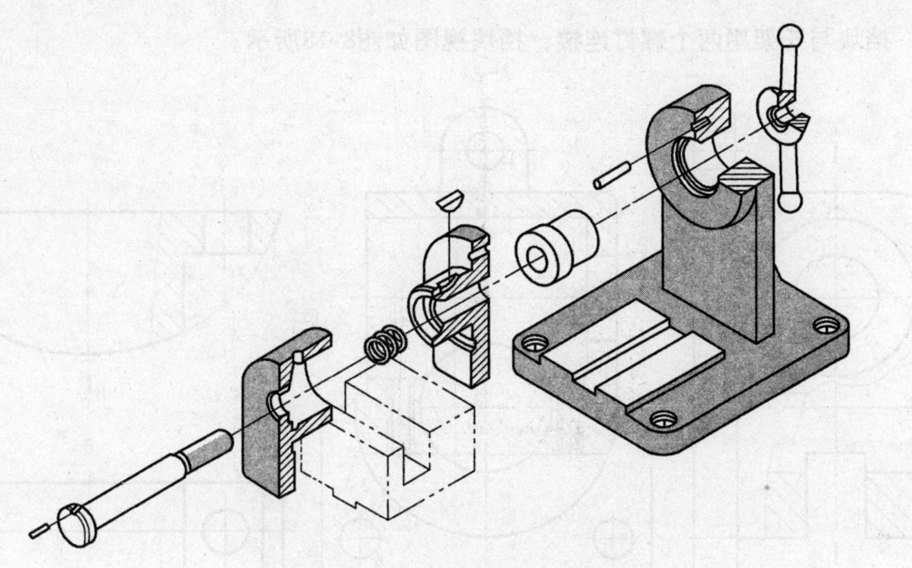

图 8-15　小型夹具分解示意图

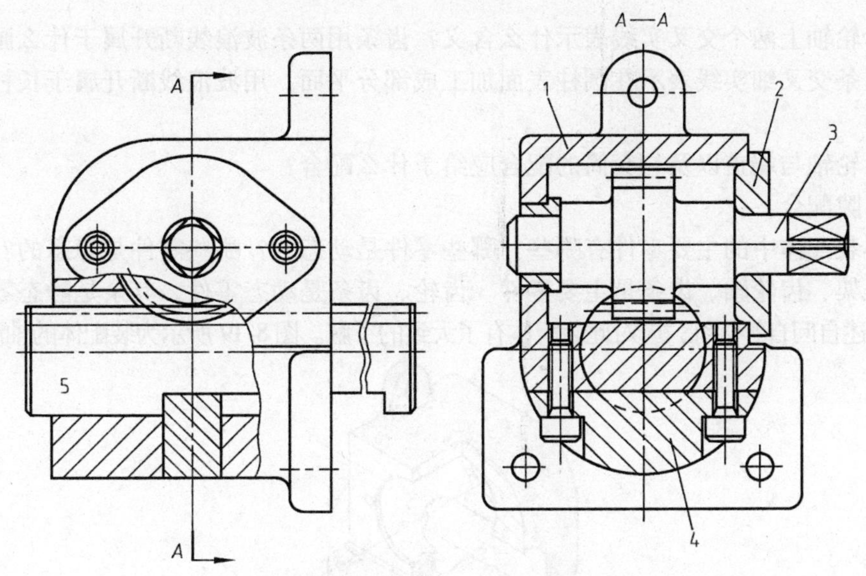

图 8-16　齿轮齿条往复运动装置装配图

1—托架　2—端盖　3—齿轮轴　4—挡块　5—齿条

问：此装配体有几种零件？有无标准件？

答：有齿轮轴、齿条、托架、长椭圆形端盖、螺钉、套筒、半圆形挡块。螺钉是标准件。

问：托架上的三个通孔起什么作用？托架的结构有什么特征？试画出它的视图。

答：三个通孔是安装孔。托架上部内腔用来放置齿轮轴，下部内腔放置齿条。为控制齿条不移出体外，在托架下部中间开一小槽，用来放置挡块，以阻止齿条移出。托架的视图如图 8-17 所示。

问：挡块如何与托架连接？试画出挡块视图。

答：挡块与托架用两个螺钉连接，挡块视图如图8-18所示。

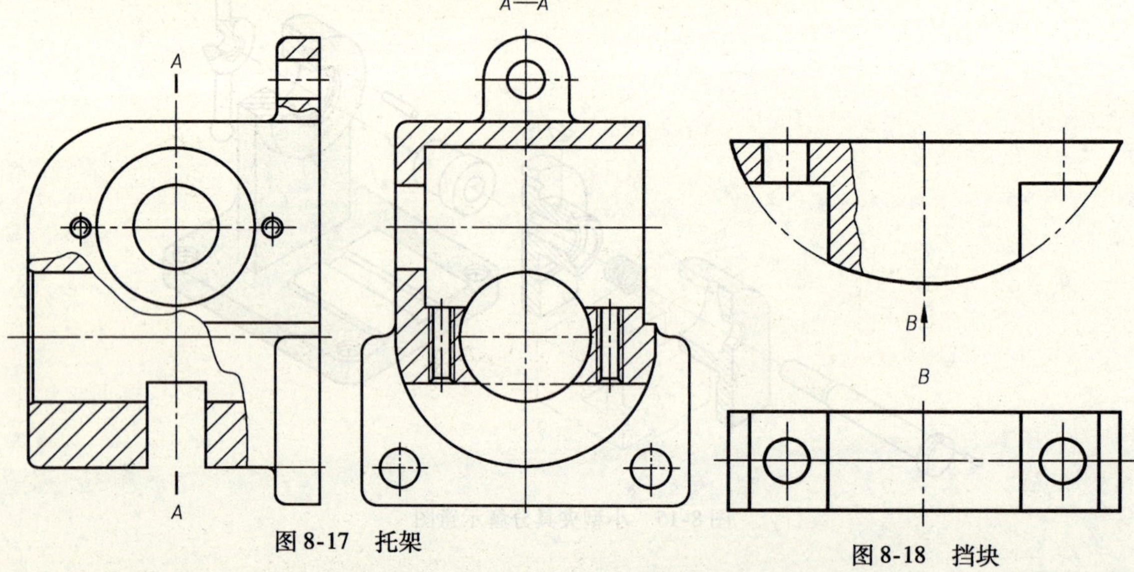

图 8-17　托架

图 8-18　挡块

问：齿轮轴上两个交叉实线表示什么含义？齿条用两条波浪线断开属于什么画法？

答：两条交叉细实线表示在圆柱表面加工成部分平面。用波浪线断开属于长杆类零件折断画法。

问：齿轮轴与端盖以及与套筒的配合应给予什么配合？

答：间隙配合。

问：本装配体中的主要零件有哪些？哪些零件是动态的？哪些零件是静态的？

答：托架、齿轮轴、齿条是主要零件。齿轮、齿条是动态零件，其余是静态零件。

通过上述自问自答训练，应对此装配体有了大致的了解。图 8-19 所示为装配体的轴测分解图。

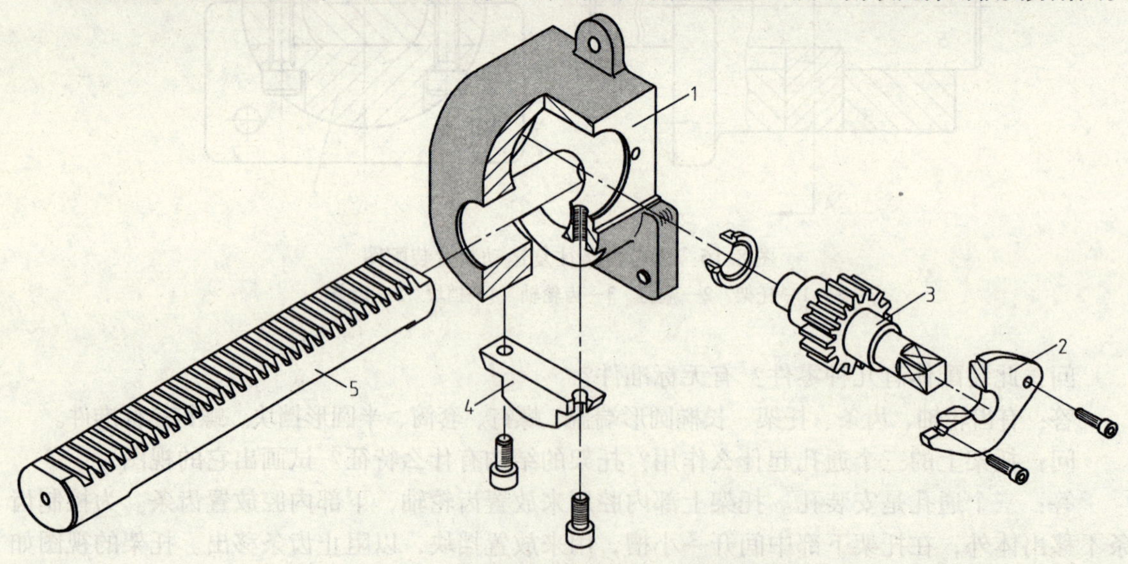

图 8-19　齿轮齿条啮合装置轴测分解图

1—托架　2—端盖　3—齿轮轴　4—挡块　5—齿条

第五节　测绘装配体零件

一、由装配图拆画零件图

要将装配体中的零件单独分离出来画成零件图，可由两种方法实现：一种是去现场测绘，另一种是从装配图中拆画。从装配图中拆画零件图时，一定要先读懂装配图，了解各个零件的装配关系；对要拆画的零件视图以及它的尺寸信息、技术要求作专门分析；最后按零件图标准完成拆绘工作。现以图 8-20 所示的阀的装配图为例，按照读装配图的方法，了解阀及阀体零件，拆画阀体零件图。

1. 分析装配体

该部件装配在液体管路中，用于控制管路通与不通。当杆 1 受外力作用向左移动时，钢球 4 压缩弹簧 5，阀门被打开，反之关闭。阀门是管径为 ϕ11mm 的孔。钢球 4 和弹簧 5 装入管接头 6 中，然后将旋塞 7 拧入管接头 6，调整好弹簧压力，再将管接头 6 拧入阀体 3。管路接通时，液体从杆 1 和管接头 6 的 1mm 径向间隙流出。

2. 分离零件视图

为了画出阀体零件图，可先将阀体的已知视图从装配图中大致分离出来，如图 8-21 所示。在分离图上想象阀体的具体形状。由于阀体内部的左、右方和下方都有螺孔，所以能判定其形腔是两个直径大小不一、垂直相贯的圆柱形。

3. 完整视图表达，标注尺寸

由于装配图上给出的尺寸较少，而零件图上的尺寸必须标注完整，所以很多尺寸是根据分析、计算、查表甚至在装配图上按比例直接量取得到的。标注尺寸后的零件图如图 8-22 所示。

对于零件图上的表面粗糙度、形位公差及技术要求等，必须经过实践锻炼有了一定的实践经验或实习感受后，才能按零件的功能要求标注出来。在目前学习阶段，可对应类似零件图，先作抄注练习，逐步积累经验，随着专业知识的丰富，再熟练自注。

二、由装配体拆、测、画零件图

从装配体实物中绘制零件图时，有两项重要工作必须在画零件图之前完成，一个是拆卸装配体，二个是测量零件尺寸。下面以齿轮泵为例，说明拆、测、绘的具体步骤。

1. 拆卸装配体

拆卸装配体之前应根据实物画出装配体示意图。示意图可为重新装配提供装配顺序，如图 8-23 所示。

2. 画零件草图

画齿轮泵左端盖草图，如图 8-24 所示。画齿轮轴草图，如图 8-25 所示。

3. 测量尺寸

（1）常用测量工具　常用测量工具如图 8-26 所示。

（2）常用测量方法

1）测量直线和直径的方法如图 8-27 所示。

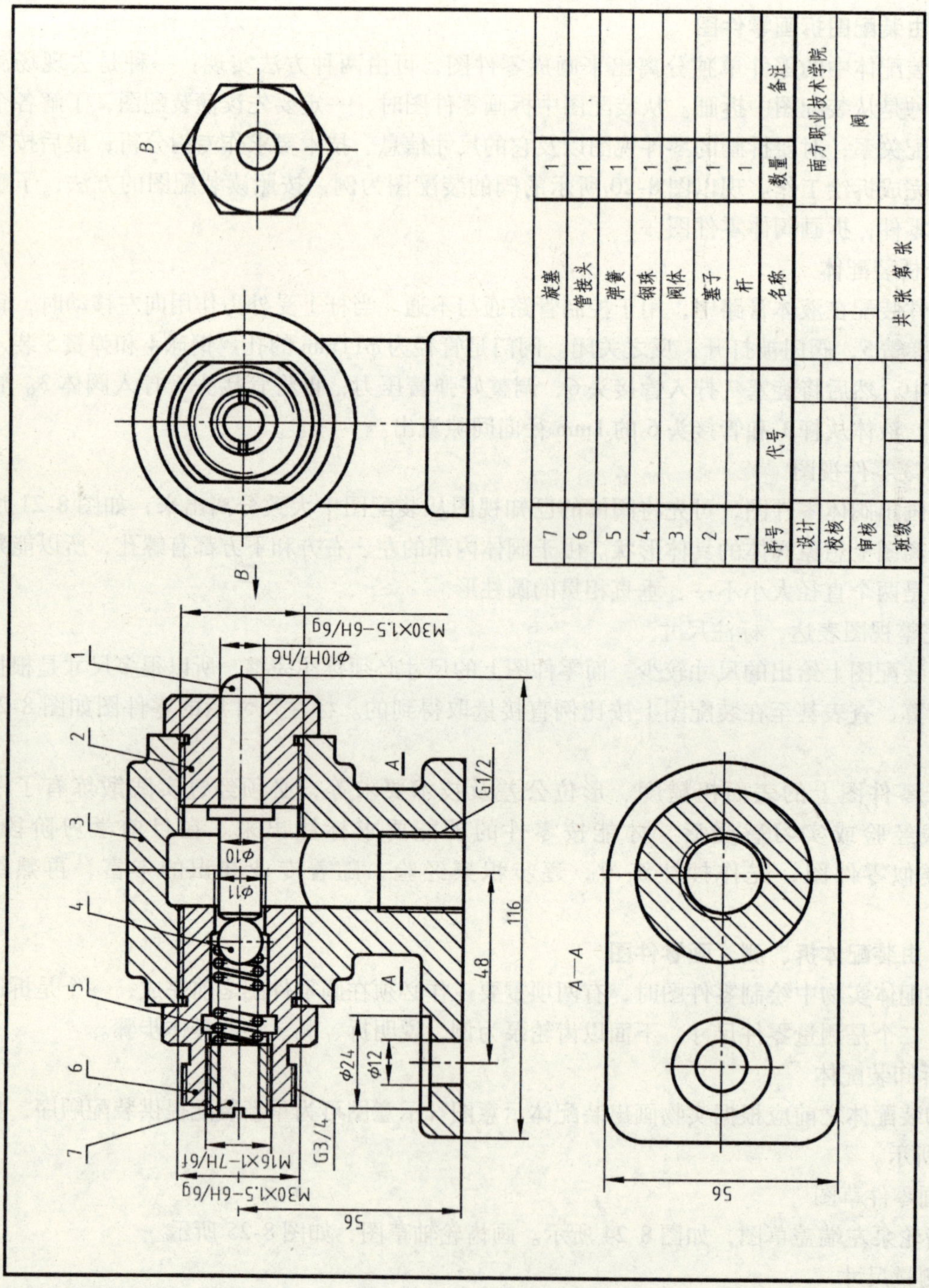

M30×1.5-6H/6g
M16×1-7H/6f
G3/4
56
ϕ24
ϕ12
48
116
ϕ11
ϕ10
ϕ10H7/h6
M30×1.5-6H/6g
G1/2
A
A—A
B

7		旋塞	1	
6		管接头	1	
5		弹簧	1	
4		钢珠	1	
3		阀体	1	
2		塞子	1	
1		杆	1	
序号	代号	名称	数量	备注

设计		南方职业技术学院
校核		阀
审核		
班级	共 张 第 张	

图 8-20 阀装配图

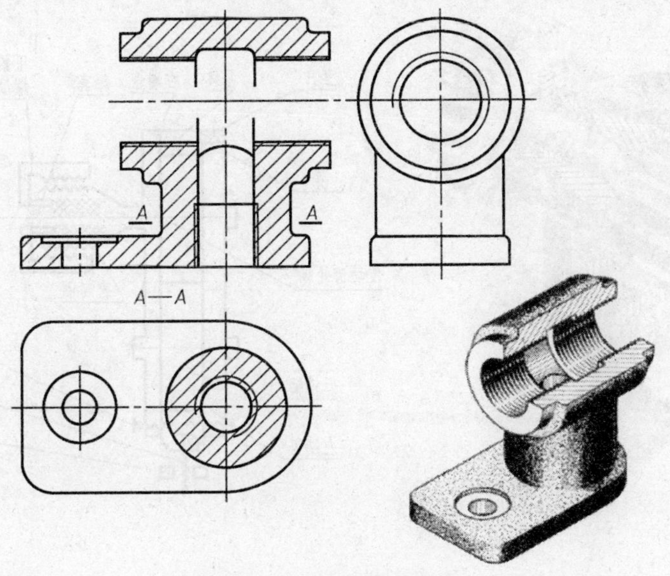

图 8-21 拆画阀体零件

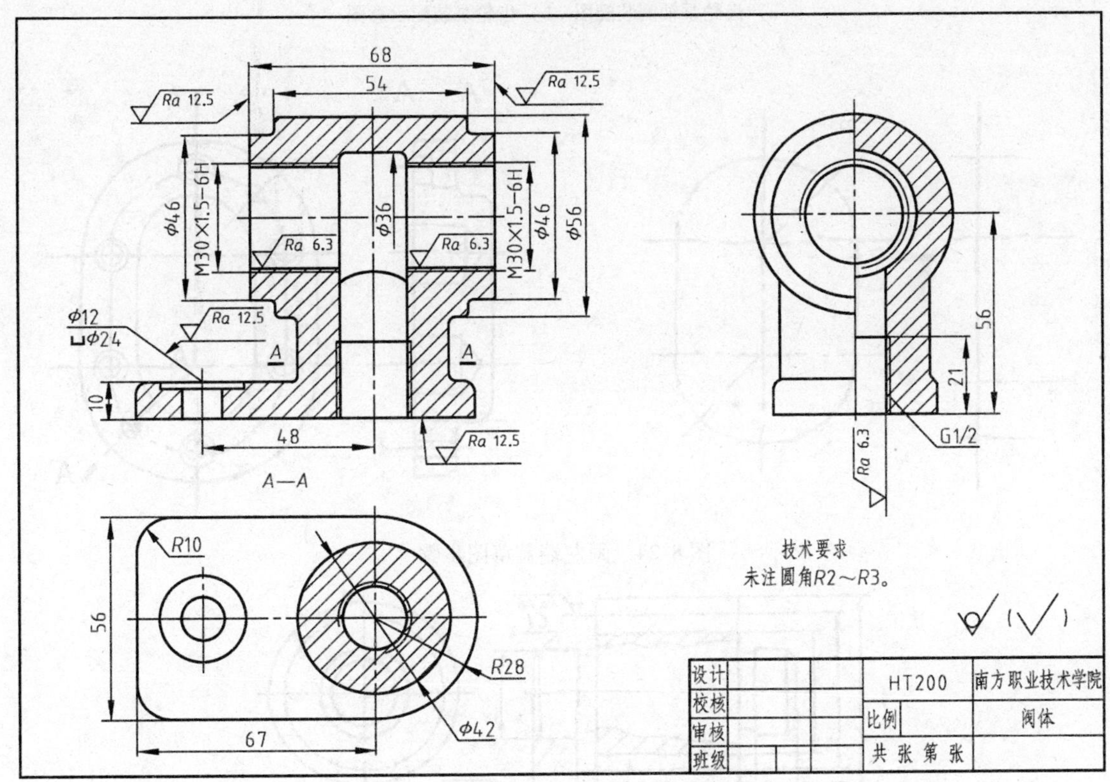

图 8-22 阀体零件图

2）测量壁厚和孔间距的方法如图 8-28 所示。

3）测量中心高和圆角。测量圆角有专门的工具——圆角规，如图 8-29 所示。

4）测量曲线和曲面。测量曲线有时可用较软的纸在零件上按压出轮廓印，如图 8-30 所示。

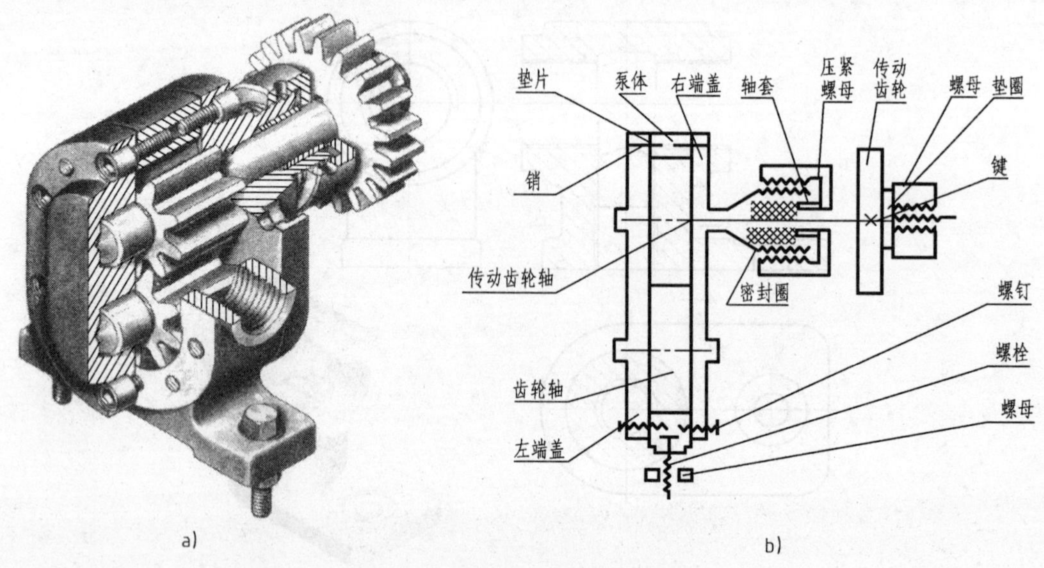

图 8-23　齿轮泵装配轴测图和示意图

a）齿轮泵轴测装配图　b）齿轮泵装配示意图

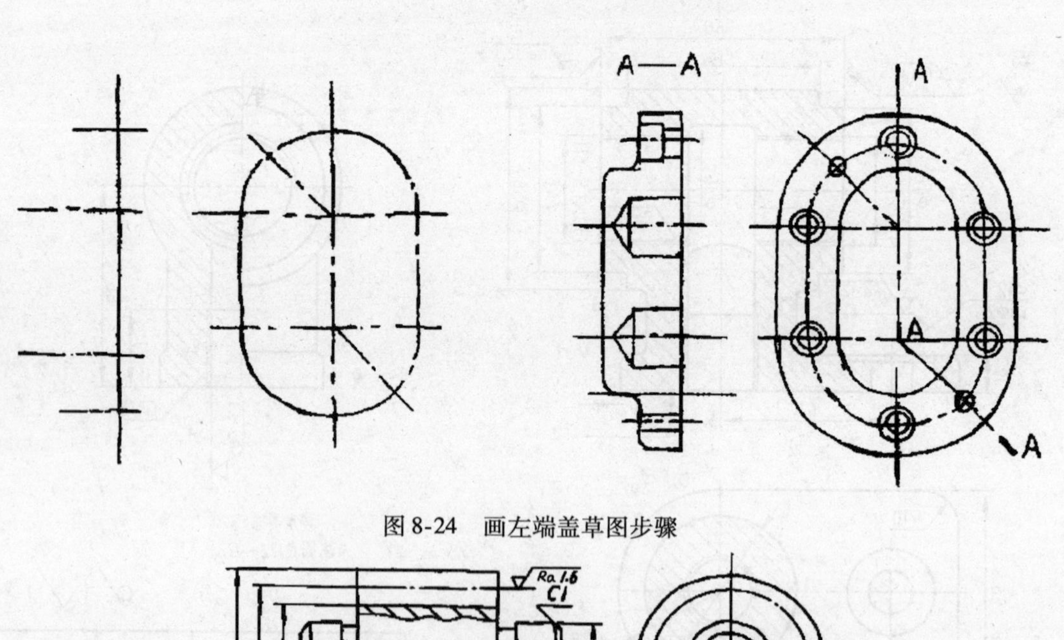

图 8-24　画左端盖草图步骤

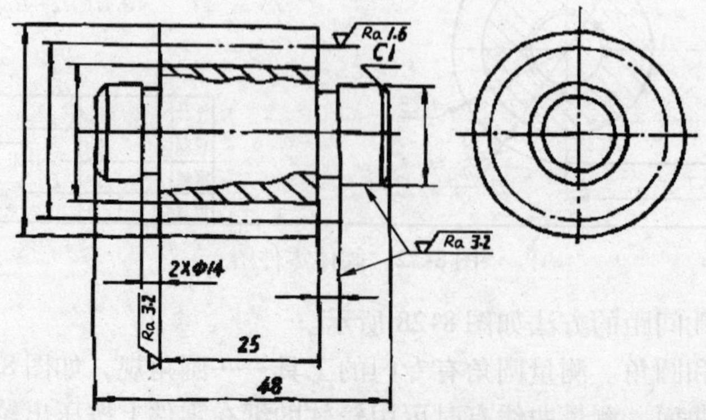

图 8-25　画齿轮轴草图步骤

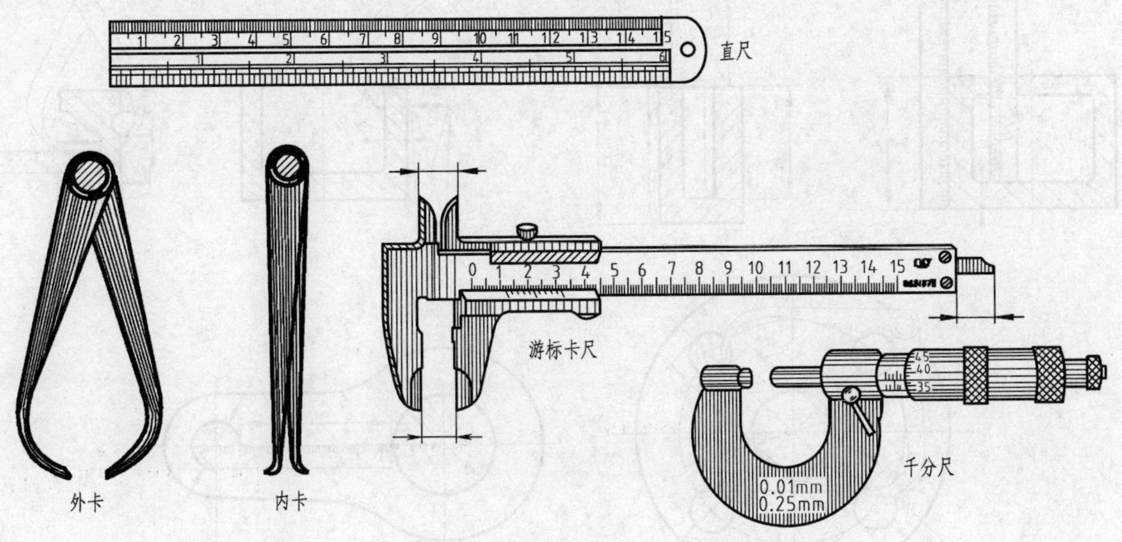

图 8-26 常用测量工具

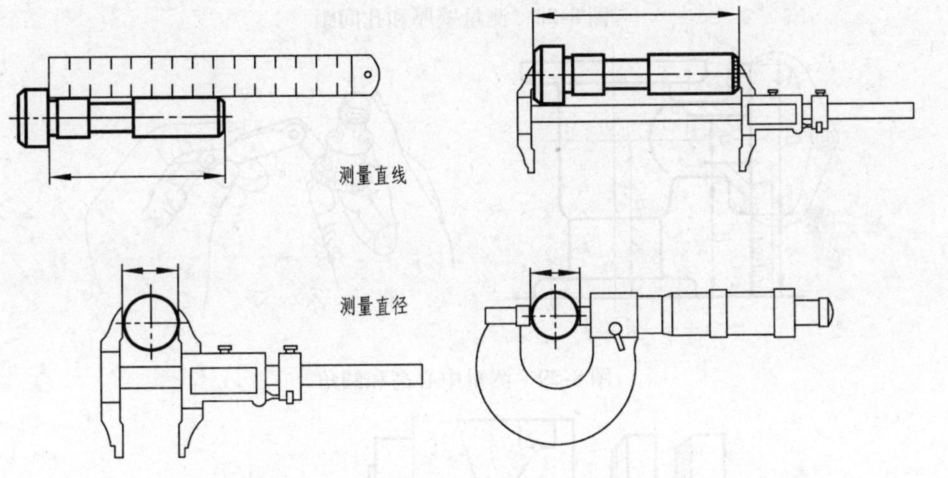

图 8-27 测量直线和直径

5）标准圆柱齿轮的测量。首先确定齿数 z。

当 z 为偶数时，可直接测量齿顶圆直径，如图 8-31 所示。

当 z 为奇数时，先测出孔径 D 和 H，再按齿顶圆直径 $= D + 2H$ 计算。

6）螺距的测量。测量螺距时可用专门的仪器——螺纹规进行测量，也可在纸上作压印测量，如图 8-32 所示。

4. 画出零件工作图

按照上述测量方法，测量出齿轮泵左端盖的完整尺寸，最后画出零件工作图，如图8-33所示。

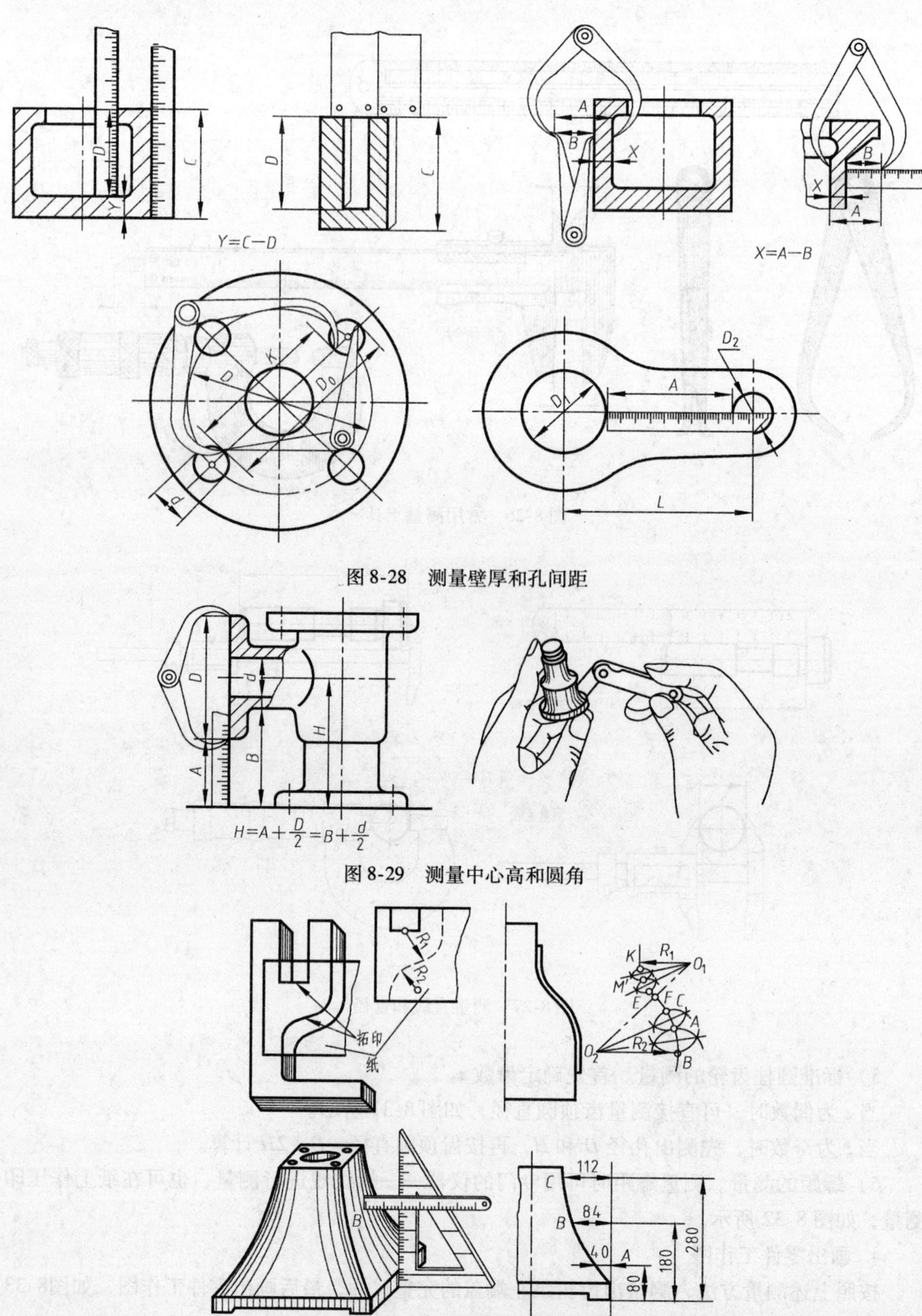

图 8-28　测量壁厚和孔间距

图 8-29　测量中心高和圆角

图 8-30　拓印法测量

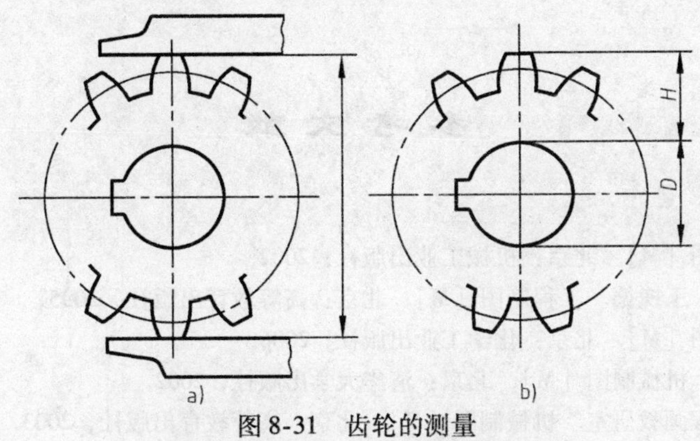

图 8-31 齿轮的测量

a）直接测齿顶圆 b）分两步测量再计算

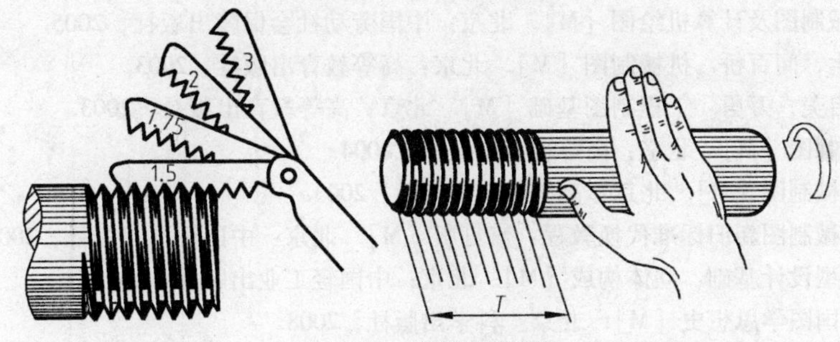

图 8-32 螺距的测量

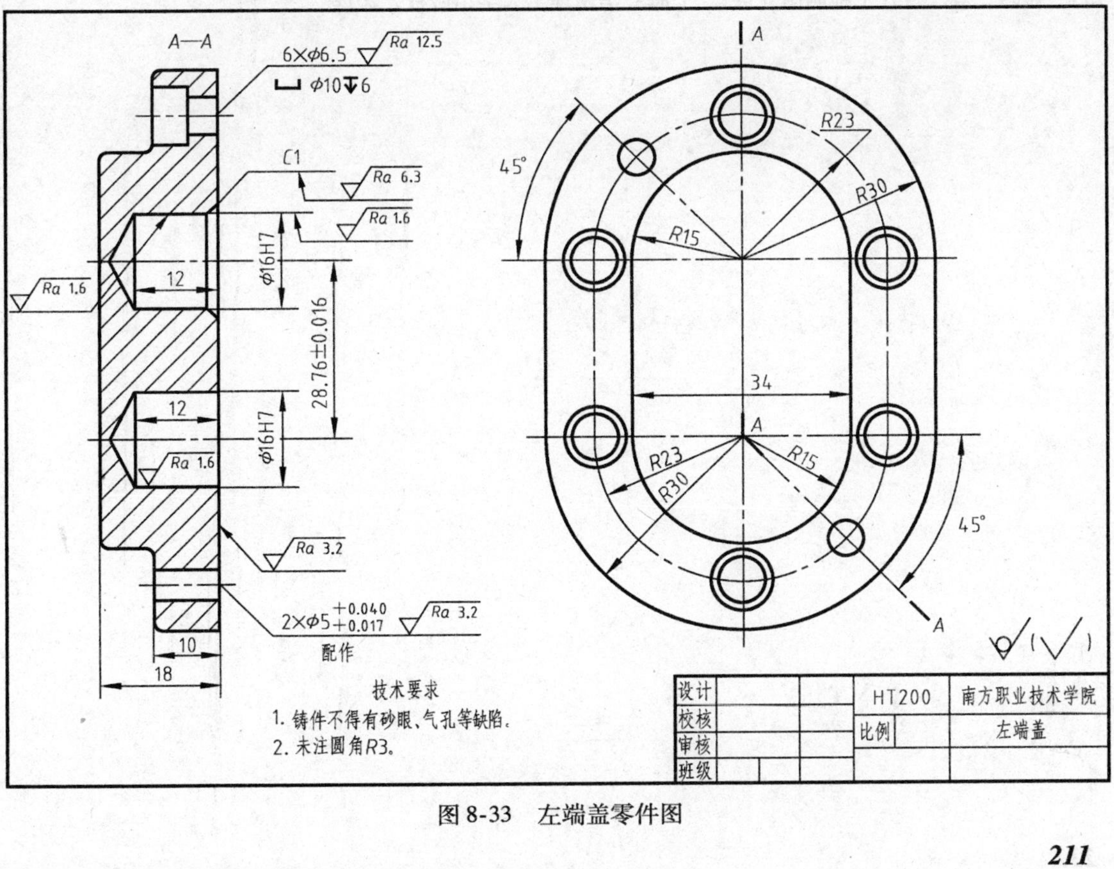

A—A

6×φ6.5 Ra 12.5

⌴ φ10↧6

C1 Ra 6.3

Ra 1.6

φ16H7

28.76±0.016

12

Ra 3.2

2×φ5 $^{+0.040}_{+0.017}$ Ra 3.2

配作

10

18

R23 R30 R15 45° 34

技术要求

1. 铸件不得有砂眼、气孔等缺陷.
2. 未注圆角R3.

设计			HT200	南方职业技术学院
校核			比例	左端盖
审核				
班级				

图 8-33 左端盖零件图

参考文献

[1] 金大鹰. 机械制图 [M]. 北京：机械工业出版社，2002.
[2] 钱可强，裘晓宁，王槐德. 工程制图 [M]. 北京：高等教育出版社，2005.
[3] 胡建生. 机械制图 [M]. 北京：化学工业出版社，2006.
[4] 杨惠英，王玉坤. 机械制图 [M]. 北京：清华大学出版社，2002.
[5] 大连理工大学工程画教研室. 机械制图 [M]. 北京：高等教育出版社，2003.
[6] 焦永和，林宏. 画法几何及工程制图 [M]. 北京：北京理工大学出版社，2000.
[7] 郭建尊. 机械制图及计算机绘图 [M]. 北京：中国劳动社会保障出版社，2005.
[8] 李澄，吴天生，闻百桥. 机械制图 [M]. 北京：高等教育出版社，2003.
[9] 李爱华，杨启美，万勇. 工程制图基础 [M]. 北京：高等教育出版社，2003.
[10] 刘力. 机械制图 [M]. 北京：高等教育出版社，2004.
[11] 钱可强. 机械制图 [M]. 北京：高等教育出版社，2003.
[12] 王槐德. 机械制图新旧标准代换教程：修订版 [M]. 北京：中国标准出版社，2004.
[13] 蓝先琳. 造型设计基础　立体构成 [M]. 北京：中国轻工业出版社，2001.
[14] 刘克明. 中国图学思想史 [M]. 北京：科学出版社，2008.
[15] 王春华，等. 现代工程图学 [M]. 北京：中国石化出版社，2012.
[15] 金玲，等. 现代工程制图 [M]. 上海：华东理工大学出版社，2012.